教育部高等学校电子信息类专业教学指导委员会规划教材
高等学校电子信息类专业系列教材

Process Control System

过程控制系统

慕延华　华臻　林忠海　编著
Mu Yanhua　Hua Zhen　Lin Zhonghai

清华大学出版社
北京

内 容 简 介

本书从教学和应用的角度出发,全面讲解各种过程控制系统的基本概念、工作原理、系统设计分析方法和应用中的技术问题;并通过 Simulink 仿真实例详细阐述了过程控制系统的设计及参数整定等技术。本书共 6 章,包括绪论、简单控制系统、复杂控制系统、先进控制系统、智能控制系统及锅炉设备的控制。

本书内容深入浅出,理论与 Simulink 仿真紧密结合。本书可作为高等院校自动化专业及其他相关专业本科生专业课的教材,也可供从事过程控制领域工作的工程技术人员参考。

本书封面贴有清华大学出版社防伪标签,无标签者不得销售。
版权所有,侵权必究。举报: 010-62782989,beiqinquan@tup.tsinghua.edu.cn。

图书在版编目(CIP)数据

过程控制系统/慕延华,华臻,林忠海编著. —北京:清华大学出版社,2018(2024.7重印)
(高等学校电子信息类专业系列教材)
ISBN 978-7-302-48221-5

Ⅰ. ①过… Ⅱ. ①慕… ②华… ③林… Ⅲ. ①过程控制-高等学校-教材 Ⅳ. ①TP273

中国版本图书馆 CIP 数据核字(2017)第 207277 号

责任编辑: 盛东亮
封面设计: 李召霞
责任校对: 焦丽丽
责任印制: 杨 艳

出版发行: 清华大学出版社
    网　　址: https://www.tup.com.cn, https://www.wqxuetang.com
    地　　址: 北京清华大学学研大厦 A 座   邮　编: 100084
    社 总 机: 010-83470000   邮　购: 010-62786544
    投稿与读者服务: 010-62776969, c-service@tup.tsinghua.edu.cn
    质量反馈: 010-62772015, zhiliang@tup.tsinghua.edu.cn
    课件下载: https://www.tup.com.cn, 010-83470236
印 装 者: 涿州市般润文化传播有限公司
经　　销: 全国新华书店
开　　本: 185mm×260mm 印　张: 19 字　数: 463 千字
版　　次: 2018 年 8 月第 1 版   印　次: 2024 年 7 月第 6 次印刷
定　　价: 59.00 元

产品编号: 054253-01

高等学校电子信息类专业系列教材

顾问委员会

谈振辉	北京交通大学（教指委高级顾问）	郁道银	天津大学（教指委高级顾问）
廖延彪	清华大学　　（特约高级顾问）	胡广书	清华大学（特约高级顾问）
华成英	清华大学　　（国家级教学名师）	于洪珍	中国矿业大学（国家级教学名师）
彭启琮	电子科技大学（国家级教学名师）	孙肖子	西安电子科技大学（国家级教学名师）
邹逢兴	国防科学技术大学（国家级教学名师）	严国萍	华中科技大学（国家级教学名师）

编审委员会

主　任	吕志伟	哈尔滨工业大学		
副主任	刘　旭	浙江大学	王志军	北京大学
	隆克平	北京科技大学	葛宝臻	天津大学
	秦石乔	国防科学技术大学	何伟明	哈尔滨工业大学
	刘向东	浙江大学		
委　员	王志华	清华大学	宋　梅	北京邮电大学
	韩　焱	中北大学	张雪英	太原理工大学
	殷福亮	大连理工大学	赵晓晖	吉林大学
	张朝柱	哈尔滨工程大学	刘兴钊	上海交通大学
	洪　伟	东南大学	陈鹤鸣	南京邮电大学
	杨明武	合肥工业大学	袁东风	山东大学
	王忠勇	郑州大学	程文青	华中科技大学
	曾　云	湖南大学	李思敏	桂林电子科技大学
	陈前斌	重庆邮电大学	张怀武	电子科技大学
	谢　泉	贵州大学	卞树檀	火箭军工程大学
	吴　瑛	解放军信息工程大学	刘纯亮	西安交通大学
	金伟其	北京理工大学	毕卫红	燕山大学
	胡秀珍	内蒙古工业大学	付跃刚	长春理工大学
	贾宏志	上海理工大学	顾济华	苏州大学
	李振华	南京理工大学	韩正甫	中国科学技术大学
	李　晖	福建师范大学	何兴道	南昌航空大学
	何平安	武汉大学	张新亮	华中科技大学
	郭永彩	重庆大学	曹益平	四川大学
	刘缠牢	西安工业大学	李儒新	中国科学院上海光学精密机械研究所
	赵尚弘	空军工程大学	董友梅	京东方科技集团股份有限公司
	蒋晓瑜	装甲兵工程学院	蔡　毅	中国兵器科学研究院
	仲顺安	北京理工大学	冯其波	北京交通大学
	黄翊东	清华大学	张有光	北京航空航天大学
	李勇朝	西安电子科技大学	江　毅	北京理工大学
	章毓晋	清华大学	张伟刚	南开大学
	刘铁根	天津大学	宋　峰	南开大学
	王艳芬	中国矿业大学	靳　伟	香港理工大学
	苑立波	哈尔滨工程大学		
丛书责任编辑	盛东亮	清华大学出版社		

序
FOREWORD

我国电子信息产业销售收入总规模在2013年已经突破12万亿元,行业收入占工业总体比重已经超过9%。电子信息产业在工业经济中的支撑作用凸显,更加促进了信息化和工业化的高层次深度融合。随着移动互联网、云计算、物联网、大数据和石墨烯等新兴产业的爆发式增长,电子信息产业的发展呈现了新的特点,电子信息产业的人才培养面临着新的挑战。

(1) 随着控制、通信、人机交互和网络互联等新兴电子信息技术的不断发展,传统工业设备融合了大量最新的电子信息技术,它们一起构成了庞大而复杂的系统,派生出大量新兴的电子信息技术应用需求。这些"系统级"的应用需求,迫切要求具有系统级设计能力的电子信息技术人才。

(2) 电子信息系统设备的功能越来越复杂,系统的集成度越来越高。因此,要求未来的设计者应该具备更扎实的理论基础知识和更宽广的专业视野。未来电子信息系统的设计越来越要求软件和硬件的协同规划、协同设计和协同调试。

(3) 新兴电子信息技术的发展依赖于半导体产业的不断推动,半导体厂商为设计者提供了越来越丰富的生态资源,系统集成厂商的全方位配合又加速了这种生态资源的进一步完善。半导体厂商和系统集成厂商所建立的这种生态系统,为未来的设计者提供了更加便捷却又必须依赖的设计资源。

教育部2012年颁布了新版《高等学校本科专业目录》,将电子信息类专业进行了整合,为各高校建立系统化的人才培养体系,培养具有扎实理论基础和宽广专业技能的、兼顾"基础"和"系统"的高层次电子信息人才给出了指引。

传统的电子信息学科专业课程体系呈现"自底向上"的特点,这种课程体系偏重对底层元器件的分析与设计,较少涉及系统级的集成与设计。近年来,国内很多高校对电子信息类专业课程体系进行了大力度的改革,这些改革顺应时代潮流,从系统集成的角度,更加科学合理地构建了课程体系。

为了进一步提高普通高校电子信息类专业教育与教学质量,贯彻落实《国家中长期教育改革和发展规划纲要(2010—2020年)》和《教育部关于全面提高高等教育质量若干意见》(教高【2012】4号)的精神,教育部高等学校电子信息类专业教学指导委员会开展了"高等学校电子信息类专业课程体系"的立项研究工作,并于2014年5月启动了《高等学校电子信息类专业系列教材》(教育部高等学校电子信息类专业教学指导委员会规划教材)的建设工作。其目的是为推进高等教育内涵式发展,提高教学水平,满足高等学校对电子信息类专业人才培养、教学改革与课程改革的需要。

本系列教材定位于高等学校电子信息类专业的专业课程,适用于电子信息类的电子信息工程、电子科学与技术、通信工程、微电子科学与工程、光电信息科学与工程、信息工程及其相近专业。经过编审委员会与众多高校多次沟通，初步拟定分批次（2014—2017年）建设约100门课程教材。本系列教材将力求在保证基础的前提下，突出技术的先进性和科学的前沿性，体现创新教学和工程实践教学；将重视系统集成思想在教学中的体现，鼓励推陈出新，采用"自顶向下"的方法编写教材；将注重反映优秀的教学改革成果，推广优秀的教学经验与理念。

为了保证本系列教材的科学性、系统性及编写质量，本系列教材设立顾问委员会及编审委员会。顾问委员会由教指委高级顾问、特约高级顾问和国家级教学名师担任，编审委员会由教育部高等学校电子信息类专业教学指导委员会委员和一线教学名师组成。同时，清华大学出版社为本系列教材配置优秀的编辑团队，力求高水准出版。本系列教材的建设，不仅有众多高校教师参与，也有大量知名的电子信息类企业支持。在此，谨向参与本系列教材策划、组织、编写与出版的广大教师、企业代表及出版人员致以诚挚的感谢，并殷切希望本系列教材在我国高等学校电子信息类专业人才培养与课程体系建设中发挥切实的作用。

吕志伟 教授

前 言
PREFACE

"过程控制系统"是自动化及其相关专业的核心课程之一,也是一门理论与生产实际密切联系的技术性课程。通过本课程的学习,要求学生能够掌握生产过程控制系统的分析、设计和工程实施能力。

本书的编排如下:第1章介绍过程控制的基本概念,过程控制系统的组成、特点和分类,以及设计过程控制系统的基本步骤;第2章是本书的重点,首先介绍简单控制系统的组成和控制性能指标,然后从过程建模、检测变送仪表的选型、控制阀的选型、控制器的控制算法以及控制器的参数整定等几个方面详细阐述了分析、设计一个简单控制系统的基本内容;第3章介绍串级、比值、均匀、前馈、选择、分程、双重等复杂控制系统的设计与实现方法;第4章介绍解耦控制、大滞后补偿控制、推断控制、软测量技术、模型预测控制、自适应控制等几种先进控制技术;第5章介绍模糊控制和专家系统控制这两种典型的智能控制系统,重点讲解了模糊控制在过程控制领域的应用;第6章详细介绍各种控制方案在锅炉设备控制中的应用。

本书在内容上有如下特点:首先是注重系统性设计思想,在第2章中将性能指标分析、过程建模、仪表和控制阀的选型、控制器的控制算法以及参数整定作为一个整体来介绍,使学生更加清晰明了地了解简单控制系统的设计内容;其次是理论与Simulink仿真紧密结合,可以通过仿真加深对控制系统设计及参数整定方法的理解。

本书主要由慕延华、华臻、林忠海编著。另外,在本书的编写过程中得到了山东工商学院信息与电子工程学院全体教师的关心和帮助,同时得到了清华大学出版社盛东亮编辑的大力支持和帮助,谨此一并表示衷心感谢!

由于编者水平有限,书中难免存在不足和错误,恳请读者批评指正。作者的E-mail为:muyan-hua@163.com。

编 者
2018年1月

目 录
CONTENTS

第1章 绪论 ··· 1
  1.1 过程控制的基本概念 ··· 1
  1.2 过程控制系统的发展与趋势 ·· 1
  1.3 过程控制系统的组成、特点及分类 ··· 3
    1.3.1 过程控制系统的组成 ·· 3
    1.3.2 过程控制系统的特点 ·· 5
    1.3.3 过程控制系统的分类 ·· 6
  1.4 过程控制的要求和任务 ·· 6
    1.4.1 过程控制的要求 ·· 6
    1.4.2 过程控制的任务 ·· 6
  1.5 设计和实现过程控制系统的基本步骤 ·· 7
  思考题与习题 ··· 9

第2章 简单控制系统 ··· 10
  2.1 简单控制系统的组成和控制性能指标 ·· 10
    2.1.1 简单控制系统的组成 ·· 10
    2.1.2 过程控制系统的性能指标 ·· 12
  2.2 过程动态特性和过程建模 ··· 15
    2.2.1 典型过程动态特性 ··· 15
    2.2.2 过程特性对控制性能指标的影响 ··· 19
    2.2.3 过程建模的基本概念 ·· 25
    2.2.4 机理建模 ·· 27
    2.2.5 过程辨识与参数估计 ·· 31
  2.3 检测变送仪表的选型 ··· 57
    2.3.1 检测变送仪表概述 ··· 58
    2.3.2 测温仪表的分类与选型 ··· 60
    2.3.3 流量仪表的分类与选型 ··· 63
    2.3.4 压力仪表的分类与选型 ··· 65
    2.3.5 物位仪表的分类与选型 ··· 67
    2.3.6 检测变送信号的处理 ·· 71
  2.4 控制阀的选型 ·· 75
    2.4.1 控制阀概述 ·· 75
    2.4.2 控制阀结构形式及材质的选择 ··· 77
    2.4.3 控制阀作用方式的选择 ··· 84

2.4.4　控制阀的流量特性 …………………………………………………………… 86
　　　2.4.5　控制阀流量特性的选择 ……………………………………………………… 91
　　　2.4.6　控制阀口径的选择 …………………………………………………………… 92
　　　2.4.7　阀门附件的选择 ……………………………………………………………… 102
　2.5　控制器的控制算法 …………………………………………………………………… 103
　　　2.5.1　概述 …………………………………………………………………………… 103
　　　2.5.2　模拟 PID 控制算法 …………………………………………………………… 105
　　　2.5.3　数字 PID 控制算法 …………………………………………………………… 116
　　　2.5.4　双位控制 ……………………………………………………………………… 124
　2.6　PID 控制器的参数整定 ……………………………………………………………… 126
　　　2.6.1　PID 控制器参数整定的一般原则 …………………………………………… 126
　　　2.6.2　PID 控制器参数的工程整定方法 …………………………………………… 127
　　　2.6.3　PID 控制器参数的自整定方法 ……………………………………………… 135
　2.7　控制系统的投运 ……………………………………………………………………… 137
　　　2.7.1　投运前的准备 ………………………………………………………………… 137
　　　2.7.2　投运过程 ……………………………………………………………………… 137
　思考题与习题 ……………………………………………………………………………… 138

第 3 章　复杂控制系统 ………………………………………………………………… 139

　3.1　串级控制系统 ………………………………………………………………………… 139
　　　3.1.1　串级控制系统的基本原理和结构 …………………………………………… 139
　　　3.1.2　串级控制系统的特点 ………………………………………………………… 142
　　　3.1.3　串级控制系统的设计 ………………………………………………………… 144
　　　3.1.4　串级控制系统的参数整定及投运 …………………………………………… 148
　　　3.1.5　串级控制系统的变型 ………………………………………………………… 150
　　　3.1.6　串级控制系统 Simulink 仿真示例 …………………………………………… 152
　3.2　比值控制系统 ………………………………………………………………………… 156
　　　3.2.1　比值控制系统的基本原理和结构 …………………………………………… 156
　　　3.2.2　比值系数的计算 ……………………………………………………………… 161
　　　3.2.3　比值控制系统的设计 ………………………………………………………… 163
　　　3.2.4　比值控制系统的参数整定和投运 …………………………………………… 165
　　　3.2.5　比值控制系统的变型 ………………………………………………………… 166
　　　3.2.6　比值控制系统 Simulink 仿真示例 …………………………………………… 167
　3.3　均匀控制系统 ………………………………………………………………………… 172
　　　3.3.1　均匀控制系统的基本原理 …………………………………………………… 172
　　　3.3.2　均匀控制系统的类型 ………………………………………………………… 174
　　　3.3.3　均匀控制系统控制规律的选择及参数整定 ………………………………… 176
　　　3.3.4　均匀控制系统 Simulink 仿真示例 …………………………………………… 177
　3.4　前馈控制系统 ………………………………………………………………………… 180
　　　3.4.1　前馈控制和不变性原理 ……………………………………………………… 180
　　　3.4.2　前馈控制的主要结构形式 …………………………………………………… 181
　　　3.4.3　前馈控制系统的设计及工程实施中的几个问题 …………………………… 186
　　　3.4.4　前馈控制系统的投运与参数整定 …………………………………………… 187
　　　3.4.5　前馈控制系统 Simulink 仿真示例 …………………………………………… 187

- 3.5 选择性控制系统 ··· 192
  - 3.5.1 选择性控制系统的基本原理 ··· 193
  - 3.5.2 选择性控制系统的类型 ··· 194
  - 3.5.3 选择性控制系统的设计 ··· 198
  - 3.5.4 选择性控制系统应用实例 ·· 199
- 3.6 分程控制系统 ··· 201
  - 3.6.1 分程控制系统的基本概念和结构 ··· 201
  - 3.6.2 分程控制系统的应用 ··· 202
  - 3.6.3 分程控制系统设计和工程应用中的几个问题 ···························· 204
- 3.7 双重控制系统 ··· 205
  - 3.7.1 基本原理和结构 ·· 205
  - 3.7.2 双重控制系统设计和工程应用 ·· 207
  - 3.7.3 双重控制系统应用实例 ··· 207
- 思考题与习题 ··· 208

第 4 章 先进控制系统

- 4.1 解耦控制系统 ··· 209
  - 4.1.1 系统的关联分析 ·· 209
  - 4.1.2 相对增益和相对增益矩阵 ·· 210
  - 4.1.3 解耦控制系统的设计 ··· 214
  - 4.1.4 解除控制系统的简化设计 ·· 216
  - 4.1.5 解耦控制系统设计举例 ··· 217
  - 4.1.6 解耦控制系统的 Simulink 仿真 ·· 218
- 4.2 大滞后补偿控制系统 ·· 223
  - 4.2.1 大滞后过程概述 ·· 223
  - 4.2.2 纯滞后对系统控制品质的影响 ·· 223
  - 4.2.3 Smith 预估补偿控制方案 ··· 224
  - 4.2.4 Smith 补偿器的计算机实现 ·· 225
  - 4.2.5 改进型 Smith 预估补偿控制 ··· 227
  - 4.2.6 Smith 补偿控制系统的 Simulink 仿真 ····································· 229
- 4.3 推断控制系统 ··· 231
  - 4.3.1 推断控制系统的组成 ··· 231
  - 4.3.2 推断反馈控制系统 ·· 233
  - 4.3.3 输出可测条件下的推断控制 ··· 234
- 4.4 软测量技术 ·· 237
  - 4.4.1 软测量模型的数学描述 ··· 237
  - 4.4.2 影响软测量性能的主要因素 ··· 238
  - 4.4.3 软测量的实施 ··· 241
  - 4.4.4 软测量的工业应用 ·· 241
- 4.5 预测控制 ··· 242
  - 4.5.1 预测控制的发展 ·· 242
  - 4.5.2 预测控制的基本原理 ··· 243
  - 4.5.3 模型算法控制 ··· 244
- 4.6 自适应控制 ·· 246

4.6.1　自适应控制的基本概念 …………………………………………………… 246
　　　4.6.2　模型参考自适应控制系统 …………………………………………………… 247
　　　4.6.3　自校正控制系统 ……………………………………………………………… 248
　思考题与习题 ………………………………………………………………………………… 252

第5章　智能控制系统 ………………………………………………………………………… 253
　5.1　模糊控制系统 …………………………………………………………………………… 254
　　　5.1.1　模糊控制的基本概念及发展 ………………………………………………… 254
　　　5.1.2　模糊集合及基本运算 ………………………………………………………… 255
　　　5.1.3　模糊关系及合成 ……………………………………………………………… 256
　　　5.1.4　模糊推理 ……………………………………………………………………… 258
　　　5.1.5　模糊控制器的基本结构 ……………………………………………………… 262
　　　5.1.6　模糊控制器设计的若干问题 ………………………………………………… 264
　　　5.1.7　模糊控制器设计实例 ………………………………………………………… 269
　5.2　专家控制系统 …………………………………………………………………………… 274
　　　5.2.1　专家系统与专家控制 ………………………………………………………… 274
　　　5.2.2　专家控制器 …………………………………………………………………… 274
　　　5.2.3　专家控制系统的设计 ………………………………………………………… 275
　思考题与习题 ………………………………………………………………………………… 276

第6章　锅炉设备的控制 ……………………………………………………………………… 277
　6.1　锅炉汽包水位的控制 …………………………………………………………………… 278
　　　6.1.1　锅炉汽包水位的动态特性 …………………………………………………… 279
　　　6.1.2　锅炉汽包水位控制方案 ……………………………………………………… 280
　6.2　锅炉燃烧系统的控制 …………………………………………………………………… 284
　　　6.2.1　燃烧控制系统的任务 ………………………………………………………… 284
　　　6.2.2　蒸汽压力控制系统 …………………………………………………………… 285
　　　6.2.3　烟气氧含量闭环控制系统 …………………………………………………… 287
　　　6.2.4　炉膛压力控制系统 …………………………………………………………… 288
　　　6.2.5　安全联锁控制系统 …………………………………………………………… 289
　6.3　蒸汽过热系统的控制 …………………………………………………………………… 289
　　　6.3.1　过热蒸汽温度控制的任务 …………………………………………………… 289
　　　6.3.2　过热蒸汽温度控制的基本方案 ……………………………………………… 290
　思考题与习题 ………………………………………………………………………………… 291

参考文献 ………………………………………………………………………………………… 292

第 1 章 绪 论
CHAPTER 1

1.1 过程控制的基本概念

工业自动化是综合运用控制理论、电子装备、仪器仪表、计算机和相关工艺技术,对工厂或企业的生产设备或工业生产过程实现检测、控制、优化、调度、管理和决策,以达到增加产量、提高质量、节省能源、降低消耗、减少污染、确保安全等目的的一种综合性技术。

工业自动化涉及的范围极广,可分为生产过程自动化、电气传动自动化、电力系统自动化、生产管理自动化、楼宇自动化等。生产过程自动化是工业自动化的重要分支,是自动控制技术在石油、化工、冶金、电力、轻工、纺织等工业生产过程中的具体应用。

凡是采用数字或模拟控制方式对生产过程中的某些物理参数进行自动控制的过程就称为过程控制。具体来说,过程控制是通过采用各种自动化仪表、计算机等自动化工具,应用自动控制理论,对生产过程中某些物理参数进行自动检测、监督和控制,从而实现现代企业安全、优质、低耗和高效益的生产。因而,过程控制是控制理论与工业生产过程、设备,以及自动化仪表和计算机工具相结合的工程应用科学。

工业生产过程是指原材料经过若干加工步骤转变成产品并具有一定生产规模的过程。它分为连续生产过程(如石油化工、冶金、发电、造纸、化工、轻工、污水处理等)、半连续和间歇(批量)生产过程(如制药工业、食品工业)和离散制造过程(如机械制造、汽车工业、仪器仪表工业、家电工业等)。过程控制主要是针对连续生产过程采用的一种控制方法,在这些生产过程中自动控制系统的被控参数通常是温度、压力、流量、液位(或物位)和成分等变量。

1.2 过程控制系统的发展与趋势

在 20 世纪 40 年代以前,工业生产非常落后,大多数工业生产过程均处于手工操作状态,只有少量简单的检测仪表用于生产过程,操作人员主要根据观测到的反映生产过程的关键参数,人工改变操作条件,凭经验去控制生产过程。

20 世纪 40 年代以后,工业生产过程的自动化技术发展迅速。过程控制系统的发展,大致经历了以下四个阶段:基地式仪表控制系统、单元组合式仪表控制系统、计算机控制系统和计算机综合自动化系统(computer integrated processing system,CIPS)。

1. 基地式仪表控制系统

20 世纪 50 年代前后,一些工厂企业的部分生产过程实现了仪表化和局部自动化。这是过程控制发展的第一个阶段。这一阶段过程控制系统的主要特点如下：系统结构大多数是单输入单输出系统；检测控制仪表普遍采用基地式仪表和部分单元组合仪表（气动Ⅰ型和电动Ⅰ型）；控制理论是基于传递函数、以反馈为中心的经典控制理论。

2. 单元组合式仪表控制系统

20世纪60年代，随着工业生产的不断发展，对过程控制提出了新的要求，开始了过程控制的第二个阶段。在过程控制系统方面，为了提高控制质量和实现一些特殊的工艺要求，相继开发和应用了各种复杂的过程控制方案，如串级控制、比值控制、均匀控制、前馈控制和选择性控制等。在仪表方面，单元组合仪表（气动Ⅱ型和电动Ⅱ型）成为主流产品。这些复杂控制系统的理论基础主要是以状态空间法为基础，以极小值原理和动态规划等最优控制理论为基本特征的现代控制理论。

3. 计算机控制系统

20世纪70年代，出现了专门用于过程控制的小型计算机，最初是由直接数字控制（direct digital control，DDC）实现集中控制，代替常规控制仪表。由于当时数字计算机的可靠性还不够高，一旦计算机出现某种故障，就会造成系统崩溃，所有控制回路瘫痪、生产停产的严重局面。由于工业生产很难接受这种危险高度集中的系统结构，使得集中控制系统的应用受到一定的限制。随着计算机可靠性的提高和价格的下降，过程控制领域又出现了一种新型控制方案——集散控制系统（distributed control system，DCS）。DCS在硬件上将控制回路分散化，并将数据显示、实时监督等功能集中化，提高了系统的可靠性，有利于安全平稳地生产。就控制策略（算法）而言，DCS仍以简单PID控制为主，再加上一些复杂控制算法，并没有充分发挥计算机的功能和控制水平。在仪表方面，气动单元组合仪表（气动Ⅲ型）的品种不断增加，电动单元组合仪表（电动Ⅲ型）也实现了本质上安全防爆，适应了各种复杂控制系统的要求。以微处理器为核心的智能控制装置（如KMM可编程调节器）、可编程逻辑控制器（programmable logic controller，PLC）、工业PC和数字控制器等成为控制装置的主流。在控制理论方面，形成了大系统理论和智能控制理论。

20世纪70年代后期，为了克服控制理论与工业应用之间不协调的问题，人们开始打破传统方法的约束，试图直接面对工业过程的特点，寻找对模型要求低、综合控制质量好、在线计算方便的优化控制新算法，模型预测控制（model predictive control，MPC）因此发展起来。MPC是一种基于模型的计算机控制算法，目前已经在炼油、化工、电力、航空航天、汽车控制等多个方面有着成功的应用，是当前工业过程应用中最具代表性的先进控制算法。此外，软测量技术、自适应控制等先进控制技术也开始应用于过程控制系统。

4. 计算机综合自动化系统

20世纪80年代中后期，随着微电子技术和大规模以及超大规模集成电路的迅速发展，国际上发展起来一种以微处理器为核心，使用集成电路实现现场设备信息采集、传输、处理以及控制等功能的智能信号传输技术——现场总线，并构成了新型的网络集成式全分布控制系统——现场总线控制系统（fieldbus control system，FCS）。现场总线控制系统将挂在总线上、作为网络节点的智能设备连接为网络系统，并进一步构成自动化系统，从而实现基本控制、补偿计算、参数修改、报警、显示、监控、优化及管控一体化的综合自动化功能。

现场总线控制系统突破了DCS通信由专用网络的封闭系统来实现所造成的缺陷，把基于封闭、专用的解决方案变成了基于公开化、标准化的解决方案。既可以把来自不同厂商而遵守同一协议规范的自动化设备,通过现场总线网络连接成系统,实现综合自动化的各种功能,同时也可以把 DCS 集中与分散相结合的集散系统结构,变成新型全分布式结构,把控制功能彻底下放到现场,依靠现场智能设备本身便可实现基本控制功能。

当前,过程控制已进入全新的、基于网络的计算机综合自动化系统时代。CIPS 以综合生产指标(包括产品质量、产量、成本和消耗等)为性能指标,以计算机和网络技术为手段,以生产工业的控制过程与管理过程为主要对象,将生产过程中的生产工艺技术、设备运行技术和生产过程管理技术集成,实现生产过程控制、运行、管理的优化集成,从而进一步实现管理的扁平化和综合生产指标的优化。

随着现代工业生产的迅速发展,工艺条件越来越复杂,对过程控制的要求也越来越高。复杂工业过程的特点主要表现为多变量、分布参数、大惯性、大滞后和非线性等。面对复杂的对象,用传统控制的理论和方法已经不能很好地完成控制任务了。因此,模糊控制、神经网络控制、专家系统控制等智能控制技术已经成为过程控制的重要技术。可以预见,随着人工智能技术不断地发展和完善,过程控制系统的智能化程度会越来越高。

1.3 过程控制系统的组成、特点及分类

1.3.1 过程控制系统的组成

过程控制系统主要由被控过程和自动化仪表(包括计算机)两部分组成,其中自动化仪表负责对被控过程的工艺参数进行自动地测量、监视和控制等。下面以几个典型的工业控制系统为例介绍过程控制系统的基本组成。

1. 锅炉汽包水位控制系统

在锅炉正常运行中,汽包水位是一个重要的参数,它的高低直接影响蒸汽的品质和锅炉的安全。水位过低,当负荷很大时,汽化速度很快,汽包内的液体将全部汽化,导致锅炉烧干甚至会引起爆炸;而水位过高则会影响汽包的汽水分离,产生蒸汽带液现象,降低了蒸汽的质量和产量,严重时则会损坏后续设备。

图 1-1 是锅炉汽包水位人工控制系统示意图。人工控制的过程简述如下:操作人员用眼睛观察玻璃液位计中的指示值,然后通过神经系统传给大脑,大脑根据指示值和工艺要求

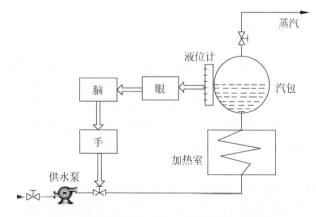

图 1-1　锅炉汽包水位人工控制系统示意图

的控制目标值进行比较,得到偏差的大小和方向,并根据操作经验发出信息命令传至双手,双手根据大脑的指令去改变给水阀的方向和大小,使蒸汽的消耗量和给水量相等,最终使水位保持在设定目标值上。在这个过程中,人的眼睛、大脑、手分别起到检测、判断分析和运算、执行的作用,完成测量、计算偏差、纠错偏差的过程,保持锅炉汽包水位恒定。

人工控制方式由于受生理的限制,无论在速度上还是在精度上都是有限的。为了提高控制精度,减轻操作人员的劳动强度,改善操作人员的工作环境,用一些自动控制装置,如测量仪表、控制仪表、执行机构等替代人工操作过程,使人工控制转变成自动控制。

图 1-2 为锅炉汽包水位自动控制系统的示意图。汽包水位自动控制的过程简述如下:液位测量变送器检测锅炉汽包水位的变化,并将汽包水位高低这一物理量转换成仪表间的标准统一信号。控制器接收液位测量变送器输出的标准统一信号,并与工艺控制要求的目标水位信号相比较得出偏差信号的大小和方向,按一定的规律运算后输出一个对应的标准统一信号。执行器接收到控制器的输出信号后,根据信号的大小和方向控制阀门的开度,从而改变给水量,经过反复测量和控制使锅炉汽包水位达到工艺控制要求。

2. 转炉供氧量控制系统

转炉是炼钢工业生产过程中的一种重要设备。熔融的铁水装入转炉后,可以通过氧枪供给转炉一定的氧气量,在氧气的作用下,铁水中的碳逐渐氧化燃烧,从而使铁水中的含碳量不断地降低,控制吹氧量和吹氧时间就可以控制冶炼钢水的含碳量,从而获得不同品种的钢。为了冶炼各种不同品种的钢材,设计了如图 1-3 所示的转炉供氧量控制系统。

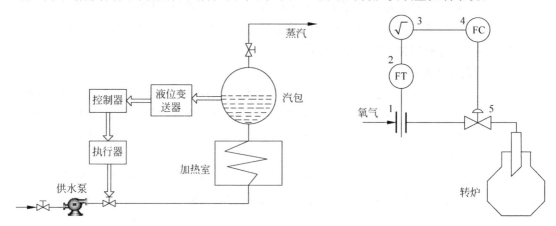

图 1-2 锅炉汽包水位自动控制系统示意图   图 1-3 转炉供氧量控制系统示意图

本系统采用 DDZ-Ⅲ型仪表。采用节流装置 1 测量氧气流量,并送至流量变送器(FT)2,再经开方器 3 后作为流量控制器(FC)4 的测量值,将测量值与供氧量的给定值进行比较得到偏差,控制器按此偏差输入信号以某种 PID 控制规律进行运算,并输出控制信号去调节控制阀 5 的开度,从而改变供氧量的大小,以满足生产工艺的要求。

由以上两个过程控制系统的分析,可以得到过程控制系统的一般性框图,如图 1-4 所示。

对于图 1-4,需要说明以下几点:

(1) 在该图中,检测变送、控制器和执行器等各环节是单向作用的,即各环节的输入信号会影响输出信号,但是输出信号不会反过来影响输入信号。

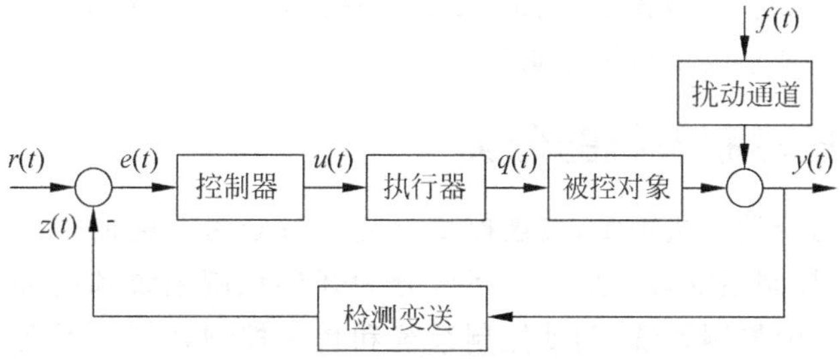

图 1-4 过程控制系统的一般性框图

(2) 框图中,箭头表示信号的流向,而不是具体物料或能量的流向。

(3) 图中的比较环节实际上是控制器的一个部分,并不是独立的元件,是为了更醒目地表示控制器的比较作用,才将其单独画出。

现将图 1-4 中名词术语作如下说明:

(1) 被控变量 $y(t)$:被控变量表征生产设备或过程运行状况,是需要加以控制的变量,也是过程控制系统的输出量。如锅炉汽包水位控制系统中的水位就是被控变量。

(2) 设定值(给定值、期望值)$r(t)$:设定值是工艺要求上被控变量的值,也是过程控制系统的输入量。如锅炉汽包水位控制系统中要求水位保持在 50%,其所对应的标准信号就是设定值。

(3) 扰动变量 $f(t)$:在生产过程中,凡是影响被控变量的各种外来因素都称为扰动。扰动也是过程控制系统的输入量。如锅炉汽包水位控制系统中给水压力的变化和蒸汽负荷的变化等都是扰动。

(4) 操纵变量 $q(t)$:操纵变量是受控制器操纵,用以克服扰动变量的影响,使被控变量保持在设定值的物料量或能量。在选择操纵变量时,应考虑对被控变量具有较强直接影响的且便于调节的变量。用来实现控制作用的物料一般称为操纵介质。如锅炉汽包水位控制系统中的给水量就是操纵变量,给水就是操纵介质。

(5) 测量值 $z(t)$:被控变量经检测变送环节实际测量的值。

(6) 偏差 $e(t)$:被控变量的设定值与测量值之差。

(7) 控制作用 $u(t)$:控制器的输出值。

1.3.2 过程控制系统的特点

同其他自动控制系统相比,过程控制系统具有如下明显特点。

1. 被控过程的连续性

大多数被控过程都是以长期或间歇的形式连续运行,在密封的设备中被控变量不断地受到各种扰动的影响。

2. 被控对象的复杂性

首先,被控对象涉及的范围广。如石油化工过程的精馏塔、反应器,热工过程的换热器、锅炉等。其次,被控对象具有复杂特性。如大惯性、大滞后、非线性、分布参数、时变等特性。

3. 控制方案的多样性

由于被控过程的多样性、复杂性,且控制要求各异,使得控制方案多种多样。包括常规

PID控制、改进PID控制、串级控制、前馈-反馈控制、解耦控制、比值控制、均匀控制、选择性控制、模糊控制、预测控制以及最优控制等。

1.3.3 过程控制系统的分类

过程控制系统的分类方法很多,按被控变量类型可分为温度控制系统、压力控制系统、流量控制系统、液位控制系统等;按开闭环可分为开环控制系统和闭环控制系统;按给定值信号特点可分为定值控制系统、随动控制系统和程序控制系统。下面简单说明按给定值信号特点的分类方式。

1. 定值控制系统

定值控制系统是一类给定值保持恒定的控制系统。定值控制系统是工业生产过程中应用最多的一种控制系统。该系统的主要作用是克服一切扰动对被控变量的影响,使被控变量保持在设定值。

2. 随动控制系统

随动控制系统,又称为伺服控制系统,是指给定值随时间随机变化的控制系统。导弹发射架控制系统、雷达天线控制系统等都属于随动控制系统。串级控制系统中的副回路、比值控制系统中的副流量回路也是随动控制系统。

3. 程序控制系统

如果给定值按事先设定好的程序变化,则称为程序控制系统。电饭锅是程序控制系统在日常生活中应用的一个典型例子。

1.4 过程控制的要求和任务

1.4.1 过程控制的要求

现代工业生产过程往往流程复杂、规模庞大,同时又有高温、高压、易燃、易爆、有毒等特点。因而,对过程控制的要求有很多,但归纳起来主要有三个方面,即安全性、稳定性和经济性。

1. 安全性

安全性是指在整个生产过程中,要确保人身和设备安全,这是最重要也是最基本的要求。为达到此目的,通常采用参数越限报警、联锁保护等措施加以实现。随着工业生产过程的连续化和大型化,上述措施已不能满足要求,还必须设计在线故障诊断系统和容错控制系统等来进一步提高生产运行的安全性。

2. 稳定性

稳定性是指系统具有抑制外部干扰、保持生产过程长期稳定运行的能力,这也是过程控制系统能够正常运行的基本保证。

3. 经济性

经济性是指要求生产成本低而效率高,这也是现代工业生产所追求的目标。

1.4.2 过程控制的任务

过程控制的任务是在了解、熟悉、掌握生产工艺流程与生产过程的静态和动态特性的基础上,根据工艺要求,应用控制理论、现代控制技术,对过程控制系统进行分析、设计、整定,实现工业生产过程的自动化。同时,必须注意工程应用中的相关问题。过程控制的任务是由过程控制系统中的工程设计与工程实现来完成的。

"过程控制系统"课程是在学生学完自动控制理论,检测技术与仪表,控制仪表及装置等课程之后开设的。课程着重研究根据连续工业过程的生产特点与要求,应用自动控制理论、控制技术和自动化仪表来设计过程控制系统。通过学习,不仅能达到解决过程控制工程中的一般问题,并具有分析和设计较复杂的过程控制系统的能力。

1.5 设计和实现过程控制系统的基本步骤

过程控制系统的设计是过程控制的主要内容,也是本门课程学习的重点。现以加热炉温度控制系统的设计为例进行简要叙述。图 1-5 是加热炉过程控制系统的示意图。

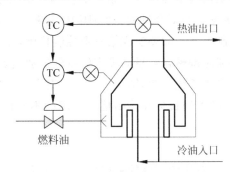

图 1-5 加热炉过程控制系统示意图

1. 确定控制目的

对图 1-5 所示的加热炉,存在以下几个不同的控制目标:
(1) 在安全运行的条件下,保证热油出口温度稳定;
(2) 在安全运行的条件下,保证热油出口温度和烟道气含氧量稳定;
(3) 在安全运行的条件下,既要保证热油出口温度稳定,还要使加热炉热效率最高。

显然,当控制目标不同时,设计的控制方案也是不同的,这是需要首先确定的。

2. 选择被控变量

在选择被控变量时,应深入了解工艺过程,选择能够反映工艺过程的被控变量,尽量选用易于测量且关系简单的直接质量指标作为被控变量,同时被控变量应有足够的灵敏度。在该加热炉的加热过程中,当热油出口温度、烟道气含氧量、燃油压力等参数能够被检测时,均可以选作被控变量。当有些参数不能被直接测量时,可利用参数估计的方法得到,也可通过测量与其有一定函数关系的另一参数(称为间接参数)经计算得到。有些参数还必须通过其他几种参数综合计算得到,如加热炉的热效率就是通过测量烟气温度、烟气中的含氧量和一氧化碳含量并进行综合计算得到的。

3. 选择操纵变量

在选择操纵变量时,应选择对被控变量影响较大且较快响应的操纵变量,即静态合理、动态迅速。此外,还应考虑操纵变量的经济性。

一个被控过程通常存在一个或多个可供选择的操纵变量。究竟用哪个操纵变量去控制哪个被控变量,这是需要认真考虑的。在该加热炉过程控制中,是以燃料油的流量还是以冷油的入口流量作为操纵变量去控制热油的出口温度,需要认真加以选择。还有,是用烟道挡板的开度还是用炉膛入口处送风挡板的开度作为操纵变量去控制烟气中的含氧量,也同样需要认真选择,它的确定决定了被控过程的性质。

4. 确定控制方案

控制方案与控制目标有着密切的关系。在加热炉控制中,如果只要求实现第一个控制目标,则只要采用简单控制方案即可满足要求。但当燃油的压力变化既频繁又剧烈,同时还要确保热油出口温度有较高的控制精度时,则要采用较为复杂的控制方案。如要实现第二个控制目标,则在对热油出口温度控制的基础上,还要再增设一个烟气含氧量成分控制系统,才能完成控制任务。如果一方面要求热油出口温度有较高的控制精度,另一方面又要求有较高的热效率,此时若仍采用两个简单控制系统的控制方案已不能满足要求。因为此时的加热过程已变成多输入多输出的耦合过程(即 MIMO 过程)。要实现对该过程的控制目标,必须采用多变量解耦控制方案。如要实现第三个控制目标,除了要对温度和含氧量分别采用定值控制方案外,还要随时调整含氧量的设定值以保证加热炉热效率最高。为此,必须建立燃烧过程的数学模型,采用最优控制,结果使控制方案变得更加复杂。

总之,控制方案的确定,随控制目标和控制精度要求的不同而有所不同,它是控制系统设计的核心内容之一。

5. 选择控制策略

控制方案决定控制策略。对比较简单的被控过程,在大多数情况下,只需选择常规 PID 控制策略即可达到控制目的;对比较复杂的被控过程,则需要采用先进过程控制策略,如模糊控制、推理控制、预测控制、解耦控制、自适应控制策略等。这些控制策略(控制算法)涉及许多复杂的计算,通常需要借助计算机才能实现。控制策略的合理选择也是系统设计的核心内容之一。

6. 选择执行器

在确定了控制方案和控制策略之后,就要选择执行器。目前可供选择的商品化执行器有气动和电动两种,其中以气动执行器的应用最为广泛。这里的关键问题是如何根据操纵变量的工艺条件和对流量特性的要求选择合适的执行器。若执行器选得不合适,则会导致执行器的特性与过程特性不匹配,进而使设计的控制系统难以达到预期的控制目标,有的甚至使系统无法运行。因此,选择合适的执行器应该引起人们足够的重视。

7. 设计报警和联锁保护系统

报警系统的作用在于及时提醒操作人员密切注视生产中的关键参数,以便采取措施预防事故的发生。对于关键参数,应根据工艺要求设定其高、低限值。联锁保护系统的作用是当生产一旦出现事故时,为确保人身与设备的安全,要迅速使被控过程按预先设计好的程序进行操作以便使其停止运转或转入保守运行状态。例如,当加热炉在运行过程中出现事故而必须紧急停车时,联锁保护系统必须先停燃油泵后关燃油阀,再停引风机,最后切断热油阀。只有按照这样的联锁保护程序才会避免事故的进一步扩大。否则,若先关热油阀,则可能烧坏油管;或先停引风机,则会使炉内积累大量燃油气,从而导致再次点火时出现爆炸事故,损坏炉体。因此,正确设计报警和联锁保护系统是保证生产安全的重要措施。

8. 系统的工程设计

过程控制系统的工程设计是指用图样资料和文件资料表达控制系统的设计思想和实现过程,并能按图样进行施工。设计文件和图样一方面要提供给上级主管部门,以便对该建设项目进行审批,另一方面则作为施工建设单位进行施工安装的主要依据。因此,工程设计既是生产过程自动化项目建设中的一项极其重要的环节,也是对学生强化工程实践、运用过程控制系统的知识进行全面综合训练的重要环节。

9. 系统投运、调试和整定控制器的参数

在完成工程设计、控制系统安装之前,应按照控制方案的要求检查和调试各种控制仪表和设备的运行状况,然后进行系统安装与调试,最后进行控制器的参数整定,使控制系统运行在最优(或次优)状态。

以上所述为过程控制系统设计的主要步骤。但是,对一个从事过程控制的工程技术人员来说,除了要熟悉上述控制系统设计的主要步骤外,还要尽可能熟悉生产过程的工艺流程,以便从控制的角度掌握它的静态和动态特性(又称为过程模型)。对于简单过程控制问题,也许不需要详细分析或建立显式模型,但对于复杂过程的控制问题,过程模型不仅有利于控制系统的设计,而且有利于对过程的深入了解。因此,建立过程的数学模型也是控制系统设计的重要内容之一。

思考题与习题

(1) 与其他自动控制系统相比,过程控制系统有哪些主要特点?
(2) 什么是过程控制系统?试画出过程控制系统的一般性框图。
(3) 简述过程控制系统的设计步骤。
(4) 按给定值过程控制系统可分为哪几种类型?试举例说明。
(5) 试举一个日常生活中应用过程控制系统的例子。说明该系统的控制目标以及该控制目标是如何实现的,指出该过程控制系统的被控变量、操纵变量及主要干扰。

第 2 章 简单控制系统

CHAPTER 2

简单控制系统是只对一个被控变量进行控制的单回路闭环控制系统。这类系统虽然简单,但却是最基本的过程控制系统。在计算机控制已占主流的今天,即使在复杂、高水平的过程控制系统中,简单控制系统仍占控制回路的绝大多数(约占工业控制系统的80%以上)。而且,复杂过程控制系统也是在简单控制系统的基础上构成的。因此,学习和掌握简单控制系统的分析与设计方法既具有广泛的实用价值,又是学习和掌握其他各类复杂控制系统的基础。

2.1 简单控制系统的组成和控制性能指标

2.1.1 简单控制系统的组成

图 2-1 给出了几个简单控制系统的例子。图中的 TT、PT、LT 和 FT 分别表示温度变送器、压力变送器、液位变送器和流量变送器,TC、PC、LC 和 FC 分别表示温度控制器、压力控制器、液位控制器和流量控制器,图中的执行器都用控制阀表示。

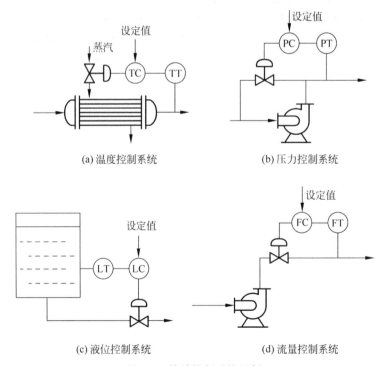

图 2-1 简单控制系统示例

在这些控制系统中,当系统受到扰动或设定值受影响时,被控变量发生变化,检测变送信号在控制器中与设定值比较,将偏差值按一定的控制规律运算,输出信号驱动执行机构(控制阀)改变操纵变量,使被控变量恢复到设定值。

可见,简单控制系统由检测变送单元、控制器、执行器和被控对象组成。

检测变送单元用于检测被控变量,并将检测到的信号转换为标准信号输出。如热电阻或热电偶等温度变送器、压力变送器、液位变送器和流量变送器等。

控制器用于将检测变送单元的输出信号与设定值信号进行比较,按一定的控制规律对其偏差信号进行运算,运算结果输出到执行器。控制器可以采用模拟控制仪表或由微处理器实现的数字控制器。

执行器是控制系统回路中的最终元件,直接用于控制操纵变量变化。执行器接收控制器的输出信号,改变操纵变量。执行器可以是气动薄膜控制阀、带电气阀门定位器的电动控制阀等,也可用变频调速电动机等实现。

被控对象是需要控制的设备,如换热器、泵、液位储罐和管道等。

图 2-2 是用传递函数描述的简单控制系统框图。

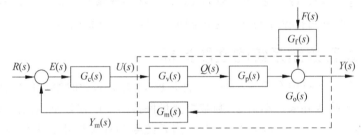

图 2-2　简单控制系统的传递函数描述

对于图 2-2,需要说明以下几点:

(1) 框图中的各个信号都是增量。

(2) 各环节的增益有正、负之分。该环节输入增加时,输出也增加,则增益为正;反之,增益为负。对于执行器来说,气开阀增益为正,气关阀增益为负。检测元件和变送器的增益一般为正。被控对象的增益有正、有负之分。加热系统的增益为正,冷却系统的增益为负。在液位控制系统中,控制阀在入口对象增益为正,在出口对象增益为负。控制器有正、反作用之分。对于控制器的正反作用有以下规定:当给定值不变,被控变量测量值增加时,控制器的输出也增加,则称为正作用控制器;反之,如果测量值增加时,控制器的输出减小,则称为反作用控制器。正作用控制器的增益为负,反作用控制器的增益为正。整个控制系统必须是一个负反馈系统,所以控制系统回路中各环节增益的乘积必须为正值,控制系统可以通过选择控制器的正反作用来实现负反馈。

(3) 通常将执行器、被控对象和检测变送环节合并为广义对象,广义对象传递函数用 $G_o(s)$ 表示。因此,简单控制系统也可表示为由控制器 $G_c(s)$ 和广义对象 $G_o(s)$ 组成的闭合回路。

(4) 简单控制系统有控制通道和扰动通道两个通道。控制通道是操纵变量作用到被控变量的通道。扰动通道是扰动作用到被控变量的通道。

(5) 设定值保持不变的反馈控制系统称为定值控制系统。当扰动影响被控变量时,简

单控制系统通过控制通道的调节，改变操纵变量来克服扰动对被控变量的影响。由图 2-2 可知，定值控制系统的传递函数为

$$\frac{Y(s)}{F(s)} = \frac{G_f(s)}{1 + G_c(s)G_v(s)G_p(s)G_m(s)} \tag{2-1}$$

（6）设定值任意变化的反馈控制系统称为随动控制系统或伺服控制系统。当控制系统的设定值变化时，控制系统通过控制通道的调节，改变操纵变量，使被控变量能跟随设定值的变化而变化。由图 2-2 可知，随动控制系统的传递函数为

$$\frac{Y(s)}{R(s)} = \frac{G_c(s)G_v(s)G_p(s)}{1 + G_c(s)G_v(s)G_p(s)G_m(s)} \tag{2-2}$$

（7）控制系统中如果包含采样开关，则这类控制系统称为采样控制系统。它可以由常规仪表加采样开关组成，也可以直接由计算机控制系统组成。根据采样开关的数量、设置的位置、采用保持器的类型和采样周期的不同，控制系统的控制效果会不同，应根据具体情况分析。

（8）通常将检测变送环节表示为 1，其原因是被控变量能够迅速正确地被检测和变送。此外，为了简化也常将 $G_m(s)$ 与被控对象 $G_p(s)$ 合并在一起考虑。但是，对于有非线性特性的检测变送环节，如采用孔板和差压变送器测量流量时，应分别列出。

2.1.2 过程控制系统的性能指标

过程控制系统在运行中有两种状态：一种是稳态（静态），此时给定值保持不变，系统没有受到任何外来干扰或外来扰动恒定，则被控变量保持不变或在很小范围内波动，整个系统处于稳定平衡的状况；另一种是暂态（动态），当系统受到外来变化的干扰或在改变了设定值后，原来的稳态遭到破坏，系统中各组成部分的输入输出量都相继发生变化，被控变量也将偏离原稳态值而随时间变化。

设计控制系统的目的就是当设定值发生变化或受到外界干扰时，使被控变量能够平稳、准确和迅速地趋近或恢复到设定值。因而，稳定性、准确性和快速性是控制系统的三个基本指标。其中，稳定性是控制系统的首要指标。这要求组成控制系统的闭环极点应位于 s 左半平面。准确性要求控制系统的被控变量与设定值之间的偏差尽可能小。快速性要求控制系统存在偏差的时间尽量短。

在稳定性、准确性和快速性三个基本指标的基础上又提出了各种单项性能指标和综合性能指标。

1. 单项性能指标

图 2-3 所示为定值控制系统和随动控制系统在阶跃作用下的过渡过程响应曲线，现结合该图来说明过程控制系统的单项性能指标。

1）衰减比 n 或衰减率 φ

衰减比是衡量过渡过程稳定性的动态指标，它的定义是两个相邻的同向波的振幅之比。在图 2-3 中，用 B_1 表示第一个波的振幅，B_2 表示同方向第二个波的振幅，则衰减比 $n = B_1/B_2$。显然，对衰减振荡而言，n 恒大于 1。n 越小，意味着控制系统的振荡过程越剧烈，稳定度也越低，n 接近于 1 时，控制系统的过渡过程接近于等幅振荡过程；反之，n 越大，则控制系统的稳定度也越高，当 n 趋于无穷大时，控制系统的过渡过程接近于非振荡过程。

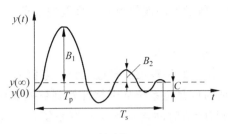

(a) 扰动作用

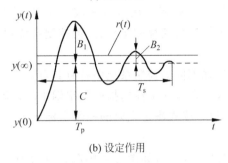

(b) 设定作用

图 2-3　阶跃作用下的过渡过程响应曲线

在工程实践中，为了保持系统具有足够的稳定裕度，一般希望过渡过程有两个波左右，与此对应的衰减比在 4～10 之间。

有时也用衰减率 φ 来反映衰减情况，$\varphi=(B_1-B_2)/B_2$。$n=4$ 相当于 $\varphi=0.75$；$n=10$ 相当于 $\varphi=0.9$。

2) 最大动态偏差 $e_{\max}$ 或超调量 σ

最大动态偏差或超调量是描述被控变量偏离设定值最大程度的物理量，也是衡量过渡过程稳定性的一个动态指标。对于定值控制系统，过渡过程的最大动态偏差是指被控变量第一个波的峰值，如图 2-3(a) 中的 B_1+C。在设定作用下的控制系统（随动控制系统）中，通常采用超调量 σ 这个指标来表示被控变量偏离设定值的程度，它的定义是响应超出稳态值的最大偏离量与稳态值之比，即

$$\sigma=\frac{y(T_p)-y(\infty)}{y(\infty)}\times 100\% \tag{2-3}$$

对于二阶振荡系统，可以证明，超调量 σ 与衰减比 n 有单值对应关系，即

$$\sigma=\frac{1}{\sqrt{n}}\times 100\% \tag{2-4}$$

最大动态偏差或超调量越大，说明生产过程瞬时偏离设定值就越远。对于某些工艺要求比较高的生产过程，如存在爆炸极限的化学反应，就需要限制最大动态偏差的允许值。同时，考虑到扰动会不断出现，偏差有可能是叠加的，这就更需要限制最大动态偏差的允许值。

3) 余差 $e(\infty)$

余差是控制系统过渡过程结束后，设定值与被控变量稳态值之差，即 $e(\infty)=r-y(\infty)$。图 2-3(a) 是定值控制系统的过渡过程，其余差以 C 表示，即 $y(t)$ 的最终值 $y(\infty)$。图 2-3(b) 是随动控制系统的过渡过程，余差为 $r-y(\infty)=r-C$，C 是 $y(t)$ 的最终值。余差是反映控制准确性的一个重要稳态指标，一般希望为零或不超过预定的范围。但不是所有的控制系统

对余差都有很高的要求,如一般贮槽的液位控制对余差的要求就不是很高,而可以允许液位在一定范围内变化。

4) 调节时间 T_s、峰值时间 T_p 和振荡频率 ω

调节时间是指系统从干扰开始到被控变量进入新稳态值的±5%(或±2%)范围内所需时间,通常以 T_s 表示。峰值时间是指系统从干扰开始到被控变量达到最大值时所需时间,通常用 T_p 表示。调节时间与峰值时间均是衡量控制系统快速性的重要指标,通常要求它们越短越好。

在衰减比相同的条件下,振荡频率与调节时间成反比,振荡频率越高,调节时间越短。因此,振荡频率也可作为衡量控制快速性的指标,定值控制系统常用振荡频率来衡量控制系统的快慢。

必须说明,这些控制指标在不同的控制系统中各有其重要作用,而且相互之间又存在内在联系。高标准的,同时要求满足这几个控制指标是很困难的。因此,应根据工艺生产的具体要求分清主次、统筹兼顾,保证优先满足主要的控制指标要求。

2. 综合性能指标

定义误差函数 $e(t)=y(t)-y(\infty)$,如图 2-4 中阴影部分所示。显然,阴影部分面积越小,则跟随性越好。

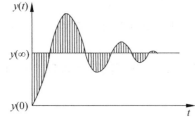

图 2-4 阶跃响应误差指标图

系统的综合性能指标是在基于误差积分最小的原则下制定的,用以衡量控制系统性能的优良程度。无论是误差幅度大,还是时间拖长都会使误差积分增大。因此它是一类综合指标,希望它越小越好。

误差积分可以有各种不同的形式,常用的有以下四种。

1) 误差积分准则 IE(integral of error criterion)

$$IE = \int_0^\infty e(t)dt \to \min \tag{2-5}$$

2) 误差平方积分准则 ISE(integral of squared error criterion)

$$ISE = \int_0^\infty e^2(t)dt \to \min \tag{2-6}$$

该性能指标着重抑制过渡过程中的大误差。

3) 误差绝对值积分准则 IAE(integral of absolute value error criterion)

$$IAE = \int_0^\infty |e(t)|dt \to \min \tag{2-7}$$

该性能指标着重抑制过渡过程时间过长。

4) 时间乘绝对误差积分准则 ITAE(integral of time multiplied by the absolute value of error)

$$ITAE = \int_0^\infty |e(t)|tdt \to \min \tag{2-8}$$

该性能指标用以降低初始大误差对性能指标的影响,同时又能抑制过渡过程时间过长。

采用不同的积分指标,意味着估计整个过渡过程优良程度时的侧重点不同。例如,ISE 最小的系统着重抑制过渡过程中的大误差,但衰减比很大;ITAE 最小的系统着重抑制过渡过程时间过长,但过渡过程振荡剧烈。

误差积分指标有一个缺点,即它们并不能保证控制系统具有合适的衰减比。而后者则是应该首先考虑的。特别是,一个等幅振荡过程是人们不能接受的,然而它的 IE 却等于 0,显然极其不合理。因此,通常先确定衰减比,然后再考虑使某种误差积分最小。

2.2 过程动态特性和过程建模

在对过程控制系统进行分析、设计之前,首先必须掌握构成控制系统的各个环节的特性,尤其是被控过程的特性。被控过程特性的数学描述称为被控过程的数学模型。在控制系统的分析和设计中,被控过程的数学模型是极为重要的基础资料。被控过程的数学模型有稳态和动态之分。稳态数学模型是指过程输出变量和输入变量之间不随时间变化的数学关系。动态数学模型是指过程输出变量和输入变量之间随时间变化的动态关系的数学描述。过程控制中通常采用动态数学模型,也称为动态特性。

2.2.1 典型过程动态特性

根据常见工业过程所具有的某些共同特点,可对工业过程模型进行粗略分类,可分为以下四类典型的过程动态特性。

1. 自衡非振荡过程

自衡非振荡过程也称为非周期过程,这是一类在工业生产过程中最常见的过程。该类过程在阶跃输入信号作用下的输出响应曲线没有振荡地从一个稳态趋向于另一个稳态。该类过程典型的阶跃响应曲线如图 2-5 所示。

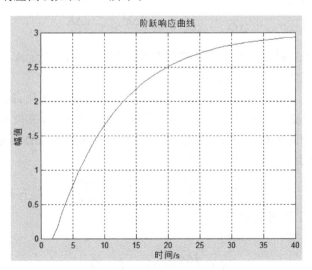

图 2-5 自衡非振荡过程的阶跃响应

被控对象受到干扰作用后平衡状态被破坏,无须外加任何控制作用,依靠对象本身自动地趋于新稳态值的特性称为自衡性。在外部阶跃输入信号作用下,过程原有平衡状态被破坏,并在外部信号作用下自动地、非振荡地稳定到一个新的稳态,这类工业过程称为具有自衡非振荡过程。

具有自衡非振荡过程的特性可用式(2-9)、式(2-10)所示的传递函数形式描述。

具有时滞的一阶惯性环节：

$$G_p(s) = \frac{K}{Ts+1} e^{-\tau s} \tag{2-9}$$

具有时滞的二阶惯性非振荡环节：

$$G_p(s) = \frac{K}{(T_1 s+1)(T_2 s+1)} e^{-\tau s} \tag{2-10}$$

第一种形式是最常用的。其中：K 是该过程的增益或放大系数；T 是该过程的时间常数；τ 是该过程的时滞（纯滞后）。

【例 2-1】 图 2-6 所示为一个贮槽。液体通过阀 1 不断流入贮槽，贮槽内的液体通过阀 2 不断流出。工艺上要求贮槽中的液位 h 保持一定数值。如果阀 2 的开度不变，阀 1 的开度变化就会引起液位的波动。这时，所研究的对象特性就是当阀 1 的开度变化，流入贮槽的体积流量 Q_1 发生变化后，液位 h 是如何变化的。过程的输入变量是流入量 Q_1，输出变量是液位 h，试推导液位 h 与流入量 Q_1 之间的数学关系。

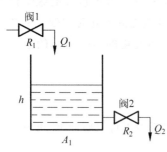

图 2-6 单容液位过程

解： 根据动态物料平衡关系，即在单位时间内贮槽的液体流入量与单位时间内贮槽的液体流出量之差等于贮槽中液体储存量的变化率，则有

$$Q_1 - Q_2 = A \frac{dh}{dt} \tag{2-11}$$

改用增量形式表示，则为

$$\Delta Q_1 - \Delta Q_2 = A \frac{d\Delta h}{dt} = C \frac{d\Delta h}{dt} \tag{2-12}$$

其中：ΔQ_1、ΔQ_2、Δh 分别为偏离某一平衡状态 Q_{10}、Q_{20}、h_0 的增量；A 为贮槽的截面积；C 为被控过程的容量系数，或称为过程容量。

静态时，$Q_1 = Q_2$、$dh/dt = 0$；当 Q_1 发生变化时，液位 h 随之变化，阀 2 处的静压也随之变化，Q_2 也必然发生变化。由流体力学可知，流体在紊流情况下，液位 h 与流出量 Q_2 之间为非线性关系。但为简化起见，经线性化处理，则可近似认为在工作区域内，ΔQ_2 与 Δh 成正比，而与阀 2 的阻力 R_2 成反比，即

$$\Delta Q_2 = \frac{\Delta h}{R_2} \quad \text{或} \quad R_2 = \frac{\Delta h}{\Delta Q_2} \tag{2-13}$$

其中：R_2 为阀 2 的阻力，称为液阻。

将式(2-13)代入式(2-12)可得

$$R_2 C \frac{d\Delta h}{dt} + \Delta h = R_2 \Delta Q_1 \tag{2-14}$$

对式(2-14)进行拉普拉斯变换，即得到单容液位过程的传递函数为

$$G(s) = \frac{H(s)}{Q_1(s)} = \frac{R_2}{R_2 C s + 1} = \frac{K}{Ts+1} \tag{2-15}$$

其中：T 为被控过程的时间常数，$T = R_2 C$；K 为被控过程的放大系数，$K = R_2$。

在工业过程中，被控过程一般都具有一定的储存物料或能量的能力，其储存能力的大小

称为容量或容量系数。其物理意义是引起单位被控变量变化时被控过程储存量变化的大小。

从上面分析可知，液阻 R_2 不但影响过程的时间常数 T，而且影响过程的放大系数 K，而容量系数 C 仅影响过程的时间常数 T。

2. 无自衡非振荡过程

该类过程没有自衡能力，它在阶跃输入信号作用下的输出响应曲线无振荡地从一个稳态一直上升或下降，不能达到新的稳态。这类过程的响应曲线如图 2-7 所示。

图 2-7　无自衡非振荡过程的阶跃响应

具有无自衡非振荡过程的特性可用式(2-16)、式(2-17)所示的传递函数形式描述。

具有时滞的积分环节：

$$G_p(s) = \frac{K}{s}e^{-\tau s} \tag{2-16}$$

具有时滞的一阶惯性和积分串联环节：

$$G_p(s) = \frac{K}{(Ts+1)s}e^{-\tau s} \tag{2-17}$$

【例 2-2】　在图 2-6 中，如果将阀 2 换成定量泵，使输出流量 Q_2 在任何情况下都与液位 h 的大小无关，如图 2-8 所示。试推导液位 h 与流入量 Q_1 之间的数学关系。

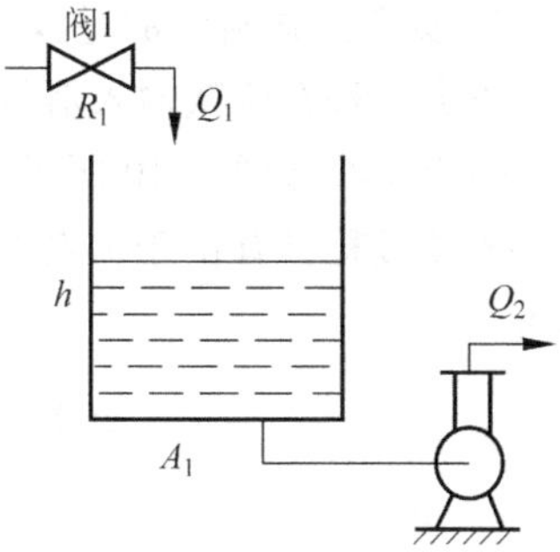

解：由于此时的 Q_2 为常量，故 $\Delta Q_2 = 0$，则式(2-12)可表示为

$$C\frac{d\Delta h}{dt} = \Delta Q_1 \tag{2-18}$$

式(2-18)即为液位 h 与流入量 Q_1 之间的数学关系，写成传递函数则为

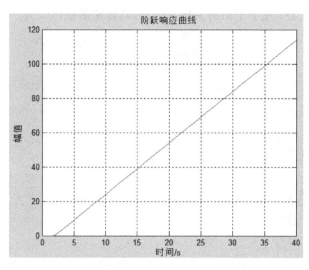

图 2-8　非自衡过程

$$G(s) = \frac{H(s)}{Q_1(s)} = \frac{1}{Ts} \tag{2-19}$$

其中：T 为被控过程的积分时间常数，$T=C$(贮槽容量系数)。

考虑到过程本身的时滞,则该过程的阶跃响应曲线如图 2-7 所示。由图可知,当输入发生正的阶跃变化后,输出量将无限制地线性增长。这与实际物理过程也是吻合的。因为当输入流量 Q_1 发生正的阶跃变化后,液位 h 将随之增加,而流出量却不变,这就意味着贮槽的液位 h 会一直上升直到液体溢出为止。由此可见,该过程为非自衡特性过程。

3. 衰减振荡过程

该类过程具有自衡能力,在阶跃输入信号作用下,输出响应呈现衰减振荡特性,最终过程会趋于新的稳态值。衰减振荡过程的阶跃响应如图 2-9 所示。工业生产过程中这类过程并不多见。它具有位于 s 左半平面的共轭复极点,其传递函数形式为

$$G_p(s) = \frac{K}{s^2 + 2\zeta\omega s + \omega^2} e^{-\tau s} \quad (0 < \zeta < 1) \tag{2-20}$$

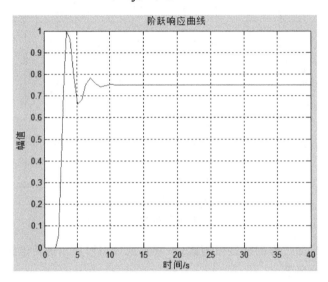

图 2-9 衰减振荡过程的阶跃响应

根据响应曲线的衰减比和振荡频率可以确定过程的阻尼比 ζ 和频率 ω。根据输出的新稳态值、原始稳态值及阶跃输入信号的幅值可以确定过程的增益 K。过程的时滞可根据响应曲线初始段没有发生变化的时间确定。

4. 具有反向特性的过程

该类过程在阶跃输入信号作用下开始与终止时出现反向的变化。具有反向特性过程的阶跃响应曲线如图 2-10 所示。

该类过程具有位于 s 右半平面的零点。它有自衡和无自衡两种类型,其传递函数分别为

$$\text{自衡型:} \quad G_p(s) = \frac{K(1-T_d s)}{(T_1 s + 1)(T_2 s + 1)} e^{-s\tau} \tag{2-21}$$

$$\text{无自衡型:} \quad G_p(s) = \frac{K(1-T_d s)}{(T_1 s + 1)s} e^{-s\tau} \tag{2-22}$$

这类过程的典型例子是锅炉汽包水位。当蒸汽用量突然增加时,瞬时间导致汽包压力下降。汽包内的水沸腾突然加剧,水中汽包迅速增加,造成虚假水位上升。但因蒸汽用量的增加,最终水位下降。这类过程由于控制器根据水位的上升会作出减少给水量的误操作,因

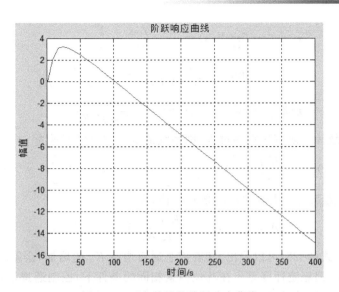

图 2-10　反向特性的阶跃响应曲线

此控制这类过程最为困难。

2.2.2　过程特性对控制性能指标的影响

在有的生产过程中,操纵变量的选择是很明显的(唯一确定的),如锅炉水位控制系统,操纵变量只能是给水量。但是在有些生产过程中,可能有多个工艺参数可以被选择为操纵变量,也只有在这种情况下,操纵变量的选择才是重要的问题。在多个参数中选择操纵变量与过程特性有关。

在过程特性对控制性能指标的影响方面,主要讨论自衡非振荡过程特性对控制性能指标的影响。其他类型的过程特性对控制性能指标的影响可作类似分析。

为了使讨论具有广泛性,假设过程特性是广义对象的动态特性,简单控制系统的框图如图 2-11 所示。

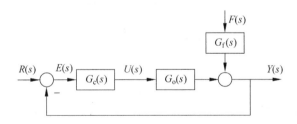

图 2-11　具有广义对象的简单控制系统框图

图中:$G_o(s)$ 为控制通道的传递函数,$G_o(s)=\dfrac{K_o}{T_o s+1}\mathrm{e}^{-\tau_o s}$;$G_f(s)$ 为扰动通道的传递函数,$G_f(s)=\dfrac{K_f}{T_f s+1}\mathrm{e}^{-\tau_f s}$;$G_c(s)$ 为控制器的传递函数,$G_c(s)=K_c$。

1. 增益的影响

1) 控制通道增益的影响

定值控制系统中,设阶跃扰动的幅值为 F,根据终值定理,可求得新的稳态值为

$$y(\infty) = \lim_{s \to 0} sY(s) = \lim_{s \to 0} s\frac{Y(s)}{F(s)} \cdot \frac{F}{s}$$
$$= \lim_{s \to 0} \frac{G_f(s)}{1 + G_c(s)G_o(s)} \cdot F = \frac{K_f F}{1 + K_c K_o} \quad (2\text{-}23)$$

余差 $\quad e(\infty) = -y(\infty) = -\dfrac{K_f F}{1 + K_c K_o}$ \hfill (2-24)

若该控制系统为二阶衰减振荡过程,则系统的阶跃响应可表示为

$$y(t) = \frac{K_f F}{1 + K_c K_o}\left[1 - \frac{1}{\sqrt{1-\zeta^2}}e^{-\zeta\omega_n t}\sin(\omega_d t + \theta)\right], \quad t \geqslant 0 \quad (2\text{-}25)$$

最大偏差 A 为系统在峰值时间 t_p 的输出值,即

$$A = y(t_p) = \frac{K_f F}{1 + K_c K_o}(1 + e^{-\frac{\zeta\pi}{\sqrt{1-\zeta^2}}}) \quad (2\text{-}26)$$

由式(2-24)、式(2-26)可以看出,随着控制通道增益 K_o 的增加,余差减小,最大偏差减小,控制作用增强,但稳定性变差。在其他因素相同的条件下,控制通道增益 K_o 越大,克服扰动的能力越强,控制效果越显著。

【例 2-3】 在图 2-11 中,$T_o = 10$,$\tau_o = 1$,$K_f = 1$,$T_f = 5$,$\tau_f = 0.5$,$K_c = 5$,阶跃扰动的幅值为 1。试利用 MATLAB 工具分析当 K_o 分别为 0.5、1、1.5、2、2.5 时,系统输出响应的变化。

解:首先建立如图 2-12 所示的 Simulink 仿真框图,将 K_o 分别为 0.5、1、1.5、2、2.5 时的系统输出响应通过 To Workspace 模块输出到工作空间,然后用 plot 命令画出 K_o 为不同值时的系统输出响应,如图 2-13 所示。

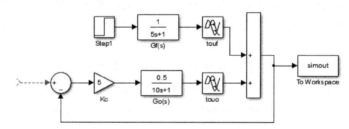

图 2-12 简单控制系统的 Simulink 仿真框图

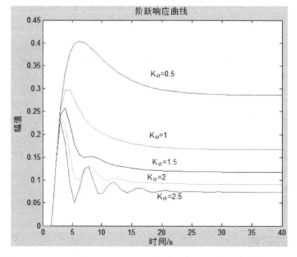

图 2-13 K_o 为不同值时系统的输出响应

2) 扰动通道增益的影响

由式(2-24)、式(2-26)可以看出,在其他因素相同的条件下,K_f 越大,则余差越大,最大偏差也越大,说明干扰对控制系统的影响也越大。

【例 2-4】 在图 2-11 中,$K_o=1$,$T_o=10$,$\tau_o=1$,$T_f=5$,$\tau_f=0.5$,$K_c=5$,阶跃扰动的幅值为 1。试利用 MATLAB 工具分析当 K_f 分别为 0.5、1、1.5、2、2.5 时,系统输出响应的变化。

解:在图 2-12 所示的 Simulink 仿真框图中,将 K_f 分别为 0.5、1、1.5、2、2.5 时的系统输出响应通过 To Workspace 模块输出到工作空间,然后用 plot 命令画出 K_f 为不同值时的系统输出响应,如图 2-14 所示。

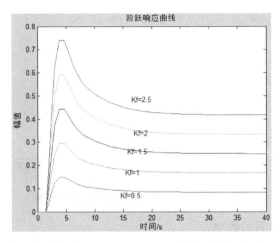

图 2-14 K_f 为不同值时系统的输出响应

2. 时间常数的影响

1) 控制通道时间常数的影响

在时滞 τ_o 与时间常数 T_o 之比保持不变的条件下进行讨论。控制系统的闭环特征方程为

$$1+G_c(s)G_o(s)=1+\frac{K_cK_o}{(T_os+1)}\mathrm{e}^{-\tau s}=0 \tag{2-27}$$

相位条件为

$$-\omega\tau-\arctan(T_o\omega)=-\pi$$

即

$$-\frac{\tau_o}{T_o}(T_o\omega)-\arctan(T_o\omega)=-\pi \tag{2-28}$$

若 τ_o/T_o 固定,则相位条件 $T_o\omega$ 不变,对稳定性没有影响。若 τ_o/T_o 固定,时间常数 T_o 大,则为使稳定性不变,ω 应减小,因此,时间常数大时,为保证系统的稳定性,振荡频率减小,调节时间变长,动态响应变慢;反之,若 τ_o/T_o 固定,时间常数 T_o 小,则振荡频率增大,调节时间变短,动态响应变快。换言之,时间常数越大,过渡过程越慢。

【例 2-5】 在图 2-11 中,$K_o=1$,$K_f=1$,$T_f=5$,$\tau_f=0.5$,$K_c=5$,阶跃扰动的幅值为 1。试利用 MATLAB 工具分析 T_o 和 τ_o 分别为 5 和 1、8 和 1.6、10 和 2、15 和 3 时,系统输出响应的变化。

解:在图 2-12 所示的 Simulink 仿真框图中,将 T_o、τ_o 分别为 5 和 1、8 和 1.6、10 和 2、15 和 3 时的系统输出响应通过 To Workspace 模块输出到工作空间,然后用 plot 命令画出 T_o、τ_o 为不同值时的系统输出响应,如图 2-15 所示。

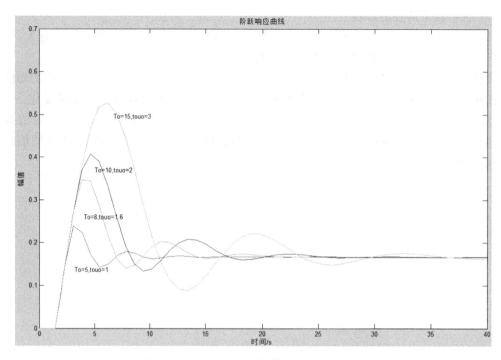

图 2-15 T_o, τ_o 为不同值时系统的输出响应

2) 扰动通道时间常数的影响

扰动通道时间常数 T_f 大,扰动对系统输出的影响缓慢,有利于通过控制作用克服扰动的影响,因此,控制质量高。T_f 小,扰动作用快,对系统输出的影响也快,控制作用不能及时克服扰动。

如果不考虑时滞 τ_o 和 τ_f,则有

$$\frac{Y(s)}{F(s)} = \frac{K_f}{1 + K_c K_o + T_o s} \cdot \frac{1 + T_o s}{1 + T_f s} \tag{2-29}$$

当 $\dfrac{T_o}{T_f} > 1$ 时,扰动对系统输出有微分作用,控制品质变差;当 $\dfrac{T_o}{T_f} < 1$ 时,扰动对输出有滤波作用,减小了扰动对输出的影响。

【例 2-6】 在图 2-11 中,$K_o=1, T_o=10, \tau_o=2, K_f=1, \tau_f=1, K_c=5$,阶跃扰动的幅值为 1,试利用 MATLAB 工具分析当 T_f 分别为 5、8、10、15 时,系统输出响应的变化。

解:在图 2-12 所示的 Simulink 仿真框图中,将 T_f 分别为 5、8、10、15 时的系统输出响应通过 To Workspace 模块输出到工作空间,然后用 plot 命令画出 T_f 为不同值时的系统输出响应,如图 2-16 所示。

3. 时滞的影响

1) 控制通道时滞的影响

当检测变送环节存在时滞时,被控变量的变化不能及时传送到控制器;当被控对象存在时滞时,控制作用不能及时使被控变量变化;当执行器存在时滞时,控制器的信号不能及时引起操纵变量的变化。因此,开环传递函数存在时滞,会引起相位滞后,从而使临界振荡频率和临界增益降低,使控制不及时、超调量增大、稳定性下降,导致闭环系统的控制品质下降。

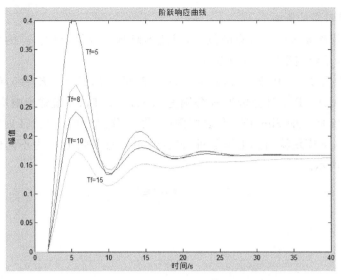

图 2-16 T_f 为不同值时系统的输出响应

常用 τ_o/T_o 来反映时滞的相对影响。当 τ_o/T_o 小时,系统的控制品质较好;当 τ_o 增加时,系统的稳定性会变差。通常,当 $(\tau_o/T_o)<0.3$ 时,尚可用简单控制系统进行控制,当 $(\tau_o/T_o)>0.5$ 时,需采用其他复杂控制系统或控制算法。因此,在设计和应用时应尽量减小时滞,有时可增大时间常数以减小 τ_o/T_o。

【例 2-7】 在图 2-11 中,$K_o=1$,$T_o=10$,$K_f=1$,$T_f=5$,$\tau_f=1$,$K_c=5$,阶跃扰动的幅值为 1。试利用 MATLAB 工具分析当 τ_o 分别为 1、2、3、4 时,系统输出响应的变化。

解:在图 2-12 所示的 Simulink 仿真框图中,将 τ_o 分别为 1、2、3、4 时的系统输出响应通过 To Workspace 模块输出到工作空间,然后用 plot 命令画出 τ_o 为不同值时的系统输出响应,如图 2-17 所示。

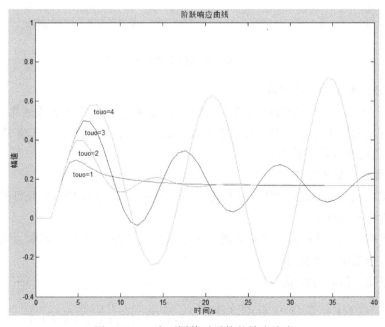

图 2-17 τ_o 为不同值时系统的输出响应

2) 扰动通道时滞的影响

τ_f 的大小不影响系统闭环极点的位置，因此不影响系统稳定性。τ_f 的大小只影响扰动到达系统的时间，不影响系统的控制品质。

【例 2-8】 在图 2-11 中，$K_o=1, T_o=10, \tau_o=2, K_f=1, T_f=5, K_c=5$，阶跃扰动的幅值为 1。试利用 MATLAB 工具分析当 τ_f 分别为 0.5、1、2、4 时，系统输出响应的变化。

解：在图 2-12 所示的 Simulink 仿真框图中，将 τ_f 分别为 0.5、1、2、4 时的系统输出响应通过 To Workspace 模块输出到工作空间，然后用 plot 命令画出 τ_f 为不同值时的系统输出响应，如图 2-18 所示。

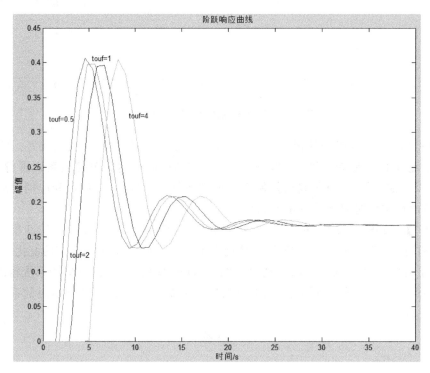

图 2-18　τ_f 为不同值时系统的输出响应

4．扰动进入系统位置的影响

当扰动 F 的幅值和形式相同时，进入系统的位置越远离被控变量或越靠近操纵变量，扰动对被控变量的影响越小。因为扰动进入位置越远离被控变量，相当于等效时间常数越大，或扰动通道的滤波环节越多。

5．时间常数匹配的影响

广义对象由执行器、被控对象和检测变送环节组成，三部分的时间常数对控制品质的影响常用可控性指标来评价。

可控性指标 $K_m\omega_c$ 是控制系统临界增益 K_m 和控制系统临界振荡频率 ω_c 的乘积，可控性指标大的表示系统的可控性好。

广义对象由三阶环节组成

$$G_o(s) = G_v(s)G_p(s)G_m(s) = \frac{K_o}{(T_1s+1)(T_2s+1)(T_3s+1)} \tag{2-30}$$

其闭环特征方程为

$$D(s) = T_1 T_2 T_3 s^3 + (T_1 T_2 + T_1 T_3 + T_2 T_3)s^2 + (T_1 + T_2 + T_3)s + 1 + K = 0 \tag{2-31}$$

根据 Hurwitz 判据或 Lienard-Chipard 判据可计算出临界增益

$$K_m = 2 + \frac{T_1}{T_2} + \frac{T_2}{T_1} + \frac{T_1}{T_3} + \frac{T_3}{T_1} + \frac{T_2}{T_3} + \frac{T_3}{T_2} \tag{2-32}$$

将 $s = j\omega_c$ 代入式(2-31)可计算出临界振荡频率

$$\omega_c = \sqrt{\frac{T_1 + T_2 + T_3}{T_1 T_2 T_3}} \tag{2-33}$$

不同时间常数对控制品质的影响如表 2-1 所示。

表 2-1 不同时间常数对控制品质的影响

	T_1/s	T_2/s	T_3/s	K_m	$\omega_c/(\text{rad}\cdot\text{s}^{-1})$	$K_m\omega_c/(\text{rad}\cdot\text{s}^{-1})$
原始数据	10	5	2	1.6	0.41	5.2
减小 T_1	5	5	2	9.8	0.49	4.8
减小 T_2	10	2.5	2	13.5	0.54	7.3
减小 T_3	10	5	1	19.8	0.57	11.2
增大 T_1	20	5	2	19.2	0.37	7.1
减小 T_2、T_3	10	2.5	1	19.3	0.74	14.2

由表 2-1 中的数值变化可以看出,减小过程中最大的时间常数 T_1,反而会引起控制质量下降;相反,增大最大时间常数 T_1,虽 ω_c 略有下降,但 K_m 增长,有助于提高控制指标;而减小 T_2 或 T_3 都能提高控制性能指标,若同时减小 T_2、T_3,则提高性能指标的效果更好。

因此,在选择控制通道时,将开环传递函数中(包括执行器、被控对象以及测量变送环节)的几个时间常数数值错开,减小中间的时间常数,可提高系统的工作频率、减小过渡过程时间和最大偏差等,改善控制质量。

在实际生产过程中,若过程本身存在多个时间常数,则最大的时间常数往往涉及生产设备的核心,不能轻易改动。但是减小第二、第三个时间常数是比较容易实现的。所以,将几个时间常数错开的原则可以用来指导选择过程的控制通道。

6. 根据过程特性选择操纵变量的一般原则

通过以上分析,在设计简单控制系统时,选择操纵变量的一般原则如下:

(1) 选择对被控变量影响较大的操纵变量,即 K_o 尽量大。

(2) 选择对被控变量有较快响应的操纵变量,即过程的 τ_o/T_o 应尽量小,过程的 T_o/T_f 应尽量小,过程的 K_f 应尽量小。

(3) 应尽量将执行器、被控对象和测量变送环节的时间常数错开,使其中一个时间常数比其他时间常数大很多,同时注意减小第二、第三个时间常数。

2.2.3 过程建模的基本概念

过程的动态数学模型,对控制系统的设计和分析有着极为重要的意义。求取过程动态数学模型有两类途径:一是依据过程内在机理来推导,这就是过程动态学的方法;二是依据外部输入输出数据来求取,这就是过程辨识和参数估计的方法。当然,也可以把两者结合起来。

1. 动态数学模型的作用和要求

过程的动态数学模型是表示输出向量（或变量）与输入向量（或变量）间动态关系的数学描述。从控制系统的角度来看，操纵变量和扰动变量都属于输入变量，被控变量属于输出变量。

随着自动控制水平的提高，过程动态数学模型越来越受到人们的重视。对于简单控制系统以及串级控制、比值控制等复杂控制系统来说，如果对过程数学模型有所了解，控制器的参数可以整定得更好更快。而模型预测控制、纯滞后补偿控制、解耦控制、最优控制、自适应控制等先进控制方法都是基于模型控制方法。对于一个先进控制项目，要花 80% 以上的时间和精力去了解和建立过程数学模型。表 2-2 列出了动态数学模型的应用和要求。

表 2-2 对动态数学模型的应用和要求

应用目的	过程模型类型	精度要求
控制器参数整定	线性、参数（或非参数）、时间连续	低
前馈、解耦、预估系统设计	线性、参数（或非参数）、时间连续	中等
控制系统的计算机辅助设计	线性、参数（或非参数）、时间离散	中等
自适应控制	线性、参数、时间离散	中等
最优控制	线性、参数、时间离散（或连续）	高

除了用于自动控制系统的分析和设计外，动态数学模型还应用于很多方面。如作为工艺结构设计的参考依据、作为间歇过程操作方案确定的依据、作为过程参数监测和故障检测的依据等。

对动态数学模型的具体要求，总的来说是正确可靠和简单。

要求正确可靠是不言自明的。模型是实际过程的数学仿真，如果误差很大，必将导致错误的结论。

要求简单的原因主要有以下三点：如果进行在线实时控制，模型一旦很复杂，要按照目标函数计算最优控制作用就十分费时，计算工作量大；如果模型用于前馈控制、解耦控制及模糊控制，模型一旦很复杂，控制规律也就复杂，不易实施；如果模型参数是依据输入输出数据用估计方法得出的，那么模型结构越复杂，需要估计的参数数量就越多，此时难以保证所得参数的精度。所以，实际应用的动态数学模型，传递函数的阶次一般不高于三阶，有时宁可用具有时滞的二阶形式，最常用的是具有时滞的一阶形式。

理论上，没有一个数学表达式能够绝对准确地描述一个系统。因为，理论上任何一个系统都是非线性的、时变的和分布式参数的，都存在随机因素，系统越复杂，情况也越复杂。而实际工程中，为了简化问题，常常将一些对系统动态过程影响不大的因素忽略，抓住主要问题进行建模、定量分析，也就是说建立系统的数学模型应该在模型的准确度和复杂度上进行折中考虑。因此在建立动态数学模型时应考虑以下因素：

① 数学模型的类型；
② 系统允许的误差条件，在允许的条件下尽可能取简单的模型形式。

2. 数学模型的类型

数学模型的类型很多，而且有多种不同的分类方法。例如，按时间域的连续性可分为连续时间模型和离散时间模型；按各变量之间的关系可分为线性模型和非线性模型；按模型中是否显示包含可估参数可分为参数模型和非参数模型等。

通过代数方程、微分方程、微分方程组以及传递函数等数学方程式来描述的模型都是参数模型，通过过程机理推导可以得出参数模型。所谓的非参数模型是指系统的数学模型中非显示包含可估参数。例如，通过实验记录到的系统脉冲响应或阶跃响应等都是非参数模型。非参数模型通常以曲线或数据表格形式表示。运用各种系统辨识的方法，可以将非参数模型转化为参数模型。如果实验前可以决定系统的结构，则通过实验辨识可以直接得到参数模型。

按照变量与空间位置的关系可以将参数模型分为集总参数模型和分布参数模型。集总参数模型中各变量与空间位置无关，把变量看作在整个系统中是均一的。对于稳态模型，其数学模型为代数方程，对于动态模型，其数学模型为常微分方程。分布参数模型中至少有一个变量与空间位置有关。对于稳态模型，所建立的数学模型为空间自变量的常微分方程；对于动态模型，其数学模型为空间、时间自变量的偏微分方程。在许多情况下，分布参数模型借助于空间离散化的方法，可简化为复杂程度较低的集总参数模型。

3. 建立动态数学模型的基本方法

1）机理建模

机理建模是根据过程的内在机理，应用物料平衡、能量平衡和各种有关的化学、物理规律建立过程模型的方法，又称为过程动态学方法。

机理建模的优点如下：可以充分利用已知的过程知识，从事物的本质上去认识外部特性；模型可以验前得出，在流程和设备的设计阶段即能求取；模型有较大的适用范围，操作条件变化时可以类推。缺点有以下几点：机理建模是基于简化和假设之上的；对于复杂的过程，人们对基本方程的某些参数不完全掌握；如果不经过输入输出数据的验证，则近乎纸上谈兵，难以判断其正确性。

2）过程辨识和参数估计

在过程输入和输出数据的基础上，从一组给定的模型类中，确定一个与所观测过程等价的模型的方法称为过程辨识。在已知模型结构的基础上，由测试数据确定模型参数的方法称为参数估计。参数估计是过程辨识问题的简化。

数据、模型类和准则是过程辨识的三要素。对辨识用输入数据的要求是能产生足够显著的输出变化，能从其他外部扰动影响下分离，能激发过程特性的所有模态，对正常生产过程的影响尽量小。过程辨识中典型的输入数据包括阶跃信号、脉冲信号、正弦波、随机序列（如白噪声）、伪随机序列（如 M 序列或逆 M 序列）等。常用的参数模型有自回归模型（auto-regressive model，AR）、滑动平均模型（moving average model，MA）、自回归滑动平均模型（auto-regressive moving average model，ARMA）、受控自回归模型（controlled auto-regressive model，CAR）、受控自回归滑动平均模型（controlled auto-regressive moving average model，CARMA）等。系统辨识的误差准则包括参数误差、输出误差以及二次型目标函数等。

2.2.4 机理建模

1. 机理建模的一般步骤

第一步，列写基本方程。主要依据是物料平衡和能量平衡方程，一般用下式表示：

单位时间内进入系统的物料量(或能量)－单位时间内流出系统的物料量(或能量)＝系统内物料(或能量)储存量的变化率

第二步,消去中间变量,建立输出变量和输入变量之间的关系。这时常常要用到传递速率方程式、相平衡关系式、化学反应速率关系式以及热力学状态方程式等补充关系式。输出变量和输入变量可用三种不同的形式表示,即绝对值 Y 和 U,增量 ΔY 和 ΔU,或无纲量形式的 y 和 u。在控制理论中,增量形式得到广泛的应用。

第三步,增量化。在工作点处对方程进行增量化,获得增量方程。对于线性系统,增量方程式的列写很方便,只要将原方程中的变量用它的增量代替即可。对于非线性系统,则需要进行线性化处理。

第四步,线性化。在系统输入和输出工作范围内,把非线性关系近似为线性关系。这是因为非线性微分方程求解困难,一般无解析解。而通过近似线性化,将绝对量转化为基于稳态值的增量,可以将稳态工作点移动到坐标原点。在定值控制系统中,各变量不会偏离平衡状态太远,近似线性化模型的精度可以满足要求。

第五步,列写输出变量和输入变量的关系方程。将关系方程简化为控制要求的某种形式,如高阶微分(差分)方程或传递函数等。

2. 机理建模示例

【例 2-9】 串联式双容液位过程。

串联式双容液位过程如图 2-19 所示,贮槽Ⅰ的出口高度高于贮槽Ⅱ的高度。液体通过阀 1 不断流入贮槽Ⅰ,然后通过阀 3 不断流出贮槽Ⅱ。要求贮槽Ⅱ中的液位高度 h_2 保持一定数值。如果阀 2、阀 3 的开度不变,阀 1 的开度变化,试分析液位高度 h_2 与流入贮槽Ⅰ的体积流量 Q_i 之间的数学关系。

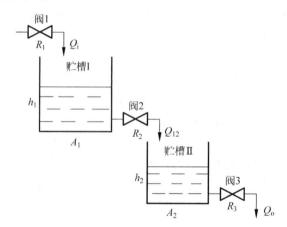

图 2-19 串联式双容液位过程

解:第一步,列写基本方程。
依据物料平衡方程可得

贮槽Ⅰ:
$$Q_i - Q_{12} = A_1 \frac{dh_1}{dt} \tag{2-34}$$

贮槽Ⅱ:
$$Q_{12} - Q_o = A_2 \frac{dh_2}{dt} \tag{2-35}$$

其中：Q_i 为流入贮槽 I 的体积流量；Q_{12} 为流入贮槽 II 的体积流量，同时也是流出贮槽 I 的体积流量；Q_o 为流出贮槽 II 的体积流量；A_1 为贮槽 I 的截面积；A_2 为贮槽 II 的截面积；h_1 为贮槽 I 的液位高度；h_2 为贮槽 II 的液位高度。

第二步，消去中间变量 Q_o、Q_{12}。

Q_o 是贮槽 II 的液位高度 h_2 和阀 3 的出口截面积 A_0 的函数。由伯努利方程可以得出

$$Q_o = A_0 \sqrt{2gh_2} \tag{2-36}$$

其中，g 为自由落体加速度。

阀 3 的开度不变时，A_0 也不变。因此，式(2-36)可写成

$$Q_o = k\sqrt{h_2} \tag{2-37}$$

式(2-37)为一个非线性方程，需要进行线性化处理。如果水位始终保持在其稳态工作点附近很小的范围内变化，那就可以将上式加以线性化。将式(2-37)在其稳态工作点附近由泰勒级数展开，可得

$$Q_o = Q_{o0} + \frac{k}{2\sqrt{h_{20}}}(h_2 - h_{20}) + \cdots = Q_{o0} + \frac{k}{2\sqrt{h_{20}}}\Delta h_2 + \cdots \tag{2-38}$$

令 $R_3 = \dfrac{2\sqrt{h_{20}}}{k}$，则式(2-38)可表示为

$$Q_o \approx Q_{o0} + \frac{\Delta h_2}{R_3} \tag{2-39}$$

其中，R_3 为阀 3 的液阻。

同理可得

$$Q_{12} \approx Q_{120} + \frac{\Delta h_1}{R_2} \tag{2-40}$$

其中，R_2 为阀 2 的液阻。

将式(2-39)和式(2-40)分别代入式(2-34)和式(2-35)，则有

$$Q_i - \left(Q_{120} + \frac{\Delta h_1}{R_2}\right) = A_1 \frac{dh_1}{dt} \tag{2-41}$$

$$\left(Q_{120} + \frac{\Delta h_1}{R_2}\right) - \left(Q_{o0} + \frac{\Delta h_2}{R_3}\right) = A_2 \frac{dh_2}{dt} \tag{2-42}$$

第三步，增量化。

此时 R_2、R_3 均不变，分别用 R_{20}、R_{30} 表示其工作点的值。对式(2-41)和式(2-42)取增量方程式，可得

$$\Delta Q_i - \frac{\Delta h_1}{R_{20}} = A_1 \frac{d\Delta h_1}{dt} \tag{2-43}$$

$$\frac{\Delta h_1}{R_{20}} - \frac{\Delta h_2}{R_{30}} = A_2 \frac{d\Delta h_2}{dt} \tag{2-44}$$

第四步，列写关系方程。

由于式(2-43)和式(2-44)中所有项都是线性的，不需要再进行线性化处理。将式(2-43)和式(2-44)写成传递函数形式，则有

$$\frac{H_1(s)}{Q_i(s)} = \frac{R_{20}}{R_{20}A_1 s + 1} \tag{2-45}$$

$$\frac{H_2(s)}{H_1(s)} = \frac{R_{30}}{R_{20}R_{30}A_2 s + R_{20}} \tag{2-46}$$

由式(2-45)和式(2-46)可得输出变量 h_2 和输入变量 Q_i 之间的传递函数为

$$G(s) = \frac{H_2(s)}{Q_i(s)} = \frac{H_2(s)}{H_1(s)} \cdot \frac{H_1(s)}{Q_i(s)} = \frac{R_{30}}{R_{20}R_{30}A_2s + R_{20}} \cdot \frac{R_{20}}{R_{20}A_1s + 1}$$

$$= \frac{R_{30}}{R_{30}A_2s + 1} \cdot \frac{1}{R_{20}A_1s + 1} = \frac{R_{30}}{T_2s + 1} \cdot \frac{1}{T_1s + 1} \tag{2-47}$$

式(2-47)即为串联式双容液位过程的数学模型。

【例 2-10】 并联式双容液位过程。

图 2-20 为一个并联式双容液位过程,两个贮槽的水平位置相同。液体通过阀 1 不断流入贮槽Ⅰ,然后通过阀 3 不断流出贮槽Ⅱ。如果阀 2 的开度不变,阀 1、阀 3 的开度变化,试求取输出变量 h_1、h_2 与输入变量 Q_i、R_3 的动态方程。

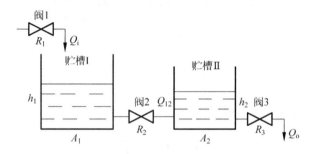

图 2-20 并联式双容液位过程

解:第一步,建立原始方程。

依据物料平衡方程得到两个方程式,即式(2-34)和式(2-35)。

第二步,消去中间变量 Q_{12}、Q_o。

Q_{12} 是贮槽Ⅰ的液位高度 h_1、贮槽Ⅱ的液位高度 h_2 及阀 2 液阻 R_2 的函数。经线性化处理后,可表示为 $Q_{12} = \dfrac{h_1 - h_2}{R_2}$。类似地,$Q_o$ 是贮槽Ⅱ的液位高度 h_2 及阀 3 液阻 R_3 的函数,可表示为 $Q_o = \dfrac{h_2}{R_3}$。这样,式(2-34)和式(2-35)可分别表示为

$$Q_i - \frac{h_1 - h_2}{R_2} = A_1 \frac{\mathrm{d}h_1}{\mathrm{d}t} \tag{2-48}$$

$$\frac{h_1 - h_2}{R_2} - \frac{h_2}{R_3} = A_2 \frac{\mathrm{d}h_2}{\mathrm{d}t} \tag{2-49}$$

第三步,增量化。

假设 R_2 和 R_3 工作点的值分别为 R_{20} 和 R_{30}。此时 R_2 不变,对式(2-48)和式(2-49)取增量方程式,可得

$$\Delta Q_i - \frac{\Delta h_1 - \Delta h_2}{R_{20}} = A_1 \frac{\mathrm{d}\Delta h_1}{\mathrm{d}t} \tag{2-50}$$

$$\frac{\Delta h_1 - \Delta h_2}{R_{20}} - \Delta \frac{h_2}{R_3} = A_2 \frac{\mathrm{d}\Delta h_2}{\mathrm{d}t} \tag{2-51}$$

第四步,线性化。

将 $\dfrac{h_2}{R_3}$ 在工作点处线性化可得

$$\Delta \frac{h_2}{R_3} = \frac{\Delta h_2}{R_{30}} - \frac{h_{20}}{R_{30}^2} \Delta R_3 \tag{2-52}$$

将式(2-52)代入式(2-51),可得

$$\frac{\Delta h_1 - \Delta h_2}{R_{20}} - \frac{\Delta h_2}{R_{30}} + \frac{h_{20}}{R_{30}^2} \Delta R_3 = A_2 \frac{\mathrm{d}\Delta h_2}{\mathrm{d}t} \tag{2-53}$$

第五步,列写关系方程。

由式(2-50)和式(2-53),化简整理后可得并联式双容液位过程动态模型的状态方程为

$$\dot{\boldsymbol{H}} = \boldsymbol{A}\boldsymbol{H} + \boldsymbol{B}\boldsymbol{U} \tag{2-54}$$

其中

$$\boldsymbol{A} = \begin{bmatrix} -\dfrac{1}{A_1 R_{10}} & \dfrac{1}{A_1 R_{10}} \\ \dfrac{1}{A_2 R_{10}} & -\left(\dfrac{1}{A_2 R_{10}} + \dfrac{1}{A_2 R_{20}}\right) \end{bmatrix}, \quad \boldsymbol{H} = \begin{bmatrix} \Delta h_1 \\ \Delta h_2 \end{bmatrix}, \quad \boldsymbol{B} = \begin{bmatrix} \dfrac{1}{A_1} & 0 \\ 0 & \dfrac{h_{20}}{A_2 R_{20}^2} \end{bmatrix}, \quad \boldsymbol{U} = \begin{bmatrix} \Delta Q_\mathrm{i} \\ \Delta R_2 \end{bmatrix}$$

对式(2-54)进行拉普拉斯变换,可得传递函数形式的数学模型为

$$\begin{bmatrix} H_1(s) \\ H_2(s) \end{bmatrix} = \frac{\begin{bmatrix} R_{20}R_{30}A_2 s + R_{30} + R_{20} & \dfrac{h_{20}}{R_{30}} \\ R_{30} & \dfrac{h_{20}}{R_{30}}(R_{20}A_1 s + 1) \end{bmatrix}}{A_1 A_2 R_{20} R_{30} s^2 + (R_{20}A_1 + R_{30}A_2 + R_{30}A_1)s + 1} \begin{bmatrix} Q_\mathrm{i}(s) \\ R_2(s) \end{bmatrix} \tag{2-55}$$

由式(2-55),可得贮槽Ⅱ的液位高度 h_2 对入口流量 Q_i 的传递函数为

$$G(s) = \frac{H_2(s)}{Q_\mathrm{i}(s)} = \frac{R_{20}}{A_1 A_2 R_{20} R_{30} s^2 + (R_{20}A_1 + R_{30}A_2 + R_{30}A_1)s + 1} \tag{2-56}$$

2.2.5 过程辨识与参数估计

许多工业过程的内在结构与变化机理是比较复杂的,往往并不完全清楚,这样就难以用机理建模法建立过程的数学模型。在这种情况下,数学模型的求取就需要采用过程辨识与参数估计的方法。

过程辨识的一般步骤如下:

第一步,明确辨识目的。明确模型应用的最终目的是很重要的,因为它将决定模型的类型、精度要求以及采用什么辨识方法等问题。这点可参阅表2-2。

第二步,掌握足够的验前知识。在进行辨识之前,要通过一些手段取得对系统尽可能多的了解,粗略地掌握系统的一些先验知识。如过程是否为非线性、时变或定常、集总参数或分布参数,系统的阶次、时间常数、静态增益、延迟时间以及噪声的统计特性等。这些先验知识对模型类的选择和实验设计起着指导性的作用。

第三步,确定模型类和辨识准则函数。确定模型类,主要包括模型的描述形式,模型的阶次等;确定辨识准则函数,相应地包括确定具体辨识方法。

第四步,实验设计。根据系统的先验知识和系统的实验情况,主要设计辨识实验的输入信号(包括信号类型、幅度和频带等)、采样周期、辨识时间(数据长度)、开环或闭环辨识、离线或在线辨识等。

第五步,实验。根据所设计的实验方案,确定输入信号,进行实验并检测与记录输入输

出数据。

第六步，数据的预处理。从辨识实验中收集到的输入输出数据通常都含有直流成分以及在建模中不关心的某些低频段或高频段的成分。因此，为使所辨识的模型不受这些成分的影响，需要对这些数据进行预处理。基本的数据预处理方法有零均值化方法和数据滤波方法等。若处理得好，就能显著提高辨识的精度和辨识模型的可用性。

第七步，模型参数的估计。当模型结构确定之后，就需要进行基于系统输入输出数据的模型参数的估计。参数估计的方法很多，如最小二乘类算法、随机逼近法、神经网络法、支持向量回归法等辨识方法。

第八步，模型验证。模型验证是系统辨识中不可缺少的步骤之一。如果模型验证不合格，则必须返回第三步重新进行上述辨识步骤。

过程辨识的方法可分为经典辨识法和现代辨识法两大类。经典辨识法包括阶跃响应法、脉冲响应法、频率响应法等，这类方法一般先是获取相应的非参数模型，然后再转化为参数模型。这类方法的主要缺点是要求无噪声或噪声很小，一般是离线进行。还有一种方法是相关辨识法，它具有很好的抗干扰能力和在线辨识能力。现代辨识法包括最小二乘法、极大似然法、随机逼近法等，其中又以最小二乘法最为常用。下面对几种典型的辨识方法分别进行讨论。

1. 阶跃响应法

阶跃响应法是实际中常用的方法。其基本步骤是，首先通过手动操作使过程工作在所需测试的稳态条件下，稳定运行一段时间后，快速改变过程的输入量，并用记录仪或数据采集系统同时记录过程输入和输出的变化曲线，经过一段时间后，过程进入新的稳态，本次试验结束后，得到的记录曲线就是过程的阶跃响应。

1) 输入信号选择及试验注意事项

对象的阶跃响应曲线比较直观地反映对象的动态特性，由于它是直接来自原始的记录曲线，无须转换，试验也比较简单，而且从响应曲线中也易于直接求出其对应的传递函数，因此阶跃输入信号是时域法首选的输入信号。但有时生产现场运行条件受到限制，不允许被控对象的被控变量有较大幅度变化，或无法测出一条完整的阶跃响应曲线，则可改用矩形方波作为输入信号，得到方波响应后，再将其转换成一条阶跃响应曲线。为了能够得到可靠的测试结果，应注意以下事项：

（1）试验测试前，被控过程应处于相对稳定的工作状态，否则会使被控过程的其他变化与试验所得的阶跃响应混淆在一起而影响辨识结果；

（2）在相同条件下应重复做多次试验，以便能从几次测试结果中选取比较接近的两个响应曲线作为分析依据，以减少随机干扰的影响；

（3）分别用正、反方向的阶跃输入信号进行试验，并将两次试验结果进行比较，以衡量过程的非线性程度；

（4）每完成一次试验，应将被控过程恢复到原来的工作状况并稳定一段时间后再做第二次试验；

（5）输入的阶跃幅度不能过大，以免对生产的正常进行产生不利影响。但也不能过小，以防其他干扰影响的比重相对较大而影响试验结果。阶跃变化的幅值一般取正常输入信号最大幅值的 10% 左右。

2) 模型结构的确定

在完成阶跃响应试验后,要根据试验所得的响应曲线确定模型的结构。对于大多数过程来说,其数学模型通常可近似为一阶惯性加纯滞后、二阶惯性加纯滞后的结构,其对应的传递函数分别为

$$G(s) = \frac{K}{Ts+1}e^{-\tau s} \tag{2-57}$$

$$G(s) = \frac{K}{(T_1 s+1)(T_2 s+1)}e^{-\tau s} \tag{2-58}$$

对于某些无自衡特性过程,其对应的传递函数为

$$G(s) = \frac{1}{Ts}e^{-\tau s} \tag{2-59}$$

此外,也可以采用更高阶或其他复杂结构形式。但是,复杂的数学模型结构对应复杂的控制,同时也使模型的待估计参数数目增多,从而增加辨识的难度。因此,在保证辨识精度的前提下,数学模型结构应尽可能简单。

3) 模型参数的确定

(1) 一阶惯性加纯滞后模型参数的确定。如果对象阶跃响应是一条如图 2-21 所示的起始速度较慢,呈 S 形的单调曲线,就可以用式(2-57)所示的一阶惯性加纯滞后的传递函数去拟合。有以下两种方法:

① 作图法。设阶跃输入 $u(t)$ 的变化幅值为 $\Delta u(t)$,输出 $y(t)$ 的起始值和稳态值分别为 $y(0)$ 和 $y(\infty)$,则增益 K 可根据下式计算,即

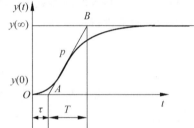

图 2-21 用作图法确定一阶对象参数

$$K = \frac{y(\infty) - y(0)}{\Delta u(t)} \tag{2-60}$$

在阶跃响应的拐点 p 处作一切线,该切线与时间轴交于 A 点,与曲线的稳态渐近线交于 B 点,这样就可以根据 A、B 两点处的时间值确定参数 τ 和 T,纯滞后时间 τ 等于时间轴原点至 A 点的时间间隔,时间常数 T 等于 A 点至 B 点在时间轴上的投影的时间间隔,它们的具体数值如图 2-21 所示。

显然,这种作图法的拟合程度一般是很差的。首先,与式(2-57)所对应的阶跃响应是一条向后平移了 τ 时刻的指数曲线,它不可能完美地拟合一条 S 形曲线。其次,在作图法中,切线的画法也有较大的随意性,这直接关系到 τ 和 T 的取值。然而,作图法非常简单,而且实践证明,它可以成功地应用于 PID 控制器的参数整定。

② 两点法。所谓两点法就是利用图 2-21 所示阶跃响应曲线上两个点的数据去计算式(2-57)中的参数 τ 和 T。此时,增益 K 仍根据输入输出稳态值的变化来计算,即按式(2-60)来求取。

把输出 $y(t)$ 转换成它的无量纲形式 $y^*(t)$,即

$$y^*(t) = \frac{y(t)}{y(\infty)} \tag{2-61}$$

系统化为无量纲形式后,与式(2-57)所对应的传递函数可表示为

$$G(s) = \frac{1}{Ts+1}e^{-\tau s} \tag{2-62}$$

根据式(2-62),可得其单位阶跃响应为

$$y^*(t) = \begin{cases} 0, & t < \tau \\ 1 - e^{-\frac{t-\tau}{T}}, & t \geq \tau \end{cases} \quad (2\text{-}63)$$

式(2-63)中有两个参数,即 τ 和 T。为了求取它们,必须选择两个时刻 t_1 和 t_2。令

$$t_1 = \frac{T}{2} + \tau, \quad t_2 = T + \tau \quad (2\text{-}64)$$

由式(2-63)可以计算出 t_1 和 t_2 时刻的输出信号分别为 $y^*(t_1)=0.39, y^*(t_2)=0.63$。

由式(2-64)可得

$$T = 2(t_2 - t_1), \quad \tau = 2t_1 - t_2 \quad (2\text{-}65)$$

其中,t_1 和 t_2 可根据图 2-22 进行确定。

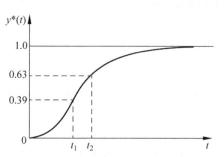

图 2-22　两点法确定一阶对象参数

利用式(2-64)求取的参数 τ 和 T 准确与否,可取另外两个时刻进行校验,即

$$\begin{cases} t_3 = 0.8T + \tau, & y^*(t_3) = 0.55 \\ t_4 = 2T + \tau, & y^*(t_4) = 0.87 \end{cases} \quad (2\text{-}66)$$

两点法的特点是单凭两个孤立点的数据进行拟合,而不顾及整个测试曲线的形态。此外,两个特定点的选择也具有某种随意性,因此所得到结果的可靠性也是值得怀疑的。

(2) 二阶惯性加纯滞后模型参数的确定。如果阶跃响应是一条如图 2-21 所示的 S 形的单调曲线,且起始段明显有毫无变化的阶段,则它可以用式(2-58)所示的二阶惯性加纯滞后的传递函数去拟合。由于它们包含两个一阶惯性环节,因此它们的拟合效果可能更好。

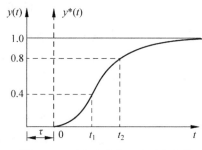

图 2-23　两点法确定二阶对象参数

如果阶跃输入 $u(t)$ 的变化幅值为 $\Delta u(t)$,则增益 K 仍根据输入输出稳态值的变化来计算,即按式(2-60)来求取。

纯滞后 τ 可根据阶跃响应曲线脱离起始的毫无反应的阶段开始出现变化的时刻来确定,如图 2-23 所示。

系统截去纯滞后并化为无纲量形式后,与式(2-58)所对应的传递函数可表示为

$$G(s) = \frac{1}{(T_1 s + 1)(T_2 s + 1)}, \quad T_1 \geq T_2 \quad (2\text{-}67)$$

根据式(2-67),可得其单位阶跃响应为

$$y^*(t) = 1 - \frac{T_1}{T_1 - T_2} e^{-\frac{t}{T_1}} + \frac{T_2}{T_1 - T_2} e^{-\frac{t}{T_2}} \quad (2\text{-}68)$$

根据式(2-68)就可以利用阶跃响应上两个点的数据 $[t_1, y^*(t_1)]$ 和 $[t_2, y^*(t_2)]$ 确定参数 T_1 和 T_2。

例如,可以取 $y^*(t_1)$ 和 $y^*(t_2)$ 分别等于 0.4 和 0.8,从曲线上定出 t_1 和 t_2,如图 2-23 所示,就可以得到下述联立方程

$$\begin{cases} \dfrac{T_1}{T_1-T_2}e^{-\frac{t_1}{T_1}} - \dfrac{T_2}{T_1-T_2}e^{-\frac{t_1}{T_2}} = 0.6 \\ \dfrac{T_1}{T_1-T_2}e^{-\frac{t_2}{T_1}} - \dfrac{T_2}{T_1-T_2}e^{-\frac{t_2}{T_2}} = 0.2 \end{cases} \quad (2\text{-}69)$$

式(2-69)的近似解为

$$\begin{cases} T_1 + T_2 \approx \dfrac{1}{2.16}(t_1+t_2) \\ \dfrac{T_1 T_2}{(T_1+T_2)^2} \approx \left(1.74\dfrac{t_1}{t_2} - 0.55\right) \end{cases} \quad (2\text{-}70)$$

当计算出传递函数的参数后,还需要根据时刻 t_1 和 t_2 的比值大小,进一步确定传递函数的具体形式。

当 $0.32 < \dfrac{t_1}{t_2} < 0.46$ 时,系统可用二阶对象来表示,此时 T_1、T_2 与 t_1、t_2 的关系用式(2-70)来表示。

当 $\dfrac{t_1}{t_2} = 0.32$ 时,$T_2 = 0$,此时系统用一阶对象来表示,T_1 与 t_1、t_2 的关系如下

$$T_1 = \frac{t_1 + t_2}{2.12} \quad (2\text{-}71)$$

当 $\dfrac{t_1}{t_2} = 0.46$ 时,$T_1 = T_2$,此时系统用二阶对象来表示,T_1、T_2 与 t_1、t_2 的关系如下

$$T_1 = T_2 = \frac{t_1 + t_2}{4.36} \quad (2\text{-}72)$$

当 $\dfrac{t_1}{t_2} > 0.46$ 时,系统要用下式所示的高阶惯性对象来表示

$$G(s) = \frac{K}{(Ts+1)^n} e^{-\tau s} \quad (2\text{-}73)$$

其中,n、T 与 t_1、t_2 的关系如下

$$nT \approx \frac{t_1 + t_2}{2.16} \quad (2\text{-}74)$$

其中,参数 n 可根据比值 t_1/t_2 的大小由表 2-3 确定。

表 2-3 高阶过程的参数 n 与 t_1/t_2 的关系

n	1	2	3	4	5	6	7	8	10	12	14
t_1/t_2	0.32	0.46	0.53	0.58	0.62	0.65	0.67	0.685	0.71	0.735	0.75

(3) 无自衡过程参数的确定。对于某些无自衡特性过程,其所对应的传递函数用式(2-54)来描述。其阶跃响应曲线如图 2-24 所示。

作响应曲线稳态上升部分过拐点 A 的切线,切线交时间轴于 B,B 点对应的时刻为 t_1,切线与时间轴夹角为 θ。由图看曲线稳态上升部分,可看作一条过原点的直线,向右平移了距离 τ。

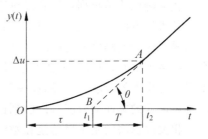

图 2-24 无自衡过程的阶跃响应

若系统阶跃输入幅值为 Δu,根据式(2-59)所示传递函数,可得其阶跃响应为

$$y(t) = \begin{cases} 0, & t < \tau \\ \dfrac{\Delta u}{T}(t-\tau), & t \geqslant \tau \end{cases} \tag{2-75}$$

由式(2-75)可知,过拐点 A 的切线方程为

$$y = \frac{\Delta u}{T}(t-\tau) \tag{2-76}$$

根据图 2-24 和式(2-76),可求得

$$\tau = t_1, \quad T = \frac{\Delta u}{\tan(\theta)} \tag{2-77}$$

2. 方波响应法

有时生产现场运行条件受到限制,不允许被控对象的被控参数有较大幅度变化,或无法测出一条完整的阶跃响应曲线,则可改用方波作为输入信号,得到方波响应后,再将其转换为阶跃响应曲线。如图 2-25 所示。

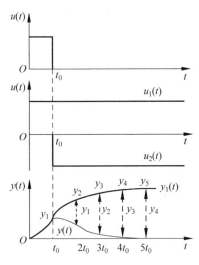

图 2-25 由方波响应确定阶跃响应

首先在对象上加一阶跃扰动,待被控参数继续上升(或下降)到将要超出允许变化范围时,立即去掉扰动,即将控制阀恢复到原来的位置上,变成了方波扰动形式。在生产实际允许的条件下,应尽可能使方波宽度窄一些,幅度高一些。由图 2-25 可以看出,方波信号可以看成是两个极性相反、幅值相同、时间相差 t_0 的阶跃信号的叠加,即

$$\begin{aligned} u(t) &= u_1(t) + u_2(t) \\ &= u_1(t) - u_1(t-t_0) \end{aligned} \tag{2-78}$$

对于线性系统而言,其输出响应也应看成由两个时间相差 t_0、极性相反、形状完全相同的阶跃响应的叠加,即

$$\begin{aligned} y(t) &= y_1(t) + y_2(t) \\ &= y_1(t) - y_1(t-t_0) \end{aligned} \tag{2-79}$$

则所需的阶跃响应为

$$y_1(t) = y(t) + y_1(t-t_0) \tag{2-80}$$

式(2-80)即为由方波响应曲线 $y(t)$ 逐段递推阶跃响应曲线 $y_1(t)$ 的依据。

3. 相关辨识法

相关辨识法是根据过程在随机输入信号作用下的输出数据来辨识过程的脉冲响应函数的一种辨识方法。其主要特点如下:辨识过程可在被辨识系统正常运行状态下进行,且应用白噪声作为激励信号,其信号幅值不需很大,所以对系统正常运行状态影响不大,当过程存在噪声干扰时,只要输入激励信号,且激励信号与干扰噪声是统计独立的,辨识过程就可不受干扰噪声的影响。另外,相关辨识法不需要被辨识系统的验前知识,因此利用相关辨识法辨识过程的脉冲响应就可以收到比较满意的效果。

相关辨识法的基本思路是在被测过程上加随机输入信号 $u(t)$,测量输出数据 $y(t)$,然后计算出 $u(t)$ 的自相关函数 $R_{uu}(\tau)$,以及 $u(t)$ 与 $y(t)$ 的互相关函数 $R_{uy}(\tau)$,根据 $R_{uy}(\tau)$ 求

出脉冲响应 $g(t)$,最后得到过程的传递函数 $G(s)$。

相关辨识法通常采用 M 序列作为被辨识过程的输入信号。这一方法既能保证输入信号含有足够激励系统的信息,又不会干扰系统的正常运行;既可以间接得到系统的传递函数,也可以直接辨识出系统的时域离散差分模型或状态模型;既可以离线运算,也可以在线辨识。因此,相关辨识法至今仍有着广泛的应用。

1) 平稳随机过程的基本概念

在介绍相关辨识法之前,先要掌握一些平稳随机过程的基本概念。

(1) 随机信号:设 $u_1(t),u_2(t),\cdots,u_k(t)$ 都是随时间随机变化的,则这些信号就称为随机信号,它们的集合就称为随机过程,如图 2-26 所示。

(2) 平均值、均方值:如果有足够多次试验,即 k 值足够大,则可求出任一时刻(如 T_1)下这些随机信号的平均值,记作

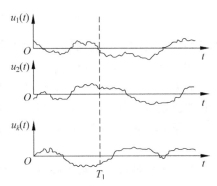

图 2-26 随机信号的波形

$$\bar{u}_1(T_1) = \frac{1}{k}\sum_{i=1}^{k} u_i(T_1) \quad (2\text{-}81)$$

类似,也可求出随机信号的均方值,记作

$$\overline{u_1^2}(T_1) = \frac{1}{k}\sum_{i=1}^{k} u_i^2(T_1) \quad (2\text{-}82)$$

(3) 平稳随机过程:如果一个随机过程,它的统计特性在各个时刻都不变,则称之为平稳随机过程。一个平稳随机过程有

$$\begin{cases} \bar{u}(T_1) = \bar{u}(T_2) = \bar{u}(T_3) = \cdots \\ \overline{u^2}(T_1) = \overline{u^2}(T_2) = \overline{u^2}(T_3) = \cdots \end{cases} \quad (2\text{-}83)$$

平稳随机过程虽然是数学上的抽象提法,但是有许多过程,它们的统计特性往往变化得非常缓慢,可以在足够长时间内认为是平稳随机过程。许多生产过程中参数的变化,除了装置开停过程外,往往可以认为是平稳随机过程。

(4) 自相关函数:如果有一个信号 $u(t)$,总是在某种程度上影响着时间间隔 τ 以后的值,即 $u(t+\tau)$ 依赖于 $u(t)$,则称 $u(t+\tau)$ 与 $u(t)$ 是相关的。一个信号的未来值与当前值之间的依赖关系可用自相关函数来衡量。

一个信号的自相关函数定义为 $u(t)$ 与 $u(t+\tau)$ 的乘积的时间平均值,记作 $R_{uu}(\tau)$,即

$$R_{uu}(\tau) = \lim_{T\to\infty} \frac{1}{2T}\int_{-T}^{T} u(t)u(t+\tau)\mathrm{d}t \quad (2\text{-}84)$$

当 $\tau=0$ 时,自相关函数的数值等于该信号的均方值,即

$$R_{uu}(0) = \overline{u^2}(t) = \sigma^2 \quad (2\text{-}85)$$

自相互函数的一个重要性质是 $R_{uu}(\tau)=R_{uu}(-\tau)$。

(5) 互相关函数:如果一个信号 $u(t)$ 对另一个信号 $y(t)$ 的未来值 $y(t+\tau)$ 也有所影响,则称 $y(t+\tau)$ 与 $u(t)$ 是互相关的。两个信号 $u(t)$ 与 $y(t)$ 之间的互相关函数 $R_{uy}(\tau)$ 定义为

$$R_{uy}(\tau) = \lim_{T\to\infty} \frac{1}{2T}\int_{-T}^{T} u(t)y(t+\tau)\mathrm{d}t \quad (2\text{-}86)$$

(6) 各态历经性：如果一个平稳随机过程的各种时间平均（时间足够长）以概率 1 收敛于相应的统计平均，则称该平稳随机过程具有各态历经性。

设 $u(t)$ 为均方连续的平稳随机过程，且对固定的 τ，$u(t)u(t+\tau)$ 也是均方连续的平稳随机过程，若下面均方极限存在

$$\langle u(t) \rangle = \lim_{T \to \infty} \frac{1}{2T} \int_{-T}^{T} u(t) \mathrm{d}t \tag{2-87}$$

$$\langle u(t)u(t+\tau) \rangle = \lim_{T \to \infty} \frac{1}{2T} \int_{-T}^{T} u(t)u(t+\tau) \mathrm{d}t \tag{2-88}$$

则分别称它们为 $u(t)$ 的时间均值和时间相关函数。

如果 $\langle u(t) \rangle = E[u(t)] = \mu_x$ 以概率 1 成立，则称 $u(t)$ 的均值具有各态历经性。

如果对于实数 τ，$\langle u(t)u(t+\tau) \rangle = E[u(t)u(t+\tau)] = R_{uu}(\tau)$ 以概率 1 成立，则称 $u(t)$ 的自相关函数具有各态历经性。当 $\tau=0$ 时，称均方值具有各态历经性。

如果 $u(t)$ 的均值和自相关函数都具有各态历经性，则称随机过程 $u(t)$ 具有各态历经性。

各态历经性可以理解为随机过程中的任一个样本函数都经历了随机过程的所有可能状态，从它的一个样本函数中可以提取到整个过程统计特征的信息。因此，无须（实际中也不可能）获得大量用来计算统计平均的样本函数，而只需从任意一个随机过程的样本函数中就可获得它的所有的数字特征，从而使统计平均化为时间平均，使实际测量和计算的问题大为简化。

在实践中，通常事先假定所研究的平稳过程具有各态历经性，并从这个假定出发，对由此而产生的各种资料进行分析处理，看所得的结论是否与实际相符。如果不符，则要修改假设，另作处理。

(7) 功率谱密度：信号 $u(t)$ 的自相关函数的傅里叶变换用 $S_{uu}(\mathrm{j}\omega)$ 表示

$$S_{uu}(\mathrm{j}\omega) = \int_{-\infty}^{\infty} R_{uu}(\tau) \mathrm{e}^{-\mathrm{j}\omega\tau} \mathrm{d}\tau = \int_{-\infty}^{\infty} R_{uu}(\tau) \cos\omega\tau \mathrm{d}\tau \tag{2-89}$$

因为 $R_{uu}(\tau)$ 是偶函数，故上式中虚部等于 0，显然上式积分是 ω 的实函数，故通常用 $S_{uu}(\omega)$ 来表示，$S_{uu}(\omega)$ 就称为信号 $u(t)$ 的功率谱密度。

(8) 白噪声：白噪声是对白光的频谱分析得来的概念，有特殊的物理性质，是系统辨识中具有重要意义的试探信号。其定义是假定平稳随机过程 $u(t)$ 的谱密度为

$$S_{uu}(\omega) = 常数 \quad (-\infty < \omega < \infty) \tag{2-90}$$

则称 $u(t)$ 是白噪声。白噪声只是理论上的抽象，实际上是不存在的。应用中认为在所考虑的频率范围内其频谱密度 $S_{uu}(\omega)$ 的幅值是恒定的，就可以认为其是一个白噪声。

2) 相关辨识法的基本原理

如果一个线性对象的输入 $u(t)$ 是具有各态历经性的平稳随机过程，测量噪声 $v(t)$ 与输入 $u(t)$ 互不相关，且测量噪声 $v(t)$ 的均值为零。相关辨识法的思想就是如何根据输入 $u(t)$ 与输出 $y(t)$ 的互相关函数来估计脉冲响应函数。如图 2-27 所示，图中，$z(t)$ 为含有干扰噪声的系统输出量测量信号。

根据卷积定理，若初始条件为零，输出和输入之间有下列卷积关系

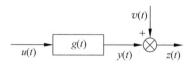

图 2-27 相关辨识法原理图

$$y(t) = \int_0^\infty g(\lambda) u(t-\lambda) \mathrm{d}\lambda \qquad (2\text{-}91)$$

其中，$g(\lambda)$ 为被辨识对象的脉冲响应函数。由于被辨识系统的输出 $y(t)$ 受到观测噪声 $v(t)$ 的干扰，有

$$z(t) = y(t) + v(t) = \int_0^\infty g(\lambda) u(t-\lambda) \mathrm{d}\lambda + v(t) \qquad (2\text{-}92)$$

将式(2-92)两边同乘上 $u(t+\tau)$，再取数学期望，则有

$$\lim_{T\to\infty} \int_0^T z(t) u(t+\tau) \mathrm{d}t$$
$$= \int_0^\infty g(\lambda) \mathrm{d}\lambda \left\{ \lim_{T\to\infty} \frac{1}{T} \int_0^T u(t-\lambda) u(t+\tau) \mathrm{d}t \right\} + \lim_{T\to\infty} \frac{1}{T} \int_0^T v(t) u(t+\tau) \mathrm{d}t \qquad (2\text{-}93)$$

因为 $v(t)$ 和 $u(t)$ 互不相关，并且它们之中至少有一个的均值为零，则

$$\lim_{T\to\infty} \frac{1}{T} \int_0^T v(t) u(t+\tau) \mathrm{d}t = \left\{ \lim_{T\to\infty} \frac{1}{T} \int_0^T v(t) \mathrm{d}t \right\} \left\{ \lim_{T\to\infty} \frac{1}{T} \int_0^T u(t+\tau) \mathrm{d}t \right\} = 0 \qquad (2\text{-}94)$$

再根据式(2-84)和(2-86)，式(2-93)可表示为

$$R_{uz}(\tau) = \int_0^\infty g(\lambda) R_{uu}(\tau+\lambda) \mathrm{d}\lambda$$

或

$$R_{uz}(\tau) = \int_0^\infty g(\lambda) R_{uu}(\tau-\lambda) \mathrm{d}\lambda \qquad (2\text{-}95)$$

式(2-95)就是著名的 Wiener-Hopf 方程。它是相关辨识法的理论基础。需要指出的是，上式中的互相关函数 $R_{uz}(\tau)$ 是实际观测的输出与输入之间的互相关函数，它等价于真实的输出 $y(t)$ 与输入之间的互相关函数 $R_{uy}(\tau)$。这是因为

$$R_{uz}(\tau) = \lim_{T\to\infty} \frac{1}{2T} \int_{-T}^T z(t) u(t+\tau) \mathrm{d}t$$
$$= \lim_{T\to\infty} \frac{1}{2T} \int_{-T}^T [y(t) + v(t)] u(t+\tau) \mathrm{d}t = R_{uy}(\tau) \qquad (2\text{-}96)$$

该式表明相关辨识法具有极强的抗干扰能力，这是相关辨识法的突出优点。

由式(2-96)可知，式(2-95)等价于

$$R_{uy}(\tau) = \int_0^\infty g(\lambda) R_{uu}(\tau-\lambda) \mathrm{d}\lambda \qquad (2\text{-}97)$$

将式(2-97)与式(2-91)相比较，可以看出一个具有脉冲响应函数为 $g(t)$ 的被辨识对象，如果其输入量为信号 $u(t)$ 的自相关函数 $R_{uu}(\tau)$，则其响应就等于输入信号 $u(t)$ 与相应的输出信号 $y(t)$ 之间的互相关函数 $R_{uy}(\tau)$，其对应关系如图 2-28 所示。

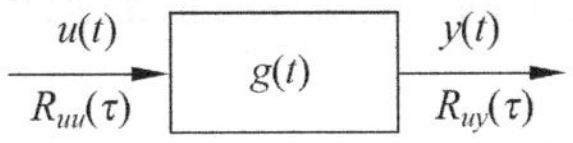

图 2-28 相关辨识法输入输出关系示意图

由此可见，在应用相关辨识法求解对象的脉冲响应函数 $g(t)$ 时，关键在于如何求出 $R_{uu}(\tau)$，然后可通过式(2-97)求解卷积方程，便有可能获得对象的脉冲响应函数 $g(t)$。

在一般情况下，求解 Wiener Hopf 方程是比较困难的。但是，当被辨识对象的输入信号采用白噪声时，方程就容易求解了。因为白噪声的自相关函数是一个 δ 函数，即 $R_{uu}(\tau) = \sigma_u^2 \delta(\tau)$，数学含义为一个函数与 δ 函数的卷积就是该函数本身，则

$$R_{uy}(\tau) = \int_0^\infty g(\lambda)\sigma_u^2 \delta(\tau-\lambda)\mathrm{d}\lambda = \sigma_u^2 g(\tau) \tag{2-98}$$

由此可见,当被辨识对象输入为白噪声信号时,只要测量出输入信号与输出信号间的互相关函数,就很容易求出对象的脉冲响应函数 $g(t)$。

对象的传递函数可对 $g(t)$ 求拉氏变换得到

$$G(s) = L[g(t)] \tag{2-99}$$

由于白噪声的整个能量分布在一个很广的频率范围内,激励信号的幅值不需要很大,因此不会使被辨识对象过分地偏离正常运行状态,所以白噪声作为输入激励信号对正常运行状态的影响不是很大。而且,只要输入激励吸纳后与干扰噪声是统计独立的,辨识工作就可以不受干扰噪声的影响。然而,该方法有两个困难:一是要获取精确的互相关函数,必须在较长的时间内进行积分。从理论上讲,这个时间应当趋于无穷大,这显然是不实用的。二是白噪声是一种数学上的抽象,它在工程上是无法实现的。因此,在工程上常常采用 M 序列作为辨识输入信号,它具有近似白噪声的性质。

3) M 序列

M 序列是伪随机二进制序列(pseudo-random binary sequence,PRBS)的一种形式。在介绍 M 序列之前,先了解一下 PRBS。

考虑实际被辨识对象为有限频谱,故构造在有限频谱满足白噪声要求的信号,称为准白噪声。PRBS 是一种离散的准白噪声序列,而且是周期的,故称为"伪随机"。PRBS 具有如下特征:

(1) 序列只取值 $+a$,$-a$,故称二进制。序列中出现 $+a$,$-a$ 的次数几乎相等,可满足均值为零要求。

(2) 序列的自相关函数在原点处取得最大值,即 $R_{uu}(0) = \max$,离开原点时迅速下降。因此可认为近似 δ 函数。

M 序列是最简单、最常用的 PRBS 信号。M 序列的周期为 $N_p = 2^n - 1$,这是 n 位二进制数能产生自动循环的最大长度二进制序列,因此而得名。

在工程上,M 序列的产生通常有两种方法,一是用移位寄存器产生,二是用软件实现。

(1) 移位寄存器产生。M 序列可以很容易地用线性反馈移位寄存器产生。图 2-29 所示为 4 级线性反馈移位寄存器构成的 M 序列产生器。图中,$C_i(i=1,\cdots,4)$ 为双稳态触发器,$x_{i-j}(j=1,\cdots,4)$ 为触发器的输出,x_{i-3}、x_{i-4} 经各自的反馈通道进行异或运算后反馈至 x_i。在移位脉冲 CP 的作用下,4 级移位寄存器任一级的输出序列均可为 M 序列。需要注意的是,移位寄存器的初始状态不能全置零,因为若出现全零状态,则移位寄存器各级的输出将永远是 0 状态,这是不希望发生的。此外,反馈通道的选择也不是任意的,否则就不一定能生成 M 序列。

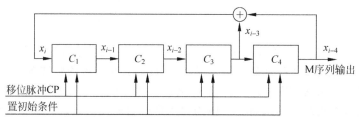

图 2-29 4 级移位寄存器构成的 M 序列产生器

由图 2-29 可知,若移位寄存器的初始状态为 0001,在移位脉冲 CP 的作用下,移位寄存器各级状态的变化如表 2-4 所示。

表 2-4 4 级移位寄存器的各级状态

时钟	状 态					输出序列
	C_1	C_2	C_3	C_4	$C_3 \oplus C_4$	
0	0	0	0	1	1	1
1	1	0	0	0	0	0
2	0	1	0	0	0	0
3	0	0	1	0	1	0
4	1	0	0	1	1	1
5	1	1	0	0	0	0
6	0	1	1	0	1	0
7	1	0	1	1	0	1
8	0	1	0	1	1	1
9	1	0	1	0	1	0
10	1	1	0	1	1	1
11	1	1	1	0	1	0
12	1	1	1	1	0	1
13	0	1	1	1	0	1
14	0	0	1	1	0	1
15	0	0	0	1	1	1

由图 2-29 所示的移位寄存器产生的 4 级 M 序列为 100010011010111,设此序列为 m_1。右移 3 位后的 M 序列为 m_2,即 111100010011010,相应的波形如图 2-30 所示。

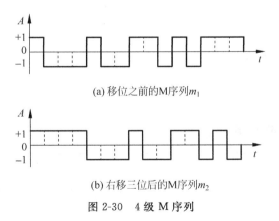

(a) 移位之前的 M 序列 m_1

(b) 右移三位后的 M 序列 m_2

图 2-30 4 级 M 序列

比较 m_1 和 m_2 两个序列,相同码元的数目 $A=7$,不同码元的数目 $D=8$,则该 M 序列的自相关函数可表示为

$$R_{uu}(\tau) = \begin{cases} 0, & \tau = 0 \\ \dfrac{A-D}{A+D} = \dfrac{1}{15}, & \iota = 1, 2, \cdots, 14 \end{cases} \quad (2\text{-}100)$$

该自相关函数的图形如图 2-31 所示。

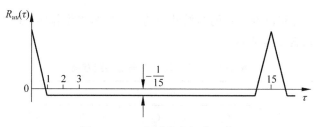

图 2-31　M 序列的自相关函数

(2) 软件实现。M 序列还可用 MATLAB 语言编程实现。在实际编程时,常把 M 序列的逻辑 0 和逻辑 1 换成 a 和 $-a$ 的序列(这里取 $a=1$)。现仍以 4 级移位寄存器产生 M 序列为例,对其进行编程。可供参考的 MATLAB 程序如下:

```
function [ m ] = mxu(cn)        % cn 为移位寄存器
 len = length(cn);              % 所需的移位寄存器的长度
 L = 2^len - 1;                 % 序列的长度
 u(1) = cn(len);                % 序列的第一个输出码元
 for i = 2:L
    cn1(2:len) = cn(1:len - 1);
    cn1(1) = xor(cn(len - 1),cn(len));   % 异或运算
    cn = cn1;
     if cn1(len) == 0           % 将输出"0"转换成"-1"
        u(i) = - 1;
     else
        u(i) = cn1(len)
     end
  end
 for i = 1:L
   m(i) = u(i);
  end;
 stairs(m);
end
```

在 MATLAB 的命令窗口里输入

an = [0 0 0 1];
m = mxu(an);

得到的 M 序列如图 2-32 所示。

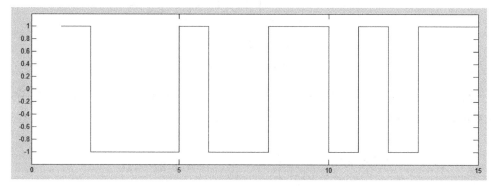

图 2-32　MATLAB 实现的 M 序列

4) 用 M 序列作为测试信号来辨识对象的脉冲响应函数的步骤

在用 M 序列作为输入测试信号辨识对象的脉冲响应函数之前,需要做好一些准备工作。这包括进行必要的预备实验以选择 M 序列的参数、利用专用仪器或借助数字计算机产生所需要的 M 序列、给对象预激励等,然后开始观测数据进行辨识实验,步骤大致如下:

(1) 通过预备实验粗略估计对象的特性。为了选择 M 序列的参数,要求粗略地估计出系统的过渡过程时间 t_s 和最高工作频率 f_M,这些参数可以根据对象运行中积累的经验来粗略估计,或通过对象的结构数据和物理定律大致估算,也可从简单的实验中获得。

(2) 选择 M 序列的参数,即选择采样周期 Δ 和序列长度 N。选择测试信号的原则,是要求测试信号的频谱能完全覆盖待辨识对象的全部重要工作频率。为满足这个要求,往往需要选择短的时钟周期。就许多工业对象而言,它通常具有低通滤波器的特性,即具有平坦的频率响应和陡峭的截止频率。对于这些具有有限频谱宽度的对象,选择测试信号非常简单。例如,假设对象的最高重要工作频率为 f_M,最低重要工作频率为 f_m,则可以按下述原则选择 Δ 和 N:

$$\Delta \leqslant \frac{0.33}{f_M} \quad \text{和} \quad N \geqslant \frac{1}{f_m \Delta} \tag{2-101}$$

此外,还可以根据过渡过程时间 t_s 确定 N,即

$$N = \frac{(1.2 \sim 1.5) t_s}{\Delta} \tag{2-102}$$

在噪声较强的场合,在输入振幅 a 受到限制的情况下,为了提高输入信号的信噪比,这时要求选择短的序列长度 N 和宽的采样周期 Δ,这与前面选择原则是相矛盾的。所以 N 和 Δ 的选择往往是一个折中的过程。

(3) 选择测试信号的幅值 a。最大幅值 a 可以通过预备实验选择,使它既能保证对象运行在线性区,又能保证产品质量。因为 M 序列的激励功率与 a^2 成正比,a 较大时,在输入信号功率一定的情况下,就有可能选择较小的 Δ,使 M 序列的自相关函数更接近 δ 函数,M 序列的有效频率也得到增加;另一方面,a 增大后,信噪比也增大,这样往往能在最短的实验时间内,获得好的辨识效果。

(4) 用伪随机信号发生器或计算机产生 M 序列随机信号,施加于被测信号,即施加于被测系统。

(5) 输入信号的同时记录输入输出的数据。理论上记录一个输入周期的数据就可以了,但往往考虑到测试中会有干扰,因此可多记录几个周期的数据求其平均值。另外考虑到输入信号加入需要有稳定的时间,因此一般从第二个周期开始记录数据。

(6) 计算互相关函数,并采用上述实验结果的数据处理方法求得传递函数。

5) 用 M 序列辨识对象的实例。

【例 2-11】 某常压加热炉如图 2-33 所示,炉膛温度受所加燃料的影响,燃料量又与燃料控制阀的压力有关,现在要求测定燃料压力与炉膛温度之间的动态关系。通过预备试验,预估出对象的过渡过程时间 t_s 不大于 50min,对象的最高工作频率 f_M 低于 0.0012Hz。

解:确定 M 序列的时钟周期 Δ 和序列长度 N

$$\Delta \leqslant \frac{0.33}{f_M} = 275s \quad \text{取} \ \Delta = 4\text{min}$$

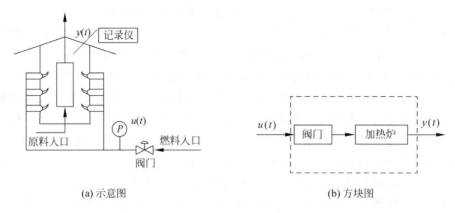

(a) 示意图　　　　　　　　　　　　　(b) 方块图

图 2-33　测常压加热炉燃料量与炉膛温度之间的响应

$$N = \frac{(1.2 \sim 1.5)t_s}{\Delta} = \frac{(1.2 \sim 1.5) \times 50}{4} = 15 \sim 18.75 \quad 取 \ N = 15$$

在调节燃料流量的阀门压力上附加一个 M 序列 $u(t)$。根据运行经验,取燃料压力的扰动幅度 $a=0.0029$MPa,可保证对象工作不进入非线性区,并可获得明显的响应曲线。如图 2-34 所示,图中画出三个周期的输入输出记录曲线。三个周期的输出记录曲线并不完全重复,这是因为存在试验误差。

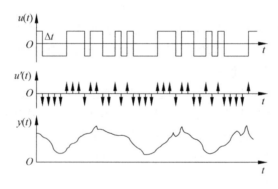

图 2-34　试验记录曲线

为了获得平稳的温度响应,计算互相关函数时,所采用的记录是在 M 序列加入一个周期以后的炉头温度记录。

记录 $0, \Delta, 2\Delta, \cdots$,各时刻采样值如表 2-5 所示。

表 2-5　各采样时刻 $y(t)$ 值

$i\Delta$	0	1	2	3	4	5	6	7	8	9	10	11	12	13	14
$y(i\Delta)$	2.06	1.85	1.84	1.79	1.08	0.68	0.44	0.80	1.91	2.33	2.49	2.51	3.05	2.69	1.94
$\tau=0$	+	−	−	−	−	+	+	+	−	+	+	−	−	+	−
$\tau=\Delta$		+	−	−	−	−	+	+	−	+	+	−	+	−	+
$\tau=2\Delta$			+	−	−	−	−	+	+	+	−	+	+	−	−
$\vdots$	$\vdots$	$\vdots$	$\vdots$	$\vdots$	$\vdots$	$\vdots$	$\vdots$	$\vdots$	$\vdots$	$\vdots$	$\vdots$	$\vdots$	$\vdots$	$\vdots$	$\vdots$
$\tau=14\Delta$															+

续表

$i\Delta$	15	16	17	18	19	20	21	22	23	24	25	26	27	28	29
$y(i\Delta)$	1.82	1.82	2.03	2.03	1.03	0.68	0.52	0.86	1.78	2.50	2.50	2.32	3.28	2.82	2.04
$\tau=0$	+	−	−	−	−	+	+	+	−	+	+	−	−	+	+
$\tau=\Delta$	−	+	−	−	−	+	+	+	−	+	+	−	+	+	−
$\tau=2\Delta$	+	−	+	−	−	−	+	+	+	−	+	+	−	+	−
⋮	⋮	⋮	⋮	⋮	⋮	⋮	⋮	⋮	⋮	⋮	⋮	⋮	⋮	⋮	⋮
$\tau=14\Delta$	−	−	−	−	+	+	+	−	+	+	−	−	+	+	−
$i\Delta$	30	31	32	33	34	35	36	37	38	39	40	41	42	43	44
$y(i\Delta)$	2.01	1.67	1.70	1.82	1.04	0.59	0.38	0.81	1.91	2.55	2.28	2.56	3.13	2.70	2.06
$\tau=0$															
$\tau=\Delta$	−														
$\tau=2\Delta$	−														
⋮	⋮	⋮	⋮	⋮	⋮	⋮	⋮	⋮	⋮	⋮	⋮	⋮	⋮	⋮	⋮
$\tau=14\Delta$	−	−	−	−	+	+	+	−	+	+	−	−	+	+	−

表中 $y(i\Delta)$ 的值是扣除恒值 830℃ 后得到的数值。计算 $R_{xy}(0)$ 时,为了提高计算精度,可多取几个周期,这里取两个周期。可按表中 $\tau=0$ 那一栏中正负号对应地将采样值相加减,最后除以采样值个数($2N=30$),求得互相关函数:

$$R_{xy}(0) = \frac{1}{30} \times [(2.06+0.68+0.44+0.80+2.33+2.49+2.69+1.82+0.68+0.52 \\ +0.86+2.50+2.50+2.82)-(1.85+1.84+1.79+1.08+1.91+2.51 \\ +3.05+1.94+1.82+2.03+2.03+1.03+1.78+2.32+3.28+2.04)] \\ =-0.332$$

计算 $R_{xy}(\Delta)$ 时,将 $\tau=0$ 的一行的正、负号统统往后移动 Δ 位,则

$$R_{xy}(\Delta) = \frac{1}{30} \times [(1.85+0.44+\cdots+2.04)-(1.84+\cdots+2.01)] = -0.263$$

如此计算下去,直至计算满一个周期 $T=15\Delta$ 为止。并将 $R_{xy}(i\Delta)$ 在坐标图上标出,将各离散点光滑连接如图 2-35(a)所示,再将图 2-35(a)相对于稳态值作一平移,得到图 2-35(b)所示图形。可以采用上述试验结果的数据处理方法,最后求得的过程传递函数如下:

$$G(s) = \frac{87}{44.09s^2+13.28s+1} e^{-3.32s}$$

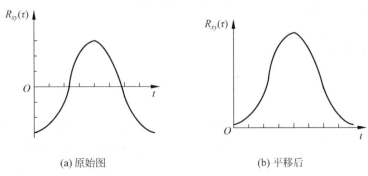

(a) 原始图   (b) 平移后

图 2-35 互相关函数

4. 最小二乘法

在系统辨识和参数估计领域，最小二乘法是一种最基本的估计方法。最小二乘法是1795年高斯在预测行星运行轨道时提出的。20世纪60年代瑞典学者 Äuströn 将这种方法应用于动态系统的辨识中，并首先给出模型类型，在该类型下确定系统模型的最优参数。

应用最小二乘法对系统模型参数进行辨识的方法有离线辨识和在线辨识两种。离线辨识是在采集到系统模型所需全部输入输出数据后，用最小二乘法对数据进行集中处理，从而获得模型参数的估计值；而在线辨识是一种在系统运行过程中进行的递推辨识方法，所使用的数据是实时采集的系统输入输出数据，应用递推算法对参数估计值进行不断修正，以取得更为准确的参数估计值。

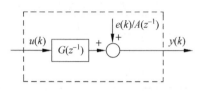

图 2-36　单输入-单输出过程的"黑箱"模型

1) 最小二乘法的原理

考虑随机模型的参数估计问题时，首先考虑单输入单输出系统 SISO。最小二乘法将待辨识的过程看作"黑箱"，如图 2-36 所示。

图中，输入 $u(k)$ 和输出 $y(k)$ 是可以观测的；$e(k)$ 为测量噪声；$G(z^{-1})$ 是系统模型，用来描述系统的输入输出特性，其离散传递函数为

$$G(z^{-1}) = \frac{B(z^{-1})}{A(z^{-1})} = \frac{b_1 z^{-1} + b_2 z^{-2} + \cdots + b_{n_b} z^{-n_b}}{1 + a_1 z^{-1} + \cdots + a_{n_a} z^{-n_a}} \tag{2-103}$$

则过程模型为

$$A(z^{-1}) y(k) = B(z^{-1}) u(k) + e(k) \tag{2-104}$$

最小二乘法要解决的问题是如何利用过程的输入输出测量数据确定多项式 $A(z^{-1})$ 和 $B(z^{-1})$ 的系数，为此假定：

(1) 过程模型的阶次 n_a、n_b 为已知，且一般有 $n_a \geqslant n_b$。当取相同阶次时，则记作 $n_a = n_b = n$。

(2) 过程模型式(2-104)展开后写成最小二乘格式，即

$$y(k) = \boldsymbol{h}^T(k) \theta + e(k) \tag{2-105}$$

式中

$$\begin{cases} \boldsymbol{h}(k) = [-y(k-1), \cdots, -y(k-n_a), u(k-1), \cdots, u(k-n_b)]^T \\ \theta = [a_1, a_2, \cdots, a_{n_a}, b_1, b_2, \cdots b_{n_b}]^T \end{cases} \tag{2-106}$$

对于 $k=1, 2, \cdots, L$，式(2-105)构成一个向量方程，即

$$\boldsymbol{Y}_L = \boldsymbol{H}_L \theta + \boldsymbol{e}_L \tag{2-107}$$

式中

$$\begin{cases} \boldsymbol{Y}_L = [y(1), y(2), \cdots, y(L)]^T \\ \boldsymbol{e}_L = [e(1), e(2), \cdots, e(L)]^T \\ \boldsymbol{H}_L = \begin{bmatrix} h^T(1) \\ h^T(2) \\ \vdots \\ h^T(L) \end{bmatrix} \\ = \begin{bmatrix} -y(0) & \cdots & -y(1-n_a) & u(0) & \cdots & u(1-n_b) \\ -y(1) & \cdots & -y(2-n_a) & u(1) & \cdots & u(2-n_b) \\ \vdots & & \cdots & & & \vdots \\ -y(L-1) & \cdots & -y(L-n_a) & u(L-1) & \cdots & u(L-n_b) \end{bmatrix} \end{cases} \tag{2-108}$$

(3) 数据长度 $L>(n_a+n_b)$。这是因为式(2-107)具有 L 个方程,包含 (n_a+n_b) 个未知数,如果 $L<(n_a+n_b)$,则方程的个数少于未知数个数,模型参数 θ 不能唯一确定;若 $L=(n_a+n_b)$,当且仅当 $e_L=0$ 时,θ 才可能有解,但非最优解;而只有当 $e_L\neq 0$、$L>(n_a+n_b)$ 时,才有可能确定一个最优的模型参数解 θ。为了保证辨识精度,L 必须尽可能大。

2) 最小二乘问题的解

最小二乘问题有两种基本算法,一种是一次完成算法,另一种则是递推算法。一次完成算法在具体使用时占用内存量大,而且不能用于在线辨识;而递推算法则适用于计算机在线辨识。

(1) 一次完成算法。考虑模型式(2-105)的辨识问题,其中 $y(k)$ 和 $u(k)$ 都是可观测的输出输入数据,$\boldsymbol{h}(k)$ 是由 $y(k)$ 和 $u(k)$ 构成的测量数据向量,θ 是待估计参数,准则函数为

$$J(\theta) = \sum_{k=1}^{L}\left[y(k) - \boldsymbol{h}^{\mathrm{T}}(k)\,\theta\right]^2 \tag{2-109}$$

根据式(2-109)的定义,准则函数 $J(\theta)$ 可写成二次型的形式,即

$$J(\theta) = (\boldsymbol{Y}_L - \boldsymbol{H}_L\theta)^{\mathrm{T}}(\boldsymbol{Y}_L - \boldsymbol{H}_L\theta) \tag{2-110}$$

式(2-110)中的 $\boldsymbol{H}_L\theta$ 代表模型的输出,或称为过程的输出预报值。显然,$J(\theta)$ 被用来测量模型输出与实际过程输出的接近情况。极小化 $J(\theta)$,即可求得参数 θ 的估计值使模型的输出最好地预报过程的输出。

设 $\hat{\theta}$ 使得 $J(\hat{\theta})|_{\hat{\theta}}=\min$,则有

$$\frac{\partial J(\hat{\theta})}{\partial \hat{\theta}}\bigg|_{\hat{\theta}} = \frac{\partial}{\partial \hat{\theta}}(\boldsymbol{Y}_L - \boldsymbol{H}_L\hat{\theta})^{\mathrm{T}}(\boldsymbol{Y}_L - \boldsymbol{H}_L\hat{\theta})\bigg|_{\hat{\theta}} = \boldsymbol{0}^{\mathrm{T}} \tag{2-111}$$

引入两个向量微分公式,即

$$\begin{cases} \dfrac{\partial}{\partial \boldsymbol{x}}(\boldsymbol{a}^{\mathrm{T}}\boldsymbol{x}) = \boldsymbol{a}^{\mathrm{T}} \\ \dfrac{\partial}{\partial \boldsymbol{x}}(\boldsymbol{x}^{\mathrm{T}}\boldsymbol{A}\boldsymbol{x}) = 2\boldsymbol{x}^{\mathrm{T}}\boldsymbol{A}, \quad \boldsymbol{A} \text{ 为对称阵} \end{cases} \tag{2-112}$$

根据式(2-112),解式(2-111),可得

$$(\boldsymbol{H}_L^{\mathrm{T}}\boldsymbol{H}_L)\hat{\theta} = \boldsymbol{H}_L^{\mathrm{T}}\boldsymbol{Y}_L \tag{2-113}$$

式(2-113)通常称为正则方程。当 $(\boldsymbol{H}_L^{\mathrm{T}}\boldsymbol{H}_L)$ 非奇异时,有

$$\hat{\theta} = (\boldsymbol{H}_L^{\mathrm{T}}\boldsymbol{H}_L)^{-1}\boldsymbol{H}_L^{\mathrm{T}}\boldsymbol{Y}_L \tag{2-114}$$

此外有

$$\frac{\partial^2 J(\theta)}{\partial \theta^2}\bigg|_{\hat{\theta}} = 2\boldsymbol{H}_L^{\mathrm{T}}\boldsymbol{H}_L \tag{2-115}$$

由于 $(\boldsymbol{H}_L^{\mathrm{T}}\boldsymbol{H}_L)$ 为正定矩阵,故有

$$\frac{\partial^2 J(\theta)}{\partial \theta^2}\bigg|_{\hat{\theta}} > 0 \tag{2-116}$$

可见,满足式(2-110)的 $\hat{\theta}$ 使得 $J(\hat{\theta})|_{\hat{\theta}}=\min$,并且是唯一的。

通过极小化式(2-109)计算 $\hat{\theta}$ 的方法称作最小二乘法,对应的 $\hat{\theta}$ 称为最小二乘参数估计值。

当获得一系列输入输出数据之后,利用式(2-114)可一次求得相应的参数估计值,这种处理问题的方法称为最小二乘一次完成算法。最小二乘一次完成算法的计算机程序流程如图 2-37 所示。

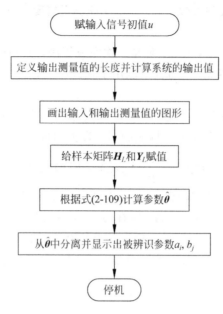

图 2-37　一次完成算法程序流程图

【例 2-12】 考虑如下仿真过程:
$$y(k) - 1.6y(k-1) + 0.8y(k-2) = 0.8u(k-1) + 0.3u(k-2) + e(k)$$
式中,$e(k)$ 为服从正态分布的白噪声 $N(0,1)$。输入信号采用 4 阶 M 序列,幅值为 1。选择如下形式的辨识模型:
$$y(k) + a_1 y(k-1) + a_2 y(k-2) = b_1(k-1) + b_2 u(k-2) + e(k)$$

解: 按式(2-108)构造 Y_L 和 H_L,数据长度取 $L=14$,利用式(2-114)计算参数估计值 $\hat{\theta}$。

设输入信号的取值 k 为 1~16 的 M 序列,待识别参数 $\hat{\theta} = (H_L^T H_L)^{-1} H_L^T Y_L$。式中 $\hat{\theta}$、Y_L、H_L 的表达式为

$$\hat{\theta} = [a_1, a_2, b_1, b_2]^T$$
$$Y_L = [y(3), y(4), \cdots, y(16)]^T$$
$$H_L = \begin{bmatrix} -y(2) & -y(1) & u(2) & u(1) \\ -y(3) & -y(2) & u(3) & u(2) \\ \vdots & \vdots & \vdots & \vdots \\ -y(15) & -y(14) & u(15) & u(14) \end{bmatrix}$$

用 MATLAB 语言编写的一次完成算法程序如下:

```
u = [-1,1,-1,1,1,1,1,-1,-1,-1,1,-1,-1,1,1];
z = zeros(1,16);
for k = 3:16
    z(k) = 1.6 * z(k-1) - 0.8 * z(k-2) + 0.8 * u(k-1) + 0.3 * u(k-2);
end
```

```
subplot(3,1,1)
stem(u)
subplot(3,1,2)
i = 1:1:16;
plot(i,z)
subplot(3,1,3)
stem(z),grid on
u,z
L = 14;
HL = [-z(2) -z(1) u(2) u(1); -z(3) -z(2) u(3) u(2); -z(4) -z(3) u(4) u(3); -z(5) -z(4)
u(5) u(4); -z(6) -z(5) u(6) u(5); -z(7) -z(6) u(7) u(6); -z(8) -z(7) u(8) u(7); -z(9)
-z(8) u(9) u(8); -z(10) -z(9) u(10) u(9); -z(11) -z(10) u(11) u(10); -z(12) -z(11) u(12)
u(11); -z(13) -z(12) u(13) u(12); -z(14) -z(13) u(14) u(13); -z(15) -z(14) u(15) u(14)]
ZL = [z(3);z(4);z(5);z(6);z(7);z(8);z(9);z(10);z(11);z(12);z(13);z(14);z(15);z(16)]
c1 = HL' * HL;c2 = inv(c1);c3 = HL' * ZL;c = c2 * c3
a1 = c(1),a2 = c(2),b1 = c(3),b2 = c(4)
```

程序运行结果：

```
u = -1  1  -1  1  1  1  1  -1  -1  -1  1  -1  -1  1  1
z = 0       0       0.5000   0.3000   0.5800
    1.7880  3.4968  5.2645   5.1257   2.8896
   -0.5773 -2.7353 -4.4146  -5.9752  -5.5286  -2.9656
HL =
      0         0       1.0000  -1.0000
     -0.5000    0      -1.0000   1.0000
     -0.3000   -0.5000  1.0000  -1.0000
     -0.5800   -0.3000  1.0000   1.0000
     -1.7880   -0.5800  1.0000   1.0000
     -3.4968   -1.7880  1.0000   1.0000
     -5.2645   -3.4968 -1.0000   1.0000
     -5.1257   -5.2645 -1.0000  -1.0000
     -2.8896   -5.1257 -1.0000  -1.0000
      0.5773   -2.8896  1.0000  -1.0000
      2.7353    0.5773 -1.0000   1.0000
      4.4146    2.7353 -1.0000   1.0000
      5.9752    4.4146  1.0000  -1.0000
      5.5286    5.9752  1.0000   1.0000
ZL = [0.5000   0.3000   0.5800   1.7880   3.4968   5.2645   5.1257   2.8896
     -0.5773  -2.7353  -4.4146  -5.9752  -5.5286  -2.9656 ]T
c = [-1.6000   0.8000   0.8000   0.3000]T
a1 = -1.6000
a2 = 0.8000
b1 = 0.8000
b2 = 0.3000
```

辨识结果如表 2-6 所示。

表 2-6 例 2-11 的辨识结果

参数	a_1	a_2	b_1	b_2
真值	-1.6	0.8	0.8	0.3
估计值	-1.6000	0.8000	0.8000	0.3000

程序运行结果曲线如图 2-38 所示。

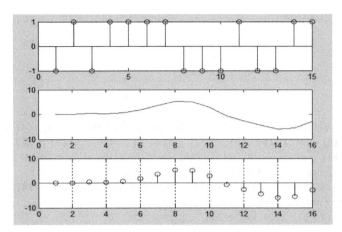

图 2-38　程序运行曲线

（2）最小二乘递推算法。一次完成算法的最大优点是算法简单，其不足之处是每增加一对新数据，都要重新计算一遍。随着新数据的不断增加，计算机的存储量和计算时间也不断增加。为解决这一问题，可采用递推算法。递推算法的优点是，每次计算只需采用 $k+1$ 时刻的输入输出数据修正 k 时刻的参数估计值，从而使参数估计值不断更新，而无需对所有数据进行重复计算，适用于在线辨识。

为了导出 $\hat{\theta}$ 的递推估计公式，先将观测至第 L 次的输入输出数据用一次完成算法进行辨识，将所得最小二乘估计参数记为 $\hat{\theta}(L)$，即

$$\hat{\theta}(L) = (\boldsymbol{H}_L^T \boldsymbol{H}_L)^{-1} \boldsymbol{H}_L^T \boldsymbol{Y}_L = \boldsymbol{P}(L) \boldsymbol{H}_L^T \boldsymbol{Y}_L$$

当增加一对新的观测数据 $[u(L+1), y(L+1)]$ 时，则有

$$\hat{\theta}(L+1) = (\boldsymbol{H}_{L+1}^T \boldsymbol{H}_{L+1})^{-1} \boldsymbol{H}_{L+1}^T \boldsymbol{Y}_{L+1} = \boldsymbol{P}(L+1) \boldsymbol{H}_{L+1}^T \boldsymbol{Y}_{L+1} \tag{2-117}$$

若以变量 k 代替 L，则有

$$\boldsymbol{P}^{-1}(k+1) = \boldsymbol{H}_{k+1}^T \boldsymbol{H}_{k+1} = \sum_{i=1}^{k+1} \boldsymbol{h}(i) \boldsymbol{h}^T(i)$$

$$\boldsymbol{P}^{-1}(k) = \boldsymbol{H}_k^T \boldsymbol{H}_k = \sum_{i=1}^{k} \boldsymbol{h}(i) \boldsymbol{h}^T(i) \tag{2-118}$$

式中 $\boldsymbol{H}_{k+1} = \begin{bmatrix} \boldsymbol{h}^T(1) \\ \boldsymbol{h}^T(2) \\ \vdots \\ \boldsymbol{h}^T(k+1) \end{bmatrix}, \boldsymbol{H}_k = \begin{bmatrix} \boldsymbol{h}^T(1) \\ \boldsymbol{h}^T(2) \\ \vdots \\ \boldsymbol{h}^T(k) \end{bmatrix}$。

由式（2-118）可得

$$\begin{aligned} \boldsymbol{P}^{-1}(k+1) &= \sum_{i=1}^{k} \boldsymbol{h}(i) \boldsymbol{h}^T(i) + \boldsymbol{h}(k+1) \boldsymbol{h}^T(k+1) \\ &= \boldsymbol{P}^{-1}(k) + \boldsymbol{h}(k+1) \boldsymbol{h}^T(k+1) \end{aligned} \tag{2-119}$$

令 $\boldsymbol{Y}_k = [y(1), y(2), \cdots, y(k)]^T$，则

$$\hat{\boldsymbol{\theta}}(k) = (\boldsymbol{H}_k^{\mathrm{T}}\boldsymbol{H}_k)^{-1}\boldsymbol{H}_k^{\mathrm{T}}y_k = \boldsymbol{P}(k)\left[\sum_{i=1}^{k}\boldsymbol{h}(i)y(i)\right] \tag{2-120}$$

于是有

$$\boldsymbol{P}^{-1}(k)\,\hat{\boldsymbol{\theta}}(k) = \sum_{i=1}^{k}\boldsymbol{h}(i)y(i) \tag{2-121}$$

再令

$$\boldsymbol{Y}_{k+1} = [y(1),y(2),\cdots,y(k+1)]^{\mathrm{T}}$$

利用式(2-119)和式(2-120),可得

$$\begin{aligned}
\hat{\boldsymbol{\theta}}(k+1) &= (\boldsymbol{H}_{k+1}^{\mathrm{T}}\boldsymbol{H}_{k+1}^{\mathrm{T}})^{-1}\boldsymbol{H}_{k+1}^{\mathrm{T}}\boldsymbol{Y}_{k+1} = \boldsymbol{P}(k+1)\left[\sum_{i=1}^{k+1}\boldsymbol{h}(i)y(i)\right] \\
&= \boldsymbol{P}(k+1)[\boldsymbol{P}^{-1}(k)\,\hat{\boldsymbol{\theta}}(k) + \boldsymbol{h}(k+1)y(k+1)] \\
&= \boldsymbol{P}(k+1)\{[\boldsymbol{P}^{-1}(k+1) - \boldsymbol{h}(k+1)\boldsymbol{h}^{\mathrm{T}}(k+1)]\hat{\boldsymbol{\theta}}(k) + \boldsymbol{h}(k+1)y(k+1)\} \\
&= \hat{\boldsymbol{\theta}}(k) + \boldsymbol{P}(k+1)\boldsymbol{h}(k+1)[y(k+1) - \boldsymbol{h}^{\mathrm{T}}(k+1)\,\hat{\boldsymbol{\theta}}(k)]
\end{aligned} \tag{2-122}$$

引进增益矩阵$\boldsymbol{K}(k+1)$,定义为

$$\boldsymbol{K}(k+1) = \boldsymbol{P}(k+1)\boldsymbol{h}(k+1) \tag{2-123}$$

则式(2-122)写成

$$\hat{\boldsymbol{\theta}}(k+1) = \hat{\boldsymbol{\theta}}(k) + \boldsymbol{K}(k+1)[y(k+1) - \boldsymbol{h}^{\mathrm{T}}(k+1)\,\hat{\boldsymbol{\theta}}(k)] \tag{2-124}$$

进一步将式(2-119)写成

$$\boldsymbol{P}(k+1) = [\boldsymbol{P}^{-1}(k) + \boldsymbol{h}(k+1)\boldsymbol{h}^{\mathrm{T}}(k+1)]^{-1} \tag{2-125}$$

为了避免矩阵求逆运算,利用矩阵反演公式

$$(\boldsymbol{A} + \boldsymbol{C}\boldsymbol{C}^{\mathrm{T}})^{-1} = \boldsymbol{A}^{-1} - \boldsymbol{A}^{-1}\boldsymbol{C}\,(\boldsymbol{I} + \boldsymbol{C}^{\mathrm{T}}\boldsymbol{A}^{-1}\boldsymbol{C})^{-1}\boldsymbol{C}^{\mathrm{T}}\boldsymbol{A}^{-1} \tag{2-126}$$

可将式(2-125)变为

$$\begin{aligned}
\boldsymbol{P}(k+1) &= \boldsymbol{P}(k) - \boldsymbol{P}(k)\boldsymbol{h}(k+1)[\boldsymbol{I} + \boldsymbol{h}^{\mathrm{T}}(k+1)\boldsymbol{P}(k)\boldsymbol{h}(k+1)]^{-1}\boldsymbol{h}^{\mathrm{T}}(k+1)\boldsymbol{P}(k) \\
&= \left[\boldsymbol{I} - \frac{\boldsymbol{P}(k)\boldsymbol{h}(k+1)\boldsymbol{h}^{\mathrm{T}}(k+1)}{\boldsymbol{h}^{\mathrm{T}}(k+1)\boldsymbol{P}(k)\boldsymbol{h}(k+1) + 1}\right]\boldsymbol{P}(k)
\end{aligned} \tag{2-127}$$

将式(2-127)代入式(2-123),整理后有

$$\boldsymbol{K}(k+1) = \boldsymbol{P}(k)\boldsymbol{h}(k+1)\,[\boldsymbol{h}^{\mathrm{T}}(k+1)\boldsymbol{P}(k)\boldsymbol{h}(k+1) + 1]^{-1} \tag{2-128}$$

综合式(2-124)、式(2-127)和式(2-128),可得最小二乘参数估计递推算法为

$$\begin{cases}
\hat{\boldsymbol{\theta}}(k+1) = \hat{\boldsymbol{\theta}}(k) + \boldsymbol{K}(k+1)[y(k+1) - \boldsymbol{h}^{\mathrm{T}}(k+1)\,\hat{\boldsymbol{\theta}}(k)] \\
\boldsymbol{K}(k+1) = \boldsymbol{P}(k)\boldsymbol{h}(k+1)\,[\boldsymbol{h}^{\mathrm{T}}(k+1)\boldsymbol{P}(k)\boldsymbol{h}(k+1) + 1]^{-1} \\
\boldsymbol{P}(k+1) = [\boldsymbol{I} - \boldsymbol{K}(k+1)\boldsymbol{h}^{\mathrm{T}}(k+1)]\boldsymbol{P}(k)
\end{cases} \tag{2-129}$$

式(2-129)表明,$k+1$时刻的参数估计值$\hat{\boldsymbol{\theta}}(k+1)$等于$k$时刻的参数估计值$\hat{\boldsymbol{\theta}}(k)$加一项修正项。修正项表示当增加一对新的输入输出数据后对输出的估计误差。其时变增益矩阵$\boldsymbol{K}(k+1)$相当于对估计误差的加权。此外,式(2-129)第二式中的因子$[\boldsymbol{h}^{\mathrm{T}}(k+1)\boldsymbol{P}(k)\cdot\boldsymbol{h}(k+1)+1]$实际上是一个标量,使得求逆运算变为除法运算,因而计算极其简单省时。

式(2-129)还表明,若根据k时刻及其以前的观测数据得到$\boldsymbol{P}(k)$和$\hat{\boldsymbol{\theta}}(k)$,再根据$k+1$时刻

的观测数据构造 $h(k+1)$，即可算出 $K(k+1)$，进而算出 $\hat{\theta}(k+1)$；下一时刻计算所需的 $P(k+1)$ 可根据 $P(k)$、$K(k+1)$ 和 $h(k+1)$ 算出，这样进行逐次递推和迭代计算，直到满意为止。其信息的交换如图 2-39 所示。

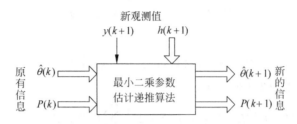

图 2-39　参数递推过程中的信息交换

图 2-39 表明，递推计算需要事先选择初始参数 $\hat{\theta}(0)$ 和 $P(0)$，它们的取值有两种方法。
(1) 根据一批数据利用一次完成算法预先求得，即

$$\begin{cases} \boldsymbol{P}(L_0) = (\boldsymbol{H}_{L_0}^{\mathrm{T}} \boldsymbol{H}_{L_0})^{-1} \\ \hat{\boldsymbol{\theta}}(L_0) = \boldsymbol{P}(0) \boldsymbol{H}_{L_0}^{\mathrm{T}} \boldsymbol{Y}_{L_0} \end{cases} \quad (2\text{-}130)$$

令 $\boldsymbol{P}(0) = \boldsymbol{P}(L_0)$，$\hat{\boldsymbol{\theta}}(0) = \hat{\boldsymbol{\theta}}(L_0)$。式中 L_0 为数据长度。为减少计算量，L_0 不宜取得太大。
(2) 直接取

$$\begin{cases} \boldsymbol{P}(0) = \alpha^2 \boldsymbol{I}, \quad \alpha \text{ 为充分大的实数} \\ \hat{\boldsymbol{\theta}}(0) = \varepsilon, \quad \varepsilon \text{ 为充分小的实向量} \end{cases} \quad (2\text{-}131)$$

这是因为

$$\begin{cases} \boldsymbol{P}^{-1}(k) = \sum_{i=1}^{k} \boldsymbol{h}(i) \boldsymbol{h}^{\mathrm{T}}(i) \\ \boldsymbol{P}^{-1}(k) \hat{\boldsymbol{\theta}}(k) = \sum_{i=1}^{k} \boldsymbol{h}(i) y(i) \end{cases} \quad (2\text{-}132)$$

因而有

$$\begin{aligned} \hat{\boldsymbol{\theta}}(k) &= \left[\sum_{i=1}^{k} \boldsymbol{h}(i) \boldsymbol{h}^{\mathrm{T}}(i) \right]^{-1} \left[\sum_{i=1}^{k} \boldsymbol{h}(i) y(i) \right] \\ &= \left[\boldsymbol{P}^{-1}(0) + \sum_{i=1}^{k} \boldsymbol{h}(i) \boldsymbol{h}^{\mathrm{T}}(i) \right] \left[\boldsymbol{P}^{-1}(0) \hat{\boldsymbol{\theta}}(0) + \sum_{i=1}^{k} \boldsymbol{h}(i) y(i) \right] \end{aligned} \quad (2\text{-}133)$$

显然，使上式成立的条件是 $\boldsymbol{P}^{-1}(0) \to \boldsymbol{0}$ 及 $\hat{\boldsymbol{\theta}}(0) \to \boldsymbol{0}$，故有式(2-131)。

另外，可用下式作为递推算法的停机标准，即

$$\max \left| \frac{\hat{\theta}_i(k+1) - \hat{\theta}_i(k)}{\hat{\theta}_i(k)} \right| < \varepsilon, \quad (\varepsilon \text{ 是适当小的正数}), \quad \forall t \quad (2\text{-}134)$$

它意味着当所有的参数估计值变化不大时，即可停机。

最小二乘递推辨识算法的计算机程序流程图如图 2-40 所示。

【例 2-13】 考虑如下仿真过程：

$$y(k) - 1.6y(k-1) + 0.8y(k-2) = 0.8u(k-1) + 0.3u(k-2) + e(k)$$

式中,$e(k)$为服从正态分布的白噪声$N(0,1)$。输入信号采用4阶M序列,幅值为1。选择如下形式的辨识模型:

$$y(k)+a_1y(k-1)+a_2y(k-2)=b_1(k-1)+b_2u(k-2)+e(k)$$

取初值$P(0)=10^6 I, \hat{\theta}(0)=[0.001,0.001,0.001,0.001]^T, \varepsilon=0.000000005$。采用递推最小二乘算法计算参数估计值$\hat{\theta}$。

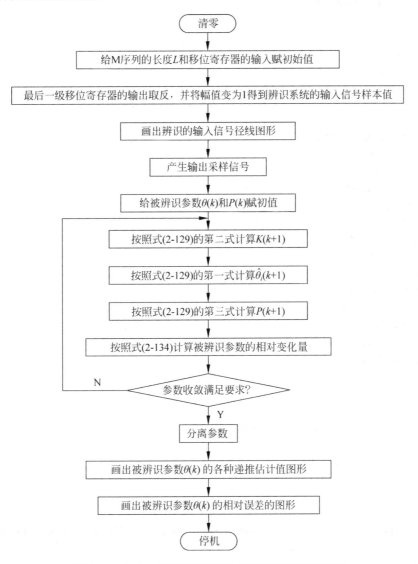

图2-40 最小二乘递推辨识算法的计算机程序流程图

解:用MATLAB语言编写的最小二乘递推算法程序如下:

```
L = 15;
y1 = 1; y2 = 1; y3 = 1; y4 = 0;
for i = 1:L;
    x1 = xor(y3,y4);
    x2 = y1;
```

```
            x3 = y2;
            x4 = y3;
            y(i) = y4;
            if y(i)> 0.5,u(i) = -0.03;
                else u(i) = 0.03;
            end
            y1 = x1;y2 = x2;y3 = x3;y4 = x4;
end
figure(1);
stem(u),grid on
z(2) = 0;z(1) = 0;
for k = 3:15;
        z(k) = 1.6 * z(k-1) - 0.8 * z(k-2) + 0.8 * u(k-1) + 0.3 * u(k-2);
end
c0 = [0.001 0.001 0.001 0.001]';
p0 = 10^6 * eye(4,4)
E = 0.000000005;
c = [c0,zeros(4,14)];
e = zeros(4,15);
for k = 3:15;
        h1 = [-z(k-1), -z(k-2),u(k-1),u(k-2)]';
        x = h1' * p0 * h1 + 1;
        x1 = inv(x);
        k1 = p0 * h1 * x1;
        d1 = z(k) - h1' * c0;
        c1 = c0 + k1 * d1;
        e1 = c1 - c0;
        e2 = e1./c0;
        e(:,k) = e2;
        c0 = c1;
        c(:,k) = c1;
        p1 = p0 - k1 * k1' * [h1' * p0 * h1 + 1];
        p0 = p1;
        if e2 < = E break;
        end
end
c,e
a1 = c(1,:);a2 = c(2,:);b1 = c(3,:);b2 = c(4,:);ea1 = e(1,:);ea2 = e(2,:);eb1 = e(3,:);eb2 = e(4,:);
figure(2);
i = 1:15;
plot(i,a1,'r',i,a2,':',i,b1,'g',i,b2,':')
title('Parameter Identification with Recursive Least Squares Method')
figure(3);
i = 1:15;
plot(i,ea1,'r',i,ea2,'g',i,eb1,'b',i,eb2,'r:')
title('Identification Precision')
```

程序运行结果：

```
p0 = 1000000        0          0          0
          0    1000000          0          0
          0          0    1000000          0
          0          0          0    1000000
c =  0.0010    0     0.0010   − 0.4207   − 1.2021
     0.0010    0     0.0010     0.0010   − 0.3129
     0.0010    0     0.2509     1.0942     0.8993
     0.0010    0   − 0.2489     0.5945     0.3996
   − 1.5855  − 1.5880  − 1.5978  − 1.5995  − 1.5997
     0.7758    0.7817    0.7972    0.7995    0.7998
     0.8049    0.8052    0.8007    0.8000    0.7998
     0.3052    0.3045    0.3018    0.3005    0.3004
   − 1.5999  − 1.5999  − 1.5999  − 1.5999  − 1.5999
     0.7999    0.7999    0.7999    0.7999    0.7999
     0.7999    0.7999    0.7999    0.7999    0.7999
     0.3001    0.3001    0.3001    0.3001    0.3001
e = 0         0         0      − 421.6807    1.8574
    0         0         0           0      − 313.8677
    0         0       249.8612    3.3619   − 0.1781
    0         0      − 249.8612  − 3.3889  − 0.3278
    0.3190    0.0016    0.0062    0.0011    0.0001
  − 3.4796    0.0076    0.0199    0.0028    0.0003
  − 0.1050    0.0004  − 0.0056  − 0.0008  − 0.0002
  − 0.2363  − 0.0022  − 0.0090  − 0.0042  − 0.0005
    0.0001    0.0000  − 0.0000  − 0.0000    0.0000
    0.0002  − 0.0000    0.0000    0.0000    0.0000
    0.0001    0.0000    0.0000    0.0000  − 0.0000
  − 0.0010    0.0001  − 0.0000    0.0000  − 0.0000
```

辨识结果如表 2-7 所示。

表 2-7 例 2-12 的辨识结果

参数	a_1	a_2	b_1	b_2
真值	− 1.6	0.8	0.8	0.3
估计值	− 1.6000	0.8000	0.8000	0.3000

程序运行曲线如图 2-41～图 2-43 所示。

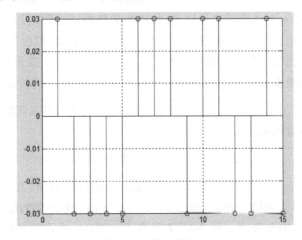

图 2-41 输入信号 u

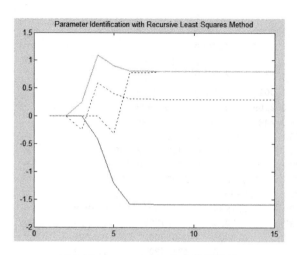

图 2-42　a_1, a_2, b_1, b_2 各次辨识结果

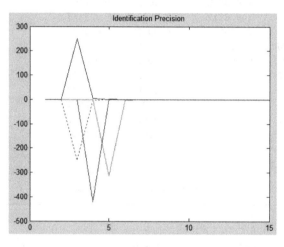

图 2-43　辨识结果收敛情况

（3）模型阶次和纯滞后时间的确定。以上参数辨识是假定系统阶次 n 和纯滞后时间 τ 是已知的，实际上 n 和 τ 未必能够事先知道，往往需要根据试验数据加以确定。

模型阶次 n 的确定方法很多，最简单实用的方法是采用数据拟合度检验法，又称损失函数检验法。它是通过比较不同阶次的模型输出与实际过程的输出拟合程度来决定模型的阶次。其具体做法是先依次设定模型的阶次 $n=1,2,3,\cdots$，并在不同阶次下计算相应的参数估计值 $\hat{\theta}_n$，再用误差平方和函数 $\boldsymbol{J}_n$ 和 $\boldsymbol{J}_{n+1}$ 评定相邻阶次的模型与观测数据之间的拟合程度的优劣。定义误差平方和函数为

$$\boldsymbol{J}_n = (\boldsymbol{Y} - \boldsymbol{H}\hat{\boldsymbol{\theta}}_n)^{\mathrm{T}}(\boldsymbol{Y} - \boldsymbol{H}\hat{\boldsymbol{\theta}}_n) \tag{2-135}$$

则有，$\boldsymbol{J}_{n+1} = (\boldsymbol{Y} - \boldsymbol{H}\hat{\boldsymbol{\theta}}_{n+1})^{\mathrm{T}}(\boldsymbol{Y} - \boldsymbol{H}\hat{\boldsymbol{\theta}}_{n+1})$。若 $\boldsymbol{J}_{n+1}$ 较 $\boldsymbol{J}_n$ 有明显减小，则阶次由 $n+1$ 增加到 $n+2$，直至阶次增加到 $\boldsymbol{J}$ 无明显变化，即当 $\boldsymbol{J}_{n+1} - \boldsymbol{J}_n \leqslant \varepsilon$ 时，模型的阶次即可确定为 n。

在一般情况下，当模型阶次 n 较小时，$\boldsymbol{J}$ 值有明显减小；当设定的阶次接近实际的阶次或比实际的阶次大时，$\boldsymbol{J}$ 值就无明显的下降，此时的 n 即为模型的阶次。这种确定阶次 n 的

方法可能比较粗糙,有时不同 n 值的 J_n 是否有明显差别往往还不能进行直观判断,在这种情况下需要用到其他方法,如 F 检验法等。有兴趣的读者可查阅有关书籍,这里不再一一讨论。

纯滞后时间 τ 可以采用阶跃响应曲线法获得,也可以比较不同 τ 值的损失函数来求取。具体做法与阶次 n 的确定相同,即设定 $\tau = i\tau_0$,τ_0 为已知正常数,$i = 1, 2, 3, \cdots$。给定不同的 n 和 i,反复进行最小二乘估计,使损失函数 J 最小的 n 和 i,即为最佳的 n 和 i。这样,即可将 n 和 τ 结合在一起加以确定。确定 n 和 τ 的最小二乘法计算机程序流程图如图 2-44 所示。

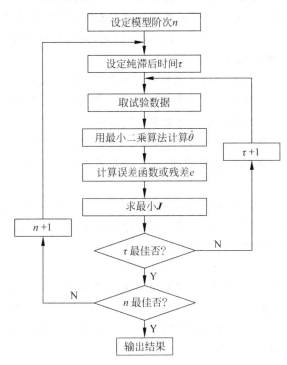

图 2-44　确定 n 和 τ 的最小二乘法计算机程序流程图

2.3　检测变送仪表的选型

一个简单控制系统主要由控制器、执行器、被控过程和检测变送环节四部分组成。检测变送环节的作用是将工业生产过程的参数(温度、压力、流量、液位和成分等)检测出来,并变换成相应的统一标准信号,供系统显示、记录或进行下一步的调节控制作用。检测变送环节一般包括传感器和变送器两部分,其工作原理如图 2-45 所示。

图 2-45　检测变送环节的工作原理图

传感器直接响应过程变量,并将其转化成一个与之成对应关系的输出信号。这些输出信号可以是位移、压力、差压、电量(如电压、电流、频率)等。由于传感器的输出信号种类繁多,且信号较弱不易察觉,一般都需要将其经过变送器进行转换、放大、整形、滤波等处理,转换成统一的标准信号(如 4~20mA 或 0~10mA 直流电流信号,20~100kPa 气压信号)送往显示仪表,指示或记录过程变量,或同时送往控制器对被控变量进行控制。有时将传感器、变送器及显示装置统称为检测变送仪表。

2.3.1 检测变送仪表概述

1. 测量误差

在对过程参数的测量过程中,由于所选仪表精度有限、测量环境中存在的各种干扰以及检测技术水平的限制,在检测过程中仪表的测量值与真实值之间总会存在一定的差值,这个差值就是所谓的测量误差。任何测量过程都存在误差,而且贯穿测量过程的始终。下面介绍几个关于测量误差的重要概念。

(1) 测量误差:由检测仪表读得的测量值与被测变量的真实值之间的差值。

(2) 真值:所谓真值是指被测变量的真实取值。根据误差公理可知,真值存在但无法通过测量得到,因为任何检测仪表是不可能绝对精确的。

(3) 约定真值:一个接近真值的值,它与真值之差可忽略不计。实际测量中,在没有系统误差的情况下,以高一级测量装置的测量值,或足够多次的测量值的平均值作为约定真值,记为 x_a。

(4) 绝对误差:仪表的测量误差可以用绝对误差来表示。但是,仪表的绝对误差在测量范围内的各点不相同。因此,常说的绝对误差指的是绝对误差中的最大值,即仪表的指示值与被测量的约定真值之间的最大差值,记为 Δ。即

$$\Delta = x - x_a \tag{2-136}$$

这是直观意义上的误差表达式,是其他误差表达式的基础。但是若用绝对误差表示测量误差,并不能很好地说明检测质量的好坏。例如,在测量温度时,绝对误差 $\Delta = \pm 1^\circ\text{C}$,这对于体温测量来说是不允许的,而对测量钢水温度来说却是一个极好的测量结果。

(5) 相对误差:相对误差一般用百分数给出,记为 δ,即

$$\delta = \frac{\Delta}{x_a} \times 100\% \tag{2-137}$$

实际测量时通常用测量值代替约定真值进行计算,这时的相对误差称为示值相对误差,记为 δ',即

$$\delta' = \frac{\Delta}{x} \times 100\% \tag{2-138}$$

在实际工作中,仅从相对误差或示值相对误差也无法衡量仪表的检测精度。例如某两台温度仪表的绝对误差均为 $\pm 5^\circ\text{C}$,它们的测量值分别为 100°C 和 500°C,显然后者的相对误差小于前者,但却不能说明后者的测量精度就一定比前者好。因为对同一个仪表,当绝对误差一定时,其相对误差则随测量值的减小而增大。特别在测量微小参数时,其相对误差可能非常大。

(6) 引用误差:引用误差是仪表中通用的一种误差表示方法,它是绝对误差与仪表量程的百分比,记为 γ,即

$$\gamma = \frac{\Delta}{x_{\max} - x_{\min}} \times 100\% \tag{2-139}$$

其中:$x_{\max}$ 为仪表测量范围的上限值;$x_{\min}$ 为仪表测量范围的下限值。

在使用检测仪表时,常常还会涉及基本误差和附加误差两个指标。

(7) 基本误差：基本误差是指仪表在国家规定的标准条件下使用时所出现的误差。国家规定的使用标准通常是电源电压为交流 220(1±5％)V、电网频率(50±2)Hz、环境温度(20±5)℃、湿度(65±5)％等。基本误差通常由仪表制造厂在国家规定的使用标准条件下确定。

(8) 附加误差：附加误差是指仪表的使用条件偏离了规定的标准条件所出现的误差。通常有温度附加误差、频率附加误差、电源电压波动附加误差等。

2. 检测仪表的主要性能指标

仪表的性能指标是评价仪表性能好坏、质量优劣的主要依据，也是正确选择仪表和使用仪表达到准确测量目的所必须具备和了解的知识，通常可用以下指标进行衡量。

1) 准确度与准确度等级

在正常的使用条件下，仪表测量结果的准确程度称为仪表的准确度。准确度又称精确度，简称精度，是用来衡量仪表测量结果可靠性程度最重要的指标。国家标准中规定以引用误差来表示仪表的准确度。

在工业测量中，为了便于表示仪表的质量，通常用准确度等级来表示仪表的准确程度。其值为准确度去掉"±"号及"％"后的数字再经过圆整取较大的约定值。工程上通常将准确度等级称为精度等级。按照国际法制计量组织（OIML）的推荐，仪表的准确度等级采用以下数字：1×10^n、1.5×10^n、1.6×10^n、2×10^n、2.5×10^n、3×10^n、4×10^n、5×10^n 和 6×10^n，其中 $n=1、0、-1、-2、-3$ 等。上述数列中禁止在一个系列中同时选用 1.5×10^n 和 1.6×10^n，3×10^n 也只有证明必要和合理时才采用。作为 OIML 成员国，我国的自动化仪表精度等级有 0.005、0.02、0.05、0.1、0.2、0.5、1.0、1.5、2.5、4.0 等级别。

一般科学试验用的仪表精度等级在 0.05 级以上；工业检测仪表多在 0.1～4.0 级，其中校验用的标准表多为 0.1 或 0.2 级，现场用多为 0.5～4.0 级。仪表的精度等级通常都以一定的符号形式表示在仪表的标尺板上，如在 1.0 外用一个圆圈或三角形。

【例 2-14】 某台测温仪表的量程是 200～700℃，工艺要求该仪表指示值的误差不得超过 ±4℃，试分析应选精度等级为多少的仪表才能满足工艺要求。

解：根据工艺要求，仪表的准确度，即引用误差为

$$\gamma = \frac{4}{700-200} \times 100\% = 0.8\%$$

0.8 介于精度等级 0.5 与 1.0 之间，如果选择精度等级为 1.0 的仪表，可能产生的绝对误差为 ±5℃，超过了工艺要求，所以只能选择精度等级为 0.5 的仪表。

仪表的准确度与量程有关，量程是根据所要测量的工艺变量来确定的。在仪表准确度等级一定的前提下，适当缩小量程，可以减小测量误差，提高测量准确度。仪表量程的上限一般确定为被测变量正常值的 4/3～3/2 倍，波动较大时可以达到 3/2～2 倍。仪表量程的下限一般确定为被测变量正常值向下的 1/3 处。

2) 变差

仪表的变差是指在外界条件不变的情况下，使用同一仪表对被测参数在仪表全部测量范围内进行正、反行程（即被测参数逐渐由小到大和逐渐由大到小）测量时所产生的最大绝对差值 Δ_{bmax} 与仪表测量范围之比的百分数，记为 δ_b，即

$$\delta_b = \frac{\Delta_{bmax}}{x_{max} - x_{min}} \times 100\% \qquad (2\text{-}140)$$

仪表的变差示意图如图 2-46 所示。

3) 线性度

通常,线性度用实际测得的输入输出特性曲线与理论直线之间的最大偏差 Δ_{fmax} 和测量仪表的测量范围之比的百分数表示,即

$$\delta_f = \frac{\Delta_{fmax}}{x_{max} - x_{min}} \times 100\% \tag{2-141}$$

仪表的线性度示意图如图 2-47 所示。

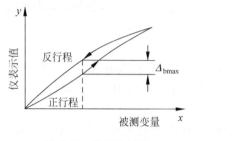
图 2-46 仪表的变差

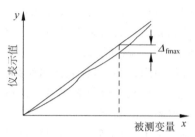
图 2-47 仪表的线性度

4) 灵敏度和分辨率

灵敏度是仪表的输出变化量 ΔY 与引起此变化的输入变化量 ΔX 的比值,即

$$\text{灵敏度} = \frac{\Delta Y}{\Delta X} \tag{2-142}$$

它体现了单位输入所引起的输出变化量。灵敏度反映了仪表对被测变量变化的灵敏程度。分辨率是仪表输出能分辨和响应的最小输入变化量,即

$$\text{分辨率} = \frac{\Delta X}{\Delta Y} \tag{2-143}$$

体现了引起单位输出所需要的输入变化量。分辨率也是仪表灵敏程度的一种体现。

3. 检测仪表选型的一般原则

1) 工艺过程的条件

工艺过程的温度、压力、流量、黏度、腐蚀性、毒性、脉动等因素是决定仪表选型的主要条件,它关系到仪表的合理性、仪表的使用寿命及车间的防火、防爆、保安等问题。

2) 操作上的重要性

各检测点的参数在操作上的重要性是仪表的指示、记录、计算、报警、控制、遥控等功能选定依据。

3) 经济性和统一性

在满足工艺和自动控制的要求前提下,进行必要的经济核算,取得适宜的性价比。此外,为便于仪表的维修和管理,在选型时也要注意到仪表的统一性。

4) 仪表的使用和供应情况

选用的仪表应是较为成熟的产品,经现场使用证明性能可靠的,货源供应充足。

2.3.2 测温仪表的分类与选型

温度表征着被测介质的冷热程度,是生产工业上最常见、最基本的参数之一,约占生产

过程中全部过程参数的50%。温度控制在石油、化工、冶金、食品等行业生产过程中起着极其重要的作用,直接影响到产品的质量,有时甚至关系到设备和人身的安全。温度检测的任务就是对这些热力生产过程中的温度进行检查、测量,使生产人员能及时了解设备的运行情况,以控制并保证设备正常、安全和经济地运行。为保证温度测量的准确度,首先应该考虑如何合理地选择温度检测仪表。

1. 测温仪表的分类

根据使用时测温元件与被测介质接触与否,可将测温仪表分为接触式和非接触式两大类。其中,接触式测温仪表又可分为膨胀式、压力式、热电阻式和热电耦式。接触式测温方法简单、可靠、精度高,但测量时常伴有时间上的滞后,测温元件有时可能会破坏被测介质的温度场,或与被测介质发生化学反应。另外,因受到耐高温材料的限制,测温上限有界。因而接触式测量方法不适于测量热容量小的对象、被测介质具有腐蚀性的对象、极高温的对象和处于运动中的对象。非接触式测温仪表可分为光学高温计、辐射高温计、红外测温仪和比色高温计等。非接触式测温方法利用的是物体的热辐射特性与温度之间的对应关系。非接触式测温方法响应速度快,对被测对象干扰小,可用于测量运动的被测对象和有强电磁干扰、强腐蚀的场合。但非接触式测温方法容易受到外界因素的干扰,测量误差较大,且结构复杂,价格比较昂贵。

各种温度测量方法均有自己的特点与应用场合,现将工业测温仪表的分类与测温范围综合比较于表 2-8 中。

表 2-8　工业测温仪表的分类及测温范围

仪表类型	温度计类型	优　　点	缺　　点	使用范围/℃
接触式测温仪表	玻璃液体温度计	结构简单、使用方便、测量准确、价格低廉	容易破损、读数麻烦,一般只能现场指示,不能记录与远传	−150～150 有机液体 −30～650 水银
	双金属温度计	结构简单、机械强度大、价格低、能记录、报警与自控	精度低,不能离开测量点测量,量程与使用范围均有限	−50～600
	压力式温度计	结构简单、不怕震动、具有防爆性、价格低廉、能记录、报警与自控	精度低、测量距离较远时,仪表的滞后性较大,一般离开测量点不超过 10 米	−50～600 液体型 −50～200 蒸汽型
	热电阻温度计	测量精度高,便于远距离、多点、集中测量和自动控制	结构复杂,不能测量高温,由于体积大,测点温度较困难	−200～650 铂电阻 −50～150 铜电阻 −60～180 镍电阻 −40～150 热敏电阻
	热电偶温度计	测温范围广,精度高,便于远距离、多点、集中测量和自动控制	需冷端温度补偿,在低温段测量精度较低	−40～1600 铂铑$_{10}$-铂 −270～1300 镍铬-镍硅 −270～1000 镍铬-康铜 −270～350 铜-康铜

续表

仪表类型	温度计类型	优 点	缺 点	使用范围/℃
非接触式测温仪表	光学高温计	携带方便、可测量高温、测温时不破坏被测物体温度场	测量时,必须经过人工调整,有人为误差,不能作远距离测量,记录和自控	700～2000
	辐射高温计	测温元件不破坏被测物体温度场,能作远距离测量、报警和自控、测温范围广	只能测高温,低温段测量不准,环境条件会影响测量精度,连续测高温时须作水冷却或气冷却	50～2000

2. 测温仪表的选型

1) 就地温度仪表

(1) 精确度等级:一般工业用温度计选用1.5级或1级,精密测量用温度计应选用0.5级或0.25级。

(2) 测量范围:最高测量值不大于仪表测量范围上限值90%,正常测量值在仪表测量范围上限值的1/2左右;压力式温度计测量值应在仪表测量范围上限值的1/2～3/4之间。

(3) 双金属温度计:在满足测量范围、工作压力和精确度的要求时,应被优先选用于就地显示;表壳直径一般选用ϕ100mm,在照明条件较差、位置较高或观察距离较远的场所,应选用ϕ150mm;仪表外壳与保护管连接方式,一般宜选用万向式,也可以按照观测方便的原则选用轴向式或径向式。

(4) 压力温度计:适用于-80℃以下低温、无法近距离观察、有振动以及精确度要求不高的就地或就地盘显示。

(5) 玻璃温度计:仅用于测量精确度较高、振动较小、无机械损伤、观察方便的特殊场合。不得使用玻璃水银温度计。

(6) 基地式仪表:就地或就地盘装测量、控制(调节)仪表,宜选用基地式温度仪表。

(7) 温度开关:适用于温度测量需要接点信号输出的场合。

2) 集中温度仪表

(1) 根据温度测量范围,参照表2-8选用相应分度号的热电偶、热电阻或热敏热电阻。

(2) 装配式热电偶适用于一般场合;装配式热电阻适用于无振动场合;热敏热电阻适用于测量反应速度快的场合。铠装式热电偶、铠装式热电阻适用于要求耐振动或耐冲击,以及要求提高响应速度的场合。

(3) 根据测量对象对响应速度的要求,可选用下列时间常数的检测元件:热电偶为600s、100s和20s三级;热电阻为90～180s、30～96s、10～30s和<10s四级;热敏热电阻小于1s。

(4) 热电偶测量端形式的选择。在满足响应速度要求的一般情况下,宜选用绝缘式;为了保证响应速度足够快或为抑制干扰源对测量的干扰时,应选用接壳式。

(5) 根据使用环境条件,按下列原则选用接线盒:条件较好的场所选用普通式;潮湿或露天的场所应选用防溅式、防水式;易燃、易爆的场所应选用防爆式。

(6) 一般情况可选用螺纹连接方式,对下列场合应选用法兰连接方式:在设备、衬里管道、非金属管道和有色金属管道上安装;结晶、结疤、堵塞和强腐蚀性介质;易燃、易爆和剧毒介质。

(7) 在特殊场合使用的热电阻、热电偶。温度高于870℃、氢含量大于5%的还原性气体、惰性气体及真空场合,选用钨铼热电偶或吹气热电偶;设备、管道外壁和转体表面温度,选用端(表面)式,压簧固定式或铠装热电偶、热电阻;含坚硬固体颗粒介质,选用耐磨热电偶;在同一检测元件保护管中,要求多点测量时,选用多点(支)热电偶;为了节省特殊保护管材料(如钽),提高响应速度或要求检测元件弯曲安装时,可选用铠装热电阻、热电偶;高炉、热风炉温度测量,可选用高炉、热风炉专用热电偶。

(8) 变送器的选择。与接受标准信号显示仪表配套的测量或控制系统,可选用具有模拟信号输出功能或数字信号输出功能的变送器;一般情况应选用现场型变送器。

3) 附属设备

(1) 采用热电偶测量1600℃以下的温度,当冷端温度变化使测量系统不能满足精确度要求,而配套显示仪表又无冷端温度自动补偿功能时,应选用冷端温度自动补偿器。

(2) 补偿导线的选用。根据热电偶的支数、分度号和使用环境条件,应选用符合要求的补偿型补偿导线、补偿型补偿电缆或延伸型补偿导线或延伸型补偿电缆。按使用环境温度选用不同级别补偿导线或补偿电缆:−20℃～+100℃选用普通级;−40℃～+250℃选用耐热级。

(3) 应根据使用环境条件,选用阻燃补偿导线或阻燃补偿电缆。

(4) 应根据测量或控制系统的设计要求,选用本安补偿导线或本安补偿电缆。

(5) 对有间断电加热或强电、磁场的场所,应选用屏蔽补偿导线或屏蔽补偿电缆。

(6) 补偿导线的截面积,应按其敷设长度的往复电阻值,以及配套显示仪表、变送器或测量、控制系统接口允许输入的外部电阻来确定。

2.3.3 流量仪表的分类与选型

流量是工业生产过程中的重要参数之一,是衡量设备的效率和经济性的重要指标,是生产操作和控制的重要依据。流量仪表是过程控制系统的检测仪表,同时还是测量物料数量的总量表。因此,流量仪表不仅是提高产品质量的保证,而且是企业提高经济效益的重要手段。

1. 流量仪表的分类

生产过程中各种流体性质各不相同,流体的工作状态及流体的黏度、腐蚀性、导电性也不同,很难用一种原理或方法测量不同流体的流量。所以,目前流量测量的方法很多,按测量原理不同,可将流量仪表分为速度式、容积式和质量式三类。其中,速度式流量计是以测量流体在管道内的流速作为测量依据来计算流量的仪表。如差压式流量计、转子流量计、电磁流量计、涡轮流量计、靶式流量计、超声流量计等。容积式流量计是以单位时间内所排出的流体的固定容积的数目作为测量依据来计算流量的仪表。如椭圆齿轮流量计、活塞流量计等。质量流量计是以测量流体流过的质量 M 为依据的流量计。如科氏力质量流量计、压力温度补偿式质量流量计等。

2. 流量仪表的选型

1) 一般流体、液体、蒸汽流量测量仪表的选型

(1) 差压式流量计。一般流体的流量测量，应选用标准节流装置。标准节流装置的选用，必须符合 GB/T 2624—93 规定或 ISO 5167—1(1991)。

符合下列条件者，可选用文丘里管：要求低压力损耗下的精确测量；被测介质为干净的气体、液体；管道内径在 100～1200mm 之间；流体压力在 1.6MPa 以内。

符合下列条件者，可选用双重孔板：被测介质为干净气体、液体；3000≤雷诺数≤300000 范围内。

符合下列条件者，可选 1/4 圆喷嘴：被测介质为干净气体、液体；200≤雷诺数≤100000 范围内。

符合下列条件者，可选圆缺孔板：被测介质在孔板前后可能产生沉淀物的脏污介质（如高炉煤气、泥浆等）；必须具有水平或倾斜的管道。

差压变送器差压范围的选择应根据计算确定，一般情况下根据流体工作压力高低不同宜选低差压：6～10kPa；中差压：16～25kPa；高差压：40～60kPa。

提高测量精确度的措施：温度压力波动较大的流体，应考虑温度压力补偿措施；当管道直管段长度不足或管道内产生旋转流时，应考虑流体校正措施，增选相应管径的整流器。

特殊型差压流量计：蒸汽、气体、液体，压力在 20MPa（与口径有关，口径越大耐压越低），温度在 700℃ 以下，量程比达到 10∶1，精确度要求 ±1.00%，口径为 15～1500mm，可以选用一体化节流式流量计；无悬浮物的洁净液体、蒸汽、气体的微小流量测量，当量程比不大于 3∶1，测量精确度要求不高，管道通径 DN ＜ 50mm 时，可选用内藏孔板流量计；测蒸汽时，蒸汽温度不大于 120℃，含悬浮物的高黏度液体、蒸汽、气体的流量测量，雷诺数大于 500 可选用楔形流量计。

(2) 转子流量计。当要求精确度不优于 ±1.50%，量程比不大于 10∶1 时，可选用转子流量计。

中小流量、微小流量，压力小于 1MPa，温度低于 100℃ 的洁净透明、无毒、无燃烧和爆炸危险且对玻璃无腐蚀无粘附的流体流量的就地指示，可采用玻璃转子流量计。

对易汽化、易凝结、有毒、易燃、易爆不含磁性物质、纤维和磨损物质，以及对不锈钢无腐蚀性的流体中小流量测量，当需就地指示或远传信号时，可选用普通型金属管转子流量计。

当被测介质易结晶或汽化或高黏度时，可选用带夹套金属管转子流量计。

对有腐蚀性介质流量进行测量，可采用防腐型金属管转子流量计。

(3) 靶式流量计。黏度较高，含少量固体颗粒的液体流量测量，当要求精确度不优于 ±1.00%，量程比不大于 10∶1 时，可采用靶式流量计。

(4) 涡轮流量计。洁净的气体及运动黏度不大（黏度越大，量程比越小）的洁净液体的流量测量，当要求较精确计量，量程比不大于 10∶1 时，可采用涡轮流量计。

(5) 旋涡流量计。洁净气体、蒸汽和液体的大中流量测量，可选用旋涡流量计。低速流体及黏度大的液体，不宜选用旋涡流量计测量。黏度太高会降低流量计对小流量测量的能力，具体表现在保证精确度的雷诺数上，不同制造厂的产品，不同管径的旋涡流量计对保证测量精确度的液体和气体最小和最大雷诺数及管道流速有不同要求。选用时应对雷诺数和管道流速进行验算。管子振动或泵出口也不宜选用旋涡流量计。该流量计具有压力损失较

小、安装方便的优点。

(6) 超声波流量计。凡能导声的流体均可选用超声波流量计，除一般介质外，对强腐蚀性、非导电、易燃易爆、放射性等恶劣条件下工作的介质也可选用。

(7) 科氏力质量流量计。需直接精确测量液体、高密度气体和浆体的质量流量时，可选用科氏力质量流量计。科氏力质量流量计可以不受流体温度、压力、密度或黏度变化的影响而提供精确可靠的质量流量数据。质量流量计可在任何方向安装，但是液体介质还是需要充满仪表测量管，不需直管段。

(8) 热导式质量流量计。需要测量气体流速在 0.025～304m/s，管径在 25～5000mm，液体流速 0.0025～0.76m/s，管径在 1.6～200mm 的质量流量可采用热导式质量流量计。精确度达到±1.00%读数，量程比最大达到 1∶1000，介质压力最大可以达到 35MPa，温度最高达到 815℃（气体）。能解决夹带焦油、灰尘、水等脏污物的管道煤气流量测量问题。

(9) 旋进旋涡流量计。需要前后直管段很短（3D，1D）而现场又有振动时，流量范围在液体 0.2～500m³/h（口径为 DN15～200）；气体 1～3600m³/h 的流量测量可选用旋进旋涡流量计，它的精确度是±0.50%～±1.50%。

2) 腐蚀、导电或带固体微粒流量测量仪表的选型

电磁流量计：用于导电的液体或均匀的液固两相介质流量测量。可测量各种强酸、强碱、盐、氨水、泥浆、矿浆、纸浆等介质。

3) 高黏度流体流量测量仪表的选型

(1) 椭圆齿轮流量计：洁净的、黏度较高的液体，要求较准确的流量测量，当量程比小于 10∶1 时，可采用椭圆齿轮流量计。椭圆齿轮流量计应安装在水平管道上，并使指示刻度盘面处于垂直平面内。应设上、下游切断阀和旁路阀。上游应设过滤器。对微流量，可选用微型椭圆齿轮流量计。当测量各种易气化介质时，应增设消气器。

(2) 腰轮流量计：洁净的气体或液体，特别是有润滑性的油品精确度要求较高的流量测量，可选用腰轮流量计。流量计应水平安装，设置旁通管路，进口端装过滤器。

(3) 刮板流量计：连续测量封闭管道中的液体流量，特别是各种油品的精确计量，可选用刮板流量计。刮板流量计的安装，应使流体充满管道，并应水平安装，使计数器的数字处于垂直的平面内。当测量各种油品要求精确计量时，应增设消气器。

4) 大管径流量测量仪表的选型

当管径大时，压损对能耗有显著影响。常规流量计价格贵，当压损大时，可根据情况选用笛形均速管、插入式旋涡、插入式涡轮、电磁流量计、文丘里管、超声波流量计。

2.3.4 压力仪表的分类与选型

压力是工业生产中的重要参数，如高压容器的压力超过额定值时便不安全，必须进行测量和控制。在某些工业生产过程中，压力还直接影响产品的质量和生产效率，如生产合成氨时，氮和氢不仅需在一定的压力下才能合成，而且压力的大小直接影响产量高低。此外，在一定的条件下，测量压力还可以间接得出温度、流量和液位等参数。

1. 压力仪表的分类

由于在现代工业生产过程中测量压力的范围很广，测量的条件和精度要求各异，所以压力检测仪表的种类很多。按照其转换原理的不同，可将压力表分为以下四类：液柱式压力

表、弹性式压力表、活塞式压力表和电气式压力表。其中,液柱式压力表根据流体静力学原理,将被测压力转换成液柱高度进行测量。按其结构形式的不同有单管压力计、U形管压力计、斜管压力计等。这类压力计结构简单、使用方便,其精度受工作液的毛细管作用、密度及视差等因素的影响,测量范围较窄,一般只能测量低压与微压。弹性式压力表是将被测压力转换成弹性元件变形的位移进行测量的,如弹簧管压力计、波纹管压力计和膜式压力计等。电气式压力表是通过机械和电气元件将被测压力转换成电量(如电压、电流、频率等)来进行测量的仪表。种类有电容式、电阻式、电感式、应变片式和霍尔片式等压力计。活塞式压力计是根据水压机液体传送压力的原理,将被测压力转换成活塞上所加平衡砝码的质量来进行测量的。活塞式压力计测量精度很高,引用误差可以达到0.05%~0.02%。但结构较复杂,价格较贵。一般作为标准压力测量仪表,来检验其他类型的压力计。

2. 压力仪表的选型

压力表的选型主要参照使用环境、测量介质、精度等级、量程以及外形尺寸,同时要符合国际通用标准或相应的国家标准。

1) 按照使用环境和测量介质的性质选择

(1) 在大气腐蚀性较强、粉尘较多和易喷淋液体等环境恶劣的场合,应根据环境条件,选择合适的外壳材料及防护等级。

(2) 对一般介质的测量:压力在-40kPa~+40kPa时,宜选用膜式压力表;压力在+40kPa以上时,一般选用弹簧管压力表或波纹管压力计;压力在-100kPa~+2400kPa时,应选用压力真空表;压力在-100kPa~0kPa时,宜选用弹簧管真空表。

(3) 稀硝酸、醋酸及其他一般腐蚀性介质,应选用耐酸压力表或不锈钢膜片压力表。

(4) 稀盐酸、盐酸气、重油类及其类似的具有强腐蚀性、含固体颗粒、黏稠液等介质,应选用膜片压力表或隔膜压力表。其膜片及隔膜的材质,必须根据测量介质的特性选择。

(5) 结晶、结疤及高黏度等介质,应选用法兰式隔膜压力表。

(6) 在机械振动较强的场合,应选用耐震压力表或船用压力表。

(7) 在易燃、易爆的场合,如需电接点信号时,应选用防爆压力控制器或防爆电接点压力表。

(8) 对于测量高、中压力或腐蚀性较强的介质的压力表,宜选择壳体具有超压释放设施的压力表。

(9) 测量下列介质应选用专用压力表:气氨、液氨的测量选用氨压力表、真空表或压力真空表;氧气的测量选用氧气压力表;氢气的测量选用氢气压力表;氯气的测量选用耐氯压力表或压力真空表;乙炔的测量选用乙炔压力表;硫化氢的测量选用耐硫压力表;碱液的测量选用耐碱压力表或压力真空表;测量差压时,应选用差压压力表。

2) 精度等级的选择

(1) 一般测量用压力表、膜式压力表应选用1.6级或2.5级。

(2) 精密测量用压力表,应选用0.4级、0.25级或0.16级。

3) 外形尺寸的选择

(1) 在管道和设备上安装的压力表,表盘直径为$\phi 100mm$或$\phi 150mm$。

(2) 在仪表气动管路及其辅助设备上安装的压力表,表盘直径为$\phi 60mm$。

(3) 安装在照度较低、位置较高或示值不易观测场合的压力表,表盘直径为$\phi 150mm$或$\phi 200mm$。

4) 测量范围的选择

(1) 测量稳定的压力时,正常操作压力值应在仪表测量范围上限值的 1/3~2/3。

(2) 测量脉动压力(如泵、压缩机和风机等出口处压力)时,正常操作压力值应在仪表测量范围上限值的 1/3~1/2。

(3) 测量高、中压力(大于 4MPa)时,正常操作压力值不应超过仪表测量范围上限值的 1/2。

5) 变送器的选择

(1) 以标准信号传输时,应选用变送器。

(2) 易燃、易爆场合,应选用气动变送器或防爆型电动变送器。

(3) 结晶、结疤、堵塞、黏稠及腐蚀性介质,应选用法兰式变送器。与介质直接接触的材质,必须根据介质的特性选择。

(4) 对于测量精确度要求高,而一般模拟仪表难以达到时,宜选用智能式变送器,其精确度优于 0.2 级以上。当测量点位置不宜接近或环境条件恶劣时,也宜选用智能式变送器。

(5) 使用环境较好、测量精确度和可靠性要求不高的场合,可以选用电阻式、电感式远传压力表或霍尔压力变送器。

(6) 测量微小压力(小于 500Pa)时,可选用微差压变送器。

(7) 测量设备或管道差压时,应选用差压变送器。

(8) 在使用环境较好、易接近的场合,可选用直接安装型变送器。

6) 安装附件的选择

(1) 测量水蒸气和温度大于 60℃的介质时,应选用冷凝管或虹吸器。

(2) 测量易液化的气体时,若取压点高于仪表,应选用分离器。

(3) 测量含粉尘的气体时,应选用除尘器。

(4) 测量脉动压力时,应选用阻尼器或缓冲器。

(5) 在使用环境温度接近或低于测量介质的冰点或凝固点时,应采取绝热或伴热措施。

2.3.5 物位仪表的分类与选型

物位是指存放在容器或工业设备中的物料的位置和高度,包括液位、界位和料位。其中,液位是液体介质液面的高低;界位是两种液体介质的分界面的高低;料位是固体块、散粒状物质的堆积高度。物位检测的目的一是用于确定物料的体积或质量;二是调节流入与流出物料的平衡。

1. 物位仪表的分类

物位检测的方法很多,按工作原理分类,可分为静压式物位检测、浮力式物位检测、电气式物位检测、声学式物位检测和射线式物位检测。其中,静压式物位检测根据流体静力学原理,静止介质内某一点的静压力与介质上方自由空间压力之差与该点上方的介质高度成正比,因此可利用差压来检测液位,这种方法一般只用于液位的检测。浮力式物位检测利用漂浮于液面上浮子随液面变化位置,或者部分浸没于液体中物质的浮力随液位变化来检测液位,前者称为恒浮力法,后者称变浮力法,二者均用于液位的检测。电气式物位检测把敏感元件做成一定形状的电极置于被测介质中,则电极之间的电气参数,如电阻、电容等,随物位的变化则改变。这种方法既可用于液位检测,也可用于料位检测。声学式物位检测利用超声波在介质中的传播速度及在不同相界面之间的反射特性来检测物位。液位和料位的检测都可以用此方法。射线式物位检测的原理是射线的投射强度随着通过介质厚度的增加而减弱。这种方法适用于高温、高压容器、强腐蚀、剧毒、有爆炸性、黏滞性、易结晶或沸腾状态的介质的物位测量,还可以测量高温融熔金属的液位,可在高温、烟雾等环境下工作。但由于放射线对人体有害,使用范围受到一些限制。液位检测仪表的种类及特点如表 2-9 所示。

表 2-9 液位检测仪表的种类及特点

液位计种类		作 用 原 理	主 要 特 点
静压式	玻璃管液位计	连通器原理	结构简单、价格低廉,易损坏,读数不明显
	压力表式液位计	液位高度与液柱静压成正比	适用于敞口容器,使用简单
	压差式液位计	基于液位升降时能造成液柱差的原理	敞口容器或密闭容器都能使用,但要注意"零点迁移"问题
浮力式	浮标液位计	浮标浮于液体中随液面变化而升降	结构简单、价格低廉
	浮筒式液位计	浮筒在液体中受到浮力而产生的位移与液位变化成正比	结构简单、价格低廉
电气式	电容式液位计	置于液体中电容,其值随液位高低而变化	测量滞后小,能远距离传输,但线路复杂,价格高
	电接点式液位计	应用电极等电装置,当液面超过规定值时,发出电信号	不能连续测量,用于要求不高的场合
超声波液位计		利用超声波在气体和液体中的衰减程度、穿透能力和辐射声阻抗等各不相同的性质	非接触测量,准确性高,惯性小,但成本高

2. 物位仪表的选型

1)液面和界面测量仪表

(1)差压式测量仪表。对于液面连续测量,宜选用差压式仪表。对于界面测量,可选用差压式仪表,但要求总液面应始终高于上部取压口。而对于在正常工况下液体密度有明显变化时,不宜选用差压式仪表。腐蚀性液体、结晶性液体、黏稠性液体、易气化液体、含悬浮物液体宜选用平法兰式差压仪表。高结晶的液体、高黏度的液体、结胶性的液体、沉淀性的液体宜选用插入式法兰差压仪表。

以上被测介质的液面,如果气相有大量冷凝物、沉淀物析出,或需要将高温液体与变送器隔离,或更换被测介质时,是需要严格净化测量头的,可选用双法兰式差压仪表。

腐蚀性液体、黏稠性液体、结晶性液体、熔融性液体、沉淀性液体的液面在测量精确度要求不高时,宜采用吹气或冲液的方法,配合差压变送仪表进行测量。

对于在环境温度下,气相可能冷凝、液相可能汽化,或气相有液体分离的对象,在使用普通差压仪表进行测量时,应视具体情况分别设置冷凝容器、分离容器、平衡容器等部件,或对测量管线保温、伴热。

用差压式仪表测量锅炉汽包液面时,应采用温度补偿型双室平衡容器。

差压式仪表的正、负迁移量应在选择仪表量程时加以考虑。

(2)浮筒式测量仪表。对于测量范围 2000mm 以内,比重为 0.5～1.5 的液体液面连续测量,以及测量范围 1200mm 以内,比重差为 0.5～1.5 的液体界面连续测量,宜选用浮筒式仪表。真空对象、易汽化的液体宜选用浮筒式仪表。就地液位指示或调节宜选用气动浮筒式仪表。浮筒式仪表必须用于清洁液体。

选用浮筒式仪表,当精确度要求较高,信号要求远传时,宜选用力平衡式;当精确度要求不高,就地指示或调节时,可选用位移平衡型。

对于开口储槽、敞口储液池的液面测量,宜选用内浮筒;对于在操作温度下不结晶、不黏稠,但在环境温度下可能结晶或黏稠的液体对象,也宜选用内浮筒。对于不允许停车的工艺设备,应选用外浮筒。

内浮筒仪表在容器内液体扰动较大时,应加装防扰动影响的平衡套管。

电动浮筒仪表用于被测液位波动频繁的场合,其输出信号应加装阻尼器。

(3) 浮子式测量仪表。对于大型储槽清洁液体液面的连续测量和容积计量,以及各类储槽清洁液体液面和界面的位式测量应选用浮子式仪表。浮子式测量仪表用于界面测量时,两种液体的比重应恒定,且比重差不应小于 0.20。

内浮子式液位仪表用于大型储槽液面测量时,为防止浮子的漂移,应备有导向设施;为防止浮子受液面扰动的影响,应加装平稳套管。

大型储槽液体的液位或容积连续计量,对测量精确度要求较高的单储槽或多储槽,宜选用光导式液面计。对测量精确度要求一般的单储槽可选用钢带式浮子液面计。对要求高精度连续计量液位、界面、容积和质量的单储槽或多储槽,应选用储罐测量系统。

对于大型储槽、开口储槽、敞开储液池强腐蚀性、有毒性液体的液位或容积连续计量,应选用磁致伸缩式液面计;对要求同时测量大型储槽、开口储槽、敞开储液池液体液位及界面的连续计量,也应选用磁致伸缩式液面计。

开口储槽、敞开储液池的液面多点位式测量,以及有腐蚀性、毒性等危险液体的多点位式测量,宜选用磁性浮子式液面计。

黏性液体的位式测量,宜选用杠杆式浮子液位控制器。

(4) 电容式测量仪表。对于腐蚀性液体、沉淀性流体以及其他化工工艺介质的液面连续测量和位式测量,宜选用电容式液面计。用于界面测量时,两种液体的电气性能必须符合产品的技术要求。

对于不黏稠非导电性液体,可采用轴套筒式的电极;对于不黏滞导电性液体,可采用套管式的电极;对于易黏滞非导电性液体,可采用裸电极。

电容液面计不能用于易黏滞的导电性液体液面的连续测量。

(5) 射频导纳式测量仪表。对于腐蚀性液体、黏稠性液体、沉淀性流体以及其他化工工艺介质的液面连续测量和位式测量,宜选用射频导纳式液面计。用于界面测量时,两种液体的电气性能必须符合产品的技术要求。

对于非导电性液体,可采用裸极探头;对于导电性液体,应采用绝缘管式或绝缘护套式探头。

(6) 电阻式(电接触式)测量仪表。对于腐蚀性导电液体液面的位式测量,以及导电液体与非导电液体的界面位式测量,可选用电阻式(电接触式)仪表。

对于容易使电极结垢的导电液体,以及工艺介质在电极间发生电解现象时,一般不宜选用电阻式(电接触式)仪表,对于非导电、易黏附电极的液体,不得选用电阻式(电接触式)仪表。

(7) 静压式测量仪表。对于深度为 5~100m 水池、水井的液面连续测量,宜选用静压式仪表。在正常工况下,液体密度有明显变化时,不宜选用静压式仪表。

(8) 声波式测量仪表。对于普通物位仪表难以测量的腐蚀性液体、高黏性液体、有毒液体等液面的连续测量和位式测量,宜选用声波式测量仪表。

声波式仪表必须用于可反射和传播声波的容器液面测量,不得用于真空容器。不宜用于含气泡的液体和含固体颗粒物的液体。

对于内部有影响声波传播的障碍物的容器,不宜采用声波式仪表。

对于连续测量液面的声波式仪表,如果被测液体温度、成分变化比较显著,应考虑对声波传播速度的变化进行补偿,以提高测量的精确度。

(9) 微波式测量仪表。对于普通液位仪表难以高精确度测量的大型固定顶罐、浮顶罐及存储容器内高温、高压以及有腐蚀性液体、高黏度液体、易爆、有毒液体的液位连续测量或计量时,应选用微波式测量仪表。

用于液位测量的微波式测量仪表,仪表精确度宜选择工业级;用于物料计量的微波式测量仪表,仪表精确度应选择计量级。

天线的结构形式及材质,应根据被测介质的特性、储罐内温度、压力等因素确定。

对于内部有影响微波传播的障碍物的储罐,不宜采用微波式仪表。

对于沸腾或扰动大的液面或被测介质介电常数小,或为消除储罐容器结构形状可能导致的干扰影响,应考虑采用导波管(静止管)及其他措施,以确保测量准确度。

(10) 核辐射式测量仪表。对于高温、高压、高黏度、强腐蚀、易爆、有毒介质液面的非接触式连续测量和位式测量,在使用其他液位仪表难以满足测量要求时,可选用核辐射式仪表。

辐射源的强度应根据测量要求进行选择,同时应使射线通过被测对象后,在工作现场的射线剂量应尽可能小,安全剂量标准应符合现行的《辐射防护规定》(GB 8703—88);否则,应充分考虑隔离屏蔽等防护措施。

辐射源的种类应根据测量要求和被测对象的特点,如被测介质的密度、容器的几何形状、材质及壁厚等因素进行选择。当射源强度要求较小时,可选用镭(Ra);当射源强度要求较大时,可选用铯137(Cs137);用于厚壁容器要求穿透能力强时,可选用钴60(Co60)。

为避免由于辐射源衰变而引起的测量误差,提高运行的稳定性和减少校验次数,测量仪表应能对衰变进行补偿。

2) 料面测量仪表

(1) 电容式测量仪表。对于颗粒状物料和粉粒状物料,如煤、塑料单体、肥料、砂子等料面连续测量和位式测量,宜选用电容式测量仪表。

(2) 射频导纳式测量仪表。对于易挂料的颗粒状物料和粉粒状物料的料面连续测量和位式测量,宜选用射频导纳式液面计。

(3) 声波式测量仪表。对于无振动或振动小的料仓、料斗内粒度为 10mm 以下的颗粒物状料面的位式测量,可选用音叉料位计。对于粒度为 5mm 以下的粉粒状物料的料面位式测量,应选用声阻断式超声料位计。对于微粉状物料的料面连续测量和位式测量,可选用反射式超声料位计。反射式超声料位计不宜用于有粉尘弥漫的料仓、料斗的料面测量,也不宜用于表面不平整的料位测量。

(4) 电阻式(电接触式)测量仪表。对于导电性能良好或导电性能差,但含有水分的颗粒状和粉粒状物料,如煤、焦炭等料面的位式测量,可选用电阻式测量仪表。必须满足产品规定的电极对地电阻的数值,以保证测量的可靠性和灵敏度。

(5) 微波式测量仪表。对于高温、高压、黏附性大、腐蚀性大、易爆、毒性大的块状、颗粒状及粉粒状物料的料面连续测量,应选用微波式测量仪表。

(6) 核辐射式测量仪表。对于高温、高压、黏附性大、腐蚀性大、易爆、毒性大的块状、颗粒状、粉粒状物料的料面非接触式位式测量和连续测量,可选用核辐射式测量仪表。

(7) 阻旋式测量仪表。对于承压较小、无脉动压力的料仓、料斗,物料比重为 0.2 以上颗粒状和粉粒状物料料面的位式测量,可选用阻旋式测量仪表。旋翼的尺寸应根据物料的比重选取。为避免物料撞击旋翼造成仪表误动作,应在旋翼上方设置保护板。

(8) 隔膜式测量仪表。对于料仓、料斗内颗粒状或粉粒状物料料面的位式测量,可选用隔膜式测量仪表。由于隔膜的动作易受粉粒附着的影响和粉粒流动压力的影响,不能用于精确度要求较高的场合。

(9) 重锤式测量仪表。对于料位高度大,变化范围宽的大型料仓、散装仓库以及敞开或密闭无压容器内的块状、颗粒状和附着性不大的粉粒状物料的料面定时连续测量,应选用重锤式测量仪表。重锤的形式应根据物料的粒度、干湿度等因素选取。

2.3.6 检测变送信号的处理

检测变送信号的处理包括信号补偿、线性处理、信号滤波、数学运算、信号报警和数学变换等。

1. 信号补偿

热电偶检测温度时,由于产生的热电动势不仅与热端温度有关,也与冷端温度有关,在工程应用时,热电偶冷端暴露在大气中,受环境温度波动的影响较大,而国家标准规定的分度表(热电动势与温度的关系)是在冷端温度 $t_0=0℃$ 时制定的,因此,若 $t_0 \neq 0℃$,则将产生测量误差。为了消除冷端温度变化对测量精度的影响,需要采用冷端温度补偿,如补偿电桥法和计算校正法等。

在生产实践中,热电阻安装的现场与仪表控制室相距甚远,当环境温度变化时其连接导线电阻也将变化,因为它与热电阻是串联的,会造成测量误差,因此需要进行线路电阻补偿。

由于气体的可压缩性,决定了它的流量测量比液体复杂,仪表的输出信号除了与输入信号有关,还与气体密度有关,而气体的密度又是温度和压力的函数。所以,气体的流量测量普遍存在温度压力补偿问题。

2. 线性处理

由于传感器自身的特性或信号处理电路存在非线性,有些检测变送环节存在非线性。如热电偶的热电动势 E_t 与被测温度 t,差压流量计的流量与差压之间都是非线性关系。这些非线性会造成控制系统的非线性,因此,应对检测变送信号进行线性化处理。可以采用硬件组成非线性环节实现,如采用开方器对差压进行开方运算,也可以用软件来实现线性化处理。

3. 信号滤波

由于工业现场干扰因素多,来自工业现场的检测变送信号中常混杂有干扰信号,这些干扰信号会影响控制系统的稳定运行,因此,需要通过滤波削弱或消除干扰信号。

如果采用模拟电路对模拟信号进行滤波,称为模拟滤波;如果对模拟信号进行离散采样,通过软件算法对采样信号进行平滑加工,增强有效信号,消除或减少噪声,从而达到滤波的目的,则称为数字滤波。

模拟滤波器的种类很多,按是否使用有源器件可分为有源滤波器和无源滤波器两大类。无源滤波器通常采用 LC 谐振电路或 RC 网络作为滤波器件。LC 谐振滤波电路的选择性好,但在低频场合需要的 LC 值很大,大电感不仅体积大而且价格高,不适合在低频滤波场合中使用。而 RC 网络尽管体积小且廉价,但选择性差,效果不佳。有源滤波器可以利用有源器件不断补充由电阻造成的损耗,因此等效能耗小,改善了选择性,并且还能实现无源滤波器无法做到的信号放大功能。有源滤波器的缺点是,由于采用有源器件,需要电源,功耗较大;由于受有源器件有限频带宽度的限制,一般不能用于高频场合;受器件的参数偏差和漂移影响较大。总之,有源滤波器适用于 1MHz 以下的低频场合。

和模拟滤波装置相比,数字滤波有以下几个优点:数字滤波通过程序实现,无须增加硬件设备,各回路间不存在阻抗匹配问题,可靠性较高;数字滤波可实现多通道共享,从而降低成本;可对频率很低的信号进行滤波,而模拟滤波器由于受电容容量的限制,频率不可能太低;可根据需要选择不同的滤波方法或改变滤波器的参数,使用灵活、方便。

过程控制中常用的数字滤波算法有以下几种。

1) 一阶低通滤波

一阶低通滤波算法相当于模拟电路的 RC 低通滤波器

$$G(s) = \frac{Y(s)}{X(s)} = \frac{1}{\tau s + 1} \tag{2-144}$$

离散化后,得差分方程为

$$\tau \frac{y(k) - y(k-1)}{T} + y(k) = x(k) \tag{2-145}$$

式中,T 为采样周期,τ 为滤波器的时间常数。

对式(2-145)进行变换整理,可得

$$y(k) = \frac{\tau}{T + \tau} y(k-1) + \frac{T}{T + \tau} x(k) \tag{2-146}$$

令 $\alpha = \frac{T}{T + \tau}$,则式(2-146)可写成

$$y(k) = (1 - \alpha) y(k-1) + \alpha x(k) \tag{2-147}$$

式(2-147)即为一阶低通数字滤波器的递推公式。式中,$y(k)$ 和 $x(k)$ 分别是滤波器的第 k 次输出信号和输入信号。α 是低通滤波器的滤波系数,介于 0~1 之间,其值越小,高频衰减越大,通过滤波器信号的频率上限越低。这种滤波器广泛应用于计算机控制系统中,用于去除信号中夹带的高频噪声。

2) 一阶高通滤波

一阶高通滤波算法相当于模拟电路的 RC 一阶高通滤波器

$$G(s) = \frac{Y(s)}{X(s)} = \frac{\tau s}{\tau s + 1} \tag{2-148}$$

经离散化、变换整理后,可得一阶高通数字滤波器的递推公式为

$$y(k) = (1-\beta)y(k-1) + \beta(x(k) - x(k-1)) \tag{2-149}$$

高通滤波器常用于去除信号中夹带的低频噪声，如零漂、直流分量等。

3) 算术平均滤波

N 个连续采样值相加，然后取其算术平均值作为本次测量的滤波值。即

$$y(k) = \frac{1}{N}\sum_{k=1}^{N}x(k) \tag{2-150}$$

设 $x(k)=s(k)+n(k)$，其中，$s(k)$ 为采样值中的有用部分，$n(k)$ 为随机误差。则有

$$y(k) = \frac{1}{N}\sum_{k=1}^{N}(s(k)+n(k)) = \frac{1}{N}\sum_{k=1}^{N}s(k) + \frac{1}{N}\sum_{k=1}^{N}n(k) \tag{2-151}$$

这种滤波器的滤波效果主要取决于采样次数 N，N 越大，滤波效果越好，但系统的灵敏度要下降。因此，这种方法只适用于慢变信号。

4) 递推平均滤波

对于采样速度较慢或要求数据更新率较高的实时系统，算术平均滤波无法使用。递推平均滤波法把 N 个测量数据看成一个队列，队列的长度固定为 N，每进行一次新的采样，把测量结果放入队尾，而去掉原来队首的一个数据，这样在队列中始终有 N 个"最新"的数据。递推平均滤波的计算公式为

$$y(k) = \frac{1}{N}\sum_{i=0}^{N-1}x(k-i) \tag{2-152}$$

式中，N 为滑动平均项数。

写成递推形式为

$$y(k) = y(k-1) + \frac{x(k)-x(k-N+1)}{N} \tag{2-153}$$

递推平均滤波方法对周期性干扰有良好的抑制作用，平滑度高，适用于高频振荡的系统。缺点是灵敏度低，对偶然出现的脉冲性干扰的抑制作用较差，不适用于脉冲干扰比较严重的场合。

加权递推平均滤波器是递推平均滤波算法的改进，即不同时刻的数据加以不同的权，通常越接近现时刻的数据，权取得越大。加权递推平均滤波器的计算公式为

$$y(k) = \sum_{i=0}^{N-1}c_i x(k-i) \tag{2-154}$$

式中，$\sum_{i=0}^{N-1}c_i = 1, 0 \leqslant c_i \leqslant 1$。

此种算法适用于有较大纯滞后时间常数的对象和采样周期较短的系统。

算术平均滤波和递推平均滤波算法的信号的平滑程度完全取决于 N 值，N 值较大时，平滑度高，但灵敏度低；N 值较小时，平滑度低，但灵敏度高。N 值的选取可参考表 2-10。

表 2-10 采样个数的选择

被控对象	流量	液位	压力	温度
N	12	4	4	2

5) 程序判断滤波

当采样信号由于随机干扰、大功率用电设备的启动和停止,造成电流的尖峰干扰或错误检测,以及变送器不稳定而引起的严重失真等现象时,可采用程序判断法进行滤波。程序判断滤波方法适于对温度、物位等慢变信号中的短时大幅干扰信号处理。

根据生产经验,确定出相邻两次采样值之间可能出现的最大偏差 ΔX,若超过此偏差值,则表明该输入信号是干扰信号,应该去掉;若小于此偏差值,则可将该信号作为本次采样值。

程序判断滤波又分为限幅滤波和限速滤波两种。

(1) 限幅滤波。限幅滤波的方法是根据被控对象的实际动态响应情况以及采样周期 T 确定相邻两次采样值的最大允许偏差 ΔX;把两次相邻采样值相减,求出其增量(绝对值表示),再与 ΔX 比较;若小于或等于 ΔX,则取本次采样值;若大于 ΔX,舍弃本次采样值而取上次采样值为本次采样值。限幅滤波的计算公式为

$$\begin{cases} |x(k)-x(k-1)| \leqslant \Delta X, & \text{则 } x(k)=x(k) \\ |x(k)-x(k-1)| > \Delta X, & \text{则 } x(k)=x(k-1) \end{cases} \tag{2-155}$$

限幅滤波主要用于变化比较缓慢的参数,如温度。使用时,关键问题是最大允许误差 ΔX 的选取,ΔX 太大,各种干扰信号将"趁机而入",使系统误差增大;ΔX 太小,又会使某些有用信号被"拒之门外",使计算机采样效率变低。因此,ΔX 的选取是非常重要的。

(2) 限速滤波。限速滤波的方法是当 $|x(2)-x(1)| > \Delta X$ 时,不像限幅滤波那样,用 $x(1)$ 作为本次采样值,而是再采样一次,取得 $x(3)$,然后根据 $|x(3)-x(2)|$ 与 ΔX 的大小关系来决定本次采样值。其具体判别式如下:

设顺序采集的采样值分别是 $x(1)$、$x(2)$、$x(3)$,则

当 $|x(2)-x(1)| \leqslant \Delta X$ 时,取 $x(2)$;

当 $|x(2)-x(1)| > \Delta X$ 时,不采用 $x(2)$,继续采样取得 $x(3)$;

当 $|x(3)-x(2)| \leqslant \Delta X$ 时,取 $x(3)$;

当 $|x(3)-x(2)| > \Delta X$ 时,取 $|x(3)+x(2)|/2$。

限速滤波是一种折中的方法,既照顾了采样的实时性,又估计了采样值变化的连续性。但折中方法也有以下明显的缺点:第一,ΔX 的确定不够灵活,必须根据现场的情况不断更换新值;第二,不能反映采样点数 $N>3$ 时各采样数值受干扰的情况。因此,它的应用受到一定的限制。

在实际使用中,可用 $[|x(1)-x(2)|+|x(2)-x(3)|]/2$ 取代 ΔX,这样也基本保持限速滤波的特性,虽增加运算量,但灵活性有所提高。

通常对变化比较缓慢的参数,例如温度、成分等,可选用程序判断滤波以及一阶滞后滤波;对那些变化较快的脉冲参数,如压力、流量等,则宜选用算术平均滤波和递推平均滤波。此外,对测量精度要求较高的系统还可以采用复合滤波方法。

4. 数学运算、数学变换和信号报警

当检测信号与被测变量之间有一定的函数关系时,需要进行数学运算获得实际的被控变量数值。例如,累积流量是瞬时流量对时间的积分关系,因此,根据测得的瞬时流量应进

行积分运算获得累积流量。

信号的数学变换也常常应用于检测变送信号的处理,如快速傅里叶变换、小波变换等。

如果检测变送信号超出工艺过程的允许范围,就要进行信号报警和联锁处理。同样,在计算机控制系统中如果检测到检测元件处于异常状态时,也需要为操作人员提供相关报警信息。

2.4 控制阀的选型

控制阀,也叫执行器、调节阀,是过程控制系统的执行机构,其作用是根据控制器的输出信号,连续并精确地控制物料或能量等介质的输出量,达到控制工艺参数的目的。

由于控制阀安装在生产现场,长期与生产介质直接接触,通常在高温、高压、高黏度、强腐蚀、易结晶、易燃易爆、剧毒等恶劣条件下工作,所以容易出现故障。控制阀的结构、材质和性能直接影响过程控制系统的控制质量、安全性和可靠性。

2.4.1 控制阀概述

按驱动能源形式,控制阀可分为气动、电动和液动三大类。其中,气动阀以洁净压缩空气为动力,通过推动薄膜或活塞的移动来驱动阀体运动,控制阀门开度以达到控制目的,具有结构简单、工作可靠、维护方便、价格低廉、防火防爆等优点,在过程控制中应用最广。电动阀以电力驱动的电动机为动力,接收标准电信号来控制阀门。电动阀可直接与电动仪表或计算机相连,不需要电-气转换器。但由于老式电动执行机构可靠性差,因此选用较少。在电子式执行机构问世后,由于其可靠性高、超小超轻、多功能、性价比高等优点,应用越来越普及。液动阀以高压抗燃油(或水)为动力,推动活塞运动来控制阀门,可以产生很大的推力。常应用在大口径或高压力管道上。缺点是装置体积大,控制复杂,需要一套供油装置来配合工作。

与计算机控制相匹配的新型控制阀有数字阀和智能控制阀等。数字阀是一种位式的数字控制阀,由一系列并联安装而且按二进制排列的大小不同的阀门组成。八位二进制数字阀的阀体内有一系列开、闭式流孔,每个流孔的流量按 2^0、2^1、2^2、2^3、2^4、2^5、2^6、2^7 来设计,当其所有流孔关闭时流量为 0,全开流量为 255(流量单位),分辨率为 1(流量单位),调节范围是 1~255,能精密控制流量。数字阀的优点是具有高分辨率(由阀的位数决定)、高精度、反应速度快、关闭性好、无滞后、线性好、噪声小。缺点是结构复杂、部件多、价格昂贵,过于敏感容易造成控制错误。八位二进制数字阀的结构图如图 2-48 所示。智能控制阀集常规仪表的检测、控制、执行等功能于一体,具有智能控制(按控制规律完成控制阀功能)、显示、诊断、保护、通信等功能。

要正确使用控制阀,尤其是选择控制阀,必须首先掌握控制阀的主要规格与技术参数。

1. 流量系数 K_v

流量系数是指当控制阀全开,阀门前后压差为 0.1MPa 时,温度为 5~40℃ 的水每小时流过控制阀的流量数,以 m^3/h 或 t/h 计。流量系数是控制阀的重要工艺参数和技术指标,表示控制阀通过流量的能力。相同口径的控制阀,K_v 值越大,说明阀门的流通能力越大,流

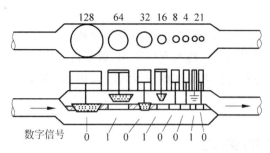

图 2-48　八位二进制数字阀结构图

体流过阀门时的压力损失越小。

2. 公称压力 PN

公称压力是经过圆整的控制阀在一定条件下的最大耐压,在该压力之下工作,控制阀不会对外发生泄漏。公称压力用"PN＊"表示,一般控制阀的公称压力 PN 后接的数值在下列数值中选取:2.5、6、10、16、20、25、40、50、64、100、110、160、250、260、320、420、1600、2500,单位为 1/10MPa。因此在选用时应当根据具体的使用条件,选择一个大于工艺最大压力的公称压力 PN。

3. 公称通径 DN

公称通径 DN 是用作参考的经过圆整的表示控制阀口径大小的参数,是控制阀的主要接管参数,根据该参数来决定连接管道的直径。公称通径用"DN＊"表示,控制阀的公称通径 DN 后接的数值应在下列优选数系中选取:6、10、15、20、25、32、40、50、65、80、100、125、150、200、250、300、350、400、450、500、600、700、800、900、1000、1200、1400、1600、1800、2000,单位为毫米(mm)。不同流量系数下有不同的公称通径 DN。公称通径的选择非常重要,它直接影响工艺生产的正常运行、控制质量及生产的经济效果。

4. 工作温度

工作温度指控制阀可以工作的最大温度。常见有(-20℃～+225℃)、(-60℃～-250℃)、(-60℃～+450℃)、(+450℃～+650℃)几种温度范围。

5. 可调比 R

可调比是控制阀所能控制的最大流量与最小流量之比,反映了控制阀调节流量的能力。一般国产控制阀 $R=30$,V 形球阀、全功能超轻型控制阀的 R 值可达 100～200。

6. 流量特性

流量特性是流体通过控制阀的相对流量与相对行程之间的函数关系,反映了控制阀的调节品质。

控制阀选择哪一种流量特性,要根据具体对象的特性来考虑,原则是希望控制系统的广义对象是线性的,即当工况发生变化,如负荷变动、阀前压力变化或设定值变动时,广义对象的特性基本不变,这样才能使整定后的控制器参数在经常遇到的工作区域内都适应,以保证控制品质。

7. 泄漏量

当阀门在规定的关闭推力下处于全关的位置,在规定的压差和温度下流体流过阀门的数量称为泄漏量。泄漏量通常用在额定行程下的流通能力的百分数来表示,它反映了控制阀的切断能力和内在质量。

控制阀的选型涉及机械、电气、工艺等多个方面。尽可能地提供详细的工艺参数,有助于选择性价比最高、控制最准确的阀门。以下是控制阀选型所需要的各种工艺参数:

(1) 管道的材质、尺寸和规格;
(2) 工艺介质名称,介质的状态、密度、黏度、浓度,是否含有颗粒,是否有腐蚀性等;
(3) 最高、正常、最低工作温度;
(4) 最大、正常、最小流量;
(5) 最大、正常、最小入口压力;
(6) 最大、正常、最小出口压力(或压差);
(7) 最大允许关闭压差;
(8) 气源供气中断时控制阀的状态要求;
(9) 仪表控制信号;
(10) 连接方式:法兰、螺纹或焊接。

控制阀的选型主要从以下几个方面来考虑:结构形式及材质的选择;口径大小的选择;作用方式的选择;流量特性的选择以及阀门定位器的选择。

2.4.2 控制阀结构形式及材质的选择

控制阀由执行机构和调节机构两部分组成。执行机构将控制器的输出信号转换成直线位移或角位移;调节机构则将执行机构输出的直线位移或角位移转换成流通截面积的变化,从而达到控制流量的作用。

图 2-49 为一个气动控制阀的结构图,当控制器的输出为电信号时,气动控制阀的输入输出及内部信号关系如图 2-50 所示。

在图 2-50 中,电/气转换器将 4~20mA 的控制器输出电信号 $u(t)$ 转换为 0.02~0.1MPa 的控制阀输入气压信号 p_c;执行机构将气压信号转换成相应的阀杆行程 l;调节机构则将行程(位移)信号转换成流通截面积 A 的变化;流通截面积的变化进而引起管路系统流量 Q 的变化。

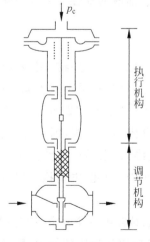

图 2-49 气动控制阀的结构图

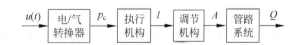

图 2-50 气动控制阀的信号关系图

气动控制阀通常被描述为一阶惯性环节。其惯性滞后主要发生在执行机构,是在传送信号时由气动管线和膜头容量造成的。执行机构的静态关系一般呈线性关系,而流通截面积与阀杆位移之间因阀的流量特性不同而呈各种非线性关系。

1. 执行机构的选择

选择执行机构时需要考虑的因素包括可靠性、经济性、动作平稳、足够的输出力、重量外观、结构简单、维护方便等。

1)液动执行机构

液动执行机构有下列优点:

(1)输出推动力要高于气动和电动执行机构,且液动执行机构的输出力矩可以根据要求进行精确的调整,并将其通过液压仪表反映出来。液动执行机构的传动更为平稳可靠,有缓冲无撞击现象,适用于对传动要求较高的工作环境。

(2)液动执行机构的调节精度高、响应速度快,能实现高精确度控制。液动执行机构使用液压油驱动,液体本身有不可压缩的特性,因此液压执行机构能轻易获得较好的抗偏离能力。

(3)液压执行机构本身配备有蓄能器,在发生动力故障时,可以进行一次以上的执行操作,减少紧急情况对生产系统造成的破坏和影响,特别适用于长输送管路的自动控制。

(4)液动执行机构使用液压方式驱动,由于在操纵过程中不会出现电动设备常见的打火现象,因此防爆性能要高于电动执行机构。

电液执行机构结合了电子技术和液压技术两个方面的优势,具有控制精度高、响应速度快、输出功率大、信号处理灵活、易于实现各种参数的反馈等优点,有助于控制阀适应大型工业项目提出的控制要求,同时也适应了现代工业过程控制系统化、智能化不断提高的发展趋势。

液压执行机构的缺点是需外部的液压系统支持,一次性投资更大,安装工程量也更多。液动执行机构的安装特性决定了它只适用于一些对执行机构控制要求较高的特殊工况。目前,液动执行机构主要用于大型的电厂、石油化工企业。其次,油液的黏性受温度变化的影响大,因此,液动执行机构不宜用于低温和高温的环境中。

2)电动执行机构

按不同标准电动执行机构可分为组合式结构和机电一体化结构;电器控制型、电子控制型和智能控制型(带 HART、FF 协议);数字型和模拟型等。根据运动形式不同,电动执行机构又可分为直行程、角行程和回转式三种类型。老式电动执行机构可靠性差,安全防爆性能差,电机动作不够迅速,且在行程受阻或阀杆被扎住时电机容易受损,因此选用较少。20 世纪 90 年代出现的电子式执行机构可以在 5~10 年内免维修,它的可靠性甚至超过了气动执行机构。在驱动源方面,电动执行机构的驱动源随地可取,因此,电动执行机构的应用越来越普及。

电动执行机构主要应用于热电厂或核电厂,因为高压水系统需要一个平滑、稳定和缓慢的过程。电动执行机构的主要优点就是高度的稳定和用户可应用的恒定的推力,能够产生很大的推力,而造价要比液动执行机构便宜很多。电动执行机构的抗偏离能力非常好,输出的推力或力矩基本恒定,可以很好地克服介质的不平衡力,达到对工艺参数的准确控制,所以控制精度比气动执行机构要高。如果配用伺服放大器,可以很容易地实现正反作用的互换,也可以轻松设定信号中断时阀位的状态(保持/全开/全关),而故障时,一定停留在原位,这是气动控制阀所无法实现的。气动控制阀必须借助于一套组合保护系统来实现保位。

电动执行机构的缺点主要有结构复杂,更容易发生故障,且由于它的复杂性,对现场维护人员的技术要求就相对要高一些;电机运行要产生热,如果控制太频繁,容易造成电机过热,产生热保护,同时也会加大对减速齿轮的磨损;从控制器输出一个信号,到控制阀响应而运动到相应的位置,需要较长时间,这是它不如气动、液动执行机构的地方。

3) 气动执行机构

气动执行机构是以压缩空气为工作介质来传递动力和控制信号的机构。具有以下优点:以空气为工作介质,介质获得比较容易,使用后的空气可直接排到大气中,处理方便,与液压传动相比不必设置回收的油箱和管道;因空气的黏度很小(约为液压油动力黏度的万分之一),其损失也很小,所以便于集中供气、远距离输送;外泄漏不会像液压传动那样严重污染环境;气压传动动作迅速、反应快、维护简单、工作介质清洁,不存在介质变质等问题;工作环境适应性好,特别是在易燃、易爆、多尘埃、强磁、强振、潮湿、有辐射和温度变化大的恶劣环境中工作时,安全可靠性优于液压和电动执行机构。

气动执行机构具有结构简单、维修方便、价格低廉、抗环境污染等优点,在工业生产中得到了广泛的应用。但气动执行机构也有以下不足之处:首先,气体工作介质具有较强的可压缩性,使气动执行机构的抗偏离能力比较差,给位置和速度的精确稳定控制带来很大的影响,从而限制了气动执行机构在大型精确控制项目中的进一步推广;其次,气动执行机构压力级不高,总的输出力不太大;最后,气动执行机构的噪声较大,在高速排气时,需要加装消声器。

气动执行机构主要有薄膜式和活塞式两大类。薄膜式执行机构通常接收 20~100kPa 的标准压力信号,具有结构简单、动作可靠、平稳、维修方便、防火防爆、价格低廉等优点,广泛应用于化工、石化等行业。缺点是膜片承受的压力较低,最大膜室压力不能超过 250kPa,而弹簧要抵消绝大部分的压力,余下的输出力十分有限。活塞式执行机构行程长,其气缸允许操作压力高达 0.5MPa,且无弹簧抵消推力,因此输出推力很大,特别适用于高静压、高压差控制阀或蝶阀的执行机构。

薄膜式执行机构虽存在推力不够、刚度小、尺寸大的缺陷,但其结构简单,所以,目前仍是使用最多的执行机构。最好选用精小型薄膜执行机构去代替老式薄膜执行机构,以获得更轻的重量、更小的尺寸和大的输出力。

薄膜式执行机构推力不够时,可以选用活塞执行机构来提高输出力。对大压差的控制阀(如中压蒸汽切断),甚至要选双层活塞执行机构;对普通控制阀,也可选用活塞执行机构去代替薄膜执行机构,使执行机构的尺寸大大减小。

2. 调节机构的选择

调节机构实际上是一个局部阻力可以改变的节流元件。它由阀体、阀盖和阀内件组成。阀内件是指阀体内部与介质接触的零部件,包括阀芯、阀座和阀杆等。控制阀的阀杆上端通过螺母与执行机构推杆相连接,推杆带动阀杆及阀杆下端的阀芯上下移动。当阀芯在阀体内移动的时候,改变了阀芯与阀座之间的流通截面积,即改变了阀的阻力系数,被控介质的流量也相应跟着改变,从而达到控制工艺参数的目的。

按结构形式不同,调节机构可分为直通阀(单座式和双座式)、角阀、三通阀、球形阀、阀体分离阀、隔膜阀、蝶阀、高压阀、偏心旋转阀和套筒阀等。

1) 直通单座阀

直通单座阀的阀体内只有一个阀芯和阀座,结构如图 2-51 所示。由于只有一个阀芯,直通单座阀密封效果好,泄漏量小,适用于要求泄漏量小的场合。因为只有一个阀芯,介质对阀芯产生的不平衡推力大,从而使阀的允许压差小,因此直通单座阀仅适用于低压差的场合。否则必须选用推力大的执行机构,或配用阀门定位器。而且因为只有一个阀孔,故流量系数没有双座阀大。

直通单座阀的阀体流路较复杂,加之导向处易被固体卡住,不适用于高黏度、悬浮液、含固体颗粒等易沉淀、易堵塞场合。而适用于泄漏要求较严、压差不大的干净介质场合。

2) 直通双座阀

直通双座阀的阀体内有两个阀芯和两个阀座,如图 2-52 所示。由于流体压力作用在两个阀芯上,不平衡力相互抵消许多,因此允许压差大。在关闭时,由于存在加工误差,阀芯与阀座的两个密封面无法保证同时密封,因此,泄漏量比单座阀大几十倍到上百倍,所以不能用在工艺要求泄漏小的场合。因阀体流路较复杂,加之上下导向处易被固体颗粒卡住,因此不适用于高黏度、悬浮液、含固体颗粒等易沉淀、易堵塞场合。直通双座阀适用于压差较大、泄漏要求不严的干净介质场合。

图 2-51 直通单座阀　　　　图 2-52 直通双座阀

3) 套筒阀

套筒阀采用套筒、阀塞代替阀芯、阀座,如图 2-53 所示。由于套筒阀的阀塞设有平衡孔,可以减少介质作用在阀塞上的不平衡力,加上足够的阀塞导向,因此不易引起阀芯的振荡,因此阀的稳定性好。套筒阀可调比大、振动小、不平衡力小、结构简单、更换套筒可得到不同的流量特性。同直通双座阀一样,双密封结构的套筒阀泄漏量大、允许压差大。套筒阀由阀塞自身导向,加上流路复杂,更容易堵卡。阀内件所受的气蚀小、噪声小,特别适用于低噪声、泄漏要求不严、压差较大的干净介质场合。

4) 角形阀

角形阀的两个接管呈直角形,一般为底进侧出,如图 2-54 所示。角形阀的节流、受力形式与单座阀完全相同,因此具有单座阀泄漏量小、允许压差小的特点。角形阀流路简单,具有"自洁"作用,可适用于不干净介质场合。阀体结构简单,利于锻造毛坯,适用于高压场合。阻力较小,适于现场管道要求直角连接的场合。角形阀适用于介质为高黏度、含有少量悬浮物和固体颗粒状的场合。

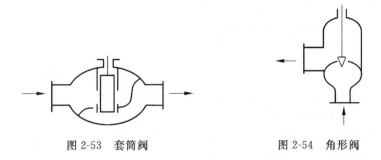

图 2-53　套筒阀　　　　　　图 2-54　角形阀

5）三通阀

三通阀共有三个出入口与工艺管道连接，相当于两台单座阀合成一体。三通阀按作用方式分为合流阀和分流阀两种，如图 2-55 所示。合流阀有两个入口，一个出口，将两种介质混合成第三种介质。分流阀有一个入口，两个出口，将一种介质经过阀后分成两路。三通阀可代替两台互为开关的单、双座调节阀使用，可省掉一个两通阀和一个三通接管。三通阀常用于热交换系统旁路控制，也可用于简单配比控制。使用介质温度应小于 300℃，两种介质温度差应小于 150℃。更换气开气闭时，必须更换执行机构。

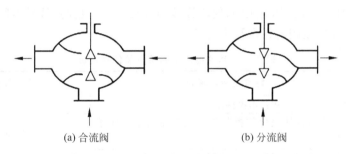

(a) 合流阀　　　　　　(b) 分流阀

图 2-55　三通阀

6）隔膜阀

隔膜阀用耐腐蚀衬里的阀体和耐腐蚀隔膜代替阀芯、阀座，由隔膜位移起调节作用，如图 2-56 所示。隔膜阀耐腐蚀性强，适用于对强酸、强碱等强腐蚀性介质流量的控制。它结构简单，流路阻力小，流通能力较同口径的其他阀大，无泄漏量。但由于隔膜和衬里的限制，一般只能在压力低于 1MPa，温度低于 150℃ 的情况下使用。

7）蝶阀

蝶阀相当于用一段管道来做阀体，中间阀板节流，如图 2-57 所示。蝶阀结构简单、体积小、重量轻，但泄漏量大，特别适用于对泄漏要求不严的大口径的低压场合。蝶阀流路简单，具有"自洁"作用，流阻小，防堵性能较好。蝶阀有较好的近似对数流量特性，控制性能好。

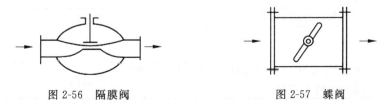

图 2-56　隔膜阀　　　　　　图 2-57　蝶阀

表 2-11 列出了这几种不同结构形式的控制阀的特点及使用场合。

表 2-11　不同结构形式的控制阀的特点及使用场合

结构形式	特点及使用场合	应用注意事项
直通单座阀	泄漏量小	阀前后压差小
直通双座阀	流量系数及允许压差比同口径的单座阀大,适用于允许有较大泄漏量的场合	耐压较低
套筒阀	适用阀前后压差大和液体出现闪蒸或空化的场合,稳定性好,噪音低,可取代大部分直通单、双座阀	不适用于含颗粒介质的场合
角形阀	适用于高压差、高黏度、含悬浮物或颗粒状物质的场合	输入与输出管道成直角形安装
三通阀	在两管道压差和温差不大的情况下能很好地代替两个二通阀,并可作简单配比控制	两流体的温差小于 150℃
隔膜阀	适用于强腐蚀性、高黏度或含悬浮颗粒和纤维的流体。在允许压差范围内可作切断阀用	耐压、耐温较低,适用于对流量特性要求不严的场合(近似快开)
蝶阀	适用于大口径、大流量、浓稠浆液及悬浮颗粒且允许有较大泄漏量的场合	流体对阀体的不平衡力矩大,一般蝶阀允许压差小

此外还有其他类型阀,如高压阀、偏心旋转阀、球阀、小流量阀、低噪声阀、低 S 值阀等。表 2-12 列出了上述控制阀的特点及使用场合。

表 2-12　其他控制阀的特点及使用场合

结构形式	特点及使用场合	应用注意事项
小流量阀	适用于小流量和要求泄漏量小的场合	
多级高压阀	基本上可以解决以往控制阀在控制高压介质时寿命短的问题	必须选配定位器
高压阀(角形)	结构较多级高压阀简单,适用于高静压、大压差、有气蚀、空化的场合	流体对阀体的不平衡力较大,必须选配定位器
超高压阀	公称压力为 350MPa	价格贵
阀体分离阀	阀体可拆为上、下两部分,便于清洗。阀芯、阀体可采用耐腐蚀衬压件	加工、装配要求较高
偏心旋转阀	流路阻力小,流量系数大,可调比大,适用于大压差严密封的场合和黏度大及有颗粒介质的场合。很多场合可取代直通单、双座阀	由于阀体是无法兰的,一般只能用于耐压小于 6.4MPa 的场合
球阀(O 形、V 形)	流路阻力小,流量系数大,密封好,可调范围大,适用于高黏度,含纤维、固体颗粒和污秽流体的场合	价格较贵,O 形球阀一般做二位控制用。V 形球阀做连续控制用
低噪音阀	可比一般阀降低噪音 10～30dB,适用于液体产生闪蒸、空化和气体在缩流面处流速超过音速且预估噪声超过 95dB 的场合	流量系数为一般阀的 1/2～1/3,较昂贵
低 S 值阀	在低 S 值时有良好的控制性能	可调比 $R≈10$
二位式二(三)通切断阀	几乎无泄漏	仅作位式控制用
卫生阀	流路简单,无缝隙,无死角积存物料,适用于啤酒、番茄酱及制药、日化工业	耐压低

全功能超轻型阀是20世纪90年代开发的新产品。它集蝶阀的超薄、球阀的节流与密封好以及偏心阀的转动摩擦小和芯座磨损小的特点于一体,具有全功能、超轻型及可靠性高三大特点。其中全功能包括调节性能好,调节比可达100～200;防堵性能好,非常适用于高黏度、悬浮液、纸浆及含颗粒、纤维等不干净介质的场合;切断性能好,其泄漏率可低于10^{-6};克服压差大,最大可达其公称压力值;耐腐蚀性能好,具有极好的抗腐蚀和抗冲蚀功能;耐压性能好,采用锻件式阀体,公称压力可达32MPa;耐温性能好,适用温度范围大,可在-60～600℃的温度范围内正常使用。该阀的重量较单座阀、双座阀、套筒阀下降50%～70%。将其与高可靠、高性能、超轻超小的电子式执行机构配套使用,组成全功能超轻型控制阀,应用于过程控制系统,其优点将更加突出,应用也将越来越广泛。

3. 材质的选择

选择控制阀主要零件的材料,首先应考虑到工作介质的物理性能(温度、压力)和化学性能(腐蚀性)等。同时还应了解介质的清洁程度(有无固体颗粒)。除此之外,还要参照国家和使用部门的有关规定和要求。

许多种材料可以满足阀门在多种不同工况的使用要求。但是,正确、合理地选择控制阀的材料,可以获得阀门最经济的使用寿命和最佳性能。

在控制阀零件材料的划分中,最一般的方法是按阀体所使用的材料划分。如铸铁阀,阀体用灰铸铁、可锻铸铁或球墨铸铁制成的阀门;钢阀,阀体用碳素钢、合金钢或不锈耐酸钢制成的阀门;钛阀,阀体用钛合金制成的阀门;铜阀,阀体用铜合金制成的阀门;铝阀,阀体用铝合金制的阀门;塑料阀,阀体用塑料制成的阀门;陶瓷阀,阀体内衬有陶瓷的阀门等。

1) 铸铁阀

铸铁阀价格低廉,制造工艺简单,有较好的耐腐蚀性能,是石油化工设备、炼铁设备、食品加工设备等不可缺少的管路附件。

通常,铸铁阀门的使用范围规定如下:

适用于工作介质为水、蒸汽、空气、煤气、油品等。当用于公称压力PN≤1.0MPa,工作温度为-10～200℃时,通常选用灰铸铁阀;当用于公称压力PN≤2.5MPa,工作温度为-30～300℃时,通常选用可锻铸铁阀;当用于公称压力PN≤4.0MPa,工作温度为-30～350℃时,通常选用球墨铸铁阀。

2) 钢阀

由于钢是一种塑性材料,适用范围广,因此应用非常广泛。在介质为饱和蒸汽和热蒸汽、可燃性气体或液体、毒性气体或液体、易燃易爆性介质、液化气体、腐蚀性强的介质等时,必须使用钢阀。

通常,各种钢阀的使用范围规定如下:

用于公称压力PN≤32.0MPa,工作温度为-30～450℃,工作介质为水、蒸汽、空气、氨、氢气、氮气及石油产品等,通常选用碳素钢;用于工作压力PN≤17.0MPa,工作温度小于或等于550℃,工作介质为蒸汽及石油产品等,通常选用合金钢;用于公称压力PN≤6.4MPa,工作温度大于或等于-196℃,工作介质为乙烯、丙烯、液态天然气及液氮等,通常选用不锈钢阀;用于公称压力PN≤6.4MPa,工作温度小于等于200℃、工作介质为硝酸、醋酸等,通常选用不锈钢阀。

用于制造阀门的钢材牌号很多,在选择阀门时,应根据工况条件,合理选择不同材料的阀门。

3) 有色金属及其合金阀门

有色金属及其合金包括铜合金、铝合金以及钛和钛合金。钛和钛合金阀适用于腐蚀性介质和有特殊要求的阀门。

有色金属及其合金阀门的使用范围规定如下：

用于公称压力 PN≤2.5MPa，工作温度为-40～250℃的水、海水、氧气、空气、油品等介质时，常选用铜合金阀；用于公称压力 PN≤1.0MPa 的腐蚀性介质工况时，常选用铝合金阀；工业纯钛和钛合金有很好的耐腐蚀性能，它的相对密度小、强度高，低温和高温性能都较稳定，是一种很好的耐腐蚀阀门。但由于钛和钛合金阀的成本比较高，铸造工艺性不好，很少有厂家生产。

4) 塑料阀门、陶瓷阀门

这两种阀门都属于非金属材料阀门。非金属材料阀门的最大特点是耐腐蚀性强，甚至有金属材料阀门所不能具备的优点。非金属材料的阀门品种较多，其性能亦有很大差异，一般用于公称压力 PN≤1.6MPa，工作温度不超过 60℃ 的腐蚀性介质。

2.4.3 控制阀作用方式的选择

控制阀有气开、气关两种形式。所谓气开式，是指当气动控制阀输入压力大于 0.02MPa 时，阀开始打开，随着控制信号的增加阀门开度增大，当无压力控制信号时，阀门处于全关闭状态，也就是说有压力信号时阀开，无压力信号时阀关。对于气关式则反之，随着信号压力的增加，阀门逐渐关小，当无信号时，阀门处于全开状态，即有压力信号时阀关，无压力信号时阀开。

气动薄膜式控制阀的执行机构按作用方式可分为正作用和反作用两种形式，如图 2-58 所示。当来自控制器的输入信号增大时，执行机构推杆向下运动，称为正作用执行机构；当输入信号增大，执行机构推杆向上运动时，称为反作用执行机构。

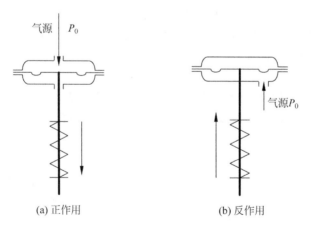

图 2-58 执行机构的正反作用

调节机构也有正、反两种作用方式。阀芯向下，当阀杆下移时，阀芯与阀座间的流通面积减少，称为正作用调节机构；阀芯向上，当阀杆下移时，阀芯与阀座间的流通面积增大，称为反作用调节机构。

因此，实现气动控制阀的气开、气关就有四种组合方式，如图 2-59 和表 2-13 所示。

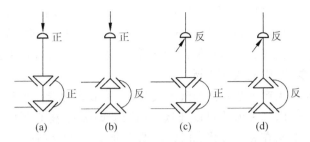

图 2-59　气动控制阀气开、气关组合方式图

表 2-13　气动控制阀气开、气关组合方式表

序号	执行机构	调节机构	控制阀
(a)	正	正	气关
(b)	正	反	气开
(c)	反	正	气开
(d)	反	反	气关

对于一个具体的控制系统来说，选气开阀还是气关阀，应根据具体生产工艺的要求，主要考虑当气源供气中断或控制阀出现故障时，控制阀应处于全开还是全关的状态，从而使生产处于安全状态。

一般来说，控制阀气开、气关形式的选择应遵循以下几条原则：

(1) 首先要从生产安全出发，当出现气源供气中断，或因控制器故障而无输出，或因控制阀膜片破裂而漏气等故障时，控制阀无法正常工作以致阀芯恢复到无能源的初始状态（气开阀恢复到全关，气关阀恢复到全开），应能确保生产工艺设备的安全，不致发生事故。例如，进行放热反应的聚合反应釜的冷却水控制阀应选用气关式。这样一旦气源中断，阀门全开，不会把反应釜烧坏。而安装在燃料管道上的控制阀则大多选用气开式，一旦气源中断，则切断燃料，避免发生因燃料过多而出现事故。

(2) 从保证产品质量出发，当因发生故障而使控制阀处于无能源状态从而恢复到初始位置时，不应降低产品的质量。例如，精馏塔的回流量控制阀常采用气关式，这样一旦发生事故，控制阀全开，使生产处于全回流状态，防止不合格产品的蒸出，从而保证塔顶产品的质量。

(3) 从降低原料、成品和动力损耗来考虑。例如，控制精馏塔进料的控制阀就常采用气开式，一旦控制阀失去能源（即处于气关状态），就不再给塔进料，以免造成浪费。

(4) 从介质的特点考虑。精馏塔塔釜加热蒸汽控制阀一般选气开式，以保证在控制阀失去能源时能处于全关状态，从而避免蒸汽的浪费。但是如果釜液是易凝、易结晶、易聚合的物料时，控制阀则应选气关式，以防控制阀失去能源时阀门关闭，停止蒸汽进入而导致釜内液体的结晶和凝聚。

一般来说，依据上面介绍的几条原则，控制阀气开、气关形式的选择是不难解决的。不过有以下两种情况需要加以注意。

第一种情况是由于工艺要求不一，对于同一个控制阀可以有两种不同的选择结果。如

图 2-60 所示的锅炉供水控制阀,如果从防止蒸汽带液会损坏后续设备汽轮机(蒸汽带水会导致蒸汽轮机叶片损坏)的角度出发,控制阀应选气开式。而如果从保护锅炉的角度出发,防止断水而导致锅炉烧爆,控制阀则应选气关式。当出现这种情况时,需要与工艺专业人员认真分析,仔细协商分清主次,权衡利弊,慎重进行选择。如果前者是主要要求则应选气开阀,如果后者是主要要求,则应选气关阀。

第二种情况是某些生产工艺对控制阀的气开、气关形式的选择没有严格的要求。在这种情况下,控制阀的气开、气关形式可以任选。如图 2-61 所示离心泵出口流量控制阀就属于这种情况。因为控制阀在无能源状态时无论处于全关或全开位置都不会对离心泵造成什么损害,对离心泵的安全运行也没有影响。因此,控制阀的气开、气关形式可以任选。

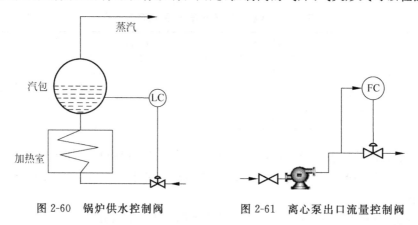

图 2-60 锅炉供水控制阀　　　　图 2-61 离心泵出口流量控制阀

2.4.4 控制阀的流量特性

控制阀的流量特性,是指介质流过阀门的相对流量与阀杆的相对行程之间的关系。其数学表达式为

$$\frac{Q}{Q_{\max}} = f\left(\frac{l}{L}\right) \tag{2-156}$$

式中,$Q/Q_{\max}$ 为控制阀在某一开度下的流量 Q 与全开流量 $Q_{\max}$ 之比,称为相对流量;l/L 为控制阀在某一开度下的阀杆行程 l 与全开行程 L 之比,称为相对开度。

控制阀的流量特性不仅与阀门的结构和开度有关,还与阀前后的压差有关,因此必须分开讨论。在阀前后压差保持不变时,控制阀的流量特性称为理想流量特性,它完全取决于阀的结构参数,因此又称为固有流量特性。控制阀出厂所提供的流量特性指的就是理想流量特性。在实际生产过程中,控制阀前后压差总是变化的,这时的流量特性称为工作流量特性。因为控制阀往往和工艺设备串联或并联使用,流量因阻力损失的变化而变化。在实际工作中,因阀前后压差的变化而使理想流量特性畸变成工作流量特性。

1. 理想流量特性

理想流量特性可分为线性、对数(等百分比)、抛物线、双曲线、快开、平方根等多种类型。国内常用的理想流量特性有线性、对数和快开三种。理想流量特性取决于阀芯的形状,如图 2-62 所示。图 2-63 为控制阀的理想流量特性曲线。

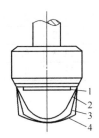
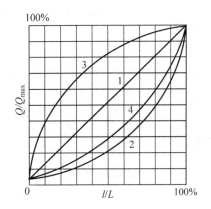

图 2-62 不同流量特性的阀芯形状
1—快开；2—直线；3—抛物线；4—对数

图 2-63 控制阀的理想流量特性曲线
1—直线；2—对数；3—快开；4—抛物线

1) 线性流量特性

线性流量特性是指控制阀的相对流量与阀杆的相对行程成线性关系，即阀杆单位行程变化所引起的相对流量变化是一个常数。其数学表达式为

$$\frac{\mathrm{d}\left(\dfrac{Q}{Q_{\max}}\right)}{\mathrm{d}\left(\dfrac{l}{L}\right)} = K \tag{2-157}$$

式中，K 为常数，即控制阀的增益。

对式(2-157)积分，可得

$$\frac{Q}{Q_{\max}} = K\frac{l}{L} + C \tag{2-158}$$

式中，C 为积分常数。

已知边界条件：$l=0$ 时，$Q=Q_{\min}$；$l=L$ 时，$Q=Q_{\max}$。把边界条件代入式(2-158)，求得各常数项为

$$C = \frac{Q_{\min}}{Q_{\max}} = \frac{1}{R}, \quad K = 1 - C = 1 - \frac{1}{R}$$

其中，R 为控制阀所能控制的最大流量与最小流量之比，称为控制阀的可调比，R 反映了控制阀调节能力的大小。国产控制阀可调比 $R=30$。将 K 和 C 代入式(2-158)可得

$$\frac{Q}{Q_{\max}} = \left(1 - \frac{1}{R}\right)\frac{l}{L} + \frac{1}{R} \tag{2-159}$$

式(2-159)表明，流过阀门的相对流量 $Q/Q_{\max}$ 与阀杆的相对行程 l/L 之间呈线性关系，如图 2-63 中直线 1 所示。从图中可以看出线性特性控制阀的放大系数是一个常数。因为 $R=30$，当 $l/L=0$ 时，$Q/Q_{\max}=1/R=0.033$，它反映出控制阀的最小流量是其所能控制的最小流量，而不是控制阀全关时的泄漏量。

由式(2-159)可知，当开度 l/L 变化 10% 时，所引起的相对流量 $Q/Q_{\max}$ 的增量总是 9.67%，但相对流量的变化量却不同。现以相对开度 10%、50%、80% 三点为例，其相对流量可见表 2-14。

表 2-14 控制阀的相对开度与相对流量($R=30$)

$Q/Q_{max}/\%$	$l/L/\%$										
	0	10	20	30	40	50	60	70	80	90	100
直线流量特性	3.3	13.0	22.7	32.3	42.0	51.7	61.3	71.0	80.6	90.3	100
对数流量特性	3.3	4.67	6.58	9.26	13.0	18.3	25.6	36.2	50.8	71.1	100
快开流量特性	3.3	21.7	38.1	52.6	65.2	75.8	84.5	91.3	96.13	99.03	100
抛物线流量特性	3.3	7.3	12	18	26	35	45	57	70	84	100

在 10% 开度时,流量相对变化值为

$$\frac{22.7-13}{13} \times 100\% = 75\%$$

在 50% 开度时,流量相对变化值为

$$\frac{61.3-51.7}{51.7} \times 100\% = 19\%$$

在 80% 开度时,流量相对变化值为

$$\frac{90.3-80.6}{80.6} \times 100\% = 11\%$$

可见,在变化相同行程的情况下,线性特性控制阀在小开度时,流量相对变化值大,这时灵敏度过高,控制作用太强,易产生超调而引起振荡不好控制;而在大开度时,流量相对变化值小,这时灵敏度又太小,控制作用太弱,调节缓慢,不够及时。因此,线性控制阀在小开度或大开度的情况下工作时,控制性能都较差,不宜用于负荷变化大的场合。

2) 对数(等百分比)流量特性

对数流量特性是指单位行程变化所引起的相对流量变化与该点的相对流量成正比关系。其数学表达式为

$$\frac{d\left(\frac{Q}{Q_{max}}\right)}{d\left(\frac{l}{L}\right)} = K\left(\frac{Q}{Q_{max}}\right) \tag{2-160}$$

对上式求积分,并代入边界条件求得

$$\frac{Q}{Q_{max}} = R^{\left(\frac{l}{L}-1\right)} \tag{2-161}$$

式(2-161)表明,流过阀门的相对流量 Q/Q_{max} 与阀杆的相对行程 l/L 之间呈对数关系,因此,这种流量特性称之为对数流量特性。

控制阀的增益

$$K = \frac{d\left(\frac{Q}{Q_{max}}\right)}{d\left(\frac{l}{L}\right)} = \frac{\ln R}{Q_{max}} \cdot Q \tag{2-162}$$

式(2-162)表明,对数特性控制阀的增益 K 与流量 Q 成正比。控制阀在小开度时,K 小,控制缓和平稳;控制阀在大开度时,K 大,控制及时有效。

由式(2-161)可得

$$\frac{Q_2-Q_1}{Q_1} = \frac{Q_{max}R^{\left(\frac{l_2}{L}-1\right)} - Q_{max}R^{\left(\frac{l_1}{L}-1\right)}}{Q_{max}R^{\left(\frac{l_1}{L}-1\right)}} = R^{\frac{l_2-l_1}{L}} - 1 \tag{2-163}$$

即阀杆行程变化量相同时,流量增加相同的百分比,故又称为等百分比流量特性。该式表明,对数特性控制阀在各种开度下的控制灵敏度都是相同的。

3) 快开流量特性

快开流量特性是指单位行程变化所引起的相对流量变化与该点的相对流量成反比关系。其数学表达式为

$$\frac{\mathrm{d}\left(\frac{Q}{Q_{\max}}\right)}{\mathrm{d}\left(\frac{l}{L}\right)} = K\left(\frac{Q}{Q_{\max}}\right)^{-1} \tag{2-164}$$

代入边界条件,求得

$$\frac{Q}{Q_{\max}} = \frac{1}{R}\sqrt{1+(R^2-1)\frac{l}{L}} \tag{2-165}$$

控制阀的增益

$$K = \frac{\mathrm{d}\left(\frac{Q}{Q_{\max}}\right)}{\mathrm{d}\left(\frac{l}{L}\right)} = \frac{Q_{\max}^2 - Q_{\min}^2}{2L} \cdot \frac{1}{Q} \tag{2-166}$$

式(2-166)表明,快开特性控制阀在阀门开度较小时就有较大的相对流量,随着相对开度的增大,相对流量很快就接近最大值,故称为快开特性。此后再增加相对开度,相对流量变化很小。快开特性控制阀适用于迅速启、闭的切断阀或双位控制系统。

实际工厂使用的快开流量特性的函数关系为

$$\frac{Q}{Q_{\max}} = 1 - \left(1 - \frac{1}{R}\right)\left(1 - \frac{l}{L}\right)^2 \tag{2-167}$$

实际快开流量特性的增益

$$K = \frac{2Q_{\max}}{L} \cdot \left(1 - \frac{1}{R}\right)\left(1 - \frac{l}{L}\right) \tag{2-168}$$

4) 抛物线流量特性

抛物线流量特性是指单位行程变化所引起的相对流量变化与该点的相对流量的平方根成正比。其数学表达式为

$$\frac{\mathrm{d}\left(\frac{Q}{Q_{\max}}\right)}{\mathrm{d}\left(\frac{l}{L}\right)} = K\sqrt{\frac{Q}{Q_{\max}}} \tag{2-169}$$

代入边界条件,求得

$$\frac{Q}{Q_{\max}} = \frac{1}{R}\left[1 + (\sqrt{R}-1)\frac{l}{L}\right]^2 \tag{2-170}$$

控制阀的增益

$$K = \frac{(\sqrt{R}-1)\sqrt{Q_{\max}}}{L\sqrt{R}}\sqrt{Q} \tag{2-171}$$

抛物线流量特性介于线性与对数流量特性之间,通常可用对数流量特性来代替。

各种阀门都有自己特定的流量特性,如隔膜阀的流量特性接近于快开特性,蝶阀的流量特性接近于对数特性。选择阀门时应该注意各种阀门的流量特性。对隔膜阀和蝶阀,由于

它们的结构特点,不可能通过改变阀芯的曲面形状来改变其特性。因此,要改善其流量特性,只能通过改变阀门定位器反馈凸轮的外形来实现。

2. 工作流量特性

在实际使用时,控制阀装在具有阻力的管道系统中。管道对流体的阻力随流量而变化,阀前后压差也是变化的,这时理想流量特性畸变为工作流量特性。工作流量特性具体可分为串联管道时的工作流量特性和并联管道时的工作流量特性。

1) 串联管道时的工作流量特性

图 2-64(a)为控制阀与管道串联工作时的情况。系统总压差 Δp 等于管道系统的压差 Δp_k 与控制阀压差 Δp_v 之和。由流体力学理论可知,管道的阻力损失与流量的平方成正比,随着通过管道的流量的增大,串联管道的阻力损失也增大。这样,当系统总压差 Δp 一定时,将造成控制阀上的压差减小,引起流量特性的变化,理想流量特性畸变为工作流量特性,如图 2-64(b)所示。

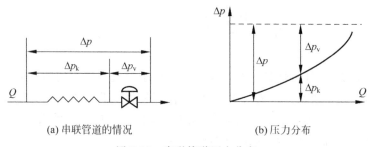

(a) 串联管道的情况   (b) 压力分布

图 2-64 串联管道压力分布

阀阻比(或称压降比)S 定义为控制阀全开时控制阀压差 Δp_{vmin} 与系统总压差 Δp 之比,即

$$S = \frac{\Delta p_{vmin}}{\Delta p} \tag{2-172}$$

当 $S=1$ 时,管道阻力损失为零,控制阀前后的压差等于系统总压差,工作流量特性即为理想流量特性。由于串联管道阻力的影响,$S<1$,此时控制阀的流量特性会发生两个变化:一是控制阀全开时压差减小,流量也随之减小,即控制阀的可调范围变小;二是控制阀的流量特性发生很大畸变,理想线性特性逐渐趋近快开特性,理想对数特性逐渐趋近线性特性,如图 2-65 所示。S 值越小,畸变越严重。在工程设计中要求 S 值最小不低于 0.3。

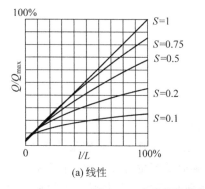 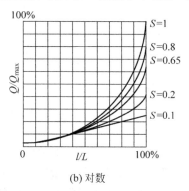

(a) 线性   (b) 对数

图 2-65 串联管道时控制阀的工作流量特性

在工程设计中,先根据过程控制系统的要求,确定控制阀的工作流量特性,然后根据其流量特性的畸变程度确定理想流量特性。

2) 并联管道时的工作流量特性

在工程现场使用中,控制阀一般都装有旁路,这样当过程控制系统失灵时便于手动操作和维护。当生产能力提高或其他原因引起控制阀的最大流量满足不了工艺生产的要求时,可以把旁路打开一些,这时控制阀的理想流量特性就成为工作流量特性。控制阀与管道设备并联时其流量特性曲线如图 2-66 所示。

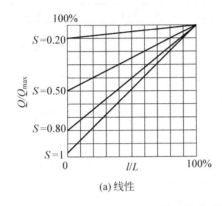
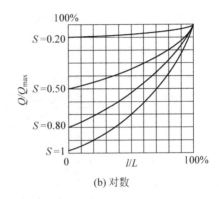

(a) 线性　　　　　　　　　　　(b) 对数

图 2-66　并联管道时控制阀的工作流量特性

由图 2-66 可以看出,并联管道中,阀本身的流量特性变化不大,但可调比降低了。在实际应用中,为使控制阀有足够的调节能力,旁路流量不能超过总流量的 20%,即 S 值不能低于 0.8。

通过上述分析可得出下列几点结论:串、并联管道使理想流量特性发生畸变,串联管道的影响尤为严重;串、并联管道使控制阀可调比降低,并联管道更为严重;串联管道使系统总流量减少,并联管道使系统总流量增加;串联管道控制阀开度小时放大系数增加,开度大时则减少,并联管道控制阀的放大系数在任何开度下总比原来的小。

2.4.5　控制阀流量特性的选择

在生产过程中常用的理想流量特性是线性、对数和快开特性,而快开特性主要用于双位控制及程序控制,因此控制阀流量特性的选择通常是指如何选择线性和对数流量特性。

1. 流量特性的选择原则

在负荷变动的情况下,为了使一个过程控制系统能保持预定的品质指标(控制器整定参数不变),要求系统开环总增益在整个工作范围内基本恒定。选择控制阀工作流量特性的目的就是通过控制阀调节机构的增益补偿因对象增益变化而造成开环总增益变化的影响。即用 K_v 的变化补偿 K_p 的变化,使 $K_{\text{开}} = K_c K_v K_p K_m$ 基本恒定。

2. 流量特性的选择方法

控制阀流量特性的选择一般分两步进行。首先根据过程控制系统的要求,确定工作流量特性,然后根据流量特性曲线的畸变程度,确定理想流量特性。

工作流量特性的选择方法有数学分析法和经验法两种。在许多工程实际问题中,过程特性往往是较难获得的,所以通常采用经验法来选择控制阀的流量特性。表 2-15 为经验法常用的控制阀流量特性选择参考表。若系统中同时存在几个扰动,则应以经常起作用的主要扰动来选择;若过程时间常数较大,则应按其动态特性来选择。在一般情况下,可按过程的静态特性来选择。

表 2-15 控制阀工作流量特性的选择

控制系统	主要干扰	附加条件	工作流量特性
流量控制系统(流量 q)	给定值	带开放器	线性
		无开放器	对数
	控制阀压差 p_1-p_2	带开放器	对数
		无开放器	对数
温度控制系统(温度 T_2)	给定值		线性
	控制阀压差 p_1-p_2		对数
	控制流体的温度 T_3、T_4		对数
	被控流体的入口温度 T_1		线性
	被控流体的流量 q_1		对数
压力控制系统(压力 p_1)	给定值	液体	对数
	压力 p_1、p_3		对数
	管件及设备阻力 C_0		对数
	给定值	气体、蒸汽	对数
	压力 p_1		对数
	压力 p_3		快开
液位控制系统(液位 H)	给定值		线性
	管件及设备阻力 C_0		线性
	给定值		对数
	入口流量 q_1		线性

由于控制阀厂商提供的流量特性是理想流量特性,因此,在确定控制阀工作流量特性后,应根据被控变量类型和对象特性、阀阻比 S 的影响等确定控制阀理想流量特性,如表 2-16 所示。

表 2-16 根据阀阻比 S 确定控制阀理想流量特性

阀阻比 S	$S>0.6$			$0.3<S<0.6$			$S<0.3$
所需工作流量特性	线性	对数	快开	线性	对数	快开	选用低 S 控制阀
应选理想流量特性	线性	对数	快开	对数	对数	线性	

由于控制阀也是广义对象的一部分,又有不同的流量特性可供选择,因此可以根据不同的对象特性选择不同的流量特性,使控制阀在控制对象或测量变送环节的特性发生变化时,起到一个校正环节的作用。

2.4.6 控制阀口径的选择

确定控制阀的口径是选用控制阀的一个重要内容,它直接影响工艺生产的正常运行、控制质量的好坏及生产的经济效果。若口径选得过大,则正常流量下控制阀总是工作在小开度下,控制阀的控制特性不好,严重时可导致系统不稳定。另外还会增加设备投资,造成资金浪费。若口径选得过小,则控制阀最大开度下达不到工艺生产所需的最大流量。因此,必须根据工艺参数计算口径,选用合适的控制阀。

目前选用控制阀口径的通用方法是流通能力法(简称 C 值法)。即根据特定的工艺条件(给定的介质流量、控制阀前后的压差及介质的物理参数)进行流量系数 C 的计算,然后再按 C 值查表选择控制阀的口径。我国当前使用的流量系数值是按公制单位 K_v 值列出的,所以下面将按此分别叙述控制阀 K_v 值的计算及口径的选定。

1. 流量系数 K_v

控制阀是一个局部阻力可以改变的节流元件。如果控制阀前后的管道直径一致,流速相同,根据流体的能量守恒原理,不可压缩流体流经控制阀的能量损失为

$$H = \frac{p_1 - p_2}{\rho g} \tag{2-173}$$

式中,H 为单位重量流体流过控制阀的能量损失,p_1 为控制阀阀前的压力,p_2 为控制阀阀后的压力,ρ 为流体密度,g 为重力加速度。

如果控制阀的开度不变,流经控制阀的流体不可压缩,则流体的密度不变,则单位重量的流体的能量损失与流体的动能成正比,即

$$H = \xi \frac{\omega^2}{2g} \tag{2-174}$$

式中,ω 为流体的平均流速,ξ 为控制阀的阻力系数,ξ 与阀门结构形式、流体的性质和开度有关。

流体在控制阀中的平均流速为

$$\omega = \frac{Q_v}{A} \tag{2-175}$$

式中,Q_v 为流体的体积流量,A 为控制阀连接管的横截面积。

综合以上三式,可得控制阀的流量方程式为

$$Q_v = \frac{A}{\sqrt{\xi}} \sqrt{\frac{2}{\rho}(p_1 - p_2)} \tag{2-176}$$

若上述方程式各项参数采用以下单位:

A——cm^2;

ρ——g/cm^3;

Δp——$100kPa$;

p_1、p_2——$100kPa$;

Q_v——m^3/h。

代入式(2-176),可得

$$Q_v = \frac{A}{\sqrt{\xi}} \sqrt{\frac{2 \times 10 \Delta p}{10^{-5} \rho}} \quad (cm^3/s)$$

$$= \frac{3600}{10^6} \sqrt{\frac{20}{10^{-5}}} \cdot \frac{A}{\sqrt{\xi}} \cdot \sqrt{\frac{\Delta p}{\rho}} \quad (m^3/h)$$

$$= 5.09 \frac{A}{\sqrt{\xi}} \cdot \sqrt{\frac{\Delta p}{\rho}} \quad (\text{m}^3/\text{h}) \tag{2-177}$$

令 $K_v = 5.09 \frac{A}{\sqrt{\xi}}$，则有

$$Q_v = K_v \cdot \sqrt{\frac{\Delta p}{\rho}} \tag{2-178}$$

因质量流量 $Q_m = Q_v \rho$，代入式(2-178)可得

$$Q_m = K_v \cdot \sqrt{\Delta p \rho} \tag{2-179}$$

式(2-178)和式(2-179)即为控制阀的流量方程式。

综上所述，可得以下推论：①在给定条件下，控制阀的流量系数 K_v 与流量 Q 成正比，K_v 值的大小也就反映了控制阀能通过的流量的大小；②控制阀是一种流通截面积可变的节流装置，其流量系数 K_v 与流通截面积 A 成正比，由于 $A = \frac{\pi}{4} \text{DN}^2$，因此，控制阀口径越大，$K_v$ 值越大，流通能力也越大；③流量系数 K_v 与控制阀的阻力系数 ξ 的平方根成反比，ξ 越大，K_v 值越小，流通能力也越小。

从以上推论可以看出，流量系数 K_v 对于选定控制阀的口径和结构有着重要的作用。流量系数 K_v 与公称通径 DN 和阀座直径 d_N 的对应关系如表 2-17 所示。

表 2-17 流量系数 K_v 与公称通径 DN 和阀座直径 d_N 的对应关系

公称通径 DN/mm		19.15						20			25
阀座直径 d_N/mm		3	4	5	6	7	8	10	12	15	20	25
流量系数 K_v	单座阀	0.08	0.12	0.20	0.32	0.50	0.80	1.2	2.0	3.2	5.0	8
	双座阀											10
公称通径 DN/mm		32	40	50	65	80	100	125	150	200	250	300
阀座直径 d_N/mm		32	40	50	60	80	100	125	150	200	250	300
流量系数 K_v	单座阀	12	20	32	56	80	120	200	280	450		
	双座阀	16	25	40	63	100	160	250	400	630	1000	1600

2. 阻塞流

由流量方程式可知，当控制阀的阀前压力 p_1 保持一定时，通过控制阀的流量随控制阀压降 Δp 的增大而增大，当达到某一临界状况时，流量将不再随 Δp 变化，而是达到一个最大的极限值，这种流动状况称为阻塞流。

在阻塞流时，压差比 X（即 $\Delta p / p_1 = X_T \cdot (k/1.4)$）达到了极限值，这一 X 值称为临界压差比，其中 X_T 称为压差比系数，k 是绝热指数，通常认为产生阻塞流的临界压差比 $\Delta p / p_1 \geqslant 0.5$。在阻塞流情况下，计算 K_v 时，对不可压缩流体、低雷诺数流体尤其是可压缩流体皆需要进行修正。

3. 压力恢复和压力恢复系数 F_L

在上述的公式推导中，认为控制阀节流处压力由 p_1 直接下降到 p_2。但实际上，压力变化存在压差力恢复的情况。不同结构的阀，压力恢复的情况不同。阻力越小的阀，恢复越厉害，计算结果与实际误差越大。因此，引入一个表示阀压力恢复程度的系数 F_L 来对上述公式进行修正。F_L 表示控制阀全开时压力恢复的程度，称为压力恢复系数。对于不可压缩流

体(液体),在非阻塞流工况下

$$F_L = \sqrt{\frac{\Delta p}{\Delta p_{vc}}} = \sqrt{\frac{p_1 - p_2}{p_1 - p_{vc}}} \tag{2-180}$$

式中,Δp_{vc} 表示缩流处的压差。

在阻塞流工况下

$$F_L = \sqrt{\frac{(p_1 - p_2)_{max}}{p_1 - F_F p_v}} \tag{2-181}$$

或

$$\Delta p_{max} = F_L^2 (p_1 - F_F p_v) \tag{2-182}$$

式中:F_F 为不可压缩流体(液体)的临界压力比系数;p_v 为控制阀入口温度下液体的饱和蒸汽压力(绝对压力);Δp_{max} 为产生阻塞流的最大压降,$\Delta p_{max} = (p_1 - p_2)_{max}$;$F_L$ 由实验确定,国产各类阀的 F_L 值列于表 2-18。

表 2-18 国产控制阀的压力恢复系数 F_L、F_g 和压降比系数 X_T

控制阀的类型	单座阀				双座阀	套筒阀		角形阀		偏转阀		蝶阀	
	VP		JP		VN	VM	JM	VS		VZ		VW	
	流开	流关	流开	流关	任意	任意	任意	流开	流关	流开	流关	任意 90°	任意 70°
F_L	0.93	0.75	0.92	0.85	0.84	0.91	0.84	0.93	0.80	0.88	0.62	0.61	0.72
F_g	0.69					0.74		—		—		0.62	
压降比系数 X_T	0.58	0.46	—	—	0.61	0.69	—	0.56	0.53	0.56	0.40	0.27	0.52

对可压缩流体(气体)用同样的方法也可取得压力恢复系数 F_g,其值也列于表 2-18 中。

根据实验可知,由于存在压力恢复现象,可压缩流体(气体)在控制阀内产生阻塞流的条件为

$$\Delta p_{vc} = 0.5 F_L^2 p_1 \tag{2-183}$$

式中,Δp_{vc} 为产生阻塞流时 p_1 与 p_{vc} 之差。

4. 控制阀流量系数 K_v 值的计算

对于不可压缩流体(液体),K_v 值的计算一般按表 2-19 计算。公式中引入下列参数和修正系数:

压缩系数:Z

临界点压力:p_c

临界点温度:T_c

分子量:M

绝热指数:k

压降比系数:X_T

压力恢复系数:F_L(液体),F_g(气体)

低雷诺数修正系数:F_R

液体临界压力比系数：F_F
管件集合形状修正系数：F_P
差降比修正函数：$f(X,k)$

表 2-19 流量系数 K_v 值计算公式

流体	流动工况及判别式	计算公式 体积流量	计算公式 质量流量
液体	非阻塞流 $\Delta p < \Delta p_{vc}$	$K_v = \dfrac{Q_v}{100}\sqrt{\dfrac{\rho_L}{\Delta p}}$	$K_v = \dfrac{Q_m}{100}\sqrt{\dfrac{1}{\rho_L \Delta p}}$
液体	阻塞流 $\Delta p \geqslant \Delta p_{vc}$	$K_v = \dfrac{Q_v}{100}\sqrt{\dfrac{\rho_L}{\Delta p_{vc}}}$	$K_v = \dfrac{Q_m}{100}\sqrt{\dfrac{1}{\rho_L \Delta p_{vc}}}$
气体和蒸汽	非阻塞流 $\dfrac{\rho_L}{p_1} < X_T \cdot \dfrac{k}{1.4}$ 阻塞流 $\dfrac{\rho_L}{p_1} < X_T \cdot \dfrac{k}{1.4}$	$K_v = \dfrac{Q_v}{5190 F_g f(X,k)}\sqrt{\dfrac{T_1 \rho_N Z}{X}}$ 或 $K_v = \dfrac{Q_v \times 10^{-2}}{246 p_1 F_g f(X,k)}\sqrt{\dfrac{MT_1 Z}{X}}$ 阻塞流时，X 用 X_T 代替	$K_v = \dfrac{Q_m}{100 F_g f(X,k)}\sqrt{\dfrac{1}{X p_1 \rho_N}}$ 或 $K_v = \dfrac{Q_m \times 10^{-2}}{F_g f(X,k)}\sqrt{\dfrac{T_1 Z}{XM}}$ 阻塞流时，X 用 X_T 代替

注：① $\Delta p_{vc} = F_L^2(p_1 - F_F p_v)$，其中 $F_F = 0.96 - 0.28\sqrt{p_v/p_c}$；
② 对低雷诺数液体（$\mathrm{Re}_v < 10^4$），修正后的流量系数 $K_{v_R} = K_v/F_R$；
③ $f(X,k) = 1.47 - 0.66 X/X_T k$，用于通用式；
   $f(X,k) = 1.62 - 0.87 X/X_T k$，用于蝶阀；
   $f(X,k) = 1.36 - 0.49 X/X_T k$，用于角阀。
④ F_g 和 X_T 可查表 2-18，$\Delta p/p_1 = X$；
⑤ F_g 和 F_L 查表 2-18 可得；
⑥ 分子量 $M = 22.4 \rho_N$。

由于考虑因素较多，因此，这种方法的计算精确度较高，但较复杂。

表 2-19 所列公式适用于遵循牛顿内摩擦定律的牛顿型流体。在实用中还要注意以下的修正。

1) 低雷诺数的修正

表 2-19 中的公式只适用于牛顿型流体，其流过阀时，流动呈湍流状态，这时通过阀的流量与差压的平方根才成正比关系。如果流体的黏度大，如重油、胶状液体等，其流过阀时呈层流状态，这时通过阀的流量与差压逐渐趋近于直线关系，即不遵循表中所列公式的规律，则必须予以修正。

雷诺数（Re）是判定流动状态的参数，$\mathrm{Re} > 10^4$ 时为湍流，$\mathrm{Re} < 10^4$ 时流量系数应予以修正。设 K_{v_R} 为修正后的流量系数，则

$$K_{v_R} = K_v / F_R \tag{2-184}$$

式中，F_R 为与雷诺数有关的修正系数，其关系曲线如图 2-67 所示。

对于单流路的控制阀，如单座阀、套筒阀、球阀等，其雷诺数可由下式求得

$$\mathrm{Re}_v = \dfrac{7.07 \times 10^4 Q_v}{v \sqrt{F_L K_v}} \tag{2-185}$$

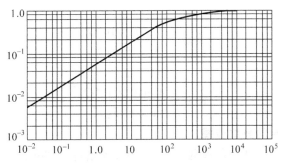

图 2-67 $F_R-\mathrm{Re}_v$ 关系曲线

式中，v 为流体的运动黏度，单位为 $\mathrm{m^2/s}$。

对于双流路控制阀，如双座阀、蝶阀、偏心旋转阀等，流束在阀内形成两路流过，每一流路约为流量 Q 的一半，因此其流通能力也相应减半，其雷诺数为

$$\mathrm{Re}_v = \frac{4.949 \times 10^4 Q_v}{v \sqrt{F_L K_v}} \tag{2-186}$$

低雷诺数的修正一般都用在高黏度液体的控制阀上，因此也称为高黏度液体 K_v 值的修正。

2) 管件形状的修正

控制阀的公称通径 DN 必须与接管直径 D_1、D_2 相同，而且接管要保证有一定的直管段。如果控制阀实际配管状况不满足这些条件，特别是在控制阀公称通径小于接管直径，控制阀的入、出口装有渐缩管、渐扩管或其他过渡管件情况下，由于过渡管件上的压力损失，使加在阀两端的阀压降减小，使控制阀实际流量系数减小。因此，必须对未考虑附接管件计算的 K_v 值进行作修正，其修正系数应由实验确定。如果采用的是标准短同心渐缩管或渐扩管，可用表 2-20 所列公式计算。

表 2-20 管件形状的修正计算公式表

流体	流动工况及判别式	计 算 公 式
液体	非阻塞流 $\Delta p < \left(\dfrac{F_{LP}}{F_P}\right)^2 (p_1 - F_F p_v)$	低雷诺数时，$K_{v_P} = K_{v_R}/F_P$ 高雷诺数时，$K_{v_P} = K_v/F_P$
液体	阻塞流 $\Delta p \geqslant \left(\dfrac{F_{LP}}{F_P}\right)^2 (p_1 - F_F p_v)$	$K_{v_P} = K_v/F_{LP}$
气体	非阻塞流 $X < \dfrac{k}{1.4} X_{TP}$	$K_{v_P} = K_v/F_P$
气体	阻塞流 $X \geqslant \dfrac{k}{1.4} X_{TP}$	在 K_v 的计算公式中，X_T 应为 X_{TP}，当为阻塞流时，X 为 X_{TP}

在表 2-20 中，K_{v_P} 表示经管件形状修正后的流量系数。如需对管件形状进行修正，应对低雷诺数的修正公式作相应修改，即

单流路阀

$$\mathrm{Re}_R = \frac{7.07 \times 10^4 Q_v}{v \sqrt{F_P F_L K_v}} \tag{2-187}$$

双流路阀

$$\mathrm{Re}_R = \frac{4.949 \times 10^4 Q_v}{v \sqrt{F_P F_L K_v}} \tag{2-188}$$

5. 控制阀口径选定的具体步骤

(1) 根据工艺条件，初选控制阀的形式、流向及流量特性，并确定流量系数 K_v 值的计算方法；

(2) 确定计算 K_v 值的各项参数值，如控制阀前、后压力，最大、正常、最小流量，介质密度以及其他辅助修正系数；

(3) 判断工况是阻塞流，还是非阻塞流，如为阻塞流工况，且流量较大，则应进行噪声预估计算；如为非阻塞流，一般可不进行噪声预估计算；

(4) 流量系数 K_v 的计算。根据已确定的计算流量、计算压差及其他有关参数，计算最大工作流量时的 $K_{v\max}$ 值，并进行圆整；

(5) 按圆整的 $K_{v\max}$ 值在所选阀型的标准系列中，找与 $K_v \geqslant \dfrac{K_{v\max}}{85\%}$ 靠近的额定 K_v 值，其对应的阀径即为所选控制阀的口径；

(6) 校验以及验算。其中校验包括压力校验和压差校验，验算包括开度验算和可调比验算。

压力校验：控制阀入口处的压力应大于阀的工作压力。

压差校验：控制阀的实际最大压差小于其计算压差即为合格。

开度验算：在最大流量时，控制阀的开度一般不超过 90%，最小流量时，开度应不小于 15%。开度过大，应选放大一档的额定 K_v 值，并必须再进行压差及可调范围的验算。

可调比的验算：验算实际可调比，如果实际可调比为 10 左右，即可认为合格。

以上验算结果如果满意，则口径计算工作完成，否则应重新计算，并验算。

6. 控制阀口径计算、选定的几点说明

(1) 计算流量的确定。据现有的生产能力、设备负荷及介质的状况，计算最大工作流量 $Q_{\max}$ 和最小工作流量 $Q_{\min}$。

在计算 K_v 值时要按最大工作流量 $Q_{\max}$ 来考虑。但必须注意不能过多地考虑裕量，使控制阀口径偏大。这不仅会造成经济损失、系统能耗大。而且更不利的是使控制阀经常工作在小开度，可调比减小，控制性能变坏，严重时还会引起振荡，因而大大降低了控制阀的使用寿命，特别是高压控制阀，更需要注意这一点。如果不知道 $Q_{\max}$ 值，可按正常流量进行计算，一般情况下，$Q_{\max}$ 可取为正常流量的 1.25~2 倍。

(2) 计算压差的确定。根据已选择控制阀的流量特性及系统特点选定阀阻比 S 值，然后决定计算压差。

压差的确定是控制阀口径计算中的关键。要使控制阀能起到控制作用，就必须在阀前后有一定的压差。由控制阀的工作流量特性可知，控制阀前后压差占整个系统压差的比值越大，即 S 值越大，越接近理想特性，控制性能越好。但是控制阀前后压差越大，则控制阀上的压力损失越大,所消耗的动力越多;S 值越小,畸变越厉害,因而可调比减小,控制性能变坏。但从装置的经济性考虑时,S 值变小,控制阀上压降变小,系统压降相应变小,这样可选较小行程的泵,即从经济性和节约能耗上考虑 S 值越小越好。因此必须兼顾控制性能及能源消耗,合理地选择计算压差。

确定控制阀的计算压差,根据不同的已知条件有不同的方法,下面分别介绍如下。

① 按管路系统的阀阻比来确定 Δp。选择系统的两个恒压点,把离控制阀前后最近且压力基本稳定的两个设备作为系统的计算范围。计算系统内各项局部阻力(除控制阀外)所引起的压力损失的总和 Δp_k,控制阀全开时阀上压降为 Δp_v,则由式(2-172)可以求出阀阻比 S。

S 值一般不希望小于 0.3,通常选 $S=0.3\sim0.5$。对于高压系统,考虑到节约动力消耗,允许降低到 $S=0.15$。对于气体介质,由于阻力损失较小,控制阀上压差所占的分量较大,一般 S 值都大于 0.5。但在低压及真空系统中,由于允许压力损失较小,所以仍在 $0.3\sim0.5$ 之间为宜。

求取控制阀压差 Δp_v,按求出的 Δp_k 及选定的 S 值。由下式求出 Δp_v,即

$$\Delta p_v = \frac{S \cdot \Delta p_k}{1-S} \tag{2-189}$$

考虑到系统设备中静压经常波动,影响阀上压差的变化,会导致 S 值进一步下降。例如锅炉供水控制系统,锅炉压力波动就会影响控制阀上的压降变化。此时计算压差还应增加系统设备中静压 p_3 的 5%~10%,即

$$\Delta p_v = \frac{S \cdot \Delta p_k}{1-S} + (0.05 \sim 0.1)p_3 \tag{2-190}$$

② 按管路系统中阀前后定压点的压差选定控制阀的 Δp。定压点就是在该点处压力不随流量的变化而改变。阀前定压力,如车间总管、风机出口、阀前总管等,阀后定压点,如炉膛压力、喷嘴前压力、容器内压力或需要保持的某点压力等。设阀前定压点压力为 p_{d1},阀后定压点压力为 p_{d2},则

$$\Delta p_v = S \cdot (p_{d1} - p_{d2}) \tag{2-191}$$

③ 如已知或测得最大流量时管路的阻损 Δp_k 及管路起点可能的最小压力 $p_{1\min}$,则阀的计算压差为

$$\Delta p_v = p_{1\min} - \Delta p_k \tag{2-192}$$

④ 要求阀后保持恒压的系统,如已知管路中阀前可能的最小压力和控制阀整定值的范围 $p_{2\min}$ 和 $p_{2\min}$,这时控制阀的计算压差为

$$\Delta p_v = p_{1\min} - p_{2\max} \tag{2-193}$$

⑤ 如已知最小流量 $Q_{\min}$,此时控制阀的开度最小,控制阀压降为 Δp_m,并已知最大流量 $Q_{\max}$,则计算压差为

$$\Delta p_v = \frac{Q_{\max}^2}{Q_{\min}^2} \Delta p_m \tag{2-194}$$

(3) 控制阀相对开度的验算。由于在选定 K_v 值时,是根据标准系列进行圆整后确定的,需要对计算时的最大流量 $Q_{\max}$ 进行开度验算。

一般要求最大计算流量时的开度在 90% 左右。过小则可调范围小,控制阀口径偏大,

控制性能偏差,同时也不经济。最小计算流量时的开度不小于10%,否则流体对阀芯、阀座的冲蚀严重,容易损坏阀芯,导致特性变坏,甚至控制失灵。阀门的开度不仅与理想流量特性有关,还与工作条件有关。因此,验算开度时,必须考虑理想特性和工作特性,否则会造成较大的误差。所以,最小开度一般应大于10%,但对高压阀、双座阀、蝶阀等小开度稳定性差的阀应大于20%~30%。为充分利用控制阀的容量,考虑影响全开流量的两个因素,即全行程偏差(不带定位器为-4%,带定位器为-1%)和流量系数偏差(-10%),这两个负偏差使控制阀的流量大于或等于最大工作流量,最大开度 K_{max} 允许值为

① 不带定位器:直线特性 $K_{max} \leqslant 86\%$,对数特性 $K_{max} \leqslant 92\%$;

② 带定位器:直线特性 $K_{max} \leqslant 89\%$,对数特性 $K_{max} \leqslant 96\%$。

在控制阀与管路串联的工作条件下,设 $K=(l/L)\times 100\%$ 为控制阀的开度,可以推导出开度验算的通用公式。

直线特性控制阀的开度验算式为

$$K = \left[\frac{R}{R-1}\sqrt{\frac{S}{S+(Q_{max}/Q_i)^2-1}} - \frac{1}{R-1}\right] \times 100\% \tag{2-195}$$

对数特性控制阀的开度验算式为

$$K = \left[\frac{1}{\lg R}\lg\sqrt{\frac{S}{S+(Q_{max}/Q_i)^2-1}} + 1\right] \times 100\% \tag{2-196}$$

式中,Q_i 为需验算开度处的流量,如验算计算最大流量处的开度,$Q_i=Q_{max}$;Q_{max} 为选定控制阀全开时的最大流量;R 为理想可调比,目前我国产品一般为30;S 为压降比,这是在计算 K_v 值时选定的。

(4) 控制阀可调比的验算。控制阀的理想可调比一般为30,但在实际运行中,受工作特性的影响是难以达到理想的,同时工作开度并不是从全关到全开,而是在10%~90%范围内工作。因此,实际可调比一般只能达到10左右,验算时以 $R=10$ 进行计算,即

$$R_S = 10\sqrt{S} \tag{2-197}$$

式中,R_S 为实际可调比,S 为阀阻比。

当 $S \geqslant 0.3$ 时,$R_S \geqslant 5.48$ 如果能满足生产要求,则可不进行验算。

液体介质控制阀口径的计算流程如图2-68所示。

【例2-15】 某钢铁厂热轧车间1号加热炉拟选一台气动单座对数特性控制阀(流开型)。已知被控介质为重油,工艺条件如表2-21所示。

解: 第一步,根据单座控制阀(流开型)查表2-18,可得压力恢复系数 F_L 为0.93。

第二步,确定计算压差。由于 $p_{vmax} < 0.5 p_{1max}$,因此

$$\Delta p_v = F_L^2(p_{1max} - p_{vmax}) = 0.93^2 \times (0.773 - 0.1847) = 0.509 \text{MPa}$$

第三步,因为 $\Delta p_{max} < \Delta p_v$,所以为非阻塞流,

$$K_{vmax} = 0.01 Q_v \sqrt{\rho_L/\Delta p} = 0.01 \times 1.97 \sqrt{\frac{940}{0.17}} = 1.46$$

圆整后,取 $K_v = 1.5$。

低雷诺数的修正计算:对于单流路阀

$$Re_v = \frac{7.07 \times 10^4 Q_v}{v\sqrt{F_L K_{vmax}}} = \frac{7.07 \times 10^4 \times 1.97}{21.3 \times \sqrt{0.93 \times 1.5}} = 5.5 \times 10^3 < 10^4$$

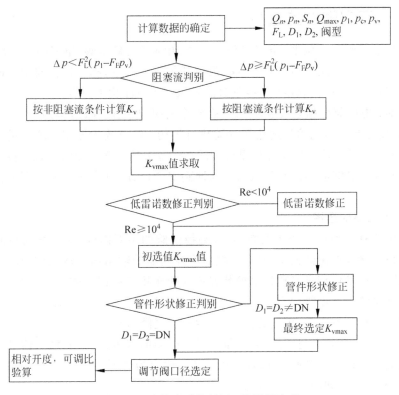

图 2-68 液体介质控制阀口径计算流程

表 2-21 工艺条件

参数名称	数据	单位	参数名称		单位
最大流量 Q_{vmax}	1.97	m³/h	最小流量 Q_{vmin}	0.438	m³/h
最大流量时 阀前绝对压力 p_{1max}	0.773	MPa	最小流量时 阀前绝对压力 p_{1min}		MPa
阀后绝对压力 p_{2max}	0.603	MPa	阀后绝对压力 p_{2min}		MPa
阀前后压差 Δp_{max}	0.17	MPa	阀前后压差 Δp_{min}		MPa
介质温度 t	110	℃	介质温度 t		℃
t℃时饱和蒸汽压力 p_{vmax}	0.1847	MPa	t℃时饱和蒸汽压力 p_{vmin}		MPa
介质密度 ρ_L	940	kg/m³	管道内径 D	0.032	m
介质动力黏度 μ	0.02	Pa·s	系统总阻力损失 Δp_k	0.3	MPa
临界点压力 p_{vmax}		MPa	压降比 S	0.57	

应予以修正。

查图 2-67,得 $F_R=0.78$,$K_{v_R}=K_{vmax}/F_R=1.5/0.78=1.923$,圆整为 2。

第四步,选定的 K_v 值等于 3.2,查表 2-17 可得对应单座阀的公称通径 DN=20mm,d_N=15mm。

第五步,开度验算:对于对数特性控制阀,最大开度为

$$K_{max} = \{1 + [\lg(K_{vmax}/K_v)]/1.48\} \times 100\%$$
$$= \left[1 + \left(\lg\frac{1.46}{3.2}\right)\frac{1}{1.48}\right] \times 100\% = 77\%$$

2.4.7 阀门附件的选择

阀门附件包括阀门定位器、空气过滤减压器、电磁阀、减压阀、电-气转换器、流量放大器、气动保位阀、阀位变送器、快速泄压阀、限位开关等。其中,阀门定位器用于改善控制阀的静态和动态特性,实现精确定位;空气过滤减压器可以净化来自空气压缩机的气源,具有自动稳压功能;电磁阀根据系统逻辑保护关系控制阀门动作;减压阀用于保证供气气压;电-气转换器使控制点的电信号适用于气动执行机构;流量放大器用于增大进入阀门隔膜气腔的气流量;气动保位阀用于保证重要阀门在气源突然中断时能够实现对控制阀行程的自锁;快速泄压阀能够使阀门在失气后快速回到安全位置;限位开关用于显示阀门到达全开全关状态。

1. 阀门定位器的选择

阀门定位器有气动和电动两大类,是气动控制阀的主要附件,它与气动控制阀配套使用。阀门定位器接收控制器输出的信号,然后将控制器的输出信号成比例地输出到执行机构,当阀杆移动后,其位移量又通过机械装置负反馈作用于阀门定位器,因此它与执行机构组成一个闭环系统。采用阀门定位器,能够增加执行机构的输出功率,改善控制阀性能。由于目前使用电动控制器居多,因此这里重点介绍电-气阀门定位器。

电-气阀门定位器具有电-气转换器和阀门定位器的双重作用,其输入信号是电动控制器的输出电流(0~10mA 或 4~20mA 直流电流),输出为气压信号(20~100kPa),操纵气动薄膜控制阀,其原理图如图 2-69 所示。

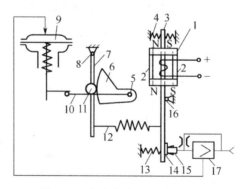

图 2-69 电-气阀门定位器原理图

1—永久磁钢;2—导磁体;3—主杠杆(衔铁);4—平衡弹簧;5—反馈凸轮支点;6—反馈凸轮;7—副杠杆;
8—副杠杆支点;9—气动控制阀膜头;10—反馈杆;11—滚轮;12—反馈弹簧;13—调零弹簧;14—挡板;
15—喷嘴;16—主杠杆支点;17—气动放大器

电-气阀门定位器是按力矩平衡原理工作的。输入信号电流通入到力矩电动机的线圈两端,与永久磁钢 1 作用后对主杠杆 3 产生一个电磁力矩,使主杠杆 3 绕主杠杆支点 16 逆时针转动,这时挡板 14 靠近喷嘴 15,使喷嘴背压升高,经气动放大器 17 放大后输出气压也随之升高。输出气压作用在气动控制阀膜头 9 上,推动阀杆向下移动,并带动反馈杆 10 绕反馈凸轮支点 5 转动,反馈凸轮 6 跟着逆时针转动,通过滚轮 11 使副杠杆 7 绕副杠杆支点 8 转动,并将反馈弹簧 12 拉伸,对主杠杆 3 产生反馈力矩。当反馈力矩与电磁力矩平衡时,阀杆就稳定在某一位置,从而使阀杆位移与输入电流呈比例关系。调零弹簧 13 调整零位。

阀门定位器主要有以下五个方面的作用：

1）改善控制阀的静态特性

用了阀门定位器后，只要控制器输出信号稍有变化，经过喷嘴-挡板系统及放大器的作用，就可使通往控制阀膜头的气压大有变动，以克服阀杆的摩擦和消除控制阀不平衡力的影响，从而保证阀门位置按控制器发出的信号正确定位。改善静态特性后，能使控制阀适用于下列场合：要求阀位作精确调整的场合；大口径、高压差等不平衡力较大的场合；为防止泄露而需要将密封用的填料函压得很紧，如高压、高温或低温等场合；工艺介质中有固体颗粒易被卡住，或是高黏滞的场合。

2）改善控制阀的动态特性

阀门定位器改变了原来控制阀的一阶滞后特性，减小时间常数，使之成为比例特性。一般来说，当气压传送管线超过60m时，应采用阀门定位器。

3）改变控制阀的流量特性

通过改变定位器反馈凸轮的形状，可使控制阀的线性、对数、快开流量特性互换。

4）用于分程控制

在分程控制时，可通过零位调整和反馈弹簧反力的调整，使阀门定位器在输入信号范围内（如4~12mA或12~20mA），输出均为20~100kPa。用一个控制器控制两个以上的控制阀，使它们分别在信号的某一个区段内完成全行程移动。例如，使两个控制阀分别在4~12mA及12~20mA的信号范围内完成全行程移动。

5）用于阀门的反向动作

阀门定位器有正、反作用之分。正作用时，输入信号增大，输出气压也增大；反作用时，输入信号增大，输出气压减小。采用反作用式定位器可使气开阀变为气关阀，气关阀变为气开阀。

2. 电-气转换器的选择

电-气转换器接收来自电动控制器的4~20mA直流信号，然后按比例地转换输出20~100kPa的气动信号，作为气动薄膜控制阀、气动阀门定位器的气动控制信号和其他气动仪表的气源，它起到电动仪表与气动仪表之间的信号转换作用。

3. 电磁阀的选择

当系统需要实现程序控制或双位控制时，需要配用电磁阀。选用电磁阀时，除了要考虑交、直流电源及电压、频率外，还必须注意电磁阀与控制阀作用形式的关系，可配用"常开型"或"常闭型"。

如果要求加大电磁阀的容量来缩短动作时间，可以并列使用两台电磁阀或把电磁阀作为先导阀与大容量气动继动器组合使用。选型时应注意控制方式（直动式、先导式）、电源要求、接口要求（电气，气源）、气源要求（压力）等。

2.5 控制器的控制算法

2.5.1 概述

控制器是控制系统的大脑和指挥中心。在闭环控制系统中，控制器将检测变送环节传送过来的信息与被控变量的设定值比较后得到偏差，然后根据偏差按照一定的控制规律进行运算，最终将输出的控制信号作用于控制阀上，进而改变操纵变量，使被控变量符合生产要求。

控制器一般可按能源形式、信号类型和结构形式进行分类。按能源形式控制器可分为气动、电动、液动和机械式等几种，工业上普遍使用的是电动控制仪表和气动控制仪表。其中气动控制仪表发展较早，其特点是结构简单、性能稳定、可靠性高、价格便宜，且在本质上安全防爆，因此广泛应用于石油、化工等有爆炸危险的场所。电动控制仪表相对气动控制仪表出现得较晚，但由于电动控制仪表在信号的传输、放大、变换处理、实现远距离监控操作等方面比气动仪表容易得多，并且容易与计算机联用，因此电动控制仪表的发展极为迅速。近年来，电动控制仪表普遍采取了安全火花防爆措施，同样也能应用于易燃易爆的危险场所，因此在工业生产过程中得到越来越广泛的应用。目前采用的控制器以电动控制器占绝大多数。

按信号类型控制器可分为模拟式控制仪表和数字式控制仪表。其中，模拟式控制仪表的传输信号通常为连续变化的模拟量，如电流信号、电压信号、气压信号等，其线路较为简单，操作方便，价格较低，在过程控制中已经广泛应用。数字式控制仪表以微型计算机为核心，传输信号通常为断续变化的数字量，如脉冲信号，可以进行各种数字运算和逻辑判断，其功能完善，性能优越，能够解决模拟式仪表难以解决的问题，满足现代生产过程的高质量控制要求。它可实现连续生产过程、断续生产过程的控制，也可以通过在 PLC 中加入 PID 等控制功能，实现批量控制。近几十年来，数字式控制仪表不断涌现新品种并应用于过程控制中，以提高控制质量。

按结构形式控制器可分为基地式控制仪表、单元组合式控制仪表、集散控制系统和现场总线控制系统。基地式控制仪表将控制机构与指示、记录机构组成一体，结构简单，但通用性差，应用不够灵活，一般仅用于一些单变量的就地控制系统。单元组合式仪表将整套仪表划分成能独立实现某种功能的若干单元，各个单元之间用统一标准信号联系。使用时可根据控制系统的需要，将各个单元进行选择和组合，从而构成具有各种功能的控制系统，应用灵活方便。单元组合式控制仪表有电动单元组合仪表（DDZ）和气动单元组合仪表（QDZ）两大类。两者都经历了Ⅰ型、Ⅱ型（0～10mA）、Ⅲ型（4～20mA，1～5V）三个发展阶段。目前使用较多的单元组合式控制器属于电动Ⅲ型，而在一些老装置上电动Ⅱ型控制器还在使用，气动单元控制器由于控制滞后太大已经很少使用。集散控制系统（DCS）是为了满足工业计算机的可靠性和灵活性的需要而产生的一种全新工业控制工具，它是集计算机技术、控制技术、通信技术和图形显示技术于一体的计算机控制系统，采用分散控制、集中操作、分级管理、分而自治和综合协调的设计原则，被所有大型过程控制系统接受并应用到现在，迅速成为工业控制系统的主流。现场总线是一种应用于生产现场，在现场设备之间、现场设备与控制装置之间实行双向、串行、多结点数字通信技术。由于采用智能现场设备，能够把集散控制系统中处于控制室的控制模块、各输入输出模块置入现场设备中，在现场直接完成采集和控制。由于不需要其他的模数转换器件，且一对电线能传输多个信号，因而简化了系统结构，节约了设备及安装维护费用。现场总线控制系统是适应综合自动化发展需要而诞生的，它是仪表控制系统的革命。目前，现场总线技术已经在石油、化工、冶金等领域得到了广泛的应用。

控制器的输出信号 $u(t)$ 随偏差信号 $e(t)$ 变化的规律称为控制规律。控制器的基本控制规律有比例(proportion)、积分(integral)、微分(differential)控制,简称 PID 控制,此外还有如继电器特性的双位控制(开关控制)规律。PID 控制算法是应用最广泛的控制器控制规律。在工业生产过程中,PID 控制算法占 85%～90%,即使在计算机控制已经得到广泛应用的现在,PID 控制仍是主要的控制算法。PID 控制算法主要有以下几个优点:①技术成熟;②原理简单,易被人们熟悉和掌握;③稳定性好,工作可靠;④鲁棒性强,控制品质对被控对象特性的变化不太敏感;⑤对模型依赖少,不需要建立准确的数学模型。在工程实际中,常用的 PID 控制规律有比例(P)控制、比例积分(PI)控制、比例微分(PD)控制和比例积分微分(PID)控制。本节首先介绍应用于连续系统的模拟 PID 控制算法,然后介绍应用于离散系统的数字 PID 控制算法,最后介绍双位控制算法。

2.5.2 模拟 PID 控制算法

早期的模拟式控制仪表是靠硬件实现模拟 PID 控制算法的。

1. 比例(P)控制

1) 比例控制算法

在比例控制中,控制器的输出信号 $u(t)$ 与偏差信号 $e(t)$ 成比例关系,即

$$u(t) = K_c e(t) + u_0 \tag{2-198}$$

式中 K_c 称为比例增益,u_0 为控制器输出信号的起始值。

式(2-198)写成增量形式为

$$\Delta u(t) = K_c e(t) \tag{2-199}$$

因此,比例控制器的传递函数为

$$G_c(s) = \frac{U(s)}{E(s)} = K_c \tag{2-200}$$

在工业上所使用的控制器,习惯上采用比例度 δ(也称比例带),而不用比例增益 K_c 来衡量比例控制作用的强弱。所谓比例度就是指控制器输入的相对变化量与相应的输出的相对变化量之比的百分数,即

$$\delta = \frac{\dfrac{e}{x_{\max} - x_{\min}}}{\dfrac{u}{u_{\max} - u_{\min}}} \times 100\% \tag{2-201}$$

式中,e 为控制器的输入变化量(即偏差);u 为相应于偏差为 e 时的控制器输出变化量;$x_{\max}$、$x_{\min}$ 为仪表的量程上下限;$u_{\max}$、$u_{\min}$ 为控制器输出的工作范围。

δ 具有重要的物理意义。如果 u 直接代表控制阀开度的变化量,则根据式(2-201)可以看出,δ 代表控制阀的开度改变 100%,即从全关到全开时所需的被控变量的变化范围。只有当被控变量处在这个范围内时,控制阀的开度变化才与偏差 e 成比例;如果超出了这个范围,控制阀就会处于全关或全开状态,控制器也就失去了控制作用。实际上,控制器的比例度 δ 习惯用它相对于被控变量测量仪表的量程的百分数表示。例如,若测量仪表的量程为 100℃,则 $\delta=50\%$ 就表示被控变量需要改变 50℃才能使控制阀从全关到全开。

工业上常见系统的 δ 值参考选取范围:压力控制系统为 30%～70%,流量控制系统为 40%～100%;液位控制系统为 20%～80%;温度控制系统为 20%～60%。

式(2-201)可改写为

$$\delta = \frac{e}{u}\left(\frac{u_{\max} - u_{\min}}{x_{\max} - x_{\min}}\right) \times 100\% = \frac{1}{K_c}\left(\frac{u_{\max} - u_{\min}}{x_{\max} - x_{\min}}\right) \times 100\% = \frac{K}{K_c} \times 100\% \quad (2\text{-}202)$$

对于一个特定的控制器来说，K 是常数，特别是对于单元组合仪表，控制器的输入信号是由变送器来的，而控制器与变送器的输出信号都是统一的标准信号，因此常数 $K=1$。所以在单元组合仪表中，比例度就和比例增益 K_c 互为倒数关系，即

$$\delta = \frac{1}{K_c} \times 100\% \quad (2\text{-}203)$$

【例 2-16】 一台 DDZ-Ⅲ型温度比例控制器，测温范围为 $200 \sim 1200\,^\circ\mathrm{C}$。当温度给定值由 $800\,^\circ\mathrm{C}$ 变动到 $850\,^\circ\mathrm{C}$，其输出由 12mA 变化到 16mA。试求该控制器的比例度 δ 及比例增益 K_c。

解：

$$\delta = \left(\frac{e}{x_{\max} - x_{\min}} \middle/ \frac{u}{u_{\max} - u_{\min}}\right) \times 100\%$$

$$= \left(\frac{850 - 800}{1200 - 200} \middle/ \frac{16 - 12}{20 - 4}\right) \times 100\% = 20\%$$

$$K_c = \frac{1}{\delta} = \frac{1}{20\%} = 5$$

2）比例控制的特点

比例控制是最基本的，也是最主要的控制规律。具有以下特点：

（1）比例控制是有余差的控制。即当控制器采用比例控制时，不可避免地会使系统存在稳态误差。这是因为只有当偏差 e 不为零时，控制器才有输出；如果 e 为零，控制器输出为零，就失去了控制作用。也就是说，比例控制器正是利用偏差实现控制，它只能使系统被控变量输出近似跟踪设定值。

（2）比例控制的余差随比例度的增大而增大。若要减小余差，就需减小比例度，即需要增大比例增益。这样做往往会使系统的稳定性变差，对系统的动态品质不利。

【例 2-17】 定值控制系统如图 2-70 所示。其中 $G_o(s) = \dfrac{1}{36s+1} e^{-8s}$、$G_c(s) = \dfrac{1}{\delta}$、$G_f(s) = 1$，$F(s)$ 为单位阶跃信号。试分析 δ 分别为 0.2、0.4、0.6、0.8、1 时，系统在扰动作用下的输出响应曲线。

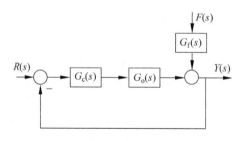

图 2-70　定值控制系统

解： MATLAB 代码如下：

```
T = 36;L = 8;
n1 = [1];d1 = [T 1];G1 = tf(n1,d1);
```

```
[np,dp] = pade(L,2);Gp = tf(np,dp);
Go = G1 * Gp;
delta = [0.2,0.4,0.6,0.8,1];
for i = 1:length(delta)
    G(i) = (1/delta(i)) * Go;
    sys(i) = feedback(1,G(i), − 1);
    step(sys(i))
    hold on
end
xlabel('时间/s');
ylabel('幅值');
title('阶跃响应曲线');
gtext('delta = 0.2');gtext('delta = 0.4');gtext('delta = 0.6');gtext('delta = 0.8');gtext
('delta = 1');
```

仿真结果如图 2-71 所示。

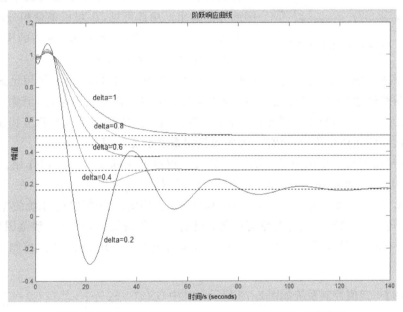

图 2-71 P 控制在扰动作用下对系统输出响应的仿真曲线

从图 2-71 可以看出,随着比例度的减小,控制系统的余差减小,但系统响应的振荡加剧,控制系统的稳定性变差。

(3) 对于定值控制系统,采用比例控制可以实现被控变量对设定值的有差跟踪。但是对于随动控制系统,即设定值随时间变化时,其跟踪误差将会随时间的变化而增大。因此,比例控制不适用于设定值随时间变化的系统。

2. 比例积分(PI)控制

在工业上,为了保证控制质量,许多控制系统中是不允许存在余差的。因此,必须在比例控制的基础上引入积分控制。比例积分控制就是综合 P、I 两种控制的优点,利用 P 控制快速抵消干扰的影响,同时利用 I 控制消除残差。

1) 比例积分控制算法

比例积分控制算法的数学表达式为

$$\Delta u(t) = K_c \left[e(t) + \frac{1}{T_i} \int_0^t e(t)\mathrm{d}t \right] \qquad (2\text{-}204)$$

或

$$\Delta u(t) = \frac{1}{\delta} \left[e(t) + \frac{1}{T_i} \int_0^t e(t)\mathrm{d}t \right] \qquad (2\text{-}205)$$

式中,δ 为比例度,可视情况取正值或负值;T_i 为积分时间。

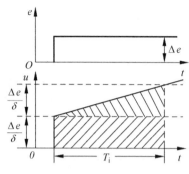

图 2-72　PI 控制器的阶跃响应

δ 和 T_i 是比例积分控制器的两个重要参数。图 2-72 是比例积分控制器的阶跃响应,它是由比例动作和积分动作两部分组成的。在施加阶跃输入的瞬间,控制器立即输出一个幅值为 $\Delta e/\delta$ 的阶跃,然后以固定速度 $\Delta e/\delta T_i$ 变化。当 $t=T_i$ 时,控制器的总输出为 $2\Delta e/\delta$。这样,就可以根据图 2-72 确定 δ 和 T_i 的数值。还可以注意到,当 $t=T_i$ 时,积分部分输出的大小正好等于比例部分的输出。由此可见,T_i 可以衡量积分部分在总输出中所占的比重,T_i 愈小,积分部分所占的比重愈大。

2) 比例积分控制的特点

(1) 比例积分控制的输出响应由两部分组成。当偏差出现时,比例作用迅速响应输入的变化,将偏差迅速"驱赶到"接近于零。随后,积分作用使输出逐渐增加,消除接近于零而比例作用又无法响应的余差。因此,PI 控制是将比例控制的快速反应与积分控制的消除余差功能相结合,因此适用范围比较广,大多数控制系统都能使用。

(2) PI 控制本质上是比例增益随偏差的时间进程而不断变化的比例作用。由图 2-72 可知,当 $t=0$ 时,控制器输出 $u=K_c e$;当 $t=T_i$ 时,控制器输出 $u=2K_c e$。在 PI 控制作用下,当保持 K_c 不变,减小积分时间常数 T_i 时,积分控制作用增强,振荡加剧,系统的稳定性变差。

积分时间 T_i 应根据不同的对象特性加以选择。一般情况下,T_i 的大致范围如下:压力控制为 $0.4 \sim 3\text{min}$;流量控制为 $0.1 \sim 1\text{min}$;温度控制为 $3 \sim 10\text{min}$;液位控制一般不需要积分作用。

【例 2-18】　定值控制系统如图 2-70 所示。其中 $G_o(s) = \dfrac{1}{36s+1}\mathrm{e}^{-8s}$,$G_c(s) = \dfrac{1}{\delta}\left(1+\dfrac{1}{T_i s}\right)$、$G_f(s)=1$,$F(s)$ 为单位阶跃信号。试分析 $\delta=0.2$,T_i 分别为 20、50、80、100、200 时,系统在扰动作用下的输出响应曲线。

解:MATLAB 代码如下:

```
T = 36;L = 8;
n1 = [1];d1 = [T 1];G1 = tf(n1,d1);
[np,dp] = pade(L,2);Gp = tf(np,dp);
Go = G1 * Gp;
delta = 0.2;
Ti = [20,50,80,100,200];
for i = 1:length(Ti)
    Gc = tf([1,1/Ti(i)]/delta,[1,0]);
    sys = feedback(1,Gc * Go, - 1);
    step(sys)
    hold on
```

```
end
xlabel('时间/s');
ylabel('幅值');
title('阶跃响应曲线');
gtext('Ti = 20');
```

仿真结果如图 2-73 所示。

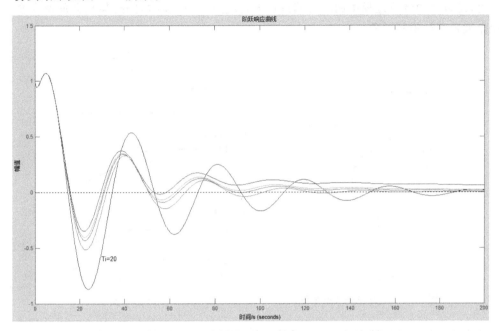

图 2-73　PI 控制在扰动作用下对系统输出响应的仿真曲线

由图 2-73 可以看出当缩短积分时间,加强积分控制作用时,一方面克服余差的能力提高,调节周期缩短,这是有利的一面。但另一方面会使过渡过程振荡加剧,稳定性降低。积分时间越短,振荡倾向越强烈,甚至会成为不稳定的发散振荡,这是不利的一面。

(3) 由于积分环节的存在,PI 控制会使系统的相频特性存在相位滞后,造成系统的稳定性和动态品质变差。如果以系统稳定性保持不变为前提,当 T_i 变化后必须相应地调整比例度。

当缩短积分时间,加强积分控制作用时,系统克服余差的能力提高,但系统响应的振荡加剧。这主要是因为控制器加入积分后,使控制系统的稳定性变差,为保持原系统的稳定性,必须将比例度增大。

(4) 由于存在积分作用,PI 控制器存在积分饱和现象。这是因为,只要偏差不为零,控制器就会不停地积分使输出增加(或减少),从而导致控制器输出进入深度饱和状态,最终使控制器失去调节作用,这在工程上是很危险的。因此,控制器采用积分作用时,一定要防止积分饱和现象的发生。

【例 2-19】　图 2-74 所示为储气罐压力安全放空系统的控制流程图,压力设定值 SP 为 0.5MPa。考虑气源中断时要保证设备运行安全,选用气关式控制阀。

解：正常工况下,罐内压力总是小于设定的安全值 SP。因此,控制器偏差一直存在,控制器输出逐渐增大,并超过仪表范围的最大值 0.1MPa,最终达到气源压力 0.14MPa(假设采用气动控制器),进入深度饱和,如图 2-75 所示。上述过程就是图 2-75 中 $t_0 \sim t_1$ 段的情况。在 t_1 时刻,罐内压力开始上升,压力测量值随之升高,但在达到设定值 SP 以前,偏差总是正值,控制器的输出不会下降。在 t_2 时刻,压力达到设定值,偏差反向,控制器输出开始减小,但由于输出气压仍大于 0.1MPa,控制阀仍处于全关状态。即在 $t_2 \sim t_3$ 时间段内,控制器仍未能起到它应执行的控制作用。直到 t_3 时刻以后,控制阀才逐渐开启。这一时间上的推迟,使以后的调节过程中的动态偏差加大,安全阀不能及时打开,甚至会危及安全。上述现象就是积分饱和现象。

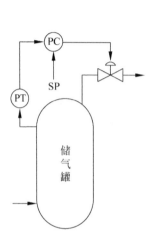
图 2-74 压力安全放空系统

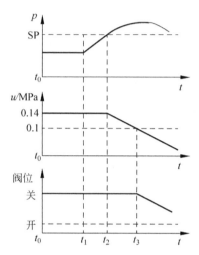
图 2-75 积分饱和现象

产生积分饱和的原因有两个:一是偏差长期存在;二是控制器有积分作用。根据产生积分饱和的原因,主要有以下几种防止积分饱和的方法。

① 限幅法。这种方法是通过一些专门的技术措施,对积分反馈信号加以限制,从而使控制器输出信号限制在控制阀工作信号范围之内。在气动和电动Ⅱ型仪表中有专门的限幅器(高值限幅器和低值限幅器),在电动Ⅲ型仪表中则有专门设计的限幅型控制器。偏差反馈型积分限幅控制器和积分反馈型积分限幅控制器就属于这一类。采用这些专用的控制器就不会出现积分饱和的问题。

② 积分切除法。这种方法是当控制器的输出达到限值时,将控制器的积分作用切除掉,这样就不会使控制器输出一直增大到最大值,或一直减小到最小值,当然也就不会产生积分饱和问题。在电动Ⅲ型仪表中有一种 PI-P 型控制器就属于这一类型。

③ 积分外反馈法。对于气动控制器,可采用积分外反馈的方法。下面介绍积分外反馈方法。

根据 PI 控制器的传递函数,即

$$U(s) = K_c \left(1 + \frac{1}{T_i s}\right) E(s) \tag{2-206}$$

经变换后,可得

$$U(s) = K_c E(s) + \frac{1}{T_i s + 1} U(s) \tag{2-207}$$

如果积分项输入取自某一定值 U_B,则 $U_B(s)=0$,这时由于积分控制作用不存在,就不会出现积分饱和现象。这种防止积分饱和的方法称为积分外反馈,即积分信号来自外部的信号。采用方块图表示如图 2-76 所示,即为防止积分饱和而采用的气动控制器结构。

图中,LS 是低选器,其输出是输入信号中的低值,K 表示放大器。

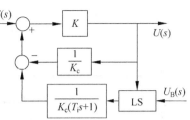

图 2-76　防止积分饱和的 PI 控制器结构

根据图 2-76,当输入信号不超过限值 U_B 时,正反馈的输入信号为 $U(s)$,其传递函数为

$$G_c(s) = \frac{U(s)}{E(s)} = \frac{K}{1 + \left(\frac{K}{K_c}\right)\left(1 - \frac{1}{T_i s + 1}\right)} \tag{2-208}$$

当 $K \gg K_c$ 时,式(2-208)可近似为

$$G_c(s) = \frac{U(s)}{E(s)} = \frac{K_c(T_i s + 1)}{T_i s} = K_c\left(1 + \frac{1}{T_i s}\right) \tag{2-209}$$

式(2-209)即为 PI 控制。

当输入信号超过限值 U_B 时,正反馈的输入信号保持为 U_B,由式(2-207)可知,控制器的输入与输出关系为比例与一阶惯性环节之和,即

$$U(s) \approx K_c E(s) + \frac{1}{T_i s + 1} U_B(s) \tag{2-210}$$

由于 $U_B(s) = 0$,控制器切换为比例控制,从而防止了积分饱和现象的发生。

3. 比例微分(PD)控制

虽然在比例控制的基础上增加积分作用后,可以消除余差,但为了抑制超调,必须减小比例增益,从而导致控制器的整体性能有所降低。当对象滞后很大或负荷变化剧烈时,则不能及时控制。而且偏差的变化速度越大,产生的超调就越大,需要越长的调整时间。在这种情况下,可以采用微分控制,因为比例作用和积分作用都是根据已形成的偏差而进行动作的,而微分作用却是根据偏差的变化趋势进行动作的,从而有可能避免产生较大的偏差,并且可以缩短调整时间。

1) 比例微分控制算法

比例微分控制算法的数学表达式为

$$\Delta u(t) = \frac{1}{\delta}\left[e(t) + T_d \frac{de(t)}{dt}\right] \tag{2-211}$$

式中,δ 为比例度,可视情况取正值或负值;T_d 为微分时间。

但严格按照式(2-211)动作的 PD 控制器在物理上是不可能实现的,工业上实际采用的 PD 控制规律的数学表达式为

$$\frac{T_d}{K_d} \frac{d\Delta u(t)}{dt} + \Delta u(t) = \frac{1}{\delta}\left[T_d \frac{de(t)}{dt} + e(t)\right] \tag{2-212}$$

或

$$G_c(s) = \frac{1}{\delta} \frac{T_d s + 1}{\frac{T_d}{K_d} s + 1} \tag{2-213}$$

式中,K_d 为微分增益。工业控制器的微分增益一般在 5~10 范围内。

PD 控制器的单位阶跃响应为

$$u = \frac{1}{\delta} + \frac{1}{\delta}(K_d - 1)\exp\left(-\frac{t}{T_d/K_d}\right) \quad (2\text{-}214)$$

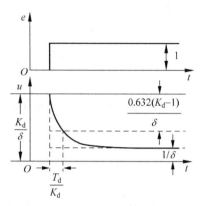

图 2-77 PD 控制器的单位阶跃响应曲线

图 2-77 是 PD 控制器的单位阶跃响应曲线，由图 2-77 可以确定 PD 控制器的三个参数，即 δ、K_d 和 T_d。

由图 2-77 可以看出，比例微分控制作用的强弱取决于以下两个参数：微分增益 K_d 决定起始跳变幅度；微分时间 T_d 影响输出响应曲线的衰减时间。K_d 或 T_d 越大，表示微分作用越强。但是微分增益 K_d 一般固定不变，它只与控制器的类型有关。电动控制器的 K_d 值一般为 5~10。

2) 比例微分控制的特点

(1) PD 控制也是有差控制。这是因为在稳态情况下，$de(t)/dt$ 为零，微分部分已不起作用，因此 PD 控制变成 P 控制。

(2) PD 控制能提高系统稳定性，抑制过渡过程的动态偏差（或超调量），缩短系统的响应时间。

【例 2-20】 定值控制系统如图 2-70 所示。其中 $G_o(s) = \dfrac{1}{36s+1}\mathrm{e}^{-8s}$，$G_c(s) = \dfrac{1}{\delta}\dfrac{T_d s + 1}{\dfrac{T_d}{K_d}s + 1}$、$G_f(s) = 1$，$F(s)$ 为单位阶跃信号，采用比例微分控制。试分析 $\delta = 0.4$，T_d 分别为 0.5, 1.0, 2.0, 3.0, 5.0 时，系统在扰动作用下的输出响应曲线。

解：MATLAB 代码如下：

```
T = 36;L = 8;
n1 = [1];d1 = [T 1];G1 = tf(n1,d1);
[np,dp] = pade(L,2);Gp = tf(np,dp);
Go = G1 * Gp;
delta = 0.4;
Kd = 7;
Td = [0.5,1.0,2.0,4.0,8.0];
for i = 1:length(Td)
    Gc = tf( [Td(i),1],delta * [Td(i)/Kd,1]);
    sys = feedback(1,Gc * Go, - 1);
    step(sys)
    hold on
end
xlabel('时间/s');
ylabel('幅值');
title('阶跃响应曲线');
gtext('Td = 0.5');
```

仿真结果如图 2-78 所示。

由图 2-78 可以看出，微分时间 T_d 越大，控制系统的最大偏差越小，振荡周期和回复时间越短。

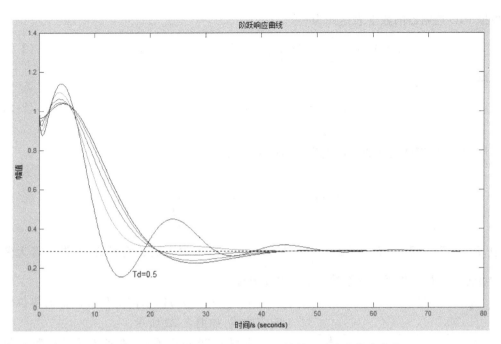

图 2-78　PD 控制在扰动作用下对系统输出响应的仿真曲线

使用 PD 控制作用时,要注意以下几点:

① 微分作用的强弱要适当。引入微分作用后,由于相位超前提高了系统的稳定性裕度,使控制质量得到了提高。如果微分作用太弱,即微分时间 T_d 太小,相位超前不够明显,对控制质量改善不大;如果微分时间 T_d 太大,会导致输出控制作用过大,使控制阀频繁开启,容易造成系统振荡。因此,PD 控制一般是以比例作用为主,微分作用为辅。

② PD 控制适用于对象容量滞后较大的场合,如温度控制系统。对于这些系统,适当加入微分作用可以使控制质量有较大程度的提高。但是,微分作用对于纯时滞对象显然是无效的。因为在时滞期间,系统的输出不会变化,当然不能指望微分起作用。

③ PD 控制器的抗干扰能力很差,只适用于被调量的变化非常平稳的过程。对于具有大噪声对象的控制系统,如流量控制系统,不宜采用微分作用。

④ 通常情况下,微分增益 $K_d>1$。如果 $K_d<1$,PD 控制器称为"反微分",反微分具有滤波作用,可用于流量控制系统。

4. 比例积分微分(PID)控制

从上述讨论可知,比例、积分、微分三种控制规律各有其独特的作用。比例控制是基本的控制方式,自始至终起着与偏差相对应的控制作用;加入积分作用后,可以消除纯比例控制无法消除的余差;而加入微分作用,则可以在系统受到快速变化干扰的瞬间,及时加以抑制,增加系统的稳定性裕度。将三种控制规律组合在一起,就是比例积分微分(PID)控制,其数学表达式为

$$\Delta u(t) = K_c \left[e(t) + \frac{1}{T_i} \int_0^t e(t) \mathrm{d}t + T_d \frac{\mathrm{d}e(t)}{\mathrm{d}t} \right] \qquad (2\text{-}215)$$

1) 比例积分微分控制算法

不难看出,由式(2-215)表示的 PID 控制规律在物理上是无法实现的。工业上实际应用

的模拟 PID 控制器的数学表达式为

$$\Delta u(t) = K_c \left[e(t) + \frac{1}{T_i} \int_0^t e(t) \mathrm{d}t + e(t)(K_d - 1) e^{-\frac{K_d}{T_d} t} \right] \quad (2\text{-}216)$$

或

$$G_c(s) = K_c \left(1 + \frac{1}{T_i s} + \frac{T_d s + 1}{\frac{T_d}{K_d} s + 1} \right) \quad (2\text{-}217)$$

DDZ-Ⅲ 型 PID 控制器采用更为复杂的形式，即

$$G_c(s) = K_c^* \frac{1 + \frac{1}{T_i^* s} + T_d^* s}{1 + \frac{1}{K_i T_i s} + \frac{T_d}{K_d} s} \quad (2\text{-}218)$$

式中，$K_c^* = FK_c$，$T_i^* = FT_i$，$T_d^* = \frac{T_d}{F}$。带 $*$ 的量为控制器参数的实际值，不带 $*$ 者为参数的刻度值。F 称为相互干扰系数，K_i 为积分增益。

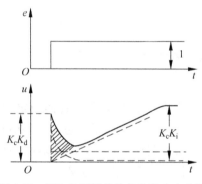

图 2-79　PID 控制器的单位阶跃响应曲线

由式(2-216)可以求得 PID 控制器的单位阶跃响应曲线，如图 2-79 所示。

由图 2-79 可以看出，在偏差为单位阶跃信号时，控制器输出在比例微分作用下，先跳变到 $K_c K_d$，然后随着微分作用的减弱先下降，再随着积分作用的增强而上升，控制器最后的输出大小为 $K_c K_i$。显然，在整个控制过程中，比例控制始终存在，微分控制主要在控制前期起作用，而积分作用主要在控制后期起作用。

2）比例积分微分控制的特点

（1）PID 控制器综合了各种控制器的优点，既具有比例控制器的快速反应功能，又具有 PI 控制器的消除余差功能，以及 PD 控制器的减小动态偏差，提高系统稳定裕度的功能。同时弥补了三者的不足，是一种比较理想的复合控制规律。

（2）虽然 PID 控制器的控制效果比较理想，但并不意味着在任何情况下都要采用 PID 控制器。另外，PID 控制器有三个需要整定的参数，如果这些参数整定的不合理，不仅不能发挥各种控制作用的长处，反而适得其反。

【例 2-21】　定值控制系统如图 2-70 所示。其中 $G_o(s) = \frac{1}{36s+1} e^{-8s}$、$G_f(s) = 1$，$F(s)$ 为单位阶跃信号。试分析分别采用不同形式的 PID 控制规律时，系统在扰动作用下的输出响应曲线。

解：MATLAB 代码如下：

```
T = 36;L = 8;
n1 = [1];d1 = [T 1];G1 = tf(n1,d1);
[np,dp] = pade(L,2);Gp = tf(np,dp);
Go = G1 * Gp;
delta1 = 0.3;
Gc1 = 1/delta1;
```

```
sys1 = feedback(1,Gc1 * Go, -1);
step(sys1)
hold on
delta2 = 0.2;Ti2 = 50;
Gc2 = tf([1,1/Ti2]/delta2,[1,0]);
sys2 = feedback(1,Gc2 * Go, -1);
step(sys2)
hold on
delta3 = 0.4;
Kd3 = 7;Td3 = 0.5;
Gc3 = tf([Td3,1],delta3 * [Td3/Kd3,1]);
sys3 = feedback(1,Gc3 * Go, -1);
step(sys3)
hold on
delta4 = 0.4;Ti4 = 50;Kd4 = 0.7;Td4 = 0.5;
Gc4 = tf([(1 + 1/Kd4) * Ti4 * Td4,(2 * Ti4 + Td4/Kd4),1],delta4 * [(Ti4 * Td4)/Kd4,Ti4,0]);
sys4 = feedback(1,Gc4 * Go, -1);
step(sys4)
hold on
xlabel('时间/s');
ylabel('幅值');
title('阶跃响应曲线');
gtext('P');gtext('PI');gtext('PD');gtext('PID');
```

仿真结果如图 2-80 所示。

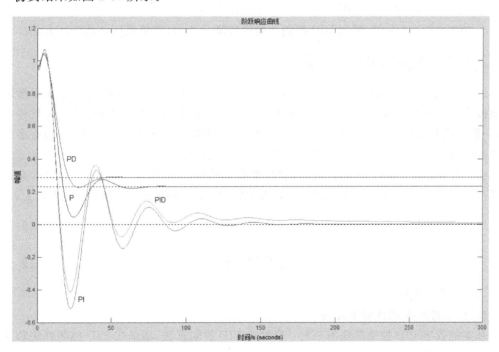

图 2-80　各种 PID 控制规律在扰动作用下对系统输出响应的仿真曲线

由图 2-80 可以看出，综合考虑，PID 三参数同时作用时的控制效果最佳。但是，这并不意味着对不同的被控对象在任何情况下都要采用 PID 三参数控制规律。如果控制器的 P、I、D 参数选择不合理，则不仅不能发挥各参数的有效作用，还会适得其反。

5. PID 控制规律的选择

过程工业中常见的被控参数有温度、压力、液位和流量。而这些参数的控制要求也是各种各样的。通常,选择控制器控制规律时,应根据被控对象特性、负荷变化、主要扰动以及系统控制要求等具体情况,同时还应考虑系统的经济性以及系统投入运行方便等因素。

(1) 当广义对象控制通道的时间常数较小,扰动幅度较小,负荷变化不大,且工艺要求不高,允许有余差时,可以选用比例控制。如储罐压力、液位的控制。

(2) 当广义对象控制通道的时间常数较小,负荷变化不大,且工艺不允许有余差时,可以选用比例积分控制。如管道压力、流量的控制。

(3) 当广义对象控制通道的时间常数较大,或容积迟延较大时,应引入微分动作,如工艺允许有余差,可选用比例微分作用;如工艺不允许有余差,应选用比例积分微分作用,如温度、成分、pH 值控制等。

(4) 当广义对象控制通道的时间常数很大且纯滞后较大,负荷变化剧烈时,不宜采用 PID 控制。

(5) 若广义对象的传递函数具有以下形式

$$G_o(s) = \frac{K_o}{T_o s + 1} e^{-\tau_o s} \tag{2-219}$$

则可以根据 τ_o/T_o 的比值来选择控制规律:

① 当 $\tau_o/T_o < 0.2$ 时,可选用 P 或 PI 控制;
② 当 $0.2 < \tau_o/T_o < 0.5$ 时,可选用 PD 或 PID 控制;
③ 当 $\tau_o/T_o > 0.5$ 时,采用 PID 控制一般难以满足要求,需要采用其他控制方式。

2.5.3 数字 PID 控制算法

近年来,随着计算机技术的飞速发展,由计算机实现的数字 PID 控制器正在逐渐取代由模拟式控制仪表实现的模拟 PID 控制器。在数字 PID 控制器中,PID 运算是靠软件实现的,一般采用基本的数字 PID 控制算法。另外,在过程控制系统的实际应用中,还有多种形式的改进数字 PID 控制算法,以便提高实际 PID 控制性能。

由于计算机控制是一种采样控制,它只能根据采样时刻的偏差值计算控制量,必须将式(2-215)改写为离散形式,即将积分运算用部分和代替,微分运算用差分方程表示为

$$\int_0^t e(t) \mathrm{d}t \approx T_s \sum_{j=0}^{k} e(j) \tag{2-220}$$

$$\frac{\mathrm{d}e(t)}{\mathrm{d}t} \approx \frac{e(k) - e(k-1)}{T_s} \tag{2-221}$$

式中,T_s 为采样周期。

1. 基本的数字 PID 控制算法

基本的数字 PID 控制算法有三种:位置式 PID 控制算法、增量式 PID 控制算法和速度式 PID 控制算法。

1) 位置式 PID 控制算法

将式(2-220)和式(2-221)代入式(2-215),即得到位置式 PID 控制算法

$$u(k) = K_c \left[e(k) + \frac{T_s}{T_i} \sum_{j=0}^{k} e(j) + T_d \frac{e(k) - e(k-1)}{T_s} \right] + u(0)$$

$$= K_p e(k) + K_i \sum_{j=0}^{k} e(j) + K_d[e(k) - e(k-1)] + u(0) \qquad (2\text{-}222)$$

式中,$K_p = K_c$,$K_i = K_c \dfrac{T_s}{T_i}$,$K_d = K_c \dfrac{T_d}{T_s}$。

位置式 PID 控制系统的示意图如图 2-81 所示。

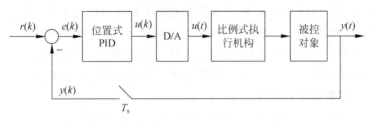

图 2-81　位置式 PID 控制系统示意图

位置式 PID 控制算法的控制器输出与比例式执行机构(如伺服电机)的实际位置有一一对应关系,故称为位置算法。位置式 PID 控制算法每次都需计算执行机构的绝对位置,如果计算机出现故障,$u(k)$ 的大幅度变化会引起控制阀位置的大幅度变化,容易引起生产事故。此外,位置式 PID 控制算法需采用必要措施来防止积分饱和现象以及进行手自动切换。

2) 增量式 PID 控制算法

增量式 PID 控制算法可以通过式(2-222)推导得出。由式(2-222)可以得到控制器的第 $k-1$ 个采样时刻的输出值为

$$u(k-1) = K_p e(k-1) + K_i \sum_{j=0}^{k-1} e(j) + K_d[e(k-1) - e(k-2)] + u(0) \qquad (2\text{-}223)$$

将式(2-222)与式(2-223)相减并整理,就可以得到增量式 PID 控制算法公式为

$$\Delta u(k) = u(k) - u(k-1)$$
$$= K_p[e(k) - e(k-1)] + K_i e(k) + K_d[e(k) - 2e(k-1) + e(k-2)] \qquad (2\text{-}224)$$

增量式 PID 控制系统的示意图如图 2-82 所示。

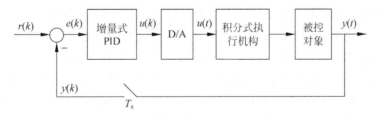

图 2-82　增量式 PID 控制系统示意图

增量式 PID 控制算法是最常用的数字 PID 控制算法。由于每次都在积分式执行机构原来计算的位置上计算增量,故称增量算法。由于计算机每次只输出控制增量,故计算机发生故障时影响的范围小,不会严重影响生产过程。增量式 PID 控制算法的积分项不用累积计算,计算工作量少,并且在 $e(k)$ 反向后,积分项立即反向,因此不会引起积分饱和。此外,增量式控制时,执行机构位置与步进电机转角一一对应,设定手动输出值比较方便,手自动切换时冲击小。

3) 速度式 PID 控制算法

$$v(k) = \frac{\Delta u(k)}{T_s}$$
$$= \frac{K_p}{T_s}[e(k) - e(k-1)] + \frac{K_i}{T_s}e(k) + \frac{K_d}{T_s}[e(k) - 2e(k-1) + e(k-2)] \quad (2-225)$$

式中,$v(k)$为控制器输出的变化速率,表征控制阀在采样周期内的平均变化速度。

速度式 PID 控制算法需要每次计算输出变化的速率,故称速度算法。与增量式算法相同,速度式算法也不会引起积分饱和。同时,手自动切换方便,只需在原手动输出基础上计算增量。此外,速度式 PID 控制算法也需要与积分式执行机构配合使用。

2. 数字 PID 控制算法的特点

与模拟 PID 控制算法比较,数字 PID 控制算法具有下列特点。

(1) P、I、D 三种控制作用相互独立,没有控制器参数之间的关联。

由于不受硬件制约,数字控制器参数可以在更大范围内设置。例如,模拟控制器积分时间最大为 1200s,而数字控制器不受此限制。

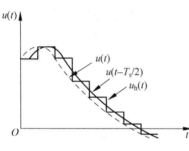

图 2-83 模拟和数字控制的比较

(2) 数字控制器采用采样控制,引入采样周期 T_s,即引入纯时滞为 $T_s/2$ 的滞后环节,使控制品质变差。图 2-83 是模拟和数字控制器的比较,可以看出,数字控制器的输出(实线所示)滞后模拟控制器的输出曲线 $T_s/2$。因此,数字控制器控制效果不如模拟控制器。

用控制度表示模拟控制与数字控制控制品质的差异程度。控制度定义为

$$\text{控制度} = \frac{\left[\min \int_0^\infty e^2 dt\right]_{\text{DDC}}}{\left[\min \int_0^\infty e^2 dt\right]_{\text{ANA}}} = \frac{\min (\text{ISE})_{\text{DDC}}}{\min (\text{ISE})_{\text{ANA}}} \quad (2-226)$$

下标 DDC 表示直接数字控制,ANA 表示模拟连续控制。控制度总是大于 1。采样周期 T_s 越小,控制度也越小。因此,在数字控制系统中,应减小采样周期。

控制度与 T_s/τ 有关,T_s/τ 越大,控制度越大,表示数字控制系统的控制品质越差。控制度还与被控过程的 τ/T 有关,τ/T 增加,则 T_s/τ 减小,可使控制度减小。

(3) 采样周期的大小影响数字控制系统的控制品质。根据香农采样定理,为使采样信号能够不失真复现,采样频率应不小于信号中最高频率的两倍。即采样周期应小于工作周期的一半,这是采样周期的选择上限。此外,为解决圆整误差问题,采样周期也不能太小,它们决定了采样周期的下限。

增量式 PID 控制算法和速度式 PID 控制算法都存在圆整误差问题。增量式 PID 控制算法的积分项为

$$\Delta u_I(k) = K_I e(k) = \frac{K_p T_s}{T_i} e(k) \quad (2-227)$$

如果采样周期 T_s 取值过小,则 $T_s \ll T_i$,K_I 数值很小,因此,受计算机字长限制,即使 $e(k)$ 足够大,该项输出也可能被作为机器零,使 $\Delta u_I(k)$ 为零,控制器没有积分作用,从而达

不到消除余差的要求。

实际应用中,采样周期的选择原则是使控制度不高于1.2,最大不超过1.5。经验选择方法是根据系统的工作周期T_p,选择采样周期$T_s=(1/6\sim1/15)T_p$,通常取$T_s=0.1T_p$。也可根据被控变量的类型选择采样周期T_s,如表2-22所示。

表 2-22 根据被控变量类型选择采样周期

被控变量类型	流量	压力	液位	温度	成分
采样周期范围/s	1~5	3~10	5~8	10~30	15~30
常用采样周期/s	1	5	5	20	20

3. 数字 PID 控制算法的改进

当系统波动范围大、变化迅速和存在较大的扰动时,基本的数字 PID 控制效果往往不能满足控制的要求。因此,对数字 PID 控制算法进行改进一直是控制领域研究的课题。下面介绍几种常见的改进形式。

1) 积分项改进的数字 PID 控制算法

PID 控制中,积分的作用是消除余差,提高控制精度。但在过程的启动、结束或大幅度增减设定值时,短时间内系统输出有很大的偏差,从而造成 PID 运算的积分累积,使系统产生大的超调或长时间振荡,降低系统稳定性,这在生产中是绝对不允许的。为了提高控制性能,有必要对 PID 控制中的积分项进行改进。

(1) 积分分离 PID 算法。鉴于积分作用的不良影响多发生在系统控制偏差较大时,所以积分分离的基本思路是当系统偏差较大时,如果大于人为设定的某阈值 β 时,采用 PD 控制,可避免产生过大的超调,又使系统有较快的响应;而当系统偏差较小时,采用 PID 控制,以消除余差,保证系统的控制精度。

增量式积分分离 PID 算法的数学表达式为

$$\Delta u(k)=K_p[e(k)-e(k-1)]+\alpha K_i e(k) \\ +K_d[e(k)-2e(k-1)+e(k-2)] \tag{2-228}$$

式中,α 为积分项的开关系数,其表达式为

$$\alpha=\begin{cases}1 & |e(k)|\leqslant\beta \\ 0 & |e(k)|>\beta\end{cases} \tag{2-229}$$

积分分离阈值 β 应根据具体对象及控制要求确定。若 β 值过大,达不到积分分离的目的;若 β 值过小,则会导致被控量 $y(t)$ 无法进入积分区,只进行 PD 控制,会使系统出现余差。

【例 2-22】 设被控对象为具有时滞的惯性环节,其传递函数为 $G(s)=\dfrac{e^{-40s}}{600s+1}$,系统采样周期为 10s,试比较积分分离 PID 控制算法和普通 PID 控制算法的控制效果。

解:首先通过以下 MATLAB 代码求取被控对象的离散传递函数:

```
clear all;
close all;
ts = 10;
sys = tf([1],[600,1],'inputdelay',40);
dsys = c2d(sys,ts,'zoh');
```

```
[num,den] = tfdata(dsys,'v');
```

求得 num=[0,0.0165],den=[1,-0.9835]。

选取 $K_p=5.8, K_i=0.075, K_d=1.5$。通过 Simulink 模块实现积分分离 PID 控制算法,如图 2-84 所示。

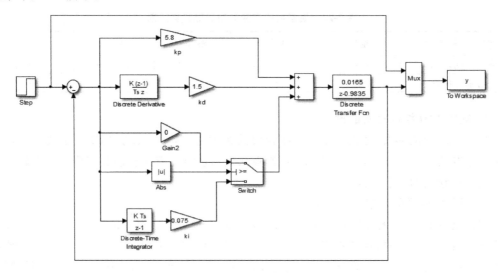

图 2-84　积分分离 PID 控制 Simulink 仿真图

其中,阈值 β 为 0.20。

用同样的方式,通过 Simulink 模块实现普通 PID 控制算法,其参数均与积分分离 PID 参数相同。两种控制算法的控制效果比较如图 2-85 所示。

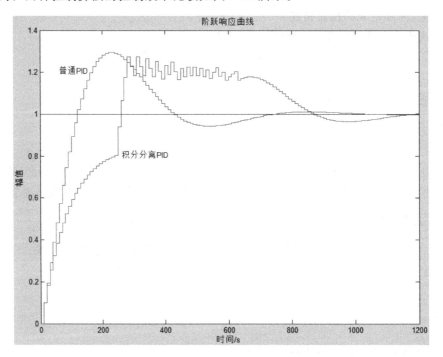

图 2-85　积分分离 PID 和普通 PID 控制效果比较图

从仿真结果可以看到,采用积分分离 PID 控制算法,系统在开始阶段响应较快,超调量有所减小,但是阈值 β 的出现使系统较长时间内处于 PD 控制阶段,需要较长的调节时间。

(2) 变速积分 PID 算法。控制系统对积分项的要求是,系统偏差大时积分作用应减弱甚至全无,而在偏差小时则应加强。否则,积分系数取大了会产生超调,甚至积分饱和,取小了又迟迟不能消除余差。因此,如何根据系统偏差大小改变积分的速度,对于提高系统品质是很重要的。采用变速积分 PID 可以较好地解决这一问题。

变速积分 PID 的基本思想是设法改变积分项的累加速度,使其与偏差的大小相对应。即偏差越大,积分越慢;偏差越小,积分越快。

为此,设置一系数 $f[e(k)]$,它是偏差 $e(k)$ 的函数。当 $|e(k)|$ 增大时,f 减小,反之增大。每次采样后,用 $f[e(k)]$ 乘以 $e(k)$,再进行累加,即

$$u_i(k) = K_i \left\{ \sum_{i=0}^{k-1} e(i) + f[e(k)] \cdot e(k) \right\} \tag{2-230}$$

式中,$u_i(k)$ 表示变速积分项的输出值。

系数 $f[e(k)]$ 与 $|e(k)|$ 的关系可以是线性的或非线性的,通常可设为

$$f[e(k)] = \begin{cases} 1 & |e(k)| \leqslant B \\ \dfrac{A - |e(k)| + B}{A} & B < |e(k)| \leqslant (A+B) \\ 0 & |e(k)| > (A+B) \end{cases} \tag{2-231}$$

式中,A 和 B 根据被控对象的特点和系统的性能指标要求来确定。

将 $u_i(k)$ 代入位置式数字 PID 控制算式,得到变速积分数字 PID 算式为

$$u(k) = K_c e(k) + K_i \left\{ \sum_{j=0}^{k-1} e(j) + f[e(k)] \cdot e(k) \right\} \\ + K_d [e(k) - e(k-1)] + u(0) \tag{2-232}$$

(3) 遇限削弱积分法。积分分离 PID 算法在开始时不积分,而遇限削弱积分法则正好与之相反,一开始就积分,进入限制范围后即停止积分。该方法的基本思想是当控制进入饱和区以后,便不再进行积分项的累加,而只执行削弱积分的运算。因而,在计算 $u(k)$ 时,首先判断上一时刻的控制量 $u(k-1)$ 是否已超出限制值,若 $u(k-1) \geqslant u_{max}$,则只累加负偏差;若 $u(k-1) \leqslant u_{min}$,则只累加正偏差,这样可以避免控制量长时间停留在饱和区。

(4) 梯形积分 PID 控制算法。理想 PID 控制算法中积分的作用是消除余差。为减小余差,应提高积分项的运算精度。为此,可将矩形积分改为梯形积分,积分项的计算公式为

$$\int_0^t e(t) dt = \sum_{i=0}^{k} \frac{e(i) + e(i-1)}{2} T_s \tag{2-233}$$

2) 微分项改进的数字 PID 控制算法

在 PID 控制中,微分项根据偏差变化的趋势及时施加作用,从而有效地抑制偏差增长,减小系统输出的超调,减弱振荡,加快动态过程。但是微分作用对高频干扰非常灵敏,容易引起控制过程振荡,降低控制品质。为此有必要对 PID 算法中的微分项进行改进。

(1) 不完全微分 PID 算法。微分控制的特点之一是在偏差发生陡然变化的瞬间给出很大的输出,但实际的控制系统,尤其是采样控制系统中,数字控制器对每个控制回路的输出

时间是短暂的,而驱动执行器动作又需要一定时间,如果输出较大,在短暂时间内执行器达不到应有的开度,会导致输出失真。为了克服这一缺点,同时又要使微分作用有效,可以在 PID 控制输出端串联一个一阶惯性环节(低通滤波器),这样就形成了不完全微分 PID 控制器。

不完全微分 PID 算法是在普通 PID 算法中加入一个一阶惯性环节,如图 2-86 所示。

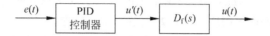

图 2-86　不完全微分 PID 控制器结构框图

在图 2-86 中

$$D_f(s) = \frac{u(t)}{u'(t)} = \frac{1}{T_f s + 1} \tag{2-234}$$

$$u'(t) = K_c \left[e(t) + \frac{1}{T_i} \int_0^t e(t) dt + T_d \frac{de(t)}{dt} \right] \tag{2-235}$$

将式(2-235)代入式(2-234),整理可得

$$T_f \frac{du(t)}{dt} + u(t) = K_c \left[e(t) + \frac{1}{T_i} \int_0^t e(t) dt + T_d \frac{de(t)}{dt} \right] \tag{2-236}$$

将式(2-236)进行离散化,得到不完全微分 PID 位置型控制算式为

$$u(k) = \alpha u(k-1) + (1-\alpha) u'(k) \tag{2-237}$$

式中,$u'(k) = K_c \left[e(k) + \frac{T_s}{T_i} \sum_{j=0}^{k} e(j) + T_d \frac{e(k) - e(k-1)}{T_s} \right]$,$\alpha = \frac{T_f}{T_f + T_s}$。

与标准 PID 控制算法一样,不完全微分 PID 算法也有增量型控制算式,即

$$\Delta u(k) = \alpha \Delta u(k-1) + (1-\alpha) \Delta u'(k) \tag{2-238}$$

式中,$\Delta u'(k) = K_c [e(k) - e(k-1)] + K_i e(k) + K_d [e(k) - 2e(k-1) + e(k-2)]$。

不完全微分 PID 控制的微分作用能缓慢地持续多个采样周期。相当于串接一个低通滤波环节,滤去高频噪声。

【例 2-23】 设被控对象为具有时滞的惯性环节,其传递函数为 $G(s) = \frac{e^{-80s}}{60s+1}$,系统采样周期为 20s,在对象的输出端施加幅值为 0.01 的随机信号。低通滤波器为 $D_f(s) = \frac{1}{180s+1}$。试比较不完全微分 PID 算法和普通 PID 控制算法的控制效果。

解:首先通过以下 MATLAB 代码求取被控对象的离散传递函数:

```
clear all;
close all;
ts = 20;
sys = tf([1],[60,1],'inputdelay',80);
dsys = c2d(sys,ts,'zoh');
[num1,den1] = tfdata(dsys,'v');
```

求得 num1=[0,0.2835],den1=[1,−0.7165]。

用同样的方式,可求得低通滤波器的离散传递函数,num2 = [0,0.1052],den2 = [1,−0.8948]。

选取 $K_p=0.5, K_i=0.0055, K_d=30$。通过 Simulink 模块实现不完全微分 PID 算法，如图 2-87 所示。

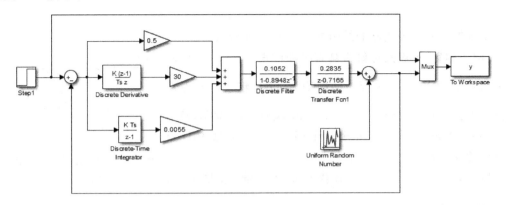

图 2-87　不完全微分 PID 控制 Simulink 仿真图

同样可通过 Simulink 模块实现普通 PID 控制算法，其参数均与不完全微分 PID 参数相同。两种控制算法的控制效果比较如图 2-88 所示。

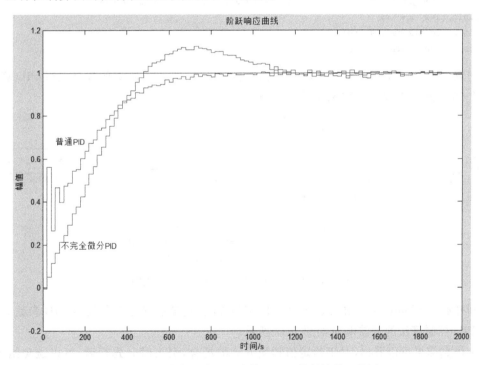

图 2-88　不完全微分 PID 和普通 PID 控制效果比较图

从仿真结果可以看出，在前两个采样周期，不完全微分 PID 控制回路的输出比普通 PID 控制回路的输出要小很多，不会出现输出失真的问题。

(2) 微分先行 PID 算法。为了避免因给定值变化导致超调量过大，控制阀动作剧烈，如果只对测量值（被控变量）进行微分，而不对偏差微分，则可以避开对给定值的微分运算，输出就不会产生剧烈的跳变，这种方法称为微分先行 PID 算法。增量式微分先行 PID 算法的

表达式为

$$\Delta u(k) = K_p[e(k) - e(k-1)] + K_i e(k) \\ + K_d[y(k) - 2y(k-1) + y(k-2)] \qquad (2\text{-}239)$$

微分先行 PID 控制器的结构框图如图 2-89 所示。

【**例 2-24**】 设被控对象为具有时滞的惯性环节,其传递函数为 $G(s) = \dfrac{e^{-80s}}{60s+1}$,系统采样周期为 20s。输入信号为带有高频干扰的方波信号 $y_d(t) = 1.0\text{sign}(\text{square}(0.0005\pi t)) + 0.05\sin(0.03\pi t)$。试比较微分先行 PID 算法和普通 PID 控制算法的控制效果。

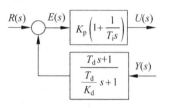

图 2-89 微分先行 PID 控制器结构框图

解:首先通过以下 MATLAB 代码求取仿真输入信号 simin:

```
clear all;
close all;
ts = 20;
k = [1:1:400]';
yd = 1.0 * sign(square(0.0005 * pi * k * ts)) + 0.05 * sin(0.03 * pi * k * ts);
simin.time = k * ts;
simin.signals.values = yd;
simin.signals.dimensions = 1;
```

选取 $K_p = 0.56, K_i = 0.0081, K_d = 1.5$。通过 Simulink 模块实现微分先行 PID 算法,如图 2-90 所示。方波响应结果如图 2-91 所示。

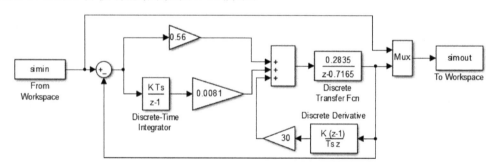

图 2-90 微分先行 PID 控制 Simulink 仿真图

同样通过 Simulink 模块实现普通 PID 控制算法,其参数均与微分先行 PID 参数相同。普通 PID 控制算法的方波响应如图 2-92 所示。

由仿真结果可以看出,对于给定值频繁升降的场合,引入微分先行后,可以避免给定值升降所引起的系统振荡,明显地改善系统的动态特性。

2.5.4 双位控制

双位控制古老而简单,其控制器的输出只有两个值,即最大值和最小值。当测量值大于(或小于)设定值,即偏差信号 $e(t)$ 大于零(或小于零)时,控制器的输出信号 $u(t)$ 为最大值;反之,则控制器的输出信号为最小值。因此,理想的双位控制规律的数学表达式为

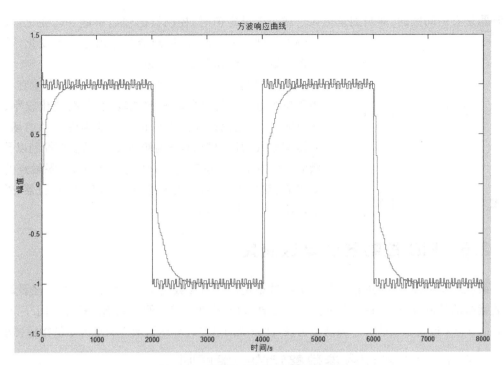

图 2-91 微分先行 PID 控制方波响应

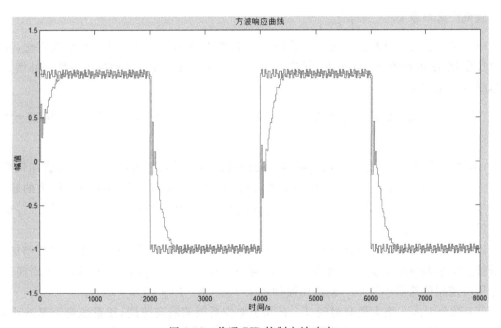

图 2-92 普通 PID 控制方波响应

$$\begin{cases} u(t) = u_{\max} & e > 0 \\ u(t) = u_{\min} & e < 0 \end{cases} \quad 或 \quad \begin{cases} u(t) = u_{\max} & e < 0 \\ u(t) = u_{\min} & e > 0 \end{cases} \tag{2-240}$$

理想的双位控制有一个很大的缺点,即控制机构的动作非常频繁,容易损坏系统中的执行机构(如继电器、电磁阀等),这样就很难保证双位控制系统安全可靠运行。实际上的双位控制器是有中间区的,即当测量值大于或小于设定值时,控制器的输出不能立即变化,只有当偏差达到一定数值时,控制器的输出才发生变化,其双位控制输出特性如图 2-93 所示。

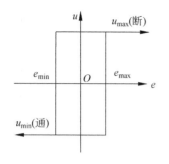

图 2-93 实际双位控制输出特性

双位控制结构简单,容易实现控制,且价格便宜。适用于单容量对象且对象时间常数较大、负荷变化较小、过程时滞小、工艺允许被控变量在一定范围内波动的场合,如压缩空气的压力控制,恒温箱、管式炉的温度控制以及贮槽的液位控制等。在实施时只要选用带上、下限触点的检测仪表、双位控制器,再配上继电器、电磁阀、执行器、磁力起动器等即可构成双位控制系统。

2.6 PID 控制器的参数整定

系统投运之前,还需进行控制器的参数整定。所谓参数整定,就是对于一个已经设计并安装就绪的控制系统,选择合适的控制器参数(即比例度 δ 或比例系数 K_c,积分时间 T_i 和微分时间 T_d)来改善系统的静态和动态特性,使系统的过渡过程达到最为满意的质量指标要求。

2.6.1 PID 控制器参数整定的一般原则

假设广义对象 $G_o(s) = \dfrac{K_o}{T_o s + 1} e^{-\tau_o s}$。

(1) 控制系统稳定的静态条件是系统开环总增益 $K_c K_o$ 恒定。变送器量程变化,控制阀口径变化,都可调整 K_c 使 $K_c K_o$ 恒定。过程的非线性可通过调整控制阀特性来补偿或采用非线性控制规律。

(2) $\dfrac{\tau_o}{T_o}$ 是广义对象的动态参数。该值越大,说明控制系统越不易稳定,应取 $T_i = 2\tau_o$,$T_d = 0.5\tau_o$。

(3) 在 PID 控制中,比例作用是最基本的控制作用。增大比例系数 K_c 一般会加快系统的响应,在有余差的情况下有利于减小余差,但过大的比例系数会使系统有比较大的超调,并产生振荡,使系统的稳定性变差。在整定比例系数时,可以先调整 K_c,再调 T_i、T_d,也可以先设置 T_i、T_d,再调整 K_c。

(4) 积分引入。增大积分时间 T_i,有利于减小超调,减小振荡,使系统的稳定性增加,但是系统消除余差时间变长。一般取 $T_i = 2\tau_o$ 或 $T_i = (0.5 \sim 1) T_p$,其中 T_p 为工作周期。积分作用可使相位滞后小于 40°,幅值比增加小于 20%,K_c 下降 10%~20%。

(5) 微分引入。增大微分时间 T_d,有利于加快系统的响应速度,使系统超调量减小,稳定性增加。但系统对扰动的抑制能力减弱。微分作用对容量滞后有效,而对时滞无能为力。一般 $T_d = (0.25 \sim 0.5) T_i$ 或 $T_d = 0.5\tau_o$。微分作用可使 K_c 提高 10%~20%。对高频噪声,宜采用反微分。

(6) 稳定性是控制系统品质的基本性能,一般取衰减比 n 作为稳定性指标。对于 PI 控制器,常取满足衰减比要求的 $\dfrac{K_c}{T_i}$ 中最大一组 K_c 和 T_i。

(7) 衰减比 n 的选择。不同的系统有不同的稳定裕度要求,即衰减比不同。对于定值控制系统,要求被控变量在受到干扰的影响后,有一个衰减振荡的过渡过程,动态偏差小一些,过渡过程短一些。因此,当采用时域质量指标时,衰减比应取为 4:1。对于随动控制系统,因为要求能够紧跟,不作大幅度来回振荡,常采用 10:1 的衰减比。

2.6.2 PID 控制器参数的工程整定方法

1. 经验法

经验法实质上是一种试凑的方法,是工程技术人员在长期生产实践中,从各种控制规律对系统控制质量影响的定性分析中,总结出来的一种行之有效并得到广泛应用的工程整定方法。经验法主要对温度、流量、压力和液位四类控制系统,将控制器参数预先设置在表 2-23 的某些数值上,然后施加一定的人为扰动(如改变设定值等),观察控制系统的过渡过程,如果过渡过程不够理想,则按一定程序改变控制器参数,这样反复试凑,直到获得满意的控制质量为止。

表 2-23 各种控制系统整定参数的范围

被控变量	控制器参数		
	$\delta/\%$	$T_i/\min$	$T_d/\min$
温度	20~60	3~10	0.5~3
流量	40~100	0.1~1	
压力	30~70	0.4~3	
液位	20~80		

由于比例作用是最基本的控制作用,经验法主要通过调整比例度 δ 的大小来满足质量指标,有以下两条整定途径。

一是先比例,后积分微分法。即在纯比例作用下,先对比例度进行试凑,待过渡过程基本稳定并符合要求后,再加积分作用消除余差,最后加微分作用以提高控制质量,其具体整定方法如下:

(1) 在闭合运行的控制系统中,将控制器的 T_i 置最大,T_d 置零,δ 取表 2-23 中的经验数据。改变设定值,观察记录曲线,若过渡时间过长,应减小比例度;若振荡过于剧烈,则应加大比例度,直到使系统达到 4:1 衰减振荡的过渡过程为止。

(2) 在加入积分作用时,须将已试凑好的比例度加大 10%~20%,然后再将积分时间由大到小进行试凑。若曲线回复时间较长,应减小 T_i;若曲线波动较大,则应增大 T_i,直到系统达到 4:1 衰减振荡的过渡过程为止。

(3) 若系统需加入微分作用,δ 应取得比纯比例作用时更小些,T_i 也可相应减小,一般先取 $T_d=(1/4\sim1/3)T_i$,将微分时间 T_d 由小到大试凑。若曲线超调量大而衰减慢,应增大 T_d;若曲线衰减剧烈则应减小 T_d,同时观察曲线,适当调整 T_i、δ,以使过渡时间短,超调量小,直到控制质量达到工艺要求为止。

二是采用先积分微分,后比例的方法。即先选定 T_i 和 T_d,T_i 可取表 2-23 所列范围的某一数值,T_d 取 $(1/4\sim1/2)T_i$,然后对比例度进行试凑。若过渡过程仍然不够理想,则对 T_i 和 T_d 再做适当调整。实践证明,对许多过程来说,要达到相近的控制质量,δ、T_i 和 T_d

不同数值的组合很多,因此这种试凑方法也是切实可行的。

经验法适用于工业上大多数控制系统,特别适用于对象干扰频繁、过渡过程曲线不规则的控制系统。但是,对于缺乏经验的操纵人员来说,经验法整定所花费的时间较多。

2. 临界比例度法

所谓临界比例度法,是在系统闭环的情况下,用纯比例控制的方法获得临界振荡数据,即临界比例度 δ_k 和临界振荡周期 T_k,如图 2-94 所示,然后利用一些经验公式,求取满足衰减振荡过渡过程的控制器参数。其整定计算公式见表 2-24。

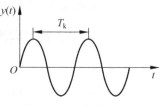

图 2-94 临界比例度法

表 2-24 临界比例度法控制器参数计算表(4∶1 衰减比)

控制规律	比例度 $\delta/\%$	积分时间 T_i/min	微分时间 T_d/min
P	$2\delta_k$		
PI	$2.2\delta_k$	$0.85T_k$	
PD	$1.8\delta_k$		$0.1T_k$
PID	$1.7\delta_k$	$0.5T_k$	$0.125T_k$

具体整定步骤如下:

(1) 将控制器的积分时间 T_i 置于最大($T_i=\infty$),微分时间 T_d 置零($T_d=0$),比例度 δ 置较大数值,让系统投入闭环运行。

(2) 重复做扰动实验,然后将比例度 δ 由大逐渐减小,观察系统的输出,直到系统出现等幅振荡,达到临界状态,记下此时的比例度 δ_k,在过渡过程曲线上求出临界振荡周期 T_k。

(3) 根据 δ_k 和 T_k 值,按临界比例度法控制器参数计算表求出控制器各个参数 δ、T_i、T_d 值。

(4) 将控制器的比例度换成整定后的值,然后依次放上积分时间和微分时间的整定值。加入干扰后,观察系统的响应过程,若过渡过程与 4∶1 衰减还有一定差距,再适当调整 δ 值,直到过渡过程满足要求。

临界比例度法应用时简单方便,适用于一般的控制系统,但必须注意以下两点:①该方法在整定过程中必定出现等幅振荡,从而限制了该方法的使用场合。对于工艺上不允许出现等幅振荡的系统,如锅炉水位控制系统,就无法使用该方法。对于某些时间常数较大的单容量对象,如液位对象或压力对象,在纯比例作用下是不会出现等幅振荡的,因此不能获得临界振荡的数据,从而也无法使用该方法。②使用该方法时,控制系统必须工作在线性区,否则得到的持续振荡曲线可能是极限环,不能依据此时的数据来计算整定参数。

【例 2-25】 已知广义被控对象的传递函数为 $G_o(s)=\dfrac{1}{(s+1)(2s+1)(5s+1)(10s+1)}$,试用临界比例度法整定系统 P、PI、PID 控制器的参数,并绘制整定后系统的单位阶跃响应曲线。

解:通过 Simulink 模块实现临界比例度法控制器参数整定,如图 2-95 所示。

首先采用纯比例控制,经反复测试,当比例度 $\delta_k=0.13$ 时,系统对阶跃输入的响应达到临界振荡状态,如图 2-96 所示。从图 2-96 中可以得到临界振荡周期 $T_k=19$。

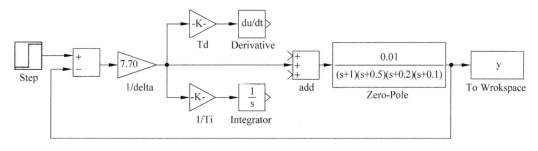

图 2-95 临界比例度法 Simulink 框图

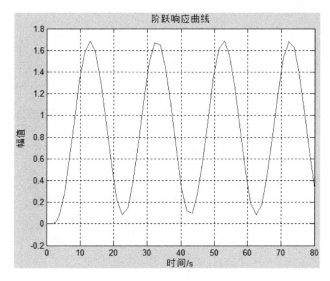

图 2-96 等幅振荡曲线

根据表 2-24,采用 P 控制器时,比例度 $\delta = 2\delta_k = 0.26$,此时系统的单位阶跃响应曲线如图 2-97 所示。

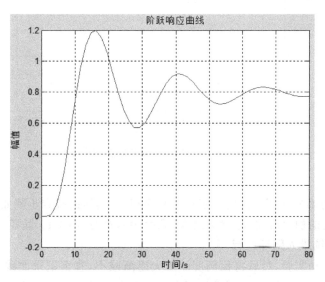

图 2-97 闭环 P 控制单位阶跃响应曲线

采用 PI 控制器时,比例度 $\delta=2.2\delta_k=0.286$,积分时间 $T_i=0.85T_k=16.15$。此时系统的单位阶跃响应曲线如图 2-98 所示。

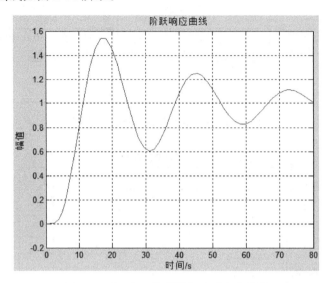

图 2-98　闭环 PI 控制单位阶跃响应曲线

采用 PID 控制器时,比例度 $\delta=1.7\delta_k=0.221$,积分时间 $T_i=0.5T_k=9.5$,微分时间 $T_d=0.125T_k=2.375$。此时系统的单位阶跃响应曲线如图 2-99 所示。

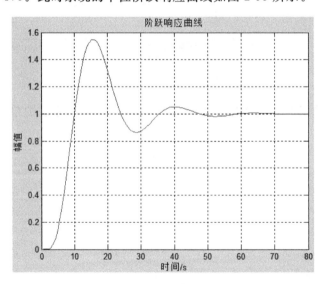

图 2-99　闭环 PID 控制单位阶跃响应曲线

3. 衰减曲线法

衰减曲线法与临界比例度法的整定过程有些相似,具体的整定步骤如下:

(1) 将控制器的积分时间 T_i 置于最大($T_i=\infty$),微分时间 T_d 置零($T_d=0$),比例度 δ 置较大数值,将系统投入闭环运行。

(2) 重复做扰动实验,然后将比例度 δ 由大逐渐减小,直至记录曲线出现 4∶1 的衰减比为止,记下此时的比例度 δ_s,在过渡过程曲线上求出衰减振荡周期 T_s,如图 2-100 所示。

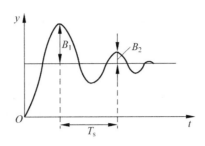

图 2-100 衰减曲线法

(3) 根据 δ_s 和 T_s 值,按衰减曲线法控制器参数计算表,如表 2-25 所示,求出控制器各个参数 δ、T_i、T_d 值。

表 2-25 衰减曲线法控制器参数计算表(4∶1 衰减比)

控制规律	比例度 δ/%	积分时间 T_i/min	微分时间 T_d/min
P	δ_s		
PI	$1.2\delta_s$	$0.5T_s$	
PID	$0.8\delta_s$	$0.3T_s$	$0.1T_s$

(4) 根据上述计算结果设置控制器的参数值。观察系统的响应过程,若记录曲线不合要求,再适当调整整定参数值。

【例 2-26】 已知广义被控对象的传递函数为 $G_o(s) = \dfrac{1}{(s+1)(2s+1)(5s+1)(10s+1)}$,试用衰减曲线法整定系统 P、PI、PID 控制器的参数,并绘制整定后系统的单位阶跃响应曲线。

解:通过 Simulink 模块实现衰减曲线法控制器参数整定,如图 2-101 所示。

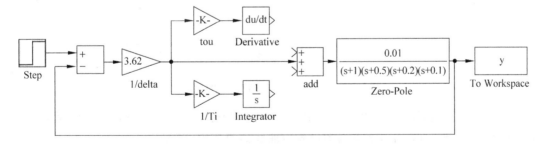

图 2-101 衰减曲线法 Simulink 框图

首先采用纯比例控制,经反复测试,当比例度 $\delta_s = 0.276$ 时,系统对阶跃输入的响应曲线出现 4∶1 的衰减比,如图 2-102 所示。从图 2-102 中可以得到衰减振荡周期 $T_s = 26$。

根据表 2-25,采用 P 控制器时,比例度 $\delta = \delta_s = 0.276$,此时系统的单位阶跃响应曲线如图 2-102 所示。

采用 PI 控制器时,比例度 $\delta = 1.2\delta_k = 0.3312$,积分时间 $T_i = 0.5T_s = 13$。此时系统的单位阶跃响应曲线如图 2-103 所示。

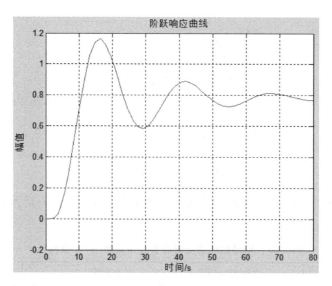

图 2-102 衰减振荡曲线

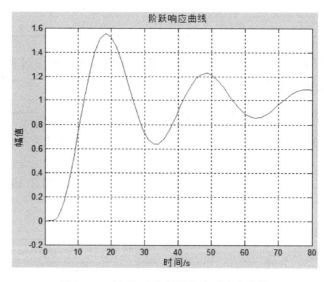

图 2-103 闭环 PI 控制单位阶跃响应曲线

采用 PID 控制器时,比例度 $\delta=0.8\delta_s=0.2208$,积分时间 $T_i=0.3T_s=7.8$,微分时间 $T_d=0.1T_s=2.6$。此时系统的单位阶跃响应曲线如图 2-104 所示。

4. 反应曲线法

反应曲线法是根据广义对象的时间特性,通过经验公式求取。这是一种开环的整定方法,由 Ziegler 和 Nichols 在 1942 年首先提出。当操纵变量作阶跃变化时,被控变量随时间的变化曲线称为反应曲线。

反应曲线法求解具体步骤如下:

(1) 在系统开环并处于稳定的情况下,给系统输入一个阶跃信号,测量系统的输出响应曲线。对自衡的非振荡过程,响应曲线可用 $G_o(s)=\dfrac{K_o}{T_o s+1}e^{-\tau_o s}$ 来近似,K_o,τ_o 和 T_o 可由反

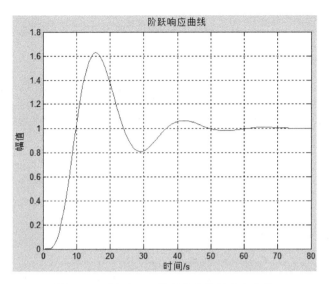

图 2-104 闭环 PID 控制单位阶跃响应曲线

应曲线图解法得出。

（2）有了参数，就可以根据反应曲线控制器参数计算表，如表 2-26 所示，计算出满足 4∶1 衰减振荡的控制器整定参数。

表 2-26　反应曲线法控制器参数计算表（4∶1 衰减比）

控制规律	比例度 δ/%	积分时间 T_i/min	微分时间 T_d/min
P	$K_o(\tau_o/T_o)$		
PI	$1.1K_o(\tau_o/T_o)$	$3.3\tau_o$	
PID	$0.85K_o(\tau_o/T_o)$	$2.2\tau_o$	$0.5\tau_o$

【例 2-27】 已知广义被控对象的传递函数为 $G_o(s)=\dfrac{1}{(s+1)(2s+1)(5s+1)(10s+1)}$，试用反应曲线法整定系统 P、PI、PID 控制器的参数，并绘制整定后系统的单位阶跃响应曲线。

解：通过 Simulink 模块实现反应曲线法控制器参数整定，如图 2-105 所示。

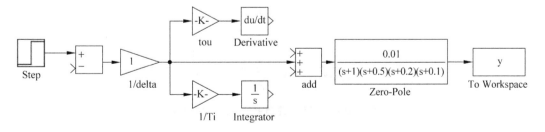

图 2-105　反应曲线法

首先采用纯比例控制，比例度 $\delta=1$，将系统反馈回路断开，系统对阶跃输入的响应曲线如图 2-106 所示。从图 2-106 中可以近似得到广义被控对象的一阶惯性加纯滞后数学模型的参数为 $K_o=1$，$T_o=22$ 和 $\tau_o=5.5$。

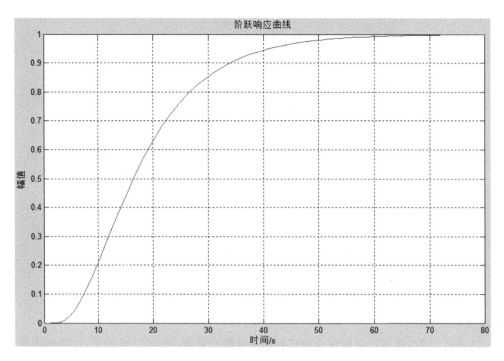

图 2-106 反应曲线

根据表 2-26,采用 P 控制器时,比例度 $\delta = K_o(\tau_o/T_o) = 0.25$,此时系统的单位阶跃响应曲线如图 2-107 所示。

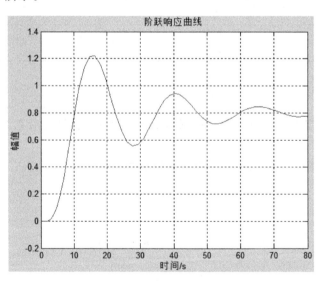

图 2-107 闭环 P 控制单位阶跃响应曲线

采用 PI 控制器时,比例度 $\delta = 1.1K_o(\tau_o/T_o) = 0.275$,积分时间 $T_i = 3.3\tau_o = 18.15$。此时系统的单位阶跃响应曲线如图 2-108 所示。

采用 PID 控制器时,比例度 $\delta = 0.85K_o(\tau_o/T_o) = 0.2125$,积分时间 $T_i = 2.2\tau_o = 12.1$,微分时间 $T_d = 0.5\tau_o = 2.75$。此时系统的单位阶跃响应曲线如图 2-109 所示。

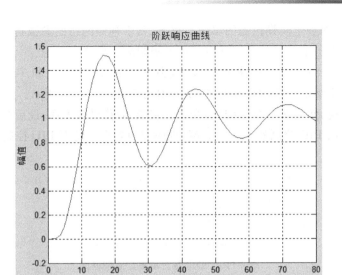

图 2-108 闭环 PI 控制单位阶跃响应曲线

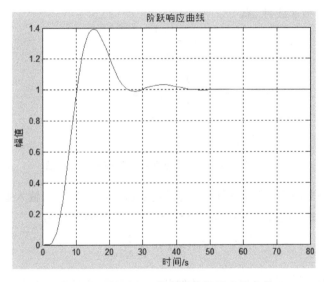

图 2-109 闭环 PID 控制单位阶跃响应曲线

2.6.3 PID 控制器参数的自整定方法

传统的 PID 控制器参数是采用工程整定法由人工整定。这种整定工作不仅需要熟练的技巧,而且还相当费时。更为重要的是,当被控对象特性发生变化需要控制器参数作相应调整时,传统的 PID 控制器没有这种"自适应"能力,只能依靠人工重新整定参数。由于生产过程的连续性以及参数整定所需的时间长,这种重新整定实际很难进行,甚至几乎是不可能的。因此,PID 控制器参数自整定方法的研究一直是工程技术人员研究的重要课题。

目前,有两种 PID 控制器参数自整定方法在实际工业过程中应用较好。一种是基于继电反馈的极限环法,另一种是基于模式识别的参数自整定方法。此外,还有各种智能 PID

参数自整定方法,如基于模糊控制的参数自整定、基于神经网络的参数自整定和基于遗传算法的参数自整定等。下面仅就基于继电反馈的极限环法作详细讨论。

对于测量临界比例度和临界振荡周期,瑞典学者 K. J. Astrom 和 T. Hagglund 在 1984 年提出了一种基于继电反馈的极限环法,其工作原理如图 2-110 所示。先通过人工控制使系统进入稳定工况,然后按下整定按钮,开关 S 接通 B,获得极限环,最后根据极限环的幅值和振荡周期计算出 PID 控制器的各参数值,进而控制器自动切至 PID 控制。

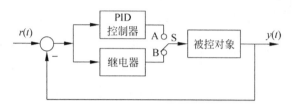

图 2-110　继电器自动整定原理框图

图 2-111 所示为具有继电器型非线性的控制系统框图。图中,$G_o(j\omega)$ 为广义被控对象的传递函数。为了便于分析系统产生自激等幅振荡的原理,非线性环节 N 用描述函数表示,对于理想继电器型非线性,有

$$N = \frac{4d}{\pi a} < 0 \tag{2-241}$$

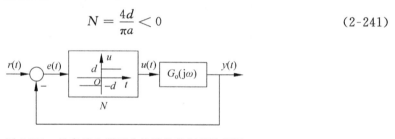

图 2-111　具有继电器型非线性的控制系统框图

式中,d 为继电器型非线性特性的幅值,a 为继电器型非线性环节的输入振幅。

由控制理论可知,整定状态的闭环系统产生自激振荡的条件为

$$G_o(j\omega) = -\frac{1}{N} \tag{2-242}$$

也就是说,如果 $-\frac{1}{N}$ 轨线和 $G_o(j\omega)$ 轨线相交,则该交点即为临界振荡点,闭环系统在该点有一个稳定的极限环,此时的临界比例度为

$$\delta_R = \frac{\pi a}{4d} \tag{2-243}$$

通过直接测量相邻两个输出过零的时刻值即可得到临界振荡周期 T_R。由此可得基于继电反馈的极限环法参数自整定的具体步骤如下:

(1) 使系统工作在具有继电特性的闭环状态,使之产生自激振荡,并求出临界比例度 δ_R 和临界振荡周期 T_R。

(2) 按临界比例度法的计算公式计算 PID 控制器参数 δ、T_i、T_d 的值。

(3) 将系统切换到 PID 控制器工作状态,将求得的 PID 控制器参数投入运行,并在运行中根据性能要求再对参数 δ、T_i、T_d 进行适当调整,直到满意为止。

2.7 控制系统的投运

一个控制系统安装完毕或停车检修之后,如何投运仍是一项十分重要的工作,尤其是一些工艺条件苛刻的控制系统,投运时要逐级满足工艺条件后,方可逐次逐级的投运。

所谓控制系统的投运,就是通过适当的方法使控制器从手动工作状态平稳地切换到自动工作状态,也称无扰动切换。无扰动切换法,是在手动将过程参数调到符合要求指标后,在切换到自动控制之前,要将控制器的测量与给定相重和后,再将控制器的手动开关切换到自动控制位置。

2.7.1 投运前的准备

(1) 熟悉工艺生产过程,即了解主要的工艺流程、设备的功能、各工艺参数间的关系、工艺要求以及工艺介质的性质等。

(2) 熟悉控制系统的控制方案,即掌握设计意图、明确控制指标,了解整个控制系统的布局和具体内容,熟悉测量元件、变送器、执行器的规格及安装位置,熟悉有关管线的布局及走向等。

(3) 对组成控制系统的各组成部件,包括检测元件、变送器、控制器、显示仪表、控制阀等,进行检验并记录,保证仪表部件的精确度。

(4) 对各连接管线、接线进行检查,保证连接正确;设置好控制器的正反作用、内外设定开关等;关闭控制阀的旁路阀,打开上下游的截止阀,并使控制阀能灵活开闭,安装阀门定位器的控制阀能检查阀门定位器能否正确动作;用模拟信号代替检测变送信号,检查控制阀能否正确动作,显示仪表是否正确显示等,改变比例度、积分和微分时间,观测控制器输出的变化是否正确。

2.7.2 投运过程

(1) 根据经验或估算,设置 δ、T_i 和 T_d,或者先将控制器设置为纯比例作用,比例度放在较大的位置。

(2) 确认控制阀的气开、气关作用后,确认控制器的正、反作用。

(3) 现场的人工操作。控制阀安装示意图如图 2-112 所示,将控制阀前后的阀门 1 和阀门 2 关闭,打开阀门 3,观察测量仪表能否正常工作,待工况稳定。

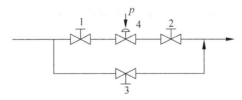

图 2-112 控制阀安装示意图
1—上游阀;2—下游阀;3—旁路阀;4—控制阀

(4) 手动遥控。用手操器调整作用于控制阀上的信号至一个适当数值,然后打开上有阀门 1,再逐步打开下游阀门 2,过渡到遥控,待工况稳定。

(5) 投入自动。手动遥控使被控变量接近或等于设定值,观察仪表测量值,待工况稳定后,控制器切换到"自动"状态。至此,初步投运过程结束。但控制系统的过渡过程不一定满足要求,还需要进一步调整 δ、T_i 和 T_d 三个参数。

思考题与习题

(1) 试画出简单控制系统的方块图,并简述各环节的作用。

(2) 增大过程的增益,对控制系统的控制品质指标有什么影响?过程的时间常数是否越小越好?为什么?

(3) 为什么要对测量信号进行校正、噪声抑制、测量信号线性化处理?

(4) 选择控制阀时口径过大或过小会产生什么问题?正常工况下控制阀的开度应以多大范围为宜?

(5) 什么是控制阀的理想流量特性和工作流量特性?系统设计时应如何选择控制阀的流量特性?

(6) 某温度控制系统已经正常运行,大修后温度变送器量程由原来的 $0 \sim 500$℃ 变为 $200 \sim 300$℃,控制系统会出现什么现象?应如何解决?

(7) 什么是积分饱和现象?解释积分分离 PID 算法对克服积分饱和的作用。

(8) 已知控制对象传递函数 $G(s) = \dfrac{10}{(s+2)(2s+1)}$,通过 MATLAB 仿真,用临界比例度法整定 PI 控制器参数。

(9) 某液位控制系统采用气动 PI 控制器调节。液位变送器量程为 $0 \sim 100$mm(液位 h 由 0 变到 100mm 时,变送器输出气压由 0.02MPa 到 0.1MPa)。当控制器输出气压变化 $\Delta p = 0.02$MPa 时,测得液位变化如表 2-27 所示。

表 2-27 液位变化数据

t/s	0	10	20	40	60	80	100	140	180	250	300	…	∞
$\Delta h/\text{mm}$	0	0	0.5	2	5	9	13.5	22	29.5	36	39	…	39

试求:

① 如果用具有时滞的一阶惯性环节近似,确定该系统参数 K、T 和 τ。

② 整定控制器参数 δ 和 T_i。

③ 如果液位变送器量程改为 $0 \sim 50$mm,为保持衰减率不变,应改变控制器的哪个参数?如何改变?

第 3 章 复杂控制系统

CHAPTER 3

简单控制系统解决了大量的定值控制问题,它是控制系统中最基本和使用最广的一种形式。但是,随着工业生产的发展以及工艺的革新,对操作条件的要求更加严格了,生产过程中被控变量之间的相互关系也更加复杂。为适应生产发展的需要,在简单控制系统的基础上,增加计算环节、控制环节或其他环节,构成各种复杂控制系统。通常复杂控制系统是多变量的,是由两个以上变送器、两个以上控制器或两个以上控制阀所组成的多个回路的控制系统,所以又称为多回路控制系统。

复杂控制系统的控制策略不同,它们主要用于解决以下两类问题:一是被控对象动态特性比较差而控制质量又要求很高的控制过程,这类问题简单控制系统无能为力,需要进一步采取改进控制结构、增加辅助回路或添加其他环节等措施。比如串级控制系统、比值控制系统和前馈控制系统。二是为满足不同生产工艺、操作方式、特殊控制性能而设计的控制系统,包括均匀控制系统、选择性控制系统、分程控制系统和双重控制系统。

据粗略估计,通常复杂控制系统约占全部控制系统的 10% 左右。

3.1 串级控制系统

3.1.1 串级控制系统的基本原理和结构

管式加热炉是石油化工行业中的重要装置之一,加热炉控制的主要任务就是把原油或重油加热到一定温度,以保证下一道工序(分馏或裂解)的顺利进行。燃料油经过蒸汽雾化后在炉膛中燃烧,被加热油料流过炉膛四周的排管中,就被加热到出口温度 θ_1。在燃料油管道上装设一个控制阀,用它来控制燃油量以达到控制温度 θ_1 的目的。工艺上要求被加热油料的出口温度为某一定值(通常为 400℃~500℃),一般希望波动范围不超过 ±2℃。

引起温度 θ_1 改变的扰动因素很多,主要有以下四点:

(1) 燃料油方面的扰动 D_1(燃料油的热值和控制阀的阀前压力);
(2) 被加热油料方面的扰动 D_2(被加热油料的流量和入口温度);
(3) 配风、炉膛漏风和大气温度方面的扰动 D_3;
(4) 喷油用的过热蒸汽压力波动 D_4。

最基本的控制方案是选取被加热油料的出口温度 θ_1 为被控变量,燃油量的流量为操纵变量,构成如图 3-1 所示的简单控制系统。在这种控制方案中,如果控制阀的阀前压力波动较大,即使阀门开度不变,仍将影响燃料油的流量大小,从而引起炉膛温度的波动,再经过炉膛四周的排管的传热,最终影响到被加热油料的出口温度。因而,这种控制方案的控制通道的时间常数和容量滞后都比较大,控制作用不够及时,系统克服扰动的能力较差,不能满足生产工艺的要求。

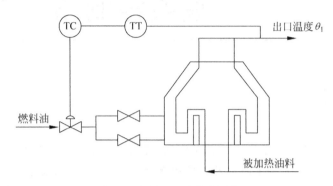

图 3-1 加热炉温度控制系统

如果改用图 3-2 所示的流量控制系统,则对温度来说是开环的,此时对于控制阀的阀前压力等扰动,可以迅速克服,但对于被加热油料的流量变化、燃料油的热值变化等扰动,却完全无能为力。人们日常操作的经验是当温度偏高时,把燃料油流量控制器的设定值减小一些;当温度偏低时,燃料油流量控制器的设定值应该增大一些。按照上述操作经验,把两个控制器串接起来,流量控制器的设定值由温度控制器输出决定,即流量控制器的设定值不是固定的,控制系统结构如图 3-3 所示。这样既能迅速克服影响流量的扰动作用,又能使温度在其他扰动作用下也保持在设定值,这就是串级控制系统。

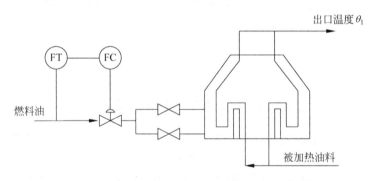

图 3-2 加热炉流量控制系统

加热炉温度-流量串级控制系统的框图如图 3-4 所示。图中,被加热油料的出口温度 y_1 是工艺控制指标,在串级控制系统中起主导作用的被控变量,称为主被控变量;燃料油的流量 y_2 为影响主被控变量的重要参数,称为副被控变量;流量控制器在系统中起辅助作用,其输出直接作用于控制阀,称为副控制器,其输出为 u_2;温度控制器在系统中起主导作用,其输出作为副控制器的设定值,称为主控制器,其输出为 u_1;温度传感器是测量并转换主被控变量的变送器,称为主变送器,其测量值为 y_{m1};流量传感器是测量并转换副被控变量的变送器,称为副变送器,其测量值为 y_{m2};主对象为工业过程中所要控制的、由主被控变量表征其主要特性的生产设备或过程,如图 3-4 中排管的管壁;副对象为工业过程中影响主被控变量的、由副被控变量表征其特性的辅助生产设备或辅助过程,如图 3-4 中燃料油的

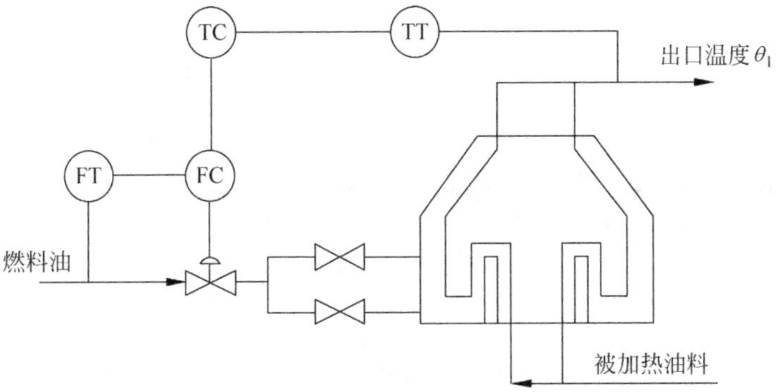

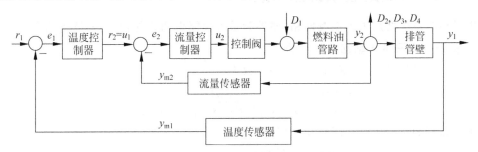

图 3-3 加热炉温度-流量串级控制系统

管路；副回路是由副控制器、副变送器、控制阀和副对象所构成的闭环回路；主回路是由主控制器、主变送器、副回路等效环节、主对象所构成的闭环回路。

图 3-4 加热炉温度-流量串级控制系统框图

加热炉温度-流量串级控制系统的调节过程如下：当燃料油压力或流量波动时，加热炉出口温度还没有变化，因此，主控制器输出不变，燃料油流量控制器因扰动的影响，使燃料油流量测量值变化，按定值控制系统的调节过程，副控制器改变控制阀开度，使燃料油流量稳定。与此同时，燃料油流量的变化也影响加热炉出口温度，使主控制器输出，即副控制器的设定值变化，副控制器的设定值和测量值同时变化，进一步加速了控制系统克服扰动的调节过程，使主被控变量恢复到设定值。

当被加热油料出口温度和燃料油流量同时变化时，主控制器通过主回路及时调节副控制器的设定，使燃料油流量变化以保持炉温恒定，而副控制器一方面接收主控制器的输出信号，同时根据燃料油流量测量值的变化进行调节，使燃料油流量跟踪设定值的变化，并根据被加热油料的出口温度及时调整，最终使被加热油料的出口温度迅速恢复到设定值。

用传递函数描述的串级控制系统框图如图 3-5 所示。

串级控制系统中有关的传递函数如下：

$$\frac{Y_1(s)}{R_1(s)} = \frac{G_{c1}(s)G_{c2}(s)G_v(s)G_{p2}(s)G_{p1}(s)}{1+G_{c2}(s)G_v(s)G_{p2}(s)G_{m2}(s)+G_{c1}(s)G_{c2}(s)G_v(s)G_{p2}(s)G_{p1}(s)G_{m1}(s)} \quad (3-1)$$

$$\frac{Y_1(s)}{F_1(s)} = \frac{G_{f1}(s)+G_{c2}(s)G_v(s)G_{p2}(s)G_{m2}(s)G_{f1}(s)}{1+G_{c2}(s)G_v(s)G_{p2}(s)G_{m2}(s)+G_{c1}(s)G_{c2}(s)G_v(s)G_{p2}(s)G_{p1}(s)G_{m1}(s)} \quad (3-2)$$

$$\frac{Y_1(s)}{F_2(s)} = \frac{G_{f2}(s)G_{p1}(s)}{1+G_{c2}(s)G_v(s)G_{p2}(s)G_{m2}(s)+G_{c1}(s)G_{c2}(s)G_v(s)G_{p2}(s)G_{p1}(s)G_{m1}(s)} \quad (3-3)$$

$$\frac{Y_2(s)}{R_2(s)} = G_{副}(s) = \frac{G_{c2}(s)G_v(s)G_{p2}(s)}{1+G_{c2}(s)G_v(s)G_{p2}(s)G_{m2}(s)} \quad (3-4)$$

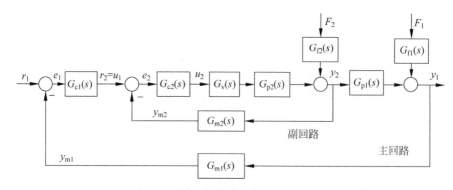

图 3-5　传递函数描述的串级控制系统框图

3.1.2　串级控制系统的特点

串级控制系统增加了副控制回路,使控制系统性能得到改善,其主要特点如下。

1. 能迅速克服进入副回路的扰动

由图 3-5 可知,副回路扰动通道传递函数为

$$\frac{Y_2(s)}{F_2(s)} = \frac{G_{f2}(s)}{1+G_{c2}(s)G_v(s)G_{p2}(s)G_{m2}(s)} \tag{3-5}$$

单回路控制系统中副回路扰动的传递函数为

$$\frac{Y_2(s)}{F_2(s)} = G_{f2}(s) \tag{3-6}$$

可见,串级控制系统中进入副回路扰动的等效扰动是单回路控制系统中进入副回路扰动的 $\frac{1}{1+G_{c2}(s)G_v(s)G_{p2}(s)G_{m2}(s)}$。同样,串级控制系统在进入副回路的扰动作用下,控制系统的余差为单回路控制系统余差的 $\frac{K_{c2}}{1+K_{c2}K_vK_{p2}K_{m2}}$。

因此,串级控制系统能够迅速克服进入副回路扰动的影响,并使系统最大偏差、余差大幅度减小。

在设计串级控制系统时,应尽量使干扰进入副回路,即应使主要干扰进入副回路,并应使尽可能多的干扰进入副回路。干扰出现在副回路的时候,相当于两个控制器进行控制,副回路"粗调",主回路"细调",副回路起到超前调节的作用。据统计,当干扰作用于副回路时,控制质量可提高 10~100 倍,干扰作用于主环时,也可提高 2~5 倍。

2. 改善对象特性、提高工作频率

把整个副回路看作是主回路中的一个环节,即

$$\frac{Y_2(s)}{R_2(s)} = \frac{G_{c2}(s)G_v(s)G_{p2}(s)}{1+G_{c2}(s)G_v(s)G_{p2}(s)G_{m2}(s)} \tag{3-7}$$

若取副对象为一阶惯性环节,副控制器、执行器、副变送器均为比例环节,则

$$G_{p2}(s) = \frac{K_{p2}}{1+T_{p2}s}, \quad G_{c2}(s) = K_{c2}, \quad G_v(s) = K_v, \quad G_{m2}(s) = K_{m2}$$

将副对象、副控制器、执行器、副变送器等各环节的传递函数代入式(3-7)中可得

$$\frac{Y_2(s)}{R_2(s)} = \frac{K_{c2}K_v \dfrac{K_{p2}}{1+T_{p2}s}}{1+K_{c2}K_v K_{m2}\dfrac{K_{p2}}{1+T_{p2}s}} \tag{3-8}$$

整理后得

$$\frac{Y_2(s)}{R_2(s)} = \frac{K'_{p2}}{1+T'_{p2}s} \tag{3-9}$$

式中

$$K'_{p2} = \frac{K_{c2}K_v K_{p2}}{1+K_{c2}K_v K_{p2}K_{m2}} \tag{3-10}$$

$$T'_{p2} = \frac{T_{p2}}{1+K_{c2}K_v K_{p2}K_{m2}} \tag{3-11}$$

由式(3-11)可知 $T'_{p2} < T_{p2}$。这表明由于副回路的作用,副回路等效对象的时间常数 T'_{p2} 较副对象的时间常数 T_{p2} 缩小 $\dfrac{1}{1+K_{c2}K_v K_{p2}K_{m2}}$。等效对象的时间常数减小,从而使控制通道的控制过程加快,有助于克服整个系统的惯性滞后。惯性时间的减小对加快系统响应、减小超调量、提高控制品质非常有利。等效对象放大倍数的减小,则可以通过增加主控制器的增益来加以补偿。

串级控制系统的闭环特征方程为

$$1+G_{c2}(s)G_v(s)G_{p2}(s)G_{m2}(s)+G_{c1}(s)G_{c2}(s)G_v(s)G_{p2}(s)G_{p1}(s)G_{m1}(s)=0 \tag{3-12}$$

即

$$T_{p1}T_{副}s^2+(T_{p1}+T_{副})s+(1+K_{c1}K_{副}K_{p1}K_{m1})=0 \tag{3-13}$$

式中,$T_{副}=\dfrac{T_{p2}}{1+K_{c2}K_v K_{p2}K_{m2}}$,$K_{副}=\dfrac{K_{c2}K_v K_{p2}}{1+K_{c2}K_v K_{p2}K_{m2}}$。

与二阶标准形式 $s^2+2\zeta\omega_0 s+\omega_0^2=0$ 比较,工作频率

$$\omega_{cs}=\omega_0\sqrt{1-\zeta_{cs}^2}=\frac{\sqrt{1-\zeta_{cs}^2}}{2\zeta_{cs}}\cdot\frac{T_{p1}+T_{副}}{T_{p1}T_{副}} \tag{3-14}$$

设单回路控制系统控制器为 $G_c(s)=K_c$,则单回路控制系统的闭环特征方程为

$$1+G_c(s)G_v(s)G_{p2}(s)G_{p1}(s)G_{m1}(s)=0 \tag{3-15}$$

即

$$T_{p1}T_{p2}s^2+(T_{p1}+T_{p2})s+(1+K_{c1}K_{p2}K_{p1}K_{m1})=0 \tag{3-16}$$

单回路控制系统的工作频率为

$$\omega_s=\omega'_0\sqrt{1-\zeta_s^2}=\frac{\sqrt{1-\zeta_s^2}}{2\zeta_s}\cdot\frac{T_{p1}+T_{p2}}{T_{p1}T_{p2}} \tag{3-17}$$

若串级控制系统和单回路控制系统有相同的阻尼比,则有

$$\frac{\omega_{cs}}{\omega_s}=\frac{1+\dfrac{T_{p1}}{T_{副}}}{1+\dfrac{T_{p1}}{T_{p2}}} \tag{3-18}$$

因为 $\dfrac{T_{p1}}{T_{副}}>\dfrac{T_{p1}}{T_{p2}}$,所以有

$$\omega_{cs}>\omega_s \tag{3-19}$$

由式(3-19)可知,串级控制系统的工作频率得到了提高,串级控制系统工作频率的提高表明控制系统的操作周期缩短,在相同衰减比调节下的恢复时间缩短,因此,有利于提高控制系统的动态性能。

3. 对负荷及操作条件的变化具有一定的自适应能力

串级控制系统就其主回路来看,是一个定值控制系统;而就其副回路来看,则为一个随动控制系统。主控制器的输出按照负荷或操作条件的变化而变化,从而不断地改变副控制器的设定值,使副控制器的设定值能随负荷及操作条件的变化而变化,这就使得串级控制系统对负荷的变化和操作条件的变化有一定的自适应能力。

过程控制系统的控制器参数都是在一定的负荷即一定的工作点下,按照一定的质量指标要求整定得到的。它们只适应其特定的负荷及工作点情况。若对象含有非线性,则随着负荷的变化,工作点将会移动,对象特性就发生了改变。此时,控制器参数就不再适用了,应重新整定,否则将会引起控制品质下降。对于串级控制系统,主控制器的输出实时地调整副控制器的设定值,使系统能随着其工作负荷及工作点的变化及时进行调整,保证系统的控制质量。

由副回路的等效放大倍数来看,即

$$K'_{p2} = \frac{K_{c2} K_v K_{p2}}{1 + K_{c2} K_v K_{p2} K_{m2}} \approx \frac{1}{K_{m2}} \tag{3-20}$$

当负荷变化时,会引起过程特性 K_{p2} 的改变,但是由于 $K_{c2} K_v K_{p2} K_{m2} \gg 1$,因而 K_{p2} 的变化对等效对象的放大倍数 K'_{p2} 的影响是很小的。所以系统仍然具有较好的控制品质。从上述分析可以看出,串级控制系统能自动克服非线性的影响,对负荷和操作条件的变化有一定的自适应能力。

4. 可以兼顾两个变量,更精确控制操纵变量

当主控制器比例度选得较大时,它的输出变化很小。这一输出是副控制器的给定值,因此副被控变量的变化也将比较平稳,就使得主、副两个变量都保持在一定范围之内。当副被控变量为流量时,控制阀的阀前压力波动都会被副回路测量到,从而使流量测量值与主控制器输出一一对应,保证精确控制操纵变量。

5. 可实现更灵活的操作方式

串级控制系统可以实现串级控制、主控和副控等多种控制方式。其中,主控方式是切除副回路,以主被控变量作为被控变量的单回路控制;副控方式是切除主回路,以副被控变量作为被控变量的单回路控制。因此,串级控制系统在运行过程中,如果某些部件出现故障,则可灵活地进行切换,从而减少对生产过程的影响。

3.1.3 串级控制系统的设计

1. 主、副回路的设计

串级控制系统的主回路是一个定值控制系统。主被控变量的选择和主回路的设计,可以按照简单控制系统的设计原则进行。主被控变量应能够反映工艺指标,主被控对象要有较大的增益和足够的灵敏度。

由上述分析可知,串级控制系统副回路能够迅速克服包含在其内的扰动,提高工作频率,对负荷的变化具有一定的自适应能力,因此副回路应包含生产过程中剧烈、频繁且幅度大的主要扰动,并力求包含尽可能多的扰动。当然,并不是说在副回路中包含的扰动越多越好,而应该是合理。因为包含的扰动越多,其通道就越长,时间常数就越大,这样副回路就会失去快速克服扰动的作用。

对图 3-3 所示的以被加热油料的出口温度为主被控变量,燃料油的流量为副被控变量的串级控制系统,如果控制阀的阀前压力或燃料油的热值变化是主要扰动,上述方案是正确合理的。如果被加热油料的流量或入口温度的变化是主要扰动,同时存在配风、炉膛漏风和过热蒸汽压力波动等其他扰动,仍采用图 3-3 所示的串级控制系统就不合理了,此时可以采用图 3-6 所示的被加热油料的出口温度为主被控变量,炉膛温度为副被控变量的串级控制系统。这样就能把主要的、较多的扰动包含在副回路中,从而实现更好的控制效果。

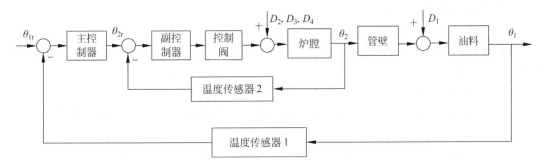

图 3-6 加热炉温度-温度串级控制系统

设计副回路应考虑工艺上的合理性,即应选择工艺上切实可行、容易实现、对主控变量有直接影响且影响显著的变量为副被控变量来构成副回路。

设计副回路还应考虑经济性。在设计副回路时,应同时考虑实施的经济性和控制质量的要求。

设计副回路时,还必须注意主、副被控对象时间常数的匹配问题。因为这是串级控制系统正常运行的首要条件,是保证安全生产、防止系统"共振"的根本措施。当串级控制系统某回路工作频率处于谐振频率时,其相位接近 180°,其增益为负,构成正反馈,从而造成另一个被控变量也产生振荡,这种现象称为"共振",这对系统运行是很不利的。为防止"共振"现象的发生,设计时应使主、副被控对象的时间常数错开,副被控对象的时间常数应比主被控对象的小一些,一般选择 $T_{P1}/T_{P2}=3\sim10$ 为宜。在投运时若发生"共振"现象,应使主、副回路的工作频率拉开,如可以增加主控制器的比例度,这样虽然降低了控制系统的品质,但可以消除"共振"。

2. 主、副控制器的选择

主控制器起定值控制作用,主被控变量要求无余差,一般采用 PI 或 PID 控制规律。

副控制器对主控制器输出起随动控制作用,而对扰动作用起定值控制作用。副被控变量允许在一定范围内波动,因而副控制器无消除余差要求,可采用 P 或 PI 控制规律。如果副被控变量是流量,副控制器可加入积分作用来减弱控制作用;如果副被控变量是温度,此时副回路容量滞后大,副控制器可加入微分作用。

3. 主、副控制器正、反作用的选择

与简单控制系统一样,一个串级控制系统要实现正常运行,其主、副回路都必须构成负反馈,因而必须正确选择主、副控制器的正、反作用方式。

首先根据工艺安全等要求,选定控制阀的气开、气关形式,确定副被控对象的放大系数的正负,再根据负反馈原理确定副控制器的正、反作用形式,即必须使 $K_{c2}K_vK_{p2}K_{m2}$ 乘积为正值,其中 K_{m2} 通常是正值。

在选择主控制器的作用方式时,首先把整个副回路简化为一个增益为正的环节,然后确定主被控对象的放大系数的正负,再根据负反馈原理确定主控制器的正、反作用形式,即必须使 $K_{c1}K_{p1}K_{m1}$ 乘积为正值,其中 K_{m1} 通常是正值。

串级控制系统主、副控制器正、反作用的选择步骤如下:
(1) 从安全角度考虑,确定控制阀气开、气关;
(2) 确定副对象特性;
(3) 根据 $K_{c2}K_vK_{p2}K_{m2}>0$,确定副控制器正、反作用;
(4) 确定主对象特性;
(5) 根据 $K_{c1}K_{p1}K_{m1}>0$,确定主控制器正、反作用。

【例 3-1】 图 3-7 所示为加热炉出口温度和炉膛温度串级控制系统,试确定主、副控制器的正、反作用。

解:首先确定主被控变量为原料出口温度,副被控变量为炉膛温度。
(1) 控制阀:考虑气源中断时,应避免加热炉升温过高而烧坏炉膛排管,因此选气开式控制阀,$K_v>0$;
(2) 副被控对象:当燃料油流量增加时,炉膛温度升高,因此 $K_{p2}>0$;
(3) 副控制器:为保证负反馈,应满足 $K_{c2}K_vK_{p2}K_{m2}>0$,因为 $K_{m2}>0$,应选 $K_{c2}>0$,即选用反作用控制器;
(4) 主被控对象:当炉膛温度升高时,出口温度升高,因此 $K_{p1}>0$;
(5) 主控制器:为保证负反馈,应满足 $K_{c1}K_{p1}K_{m1}>0$,因为 $K_{m1}>0$,应选 $K_{c1}>0$,即选用反作用控制器。

【例 3-2】 图 3-8 所示为锅炉液位和给水量串级控制系统,试确定主、副控制器的正、反作用。

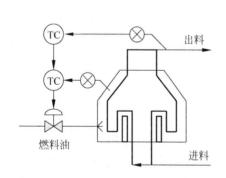

图 3-7 加热炉出口温度和炉膛温度串级控制系统

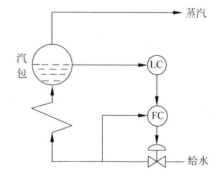

图 3-8 锅炉液位和给水量串级控制系统

解:首先确定主被控变量为汽包水位,副被控变量为给水量。
(1) 控制阀:考虑气源中断时,应避免汽包水位过低。因为汽包水位过低的情况下,水会全部汽化,从而造成设备损坏,在急冷时甚至引发锅炉爆炸。因此选气关式控制阀,$K_v<0$;
(2) 副被控对象:当控制阀开度增大时,给水流量增大,因此 $K_{p2}>0$;
(3) 副控制器:为保证负反馈,应满足 $K_{c2}K_vK_{p2}K_{m2}>0$,因为 $K_{m2}>0$,应选 $K_{c2}<0$,即

选用正作用控制器;

(4) 主被控对象:当给水流量增加时,汽包水位升高,因此 $K_{p1}>0$;

(5) 主控制器:为保证负反馈,应满足 $K_{c1}K_{p1}K_{m1}>0$,因为 $K_{m1}>0$,应选 $K_{c1}>0$,即选用反作用控制器。

需要注意的是,当副控制器是正作用控制器时,此时主、副控制器输出信号变化不一致,当主控制器切入主控作用时,需改变主控制器作用方式。

4. 积分饱和以及防止积分饱和的措施

串级控制系统的主控制器一般采用 PI 或 PID 控制规律,副控制器则通常采用 PI 控制规律,这是因为副回路为随动控制系统,其设定值变化频繁,一般不宜加微分作用。另外,副回路的主要目的是快速克服内环中的各种扰动,为加大副回路的调节能力,理论上不用加积分作用。但实际运行中,串级控制系统有时会断开主回路,因而通常需要加入积分作用,但积分作用要求较弱,以保证副回路有较强的抗干扰能力。

在串级控制系统中,无论哪个控制器具有积分作用,只要其偏差长期存在,就会出现积分饱和现象。如果副控制器出现积分饱和,这时主控制器输出变化将不能迅速地改变阀门位置,系统接近于开路,反而丧失了串级控制的优越性。主控制器的输出是副控制器的设定值,因此一旦主控制器出现积分饱和后,会导致副控制器也进入饱和区,这样退出积分饱和的时间将更长,所以串级控制系统产生积分饱和的情况比简单控制系统更加严重。

串级控制系统的副控制器出现积分饱和时,可采用单回路系统防止积分饱和的措施。而如果主、副控制器均采用单回路防止积分饱和的方法时,可能存在限位参数不一致的情况,同样存在发生积分饱和的可能性。因此,主控制器防止积分饱和的有效措施是采用积分外反馈,用副被控变量的测量值作为主控制器的积分外反馈信号。连接方法如图 3-9 所示。

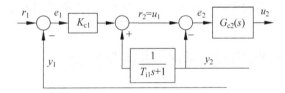

图 3-9 串级控制系统主控制器防积分饱和连接方法

图中,副被控变量的测量信号 y_2 作为主控制器的积分外反馈信号。当副控制器具有积分作用时,系统处于稳态对副控制器有 $y_2=r_2=u_1$,当系统处于动态时则有

$$U_1(s) = K_{c1}E_1(s) + \frac{1}{T_{i1}s+1}Y_2(s) \tag{3-21}$$

即主控制器的输出 u_1 与输入 e_1 之间存在比例关系,而由 y_2 决定其偏置值。此时主控制器失去积分作用。

系统正常工作时,y_2 不断跟踪 u_1 的变化,当达到稳态时,$y_2=u_1$,此时主控制器输出可以写成

$$U_1(s) = K_{c1}\left(1 + \frac{1}{T_{i1}s}\right)E_1(s) \tag{3-22}$$

式(3-22)表明稳态时主控制器起 PI 控制作用。而当 $y_2<u_1$ 时,u_1 的增长不会超过一定的极限,即不会发生积分饱和。

如果副控制器是纯比例控制器，则副回路存在长期偏差，即 $y_2 \neq u_1$，则主控制器的输出 u_1 与输入 e_1 之间存在比例关系，而由 y_2 决定其偏置值。此时主控制器失去积分作用，在稳态时有

$$u_1 = K_{c1} e_1 + y_2 \tag{3-23}$$

显然，u_1 不会因副回路偏差的长期存在而发生积分饱和。

5. 副回路检测变送环节的非线性

串级控制系统中，副被控变量是流量的应用最为广泛。如果检测变送环节采用孔板和差压变送器，且不使用开方器，则副回路检测变送环节是非线性环节。副被控变量是流量，但检测变送环节的输出是差压，即 $y_{m2} = K_{m2} y_2^2$，式中，y_2 是流量值，y_{m2} 是差压值，K_{m2} 是检测变送环节的增益。稳态时，测量值等于设定值，因此，副回路的稳态增益为

$$K_{副}(0) = \frac{dy_2}{dr_2} = \frac{dy_2}{dy_{m2}} = \frac{1}{2\sqrt{K_{m2}}} \cdot \frac{1}{\sqrt{y_{m2}}} = \frac{1}{2K_{m2} y_2} \tag{3-24}$$

式(3-24)表明，副回路稳态增益随副被控变量的增大而减小。

由于副回路是主控制回路的一部分，因此副回路特性的非线性使控制系统的控制品质变差。当流量增大时，副回路稳态增益减小，使主回路控制变得不灵敏；当流量减小时，副回路增益增大，使主回路控制出现振荡甚至不稳定。

根据稳定运行准则，在简单控制系统中，当对象出现非线性特性时，可采用控制阀的流量特性进行补偿。但在串级控制系统中，副回路由于未采用开方器而造成的非线性却不能通过控制阀的流量特性进行补偿，因为控制阀已经在副回路内部。

当检测变送环节采用孔板、差压变送器和开方器时，由于副回路输入输出间的关系通常是线性关系，这时如果主被控对象是线性特性，就采用线性控制规律；如果主被控对象是非线性特性，则需要用控制器的非线性控制规律来补偿，而不能通过控制阀的流量特性来进行补偿。

3.1.4 串级控制系统的参数整定及投运

串级控制系统在结构上有主、副两个控制器相互关联，两个控制器的参数都需要进行整定。其中两个控制器的任一参数值发生变化，对整个串级控制系统都有影响，因此，串级控制系统的参数整定要比简单控制系统复杂一些。

从整体上看，串级控制系统的主回路是一个定值控制系统，要求主被控变量有较高的控制精度，其控制品质的要求与简单定值控制系统的要求相同。但就一般情况而言，串级控制系统的副回路是为提高主回路的控制品质而引入的一个随动控制系统，因此，对副回路没有严格的控制品质的要求，只要求副被控变量能够快速、准确地跟踪主控制器的输出变化。这样对副控制器的整定要求不高，从而可以使整定简化。由于两个控制器完成任务的侧重点不同，对控制品质的要求往往也就不同。因此，必须根据各自完成的任务和控制品质要求去确定主、副控制器的参数。串级控制系统的整定方法比较多，如逐步逼近法、两步整定法和一步整定法等。

1. 逐步逼近法

如果主、副被控对象的时间常数相差不大，则主、副控制器的参数相互影响比较大，需要在主、副回路之间反复进行试凑，才能得到最佳的整定数据。逐步逼近法就是依次整定副回

路、主回路,然后循环进行,逐步接近主、副控制回路的最佳整定的一种方法。其具体步骤如下:

(1) 首先整定副回路。先断开主回路,按简单控制系统的整定方法,求得副控制器的第一次整定参数,记作$[G_{c2}]_1$;

(2) 再整定主回路。把刚整定好的副回路作为主回路的一个环节,仍按简单控制系统的整定方法,求取主控制器的整定参数,记作$[G_{c1}]_1$;

(3) 再次整定副回路。注意此时副回路、主回路均闭合。在主控制器的整定参数为$[G_{c1}]_1$的条件下,按简单控制系统的整定方法,重新求取副控制器的整定参数$[G_{c2}]_2$;

(4) 重新整定主回路。同样是在两个回路闭合、副控制器整定参数为$[G_{c2}]_2$的情况下,按照简单控制系统的整定方法重新整定主控制器,得到$[G_{c1}]_2$。至此完成一个循环的整定。

(5) 如果整定过程仍未达到品质要求,按上面(3)、(4)步继续进行,直到控制效果满意为止。

这种方法往往费时较多,尤其是副控制器也采用 PI 控制作用时。因此,逐步逼近法在一般情况下很少采用。

2. 两步整定法

如果主、副被控对象的时间常数相差较大,则主、副控制器的参数相互影响比较小,此时可采用两步法进行整定。两步整定法是在主、副回路都闭合的情况下,按简单控制系统的整定方法各整定一次副回路和主回路,然后按求得的特征值查表计算,就可得到较为满意的主、副控制器参数。其具体步骤如下:

(1) 先整定副回路。在主、副回路均闭合,主、副控制器均置于纯比例作用条件下,将主控制器比例度 δ_1 置于 100%,采用 4:1 衰减曲线法得到副被控对象出现 4:1 衰减过程时的比例度 δ_{2s} 和副对象振荡周期 T_{2s};

(2) 再整定主回路。将副控制器的比例度 δ_2 置于 δ_{2s} 上,用同样的方法整定主回路,得到主对象出现 4:1 衰减时的比例度 δ_{1s} 和主对象的振荡周期 T_{1s};

(3) 根据上面求得的 δ_{1s}、T_{1s} 和 δ_{2s}、T_{2s} 值,结合主、副控制器选型,利用 4:1 衰减曲线法控制器参数计算表,求出主、副控制器的整定参数。

3. 一步整定法

在串级控制系统中,一般主控制器参数是工艺的主要操纵指标,直接关系到产品质量,因此对它要求严格,而对副控制器参数要求不是很高,允许它在一定范围内变化。一步整定法就是根据经验先将副控制器参数一次性设置好,然后按简单控制系统的整定方法直接整定主控制器参数。一步整定法的具体步骤如下:

(1) 根据副控制器参数匹配范围表,如表 3-1 所示,选择一个合适的副控制器放大倍数 K_{c2},按纯比例控制规律设置到副控制器上;

(2) 主控制器也先置于纯比例控制上,使串级控制系统投入运行,用简单控制系统整定方法整定主控制器参数;

(3) 加干扰,观察运行过程,根据 K_{c1} 和 K_{c2} 互相匹配的原理,适当调整控制器参数,使主控制器满足控制质量最好。

表 3-1 副控制器参数匹配范围表

系统	参数	
	K_{c2}	$\delta_2/\%$
温度	5～1.5	20～60
压力	3～1.3	30～70
流量	2.5～1.25	40～80
液位	5～1.25	20～80

3.1.5 串级控制系统的变型

串级控制系统的变型有两种类型:一种是采用常规仪表,为减少仪表投资,采用加法器等运算单元来实现串级控制系统,以节省控制器的投资;另一种是采用阀门定位器,引入串级控制系统,这时副控制器参数通常不能调整。

1. 引入中间辅助变量的串级控制系统

根据中间辅助变量的位置不同可分为以下两类。

1) 中间辅助变量加在控制器输入端

该控制系统的结构图如图 3-10 所示。图中,TY_1 是微分单元,其传递函数为 $G_d(s)$;Σ 是加法单元;TC 是温度控制器,其传递函数为 $G_c(s)$;TT_1 和 TT_2 分别是反应釜和夹套温度变送器,用传递函数 $G_{m1}(s)$ 和 $G_{m2}(s)$ 表示,控制阀用 $G_v(s)$ 表示;反应釜温度被控对象和夹套温度被控对象分别用 $G_{p1}(s)$ 和 $G_{p2}(s)$ 表示。中间辅助变量是夹套温度,它经微分单元后连接到控制器的输入端。

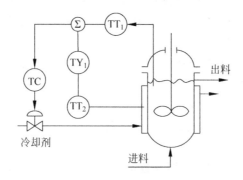

图 3-10 夹套反应釜控制系统结构图一

该控制系统的框图如图 3-11 所示。

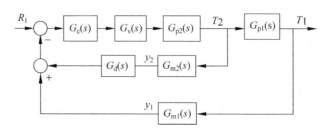

图 3-11 夹套反应釜控制系统框图

经框图转换,可得到变型后的夹套反应釜的控制系统框图,如图 3-12 所示。由图 3-12 可知,该控制系统是一个串级控制系统。

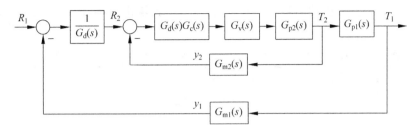

图 3-12 夹套反应釜串级控制系统变形一框图

已知微分单元传递函数 $G_d(s) = \dfrac{K_d T_d s}{1 + T_d s}$,温度控制器为 PI 控制器,其传递函数 $G_c(s) = K_c \left(1 + \dfrac{1}{T_i s}\right)$,则串级控制系统的主控制器的传递函数为

$$G_{c1}(s) = \frac{1}{G_d(s)} = \frac{1 + T_d s}{K_d T_d s} = \frac{1}{K_d}\left(1 + \frac{1}{T_d s}\right) \tag{3-25}$$

副控制器的传递函数为

$$G_{c2}(s) = G_d(s) G_c(s) = \frac{K_d T_d s}{1 + T_d s} \cdot K_c \cdot \left(1 + \frac{1}{T_i s}\right) = \frac{K_c K_d T_d}{T_i}\left(\frac{T_i s + 1}{T_d s + 1}\right) \tag{3-26}$$

由式(3-25)和(3-26)可知,主控制器为 PI 控制器,副控制器为一超前滞后环节。当系统受到扰动时,夹套温度首先变化,并经微分单元输出一个超前的控制信号,即 $G_d(s) G_c(s)$ 的输出信号,用于克服扰动的影响。稳态时,微分单元输出为零,因此与反应釜温度的简单控制系统相同。

实施时,由于电动组合仪表的控制器有多路输入端,可方便地实现加法器功能。因此,该控制系统用微分单元代替控制器,降低了投资成本,同时具有串级控制系统的功能,能迅速克服进入副回路的扰动。

2) 中间辅助变量加在控制器输出端

该控制系统的结构图如图 3-13 所示。中间辅助变量仍是夹套温度,它经微分单元后连接到控制器输出端。

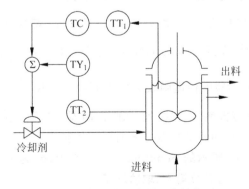

图 3-13 夹套反应釜控制系统结构图二

该控制系统的框图经变换后,如图 3-14 所示。主控制器是在原控制器基础上串接了积分环节,而副控制器是微分控制。当系统受到扰动时,夹套温度首先变化,并经微分单元输出超前的控制信号,克服扰动的影响。稳态时,微分单元输出为零,因此与反应釜的简单控制系统相同。

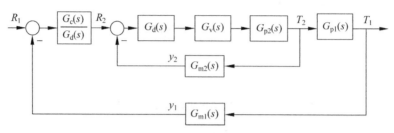

图 3-14 夹套反应釜串级控制系统变形二框图

2. 引入阀门定位器的串级控制系统

引入阀门定位器的控制系统如图 3-15 所示。引入阀门定位器后,副回路由放大器、膜头、阀杆回差非线性环节和凸轮组成。该控制系统采用固定比例的放大器,相当于副控制器。通过改变凸轮形状,使副回路增益具有非线性特性,即所需的控制阀流量特性。副回路也能有效克服由于回差等造成的非线性特性,改善动态特性。在使用时应注意的是,当阀门定位器用于流量等时间常数较小的控制系统时,由于副被控对象的时间常数也较小,因而容易出现共振现象。

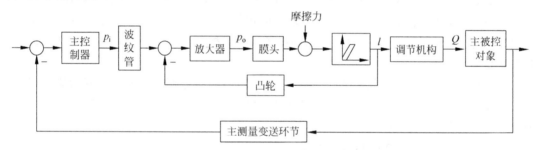

图 3-15 引入阀门定位器后组成的串级控制系统

3.1.6 串级控制系统 Simulink 仿真示例

【**例 3-3**】某隧道窑炉系统,考虑烧成带温度为主变量,燃烧室温度为副变量的串级控制系统,其中主、副对象的传递函数 $G_{o1}(s)$,$G_{o2}(s)$ 分别为 $G_{o1}(s)=\dfrac{1}{(30s+1)(3s+1)}$,$G_{o2}(s)=\dfrac{1}{(10s+1)(s+1)^2}$,主、副控制器的传递函数分别为 $G_{c1}(s)=K_{c1}\left(1+\dfrac{1}{T_i s}\right)$,$G_{c2}(s)=K_{c2}$。试分别采用单回路控制和串级控制设计主、副 PID 控制器的参数,给出整定后系统的阶跃响应曲线和阶跃扰动曲线,并说明不同控制方案对系统的影响。

解: 首先建立如图 3-16 所示的 Simulink 模型。其中,q_1 为一次扰动,取阶跃信号;q_2 为二次扰动,取阶跃信号;r 为系统输入,取阶跃信号。

经过反复试验,当 PI 控制器的比例系数为 0.27,积分时间为 38 时,系统阶跃响应达到比较满意的控制效果,系统阶跃响应如图 3-17 所示。

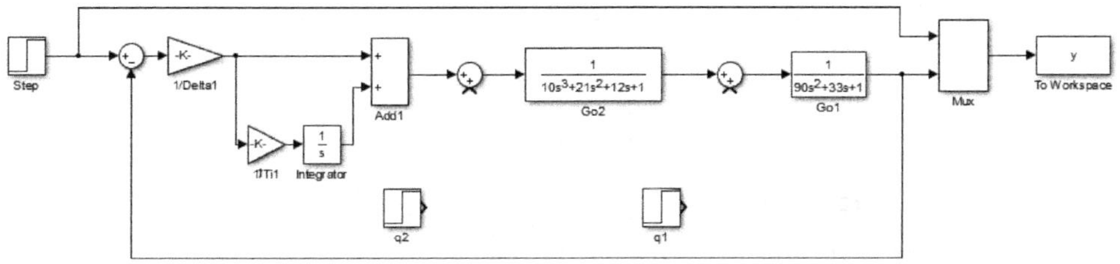

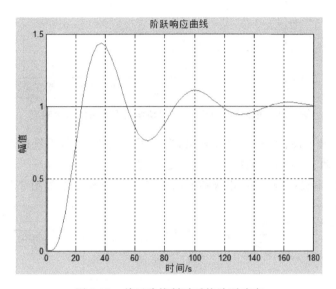

图 3-16　单回路控制时系统的 Simulink 模型

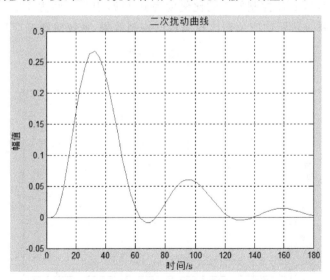

图 3-17　单回路控制时系统阶跃响应

PID 控制器的参数不变,在二次扰动作用下,系统的输出响应如图 3-18 所示。
PID 控制器的参数不变,在一次扰动作用下,系统的输出响应如图 3-19 所示。

图 3-18　单回路控制时二次扰动作用下的系统输出响应

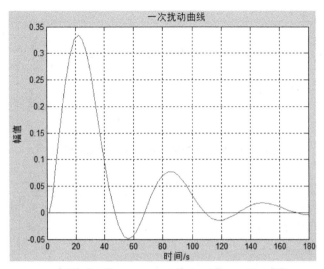

图 3-19 单回路控制时一次扰动作用下的系统输出响应

综合图 3-17、图 3-18、图 3-19 可以看出,当采用单回路控制,系统的阶跃响应达到要求时,系统对一次扰动、二次扰动的抑制效果不是很理想。

下面考虑采用串级控制,采用串级控制时的 Simulink 模型图如图 3-20 所示。

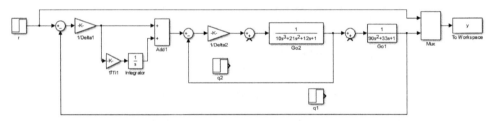

图 3-20 串级控制系统 Simulink 模型

经过反复试验,当 PID 控制器 1 的比例度为 0.119,积分时间为 12.8,PID 控制器 2 的比例度为 0.1 时,系统阶跃响应达到比较满意的控制效果,系统阶跃响应如图 3-21 所示。

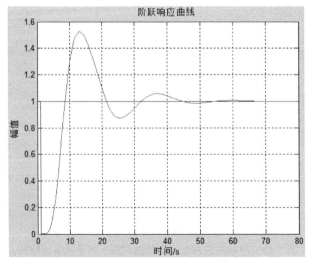

图 3-21 串级控制时系统阶跃响应

PID 控制器的参数不变，在二次扰动作用下，系统的输出响应如图 3-22 所示。

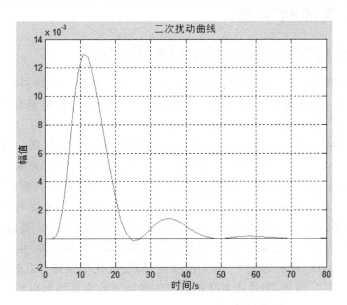

图 3-22　串级控制时二次扰动作用下的系统输出响应

PID 控制器的参数不变，在一次扰动作用下，系统的输出响应如图 3-23 所示。

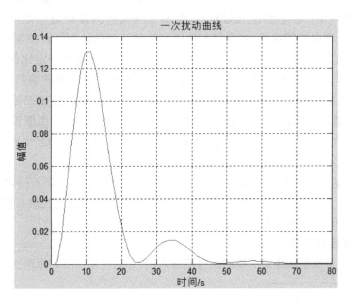

图 3-23　串级控制时一次扰动作用下的系统输出响应

综合图 3-21、图 3-22、图 3-23 可以看出，当采用串级控制，系统的阶跃响应达到要求时，系统对一次扰动、二次扰动的抑制能达到很好的效果。

对比单回路控制和串级控制可以看出，采用串级控制时，系统的动态过程改善更为明显，对二次扰动的最大动态偏差可以减小约 20 倍，对一次扰动的最大动态偏差也可以减小 2.6 倍，且系统的调节时间缩短了 3 倍。

3.2 比值控制系统

3.2.1 比值控制系统的基本原理和结构

在化工、制药等工业生产中,工艺上常常要求两种或两种以上的物料保持一定的比例关系。如果配比失调,就会影响生产的正常进行,导致产品质量下降、能源和物料浪费、环境污染,甚至会造成生产设备或人身安全事故发生。

例如,在硝酸生产的氧化工艺过程中,首先要将氨氧化成一氧化氮,理论上氨氧化比可由反应式 $4NH_3+5O_2=4NO+6H_2O$ 来确定,即氨氧化比为 1.25。若采用氨空气混合物,最大氨含量为 14.4%。实验证明,氨浓度为 14.4% 时,氨的氧化率只有 80% 左右,并且低温下氨气在空气中的含量为 15%～28%,高温时为 14%～30% 的范围内时,有发生爆炸的危险。氧含量增加,有利于一氧化氮的生成,但也不能无限制地增加。要增加混合气体中的氧含量,加入的空气量就要增多,使混合气体中氨浓度下降,炉温下降,生产能力降低,动力消耗增加。当 O_2/NH_3 比值为 1.7～2.0 范围内时,氨氧化率最高。此时混合气体中氨浓度为 9.5%～11.5%。因此,对进入氧化炉的氨气和空气的流量要加以控制,不让它进入爆炸范围,这对于安全生产具有重要意义。

在陶瓷制品的烧结过程中,煤气在燃气隧道窑内燃烧时应混合一定比例的助燃空气。工艺上要求煤气与助燃空气的最佳比例为 1∶1.05。若助燃空气不足,煤气得不到充分燃烧,造成能源浪费、环境污染;若助燃空气过量,过剩的空气又将大量热量带走,造成热效率降低。因此,在考虑节能、环保的情况下,对煤气和助燃空气的流量的比例加以控制是非常必要的。

比值控制系统就是用来实现两种或两种以上的物料之间保持一定比例关系以达到某种控制目的的控制系统。在比值控制系统中,需要保持比例关系的两种物料,必有一种处于主导地位,称此物料为主动量或主物料,通常用 Q_1 表示;另一种物料在控制过程中跟随主动量的变化而成比例地变化,称为从动量或从物料,通常用 Q_2 表示。比值控制系统就是要实现从动量 Q_2 与主动量 Q_1 的对应比值控制关系,即满足关系式 $Q_2/Q_1=k$,其中 k 为从动量与主动量的流量比值。

根据生产过程中工艺容许的负荷、所受干扰、要求的产品质量等不同,实际采用的比值控制方案也不同。按系统结构分类,比值控制系统可分为开环比值控制系统、单闭环比值控制系统、双闭环比值控制系统和变比值控制系统。

1. 开环比值控制系统

开环比值控制系统是结构最简单的比值控制系统,其工艺流程图和原理框图如图 3-24 所示。

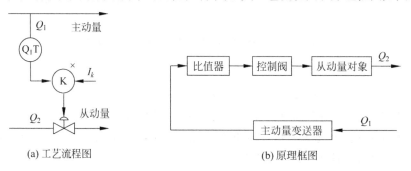

(a) 工艺流程图　　(b) 原理框图

图 3-24　开环比值控制系统

当开环比值控制系统处于稳定工作状态时,两物料的流量满足比值关系;当主动量 Q_1 受到干扰而发生变化时,系统通过比值器及设定值按比例去改变控制阀的开度,调节从动量 Q_2 使之与主动量仍保持原有的比例关系;当从动量 Q_2 受到外界干扰波动时,由于是开环控制,没有调节从动量自身波动的环节,也没有调节主动量的环节,故两种物料的比值关系很难保持不变。

开环比值控制对从动量的波动无法克服,只能适用于从动量较平稳且比值要求不高的场合。在实际工程上应用很少。

2. 单闭环比值控制系统

为了克服开环比值控制系统的不足,在开环比值控制系统上增加一个从动量的闭环控制回路,构成单闭环比值控制系统。单闭环比值控制系统的实施方案有两种。一种是把主动量的测量值乘以某一系数后作为从动量控制器的设定值,这种方案称为相乘方案,这是一种典型的随动控制系统,其工艺流程图和原理框图如图 3-25 所示。从框图上看,单闭环比值控制系统与串级控制系统的结构相似,只不过主动量是开环控制,Q_2 不影响 Q_1,而从动量是闭环控制,可以稳定从动量的流量大小。另一种方案是把两种物料流量的比值作为从动量控制器的测量值,这种方案称为相除方案,这是一种典型的定值控制系统,其工艺流程图如图 3-26 所示。

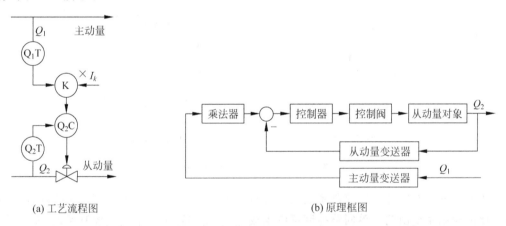

图 3-25 相乘方案的单闭环比值控制系统

主动量 Q_1 保持不变,从动量 Q_2 受到干扰作用发生变化时,系统通过从动量的闭合回路调节 Q_2,使之保持与 Q_1 维持原有的比值关系;从动量 Q_2 保持不变,主动量 Q_1 受到干扰作用发生变化时,系统按照预先设定的比值使比值器的输出跟踪这种变化,即改变从动量回路的设定值。从动量的闭合回路根据给定值的变化改变控制阀的开度,从而调节 Q_2 使之跟随 Q_1 的变化而变化,保持原有的比值关系不变。

单闭环比值控制系统的优点是结构简单,应用较方便,能克服从动量本身干扰对比值的影响,尤其适用于主动量不可控的场合。缺点是由于主动量不可控,系统处理的总物料量不固定,对生产过程的生产能力无法进行控制,故不适合负荷变化

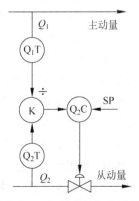

图 3-26 相除方案的单闭环比值控制系统

幅度大的场合。当主动量的流量出现大幅度波动时（即生产负荷变化时），从动量相对于控制器的给定值会出现较大的偏差，在调节从动量跟随主动量变化时，主、从动量的比值会较大地偏离工艺要求的比值。当主动量频繁变化时尤其明显，故动态比值难以很好地得到控制。

单闭环比值控制系统适用于以下场合：对干扰引起的主动量变化可以容忍；对生产负荷的总量要求没有限制；对动态比值精度要求不是很高的场合。

3. 双闭环比值控制系统

为了克服单闭环比值控制系统中主动量不受控制、生产负荷在较大范围内波动的不足，在单闭环比值控制系统的基础上，对主动量也设置了一个闭合控制回路，构成对主、从动量都进行控制的双闭环比值控制系统，如图 3-27 所示。图 3-27(a)所示为相乘方案，主动量测量信号乘以比值系数作为从动量控制器的设定值；图 3-27(b)所示为相除方案，采用两个测量信号相除的商作为控制器测量值，控制器的设定值为仪表比值系数。

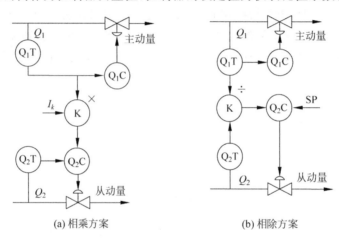

图 3-27　双闭环比值控制系统

相乘方案的双闭环比值控制系统的原理框图如图 3-28 所示。由图 3-28 可以看出，双闭环比值控制系统由两个单回路控制系统组成，主动量回路是一个定值控制系统，而从动量回路是一个随动控制系统。当主动量供应不足或受到较大干扰而偏离设定值时，可通过比值器的输出及时改变从动量设定值，使从动量与主动量保持所需比值，因而不同于两个独立的单回路控制系统。

与单闭环比值控制系统相比，双闭环比值控制系统针对主动量控制回路克服了干扰对主动量的影响，使主动量的变化相对平稳、从动量变化也比较平稳，进而确保两种物料总量基本稳定，更好地满足了生产工艺要求；另外，由于主动量回路是定值控制，从动量回路是随动控制，当需要改变主动量的设定值时，不仅主动量要发生变化，而且从动量也将随主动量成比例地变化，使负荷升降比较方便。

因此，双闭环比值控制系统常用在主动量干扰比较频繁而工艺上又不允许负荷有较大波动的场合，以及工艺上经常需要升降负荷的场合。

在双闭环比值控制系统中，主、从动量控制回路通过比值器是相互联系的，当主动量进行定制控制后，它变化的幅度肯定大大减小，但变化的频率往往会加快，使从动量控制器的

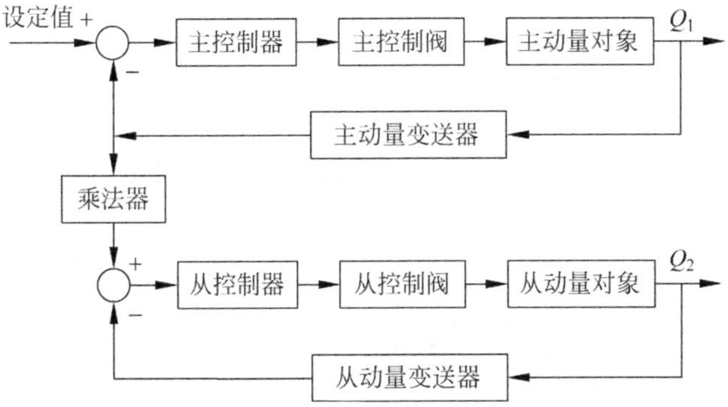

图 3-28 相乘方案的双闭环比值控制系统框图

设定值处于变化中,当其工作频率与主动量控制器的工作频率接近时,有可能引起共振,以致系统无法运行。因此,在对主动量控制器参数整定时,应尽量保证其输出为非周期变化,防止系统产生共振。

4. 变比值控制系统

在有些工业生产过程中,两种物料的比值并不是最终的控制目标,真正的控制目标大多是两种物料混合或反应以后的产品的产量、质量、节能、环保以及安全等。如自来水氯气消毒控制系统,保持水与氯气的流量比值并非控制目的,目的是要输出满足日常生活、生产质量要求的自来水。而要输出符合质量要求的自来水,就不能保持水与氯气的流量比值一成不变,而应根据水的质量来调节水与氯气的比值关系。也就是说,比值控制只是生产过程的一种控制手段,最终的被控变量并不是比值,而是能直接或间接反映产量、质量、节能、环保以及安全的过程参数。如果两种物料的比值对被控变量影响比较显著,可以将物料的比值作为操纵变量加以利用,用于克服其他干扰对被控变量的影响。

例如,在硝酸生产过程中,原料氨气和空气首先在混合器中混合,经过滤器后通过预热器进入到氧化炉中,在铂触媒的作用下进行氧化反应,生成一氧化氮气体,同时放出大量热量,反应放出的热量可使炉内温度高达 750~820℃,反应后生成的一氧化氮气体通过废热锅炉进行热量回收,并经快速冷却器降温,再进入硝酸吸收塔,与空气第二次氧化后再与水作用生成硝酸。在整个生产过程中,稳定氧化炉的反应温度是保证高产、低耗、无事故的首要条件。因此,氧化炉温度可以间接表征氧化生产的质量指标。经测定,影响氧化炉反应温度的主要因素是氨气和空气的比值,当混合器中氨气含量增加 1% 时,氧化炉温度将会上升64.9℃。因此可以设计一个比值控制系统,使进入氧化炉的氨气和空气的比值恒定,从而达到稳定氧化炉温度的目的。然而,对氧化炉温度构成影响的还有其他很多因素,如进入氧化炉的氨气、空气的初始温度、负荷的变化、进入混合器前氨气、空气的压力变化、铂触媒的活性变化以及大气环境温度的变化等都会对氧化炉温度造成影响,也就是说,单靠氨气和空气的流量比值恒定,还不能最终保证氧化炉温度的稳定。因此,必须根据氧化炉温度的变化,适当改变氨气和空气的流量比,以维持氧化炉温度不变。所以就设计出了图 3-29 所示的以氧化炉温度为主被控变量、以氨气和空气的比值为副被控变量的变比值控制系统,也称为串级比值控制系统。变比值控制系统的框图如图 3-30 所示。

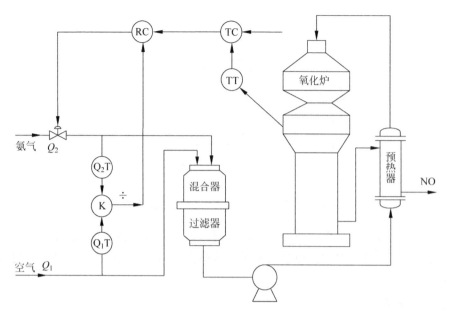

图 3-29 氧化炉温度与氨气、空气变比值控制系统

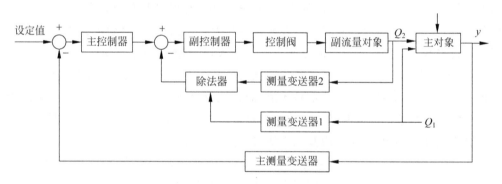

图 3-30 变比值控制系统的原理框图

变比值控制系统在稳定状态下，主动量 Q_1 和从动量 Q_2 经过测量变送器后送入除法器相除，除法器的输出即为它们的比值，同时又作为副控制器的测量值。此时主被控变量 y 稳定不变，主控制器的输出也稳定不变，并且和比值信号相等，从动量阀门稳定于某一开度。当主动量 Q_1 受到干扰发生波动时，除法器输出要发生改变，副控制器经过调节作用改变阀门开度，使从动量 Q_2 也发生变化，以保证 Q_1 与 Q_2 的比值不变。但当主对象受到干扰引起主被控变量 y 发生变化时，主控制器的测量值将发生变化。当系统设定值不变时，主控制器的输出将发生改变，也就是改变了副控制器的设定值，从而引起从动量 Q_2 的变化。在主动量 Q_1 不变时，除法器输出要发生改变。所以系统最终利用主动量 Q_1 与从动量 Q_2 的比值变化来稳定主对象的主被控变量 y。

由此可见，变比值控制系统是两物料比值随另一个控制器的输出而变化的一种比值控制系统。其结构是串级控制系统与比值控制系统的结合。它实质上是一种以某种质量指标为主被控变量，两物料比值为副被控变量的串级控制系统，所以也称为串级比值控制系统。

3.2.2 比值系数的计算

工艺上规定的流量比值 k 是指两种物料的体积流量或质量流量之比,而组成比值控制系统的单元组合仪表使用的是统一标准信号,如 4~20mA 直流电流或 20~100kPa 气压等。这就需要将工艺上规定的流量比值 k 换算成仪表上的比值系数 K,才能进行比值设定。下面就测量变送中的不同情况推导仪表比值系数 K 的计算方法。

1. 流量与其测量信号成线性关系时

当采用转子流量计、涡轮流量计、椭圆齿轮流量计或带开方器的差压变送器测量流量时,流量信号均与测量信号成线性关系。

对于 DDZ-Ⅲ 型单元组合仪表,当输入流量在 $0\sim Q_{max}$ 变化时,流量变送器的输出信号为 4~20mA。对于任意流量 Q,所对应的仪表的输出电流 I 为

$$I = \frac{Q}{Q_{max}}(I_{max} - I_{min}) + I_{min} = \frac{Q}{Q_{max}} \times 16 + 4 \quad (\text{mA}) \tag{3-27}$$

在图 3-31 所示的比值控制系统中,流量与变送器信号成线性关系时,此时若采用 DDZ-Ⅲ 型单元组合仪表,则主动量变送器和从动量变送器的输出分别为

$$I_1 = \frac{Q_1}{Q_{1max}} \times 16 + 4 \quad (\text{mA}) \tag{3-28}$$

$$I_2 = \frac{Q_2}{Q_{2max}} \times 16 + 4 \quad (\text{mA}) \tag{3-29}$$

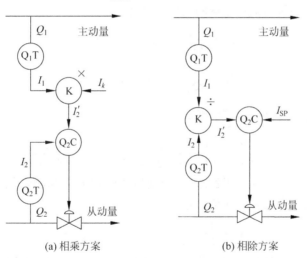

图 3-31 比值系数的计算

工艺上要求的流量比值 k 为

$$k = \frac{Q_2}{Q_1} = \frac{(I_2 - 4)Q_{2max}/16}{(I_1 - 4)Q_{1max}/16} = \frac{(I_2 - 4)Q_{2max}}{(I_1 - 4)Q_{1max}} \tag{3-30}$$

采用相乘方案时,当系统处于稳态后,控制器的给定值 I'_2 和测量值 I_2 相等,即 $I'_2 = I_2$。因此,DDZ-Ⅲ 型乘法器的比值系数 K 为

$$K = \frac{I'_2 - 4}{I_1 - 4} = \frac{I_2 - 4}{I_1 - 4} = k\frac{Q_{1max}}{Q_{2max}} \tag{3-31}$$

同理可以推得，使用除法器时计算仪表比值系数的公式仍然为式(3-31)。

当采用气动单元组合仪表时，变送器的输出气压为 $20\sim100\text{kPa}$，此时主动量变送器和从动量变送器的输出分别为

$$p_1 = \frac{Q_1}{Q_{1\max}}(p_{\max} - p_{\min}) + p_{\min} = \frac{Q_1}{Q_{1\max}} \times 80 + 20 \quad (\text{kPa}) \tag{3-32}$$

$$p_2 = \frac{Q_2}{Q_{2\max}}(p_{\max} - p_{\min}) + p_{\min} = \frac{Q_2}{Q_{2\max}} \times 80 + 20 \quad (\text{kPa}) \tag{3-33}$$

工艺上要求的流量比值 k 为

$$k = \frac{Q_2}{Q_1} = \frac{(p_2 - 20)Q_{2\max}/80}{(p_1 - 20)Q_{1\max}/80} = \frac{(p_2 - 20)Q_{2\max}}{(p_1 - 20)Q_{1\max}} \tag{3-34}$$

采用相乘方案时，当系统处于稳态后，控制器的给定值 p_2' 和测量值 p_2 相等，即 $p_2' = p_2$。因此，气动单元组合仪表的比值系数 K 为

$$K = \frac{p_2' - 4}{p_1 - 4} = \frac{p_2 - 4}{p_1 - 4} = k\frac{Q_{1\max}}{Q_{2\max}} \tag{3-35}$$

同理可以推得，使用气动除法器时计算仪表比值系数的公式仍然为式(3-35)。也就是说，只要流量与变送器信号呈线性关系，无论是使用乘法器还是除法器，变送器为电动单元组合仪表还是气动单元组合仪表，计算仪表比值系数的公式都是相同的。

2. 流量与其测量信号成非线性关系时

当采用差压变送器测量流量而未经开方器处理时，此时若采用 DDZ-Ⅲ型单元组合仪表，则主动量变送器和从动量变送器的输出分别为

$$I_1 = \frac{Q_1^2}{Q_{1\max}^2} \times 16 + 4 \quad (\text{mA}) \tag{3-36}$$

$$I_2 = \frac{Q_2^2}{Q_{2\max}^2} \times 16 + 4 \quad (\text{mA}) \tag{3-37}$$

工艺上要求的流量比值 $k = \frac{Q_2}{Q_1}$，则有

$$k^2 = \frac{Q_2^2}{Q_1^2} = \frac{(I_2 - 4)Q_{2\max}^2/16}{(I_1 - 4)Q_{1\max}^2/16} = \frac{(I_2 - 4)Q_{2\max}^2}{(I_1 - 4)Q_{1\max}^2} \tag{3-38}$$

采用相乘方案时，当系统处于稳态后，控制器的给定值 I_2' 和测量值 I_2 相等，即 $I_2' = I_2$。因此，电动Ⅲ型单元组合仪表的比值系数 K 为

$$K = \frac{I_2' - 4}{I_1 - 4} = \frac{I_2 - 4}{I_1 - 4} = k^2 \frac{Q_{1\max}^2}{Q_{2\max}^2} \tag{3-39}$$

同理可以推得，当流量与其测量信号呈非线性关系时，使用电动除法器或气动单元组合仪表时，仪表比值系数的计算公式均为式(3-39)。

需要注意的是，由于 DDZ-Ⅲ型电动单元组合仪表的输入输出信号只能为 $4\sim20\text{mA}$，由式 $I_k = 16K + 4$ 可知，要保证 I_k 在标准信号范围内，要求 $K \leqslant 1$，即

$$k\frac{Q_{1\max}}{Q_{2\max}} \leqslant 1 \quad \text{或} \quad k^2 \frac{Q_{1\max}^2}{Q_{2\max}^2} \leqslant 1 \tag{3-40}$$

所以在选择流量检测仪表的量程时，应满足

$$Q_{2\max} \geqslant k_{\max} Q_{1\max} \tag{3-41}$$

式中，$k_{\max}$ 为工艺要求的可能最大比值。

【例 3-4】 比值系数计算。

合成氨一段转化反应中,为保证甲烷的转化率,需保持甲烷、蒸汽和空气三者的比值为 1∶3∶1.4。流量测量都采用节流装置和差压变送器,未装开方器。其中,蒸汽最大流量为 31 100m³/h;天然气最大流量为 11 000m³/h;空气最大流量为 14 000m³/h。采用相乘和相除两种方案,确定各差压变送器的量程、仪表比值系数 K_1 和 K_2、乘法器和除法器的输入电流 I_{k1} 和 I_{k2}。甲烷转化过程比值控制系统的相乘和相除结构图如图 3-32 所示。

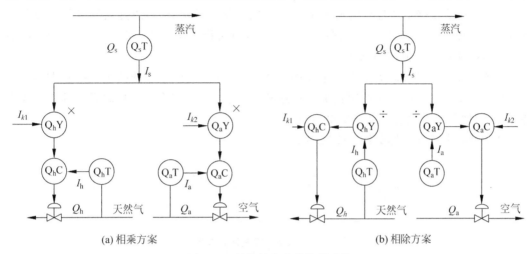

(a) 相乘方案　　　　　　　　　　　(b) 相除方案

图 3-32　甲烷转化比值控制系统

解:从仪表精确度考虑,流量仪表测量范围分为 10 挡,即 1、1.25、1.6、2、2.5、3.2、4、5、6.3、8×10^n(n 为整数)。根据题意,各差压变送器的量程应选择为

$$Q_{smax} = 32\,000\text{m}^3/\text{h} \quad Q_{hmax} = 12\,500\text{m}^3/\text{h} \quad Q_{amax} = 16\,000\text{m}^3/\text{h}$$

为防止水碳比过低造成析碳,采用蒸汽 Q_s 作为主动量,天然气 Q_h 和空气 Q_a 作为从动量的双闭环比值控制系统。

工艺比值系数为

$$k_1 = Q_h/Q_s = 1/3 \quad k_2 = Q_a/Q_s = 1.4/3$$

因采用非线性检测变送环节,仪表比值系数的计算公式为 $K = k^2 \dfrac{Q_{\text{主max}}^2}{Q_{\text{从max}}^2}$,则

$$K_1 = k_1^2 \frac{Q_{smax}^2}{Q_{hmax}^2} = \frac{1}{3^2} \times \frac{32\,000^2}{12\,500^2} = 0.7282$$

$$K_2 = k_2^2 \frac{Q_{smax}^2}{Q_{amax}^2} = \frac{1.4^2}{3^2} \times \frac{32\,000^2}{16\,000^2} = 0.8711$$

假设采用 DDZ-Ⅲ型电动单元组合仪表,则乘法器输入电流(即恒流给定器输出)和相除方案中比值控制器设定电流分别为

$$I_{k1} = 16K_1 + 4 = 15.65\text{mA}$$

$$I_{k2} = 16K_2 + 4 = 17.94\text{mA}$$

3.2.3 比值控制系统的设计

1. 比值控制系统类型的选择

在实际工程中,比值控制系统的类型主要有单闭环、双闭环和变比值三类。具体选择时

应分析各种方案的特点,根据不同的工艺情况、负荷变化、扰动性质和控制要求等进行合理地选择。

(1) 主动量不可控但可测量的场合,或是主动量可测又可控但变化不大且受到的扰动影响较小的场合可选用单闭环比值控制系统;

(2) 主动量可测可控并且变化较大的场合,要求总生产能力或主、从动量的总量恒定的场合宜选用双闭环比值控制系统;

(3) 当比值根据生产过程的需要由另一个控制器进行调节时,或是当质量偏离控制指标需要改变流量的比值时,或是应根据第三过程变量选择过程的质量指标时(如烟道气中的氧含量),应采用变比值控制系统。

比值控制系统的实施方案有相乘和相除两类。一般情况下,宜选择相乘控制方案。采用计算机或DCS控制时,应选用相乘控制方案。相除控制方案会造成控制系统具有非线性特性,从而使得改变比值时系统变得不稳定。

从动量控制回路框图如图3-33所示。

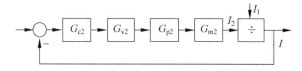

图 3-33 从动量控制回路框图

在图3-33所示的从动量控制回路中,如果除法器为DDZ-Ⅲ型单元组合仪表,则除法器的输出电流为

$$I = 16 \times \frac{I_2 - 4}{I_1 - 4} + 4 \tag{3-42}$$

除法器放大系数为

$$K_{\div} = \frac{\mathrm{d}I}{\mathrm{d}I_2} = \frac{16}{I_1 - 4} = \frac{Q_{1\max}}{Q_1} = \frac{KQ_{2\max}}{Q_2} \tag{3-43}$$

由式(3-43)可以看出,负荷Q_2增大时,$K_{\div}$减小,从而使广义对象放大系数K_p也减小。因此,由于使用除法器,而使得对象呈现非线性特性。

需要获得主、从动量流量的实际比值时,建议用除法器进行比值运算,但不包含在控制回路内部。

2. 主动量和从动量的选择

在比值控制系统中,主动量和从动量的选择影响系统的产品质量、经济性和安全性。一般主、从动量的选取应遵循以下原则。

(1) 贵重原则:对有显著贵贱区别的物料,应选择贵重物料为主动量。实现以贵重物料为主进行控制,其他非贵重物料根据控制过程需要增减变化。这样可以充分利用贵重物料以合理的成本完成生产过程。

(2) 不可控原则:某物料不可控制时,该物料应选为主动量,其他为从动量。

(3) 主导作用原则:在化工或制药工业中,经常将物料分为主料和辅料,生产围绕主料进行,辅料作为控制过程的调节物料。起主导作用的主料应选为主动量,其他物料为从动量。

(4) 安全原则:从安全考虑,如该物料供应不足会导致生产不安全时,应选为主动量。如蒸汽和甲烷进行甲烷转化反应时,由于蒸汽不足会造成析碳,因此,应选择蒸汽作为主动量。

(5) 从动量通常应供应有余。

3. 比值函数环节的选择

采用常规仪表实施比值控制系统时,需要选择比值函数环节的仪表。根据比值控制系统类型的选择原则,比值控制系统宜采用相乘方案,因此比值函数环节可从乘法器、分流器、加法器等仪表中选择。采用乘法器需要配套的恒流给定器,但比值系数设置的精度较高;分流器比较简单,可直接用电位器实施,但精度不高;加法器实施时,可直接用控制器的输入乘以比值系数,同样,设置比值系数的精度也不高。计算机控制装置或 DCS 实施比值控制时,仪表比值系数采用工艺比值系数直接设置,使用系统内部乘法运算或比值控制功能模块直接完成比值运算(采用相乘控制方案)。

采用常规仪表实施时,如果 $K>1$,应将比值函数环节设置在从动量控制回路;用 DCS 或计算机实施时,K 可大于 1,比值函数环节仍设置在从动量控制回路的设定值通道。

4. 检测变送环节的选择

采用线性检测变送环节和非线性检测变送环节时,除了仪表比值系数的计算公式不同外,还有以下区别。

(1) 从检测角度看,采用线性检测变送环节(如采用开方器),可使显示刻度均匀,小流量时的读数也比较清楚,但不一定能提高检测精确度。因为流量小于全量程的 25% 后,检测元件测量的准确度不高。此外,引入开方器会使系统总的精确度下降。

(2) 从系统角度看,对于变比值控制系统,如果比值函数环节位于副流量控制回路,则未引入开方器会使副环具有非线性特性,造成控制系统的不稳定。

(3) 从经济角度看,引入开方器需要增加投资。

根据上述讨论,建议在比值控制系统中采用线性检测变送环节。采用 DCS 或计算机控制时,可方便地在控制组态时引入开方运算,不需要增加费用,就能成为线性检测变送环节。

5. 变送器量程的选择

变送器量程的选择影响仪表比值系数的数据。常规仪表实施比值控制系统时,为提高控制精确度,通常应使 KQ_1 的数值位于从动量控制器量程范围的中间(仪表比值系数小于 1),或者使 Q_2/K 的数值位于从动量控制器量程范围的中间(仪表比值系数大于 1)。采用计算机或 DCS 组成比值控制系统时,为提高控制精确度,可适当缩小检测变送器的量程范围,并且不需要计算仪表比值系数。

6. 流量的温度压力补偿

当采用孔板等节流装置测量气体流量时,如果设计计算时的工况温度和压力与实际运行时的工况温度和压力有偏差,就会对气体流量测量造成误差。因此,当被测气体的工况温度较高、变化较大或工况压力较高、变化较大时,应该对被测气体流量进行温度压力补偿。其中,温度应换算到热力学温度,压力应换算到绝对压力。

3.2.4 比值控制系统的参数整定和投运

比值控制系统在设计、安装好后,即可进行系统投运。投运前的准备和投运步骤同简单控制系统类似。

(1) 单闭环比值控制系统是随动控制系统,应按照随动控制系统的整定原则整定从动量控制器的参数,即整定为非振荡或衰减比为 10∶1 的过程为宜。

(2) 双闭环比值控制系统中主动量的控制是定值控制系统,以衰减比为 4∶1 整定主控制器参数;从动量控制是随动控制系统,以非振荡或衰减比为 10∶1 整定从动量控制器参数。

(3) 变比值控制系统中从动量控制是串级控制系统的副回路,因此可按串级控制系统的副控制器整定从动量控制器参数,变比值控制器按串级控制系统的主控制器整定参数。

(4) 比值控制系统的投运可按单回路控制系统的投运方法分别投运主、从动量控制系统。变比值控制系统按串级控制系统的投运方法进行投运。

3.2.5 比值控制系统的变型

根据实际工艺生产过程的特殊控制要求,有以下几种比值控制系统的变型。

1. 快速跟踪的比值控制系统

前面所述的比值控制系统在稳态时能够使两种物料的流量保持工艺所需的比值,但有些生产过程要求两种物料在动态运行时也能够保持所需比值,或者因从动量的被控对象有较大滞后,使得从动量不能及时跟踪主动量的变化。这就产生了快速跟踪的比值控制系统。快速跟踪比值控制系统是在原比值控制系统的比值函数环节上串接一个快速跟踪环节 $G_D(s)$,相当于动态前馈。快速跟踪单闭环比值控制系统框图如图 3-34 所示。

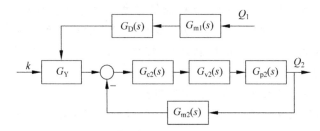

图 3-34 快速跟踪单闭环比值控制系统框图

由图 3-34 可知,快速跟踪单闭环比值控制系统的传递函数为

$$\frac{Q_2(s)}{Q_1(s)} = \frac{G_{m1}(s)G_D K G_{c2} G_{v2} G_{p2}}{1 + G_{c2} G_{v2} G_{p2} G_{m2}} = k \tag{3-44}$$

假设采用线性检测变送环节,则有

$$K = k \cdot \frac{Q_{1\max}}{Q_{2\max}} \tag{3-45}$$

代入式(3-44),可得

$$G_D = \frac{1 + G_{c2} G_{v2} G_{p2} G_{m2}}{G_{m1} G_{c2} G_{v2} G_{p2}} \cdot \frac{Q_{2\max}}{Q_{1\max}} \tag{3-46}$$

当对象为一阶惯性环节,其他环节为比例环节时,可得到快速跟踪环节的近似式为

$$G_D(s) = \frac{T_d s + 1}{\frac{T_d}{K_d} s + 1} \tag{3-47}$$

2. 无限可调比的比值控制系统

如果要求可调范围为 $0 \sim +\infty$,则比值控制系统的控制方案如图 3-35 所示。这是一个串级比值控制系统。主控制器 AC 的输出 x 用于表示主动量占总流量 Q 的比例。控制总

流量 $Q=Q_1+Q_2$ 为定值(由手动遥控 HC 输出确定)。K 是乘法器,完成 Qx 的运算;AY 是函数运算器,完成 $Q(1-x)$ 的运算;Q_1Y 和 Q_2Y 是开方器,组成线性检测变送环节。

根据图 3-35,主、从动量控制器的设定值分别为

$$Q_{1sp} = Qx, \quad Q_{2sp} = Q(1-x) \tag{3-48}$$

因此,稳态时,控制器的设定值与测量值相等,即主、从动量流量之比为

$$k = \frac{Q_2}{Q_1} = \frac{1-x}{x} \tag{3-49}$$

由于主控制器 AC 的输出可从 0 到 1 变化,因此,比值可从 0 到 $+\infty$ 变化,从而实现无限可调比的功能。该比值控制系统不仅能够使流量比值无限可调,而且能使两个流量之和保持恒定,这在调和工艺(如油品调和)中很有用。

3. 均分控制系统

在有些生产过程中,要求两种物料的流量之差保持恒定,则应采用均分控制系统。

均分控制系统的结构图如图 3-36 所示。总物料流量 Q 分成两路,将两路流量 Q_1 与 Q_2 的测量值送入加法器 Q_dY,得出流量差作为差值控制器 Q_dC 的测量值,其输出去控制 Q_2,使两者之差恒定,即 $Q_1-Q_2=Q_{sp}$。

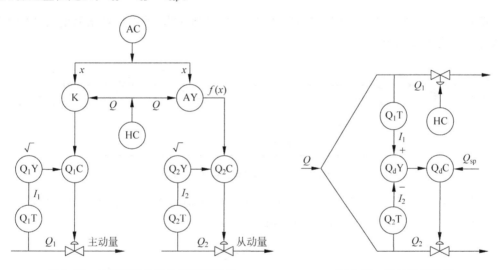

图 3-35 无限可调比的比值控制系统　　　　图 3-36 均分控制系统

为了使两路管道的阻力比较均衡,使 Q_2 的控制更为有效,在 Q_1 的管道上要安装一个遥控阀,由手操器 HC 进行遥控设定 Q_1 控制阀的开度。

当流量之差为零时,$Q_1=Q_2$,因此,均分控制系统成为比值系数 $k=1$ 的比值控制系统。

3.2.6 比值控制系统 Simulink 仿真示例

【例 3-5】 某溶剂厂生产中采用二氧化碳与氧气流量的双闭环比值控制系统,如图 3-37 所示。假设主动量控制系统的广义对象数学模型为 $G_{o1}(s)$,从动量控制系统的广义对象数学模型为 $G_{o2}(s)$,其中,$G_{o1}(s) = \frac{3}{18s+1}e^{-10s}$,$G_{o2}(s) = \frac{8}{(20s+1)(45s+1)}e^{-5s}$。主动量和从动量的比值根据工艺要求及测量仪表设定为 4,试选择两个控制回路的控制器类型并整定

控制器的参数,以及分析主动量控制系统和从动量控制系统均受随机干扰影响时,从动量对主动量的跟踪情况。

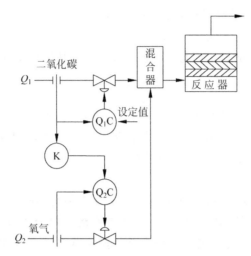

图 3-37 二氧化碳与氧气流量的双闭环比值控制系统

解：从工艺要求考虑,主动量控制器选择为 PI 控制规律,采用临界比例度法整定控制器参数。仿真框图如图 3-38 所示。

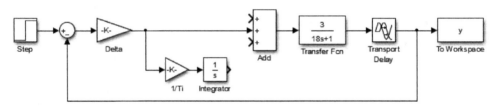

图 3-38 临界比例度法 Simulink 框图

经反复测试,当比例度 $\delta_k = 0.786$ 时,系统对阶跃输入的响应达到临界振荡状态,如图 3-39 所示。从图 3-39 中可以得到临界振荡周期 $T_k = 34$。

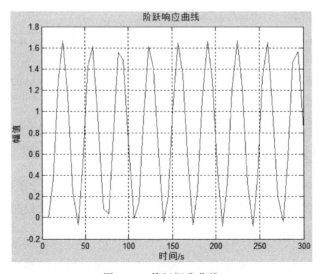

图 3-39 等幅振荡曲线

根据表 2-24，采用 PI 控制器时，比例度 $\delta=2.2\delta_k=1.7292$，积分时间 $T_i=0.85T_k=28.9$。此时系统的单位阶跃响应曲线如图 3-40 所示。由图 3-40 可以看出，系统的超调量大于 20%，当外界干扰较强时，系统可控性变差。为此适当调节 PID 参数，取 $\delta=2.388, T_i=27.2$，此时主动量闭环系统的阶跃响应曲线如图 3-41 所示。

从动量控制器同样选用 PI 控制规律，采用临界比例度法整定控制器参数。经反复测试，当比例度 $\delta_k=0.568$ 时，系统对阶跃输入的响应达到临界振荡状态，如图 3-42 所示。从图 3-42 中可以得到临界振荡周期 $T_k=54$。

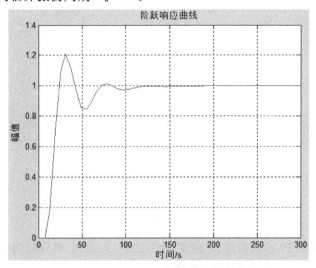

图 3-40　主动量闭环系统的阶跃响应

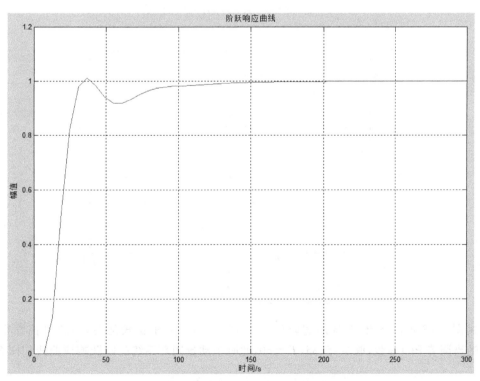

图 3-41　修正参数后主动量闭环系统的阶跃响应

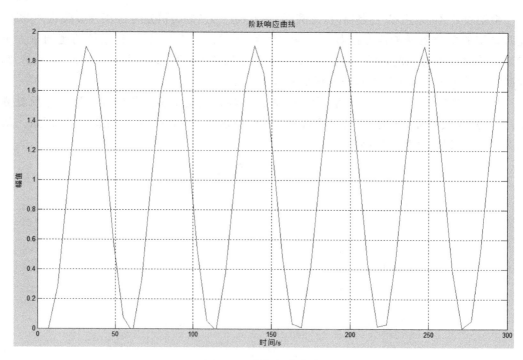

图 3-42 等幅振荡曲线

根据表 2-24,采用 PI 控制器时,比例度 $\delta=2.2\delta_k=1.2496$,积分时间 $T_i=0.85T_k=45.9$。此时系统的单位阶跃响应曲线如图 3-43 所示。

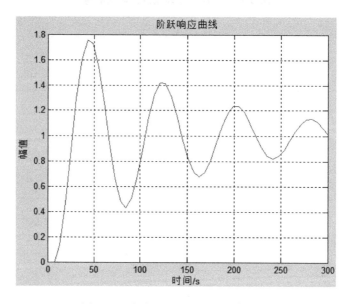

图 3-43 从动量闭环系统的阶跃响应

由图 3-43 可以看出,系统的超调量大于 70%,当外界干扰较强时,系统可控性很差。为此适当调节 PID 参数,取 $\delta=5.85, T_i=60$,此时主动量闭环系统的阶跃响应曲线如图 3-44 所示。

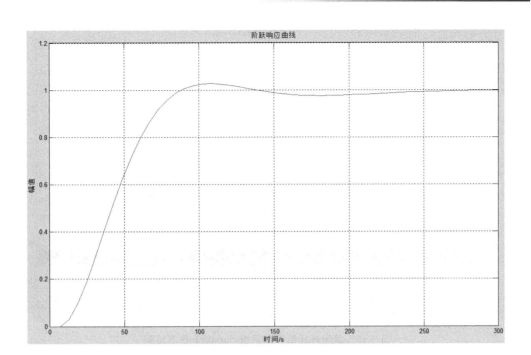

图 3-44 修正参数后从动量闭环系统的阶跃响应

主动量控制系统和从动量控制系统均受到随机扰动时,双闭环比值控制系统的 Simulink 仿真框图如图 3-45 所示,仿真结果如图 3-46 所示。

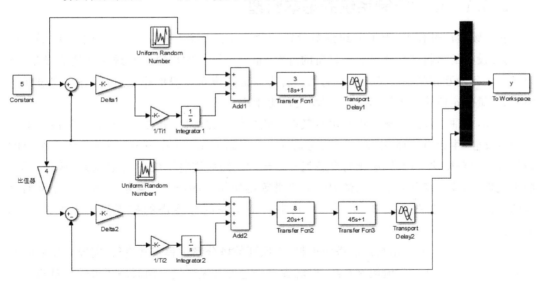

图 3-45 双闭环比值控制系统的 Simulink 仿真框图

从图 3-46 可以看出,除初始时间延迟外,从动量较好地跟随主动量的变化而变化,并基本维持比值 4,实现了主动量和从动量间的比值控制,并且两个闭环系统均能有效地克服各自干扰的影响,提高了系统的综合控制精度。

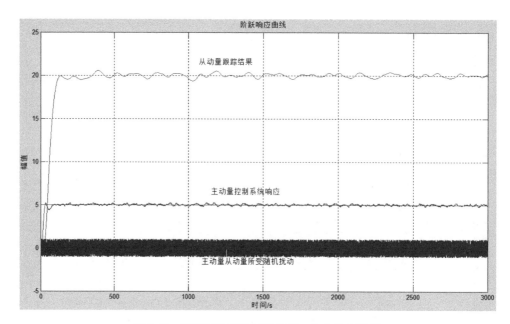

图 3-46 双闭环比值控制系统 Simulink 仿真结果

3.3 均匀控制系统

3.3.1 均匀控制系统的基本原理

在连续生产过程中,为了节约设备投资和紧凑生产装置,往往设法减少中间贮罐。这样,前一设备的出料往往就是后一设备的进料,而后一设备的出料又输送给其他的设备,所以各个设备是互相联系而又相互影响的。若为保证各设备自身的稳定运行,各自均设计了液位、流量的定值控制系统,系统之间将会产生矛盾。

例如,石油在管式裂解炉中与水蒸气以一定的气烃比配比,并在 800℃ 以上的温度下进行裂解反应,生成由烷烃(甲烷、乙烷、丙烷、……)、烯(乙烯、丙烯、……)与其他组分组成的裂解气。要获得这些产品,必须将裂解气经冷却和干燥后进脱甲烷塔、脱乙烷塔、脱丙烷塔、脱丁烷塔、乙烯乙烷分离塔和丙烯丙烷分离塔等得到相应的产品。裂解气顺序深冷分离过程的工艺流程示意图如图 3-47 所示。其中两个串联的分馏塔的控制流程图如图 3-48 所示。

在图 3-48 中,前塔出料是后塔的进料,为保证前塔分馏过程正常进行,需要维持塔底液位稳定,设计一个液位定值控制系统,以塔底出料量为操纵变量。而后塔要求进料量相对稳定,以保证物料平衡,设计一个进料流量定值控制系统,以进料量为操纵变量。而前塔的出料量恰恰就是后塔的进料量。当两套系统对操纵变量的调节作用方向相反时,系统间就会产生矛盾,不能正常运行。

早期曾利用缓冲罐来解决这一矛盾,即在前后塔之间增设一个有一定容量的缓冲罐。但这需要增加一套容器设备,加大了投资成本。另外,有些中间产品在缓冲罐中停留时间一长,会产生分解或自聚现象,从而限制了这种方法的使用。因此,必须从控制系统的设计上

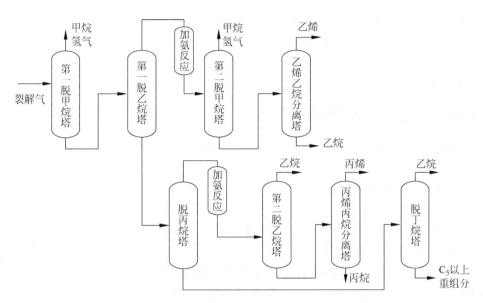

图 3-47 裂解气顺序深冷分离过程工艺流程示意图

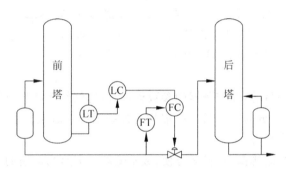

图 3-48 前后塔物料供求关系工艺流程图

寻求对应的解决方法,以满足前后装置或设备在物料供求上相互协调、统筹兼顾的要求。

解决这一问题的方法是采用均匀控制系统,条件是工艺上允许前塔的液位和后塔的进料量在一定范围内缓慢变化。均匀控制系统将液位和流量统一在一个控制系统中,允许这两个变量在一定范围内相对平稳地变化,从系统内部解决工艺参数间存在的问题。例如,当前塔的液位受到干扰偏离设定值时,并不是采取很强的控制作用,立即改变阀门开度,以出料量的大幅波动换取液位的稳定,而是采取比较弱的控制作用,缓慢地改变控制阀的开度,以出料量的缓慢变化来克服液位所受到的干扰。在这个调节过程中,允许液位适当偏离设定值,从而使前塔的液位和后塔的进料量都被控制在允许的范围内。这种使两个有关联的被控变量在允许范围内缓慢、均匀地变化,使前后设备在物料的供求上相互兼顾、均匀协调的系统称为均匀控制系统。

根据以上分析可以看出,均匀控制系统具有以下特点。

(1) 结构上无特殊性。同样一个单回路液位控制系统,由于控制作用强弱不同,它可以是一个单回路液位定值控制系统,也可以是一个简单均匀控制系统。因此,均匀控制是指控制的目的,而不是由控制系统的结构来决定的。

(2) 表征前后供求矛盾的两个变量都应该是变化的,而且应在工艺允许的操作范围内缓慢变化。这与定值控制希望控制过程要快的要求是不同的。均匀控制指的是前后设备物料供求上的均匀。因此,表征前后设备物料的变量都不应该稳定在某一固定数值上。

(3) 均匀并不意味着平均,有时根据实际情况以一个参数为主,一个波动小一些,另一个波动大一些。

3.3.2 均匀控制系统的类型

常用的均匀控制系统有简单均匀控制系统、串级均匀控制系统和双冲量均匀控制系统三类结构形式。

1. 简单均匀控制系统

简单均匀控制系统如图 3-49 所示。从图中可以看出,在系统的结构形式上,它与单回路液位定值控制系统没有什么区别,但两者的控制目的却不同。

为了满足均匀控制的要求,必须选择合适的控制规律和控制参数。因为在调节过程中,两个变量都是变化的,所以不应该有微分作用的控制规律,因为微分作用对控制过程的影响与均匀控制的要求背道而驰。比例作用一般都作为基本控制,但纯比例控制在系统出现连续的同向干扰时,容易造成被控变量的波动超过允许范围。因此,可适当引入积分作用,选择 PI 控制。

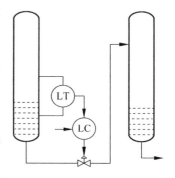

图 3-49 简单均匀控制系统

为达到均匀控制的目的,在控制器的参数整定时,比例作用和积分作用均不能整定得太强,因此,比例度要大,积分时间要长。一般均匀控制系统中取比例度 $\delta = 100\% \sim 200\%$,积分时间为几分钟到几十分钟。

简单均匀控制系统结构简单、投运方便、成本低廉。但是当前塔的液位对象的自衡能力较强时,或者后塔内的压力发生波动时,尽管控制阀的开度不变,其输出流量仍会发生变化。所以,简单均匀控制系统只适用于干扰较小、对流量的控制要求不高的场合。

2. 串级均匀控制系统

为了克服控制阀前后压力波动和被控过程的自衡特性对流量的影响,设计以流量为副变量的流量控制副回路。图 3-50 为前后两个精馏塔液位与流量的串级均匀控制系统。由图 3-50 可见,液位控制器 LC 的输出作为流量控制器 FC 的设定值,两者串联工作。因此,从结构上看就是典型的串级控制系统。但是,这里的控制目的却是使液位与流量均匀协调。如果扰动使前塔的液位上升,正作用的液位控制器输出信号随之增大,通过反作用的流量控制器使控制阀开度缓慢地开大。反映在工艺参数上,前塔的液位不是快速地下降,而是持续缓慢地上升,同时后塔的进料量也在缓慢增加。当前塔的液位上升到某一数值时,其出料量等于扰动造成进料量的增加量,液位就不再上升而暂时达到最高液位。这样前塔的液位和后塔的流量均处于缓慢变化中,从而实现了均匀协调的控制目的。如果后塔内压力受到扰动而升高时,在阀门开度不变的情况下后塔的进料流量将变小,首先通过流量控制器进行控制,这一控制作用使前塔的液位受到影响,此时再通过液位控制器改变流量控制器的设定值,使流量控制器作进一步的调节控制,缓慢改变控制阀的开度。两个控制器相互配合,使前塔的液位和后塔的流量都在规定的范围内均匀缓慢地变化,从而达到均匀控制的目的。

串级均匀控制系统在结构上与串级控制系统一样。串级均匀控制系统中的主控制器即液位控制器,与简单均匀控制系统中的处理相同,应选择比例度较大的PI控制作用,以达到均匀控制为目的。而流量控制器主要用于克服控制阀压力波动以及自衡作用对流量的影响,一般选择比例控制就可以了。但如果阀后压力波动较大,或对其流量的稳定要求也比较高时,流量控制器也可采用PI控制作用。

串级均匀控制系统能克服较大的扰动,适用于系统前后压力波动较大,或液位对象具有明显自衡特性,要求流量比较平稳,需要均匀控制的场合。但与简单均匀控制系统相比,使用仪表较多,投运较复杂,因此在方案选定时要根据系统的特点、扰动情况及控制要求来确定。

3. 双冲量均匀控制系统

"冲量"原本多用于锅炉控制行业,指短暂作用的信号或参数,这里引申为连续的信号和参数。双冲量均匀控制系统是将两个需兼顾的测量信号的差(或和)作为控制器的测量值的均匀控制系统。图3-51为精馏塔液位与出料流量的双冲量均匀控制系统的结构图。

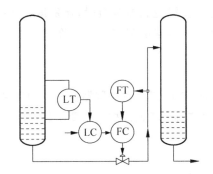

图3-50　串级均匀控制系统

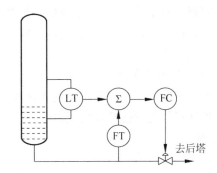

图3-51　双冲量均匀控制系统

若控制阀安装在出口,当液位偏高或流量偏低时,都应开大控制阀,因此,应取液位和流量信号之差作为测量值。正常情况下,该差值可能为零、负值或正值,因此,在加法器引入偏置值,用于降低零位,使正常工况下加法器的输出为量程的中间值,为调整两个信号的权重,可对这两个信号进行加权,即

$$I = c_1 I_L - c_2 I_F + I_B \tag{3-50}$$

式中,I是流量控制器的输入信号;I_L是液位变送器的输出电流;I_F是流量变送器的输出电流;I_B是偏置值;c_1和c_2是加权系数,它们在电动加法器中可方便地实现。

控制阀安装在入口时,当液位偏低或流量偏低都应开大控制阀,因此,应取液位和流量信号之和作为测量值,即$I = c_1 I_L + c_2 I_F - I_B$。同样的原因,应设置偏置值,但由于正常工况时,两个信号都为正,因此应减去偏置值,使正常工况下的差值为仪表量程的中间值。

双冲量均匀控制系统实质上是串级均匀控制系统的变型。其主控制器是比例度为100%的纯比例控制器,副控制器是流量控制器。其控制效果比简单均匀控制系统要好,但不及串级均匀控制系统。

双冲量相减均匀控制系统的框图如图3-52所示。流量控制器的偏差为$e = R - c_1 I_L + c_2 I_F - I_B$。可以看出,双冲量均匀控制系统的液位有余差。

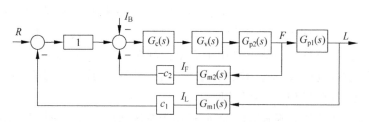

图 3-52 双冲量均匀控制系统框图

3.3.3 均匀控制系统控制规律的选择及参数整定

1. 控制规律的选择

1）简单均匀控制系统

一般选择纯比例控制,对一些输入流量存在急剧变化的场合或液位存在"噪声"的场合,特别是正常稳定工况时希望液位保持在特定值附近时,则应选用 PI 控制。由于微分作用与均匀控制要求相反,均匀控制系统中不加微分作用。设置控制器参数时,比例度要大一些,积分时间要长一些,最终使液位与流量或气体压力与气体流量都在工艺允许的一定范围内均匀缓慢地变化。

2）串级均匀控制系统

根据系统规定的控制要求与被控过程的具体特性来确定。主控制器按简单均匀系统控制器的控制规律进行选择,副控制器一般采用纯比例控制,若副被控变量要求较高时也可选用 PI 控制。

3）双冲量均匀控制系统

一般采用 PI 控制规律。均匀控制系统中引入积分作用的好处是可以避免由于长时间的同向干扰引起的液位越限。另外可使比例度适当增加,有利于控制存在高频噪声场合的液位。缺点是积分作用的引入会使系统的稳定性变差,同时当液位偏离给定值的时间较长而幅值又较大时,积分作用会使控制阀全开或全关,造成积分饱和现象。

2. 参数整定方法

均匀控制系统参数整定的原则如下:

(1) 保证液位不超出允许的波动范围,先设置好控制器参数;

(2) 修正控制器参数,充分利用容器的缓冲作用,使液位在最大允许范围内波动,输出流量尽量平稳;

(3) 根据工艺对流量和液位两个参数的要求,适当调整控制器参数。

简单均匀控制系统和双冲量均匀控制系统,要整定的控制器都是一个,可以按照简单控制系统的参数整定方法进行。

如果控制器是纯比例控制,则先将比例度置于一个适当的经验数值上,使液位不会越限,如 $\delta=100\%$。观察记录曲线,若液位的最大波动小于允许范围,则可增大比例度,比例度的增大必然使液位控制质量降低,而使流量过程曲线变好。如发现液位的最大波动超出允许范围,则应减小比例度。反复调试比例度,直到液位的波动小于且接近于允许范围为止。

如果控制器是 PI 控制,则先按纯比例控制进行整定,得到合适的比例度。然后适当加大比例度值(放大 20%),引入积分作用,逐步减小积分时间,直到流量曲线将要出现缓慢的周期性衰减振荡过程为止,而液位有恢复到给定值的趋势。根据工艺调整参数,直到液位、流量符合要求为止。

下面重点介绍串级均匀控制系统的参数整定方法。

1) 经验整定法

经验整定法是根据经验给主、副控制器设置一个适当的参数值。一般的串级控制系统的比例度和积分时间是由大到小地进行调整。而串级均匀控制系统则与之相反,它是从小到大进行调整,使被控变量的过渡过程曲线呈缓慢的非周期衰减过程,其具体步骤如下:

(1) 先将主控制器的比例度放到一个适当的经验数值上,然后对副控制器的比例度由小到大调整,观察过程曲线,直到副被控变量呈现缓慢的非周期衰减振荡过程为止;

(2) 已整定好的副控制器比例度不变,由小到大地调整主控制器的比例度,观察过程曲线,直到主被控变量出现缓慢的非周期衰减过程为止;

(3) 根据对象的具体情况,为了防止同向干扰造成被控变量出现的余差超过允许范围,可适当加入积分作用。

2) 停留时间法

所谓停留时间 t 就是操纵变量在被控对象的可控范围内流过所需的时间。据推证,停留时间 t 约等于对象时间常数 T 的一半,即 $t \approx T/2$。因此,按停留时间整定控制器参数,实际上是按对象的特性进行参数整定。时间常数与控制器的参数关系如表 3-2 所示。

表 3-2 停留时间与控制器参数关系表

停留时间/min	<20	20~40		>40
比例/%	100	150	200	250
积分时间/min	5	10		15

如果容器在液体测量范围内的有效容积为 V,正常生产时的体积流量为 Q,则停留时间 t 为

$$t = \frac{V}{Q} \tag{3-51}$$

停留时间法整定控制器参数的步骤如下:

(1) 计算停留时间 t;

(2) 副控制器选用纯比例控制时,按经验整定其比例度;

(3) 根据停留时间 t 查表 3-2 确定主控制器整定参数值。若照顾流量,选用数值较大的一组参数;若照顾液位,选用数值较小的一组参数;若两者都需要兼顾,则在两组参数范围内细心调整,直到满足生产要求为止。

3.3.4 均匀控制系统 Simulink 仿真示例

【例 3-6】 脱乙烷塔塔顶出来的气体经过冷凝器进入分离器,分离器内的压力需要比较稳定,因为它直接影响精馏塔的塔顶压力。而分离器出来的物料是加氢反应器的进料,也需要平稳。由于压力对象比液位对象的自平衡作用要强得多,故采用简单均匀控制方案不易满足要求,因此设计了如图 3-53 所示的压力流量串级均匀控制系统。假设主被控对象、

副被控对象的数学模型分别为 $G_{o1}(s)=\dfrac{5}{(30s+1)(3s+1)}, G_{o2}(s)=\dfrac{3}{(10s+1)(s+1)}$。试选择主、副控制器的控制规律并整定控制器参数,以及分析系统受随机干扰影响时,主、副变量的响应情况。

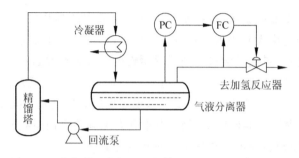

图 3-53 分离器压力与出口气体流量串级均匀控制系统

解:串级均匀控制系统的 Simulink 仿真框图如图 3-54 所示。

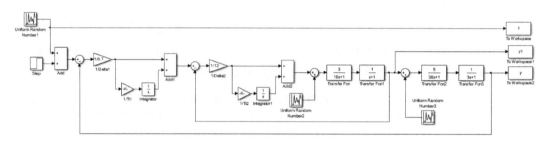

图 3-54 串级均匀控制系统 Simulink 仿真框图

根据过程的控制要求,主、副控制器均选择 PI 控制规律。参数整定过程如下:

首先将主控制器的比例度按经验选择为 $\delta_1=5$,然后对副控制器的比例度 δ_2 由小到大调整,观察过程曲线,当 $\delta_2=10$ 时,副变量的响应曲线近似为缓慢非周期过程,如图 3-55 所示。

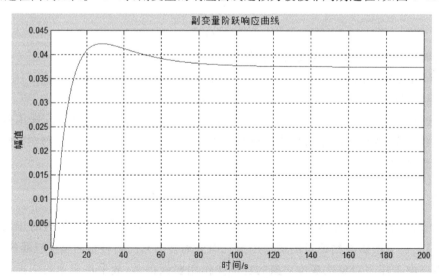

图 3-55 副变量的响应曲线

副控制器的比例度 $\delta_2=10$ 不变,由小到大地调整主控制器的比例度,观察过程曲线,当 $\delta_1=0.55$ 时,主变量的响应曲线呈现如图 3-56 所示的缓慢非周期衰减振荡过程。

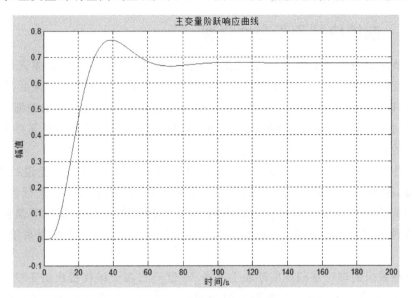

图 3-56　主变量的响应曲线

为了防止干扰造成被控变量出现稳态误差,主、副控制器均适当加入积分作用,并加大比例度值,取 $T_{i1}=600, T_{i2}=300, \delta_1=0.7, \delta_2=12$。

系统的设定值为 5,设定值受幅值为 0.3 的随机干扰影响,主、副变量均施加幅值为 0.1 的随机干扰,主变量、副变量的阶跃响应曲线如图 3-57 所示。

由图 3-57 可以看出,在随机干扰的影响下,主、副变量的变化都比较平缓。

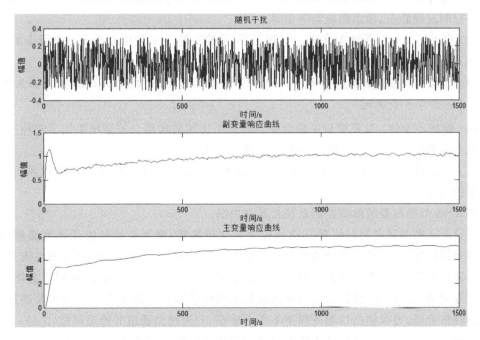

图 3-57　串级均匀控制系统响应曲线

3.4 前馈控制系统

3.4.1 前馈控制和不变性原理

在前面所讨论的控制系统中,控制器都是按照被控变量与设定值的偏差进行控制的,这就是所谓的反馈控制系统。在反馈控制中,当被控变量偏离设定值产生偏差后,控制器才产生控制作用,以补偿扰动对被控变量的影响。由于被控对象总存在一定的纯滞后和容量滞后,因而反馈控制作用总是落后于扰动作用,控制很难达到及时,尤其对于某些存在较大频繁变化干扰的系统,控制效果很不理想。

偏差产生的原因是干扰作用的结果,如果能直接按扰动而不是偏差进行控制,即扰动一旦出现,控制器就直接根据测到的干扰大小和方向,按一定规律去进行控制,使被控变量的偏差尚未出现之前就将扰动的影响消除掉了,因此控制作用要比反馈控制系统及时得多。这种依据预防的控制策略而设计的控制系统,就称为前馈控制系统,又称扰动补偿系统。

前馈控制系统的理论基础是前苏联学者在 20 世纪三四十年代提出的不变性原理。不变性原理指出,在扰动的影响下,系统的被控变量与扰动变量之间无关或在一定精度下无关,即被控变量保持不变。用数学描述,即当扰动 $f(t)\neq 0$ 时,被控变量的偏差恒等于零,即 $\Delta y(t)\equiv 0$。所以前馈是根据扰动或给定值的变化按补偿原理工作的控制系统。不变性原理设计思想的实施是通过测取进入过程的扰动量(包括外界扰动和设定值变化),并按其信号产生合适的补偿控制作用去改变控制量,使被控变量保持在设定值上来实现的。按照控制系统输出变量与输入变量的不变性程度,有以下几种不变性类型。

(1) 绝对不变性:系统在扰动 $f(t)$ 作用下,被控变量 $y(t)$ 在整个过渡过程中始终保持不变。控制过程静态、动态偏差均等于零。

(2) 误差不变性:系统在扰动 $f(t)$ 作用下,被控变量 $y(t)$ 的偏差小于一个很小的 ε 值,即 $|\Delta y(t)|\leq\varepsilon, y(t)\neq 0$。

(3) 稳态不变性:系统在扰动 $f(t)$ 作用下,稳态时被控变量 $y(t)$ 的偏差恒为零,即 $\lim_{t\to\infty}|\Delta y(t)|=0, f(t)\neq 0$。

(4) 选择不变性:被控变量一般会受到若干个扰动的作用。若系统采用了被控变量对其中几个主要的扰动实现不变性,则称为选择不变性。

以上不变性类型中的误差不变性和稳态不变性很适合在工程中应用于前馈或前馈-反馈系统的设计。

图 3-58 是换热器的前馈控制系统及其方块图。

假设进入换热器的物料流量变化比较大且比较频繁,则可将物料流量作为测量信号。当物料流量增加时,它通过两个通道对出口温度产生影响,一个是扰动通道,物料流量增加使出口温度下降,另一个是前馈控制器和控制通道组成的前馈控制通道,物料流量增加时,控制信号使蒸汽阀门开度增大,增大蒸汽流量从而使物料出口温度上升。如果前馈控制器的控制规律合适,可以使出口温度保持不变。设 $G_f(s)$ 为扰动通道的传递函数,$G_o(s)$ 为控制通道的传递函数,$G_{FF}(s)$ 为前馈补偿控制单元的传递函数。根据不变性原理,当扰动 $F(s)$

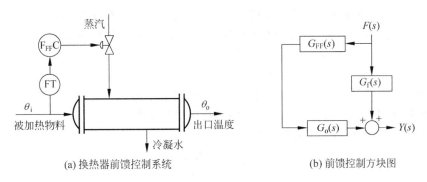

图 3-58　换热器前馈控制系统及其方块图

变化时,应该对被控变量无影响,则有

$$Y(s) = G_f(s)F(s) + G_{FF}(s)G_o(s)F(s) = 0 \tag{3-52}$$

由此得出前馈控制器的控制算式为

$$G_{FF}(s) = -\frac{G_f(s)}{G_o(s)} \tag{3-53}$$

由式(3-53)可知,前馈控制的好坏与扰动通道和控制通道的模型密切相关。如果扰动通道和控制通道的数学模型是精确的,则前馈控制系统可以做到无偏控制。然而,这只是理论上的愿望。在实际过程中,由于过程模型的时变性、非线性及扰动的不可完全预见性等影响,前馈控制只能在一定程度上补偿扰动对被控变量的影响。因此,在大多数实际应用中,往往都是将反馈控制与前馈控制结合起来,设计成前馈-反馈控制系统。这样,可以利用前馈控制来克服可以预见的主要扰动;而对于前馈控制补偿不完全的部分,即扰动依旧作用于被控变量所产生的偏离及其余扰动,由反馈控制来消除。这样的控制系统即使在大而频繁的扰动下,仍然可以获得优良的控制品质。

3.4.2　前馈控制的主要结构形式

前馈控制系统可分为单纯前馈控制系统、前馈-反馈控制系统和前馈-串级控制系统三种结构形式。

1. 单纯前馈控制系统

单纯前馈控制系统是开环控制系统,其方框图如图 3-58(b)所示。不难看出,要实现对扰动量的完全补偿,就必须保证扰动通道和控制通道的数学模型是精确的。否则,被控变量与设定值之间就会出现偏差。因此,在实际工程中,一般不单独采用单纯前馈控制方案。

单纯前馈控制又可分为静态前馈和动态前馈两种。

1) 静态前馈

所谓静态前馈,是指前馈控制器的控制规律为比例特性,即

$$G_{FF}(s) = -\frac{G_f(s)}{G_o(s)} = -K_{FF} \tag{3-54}$$

式中,K_{FF} 称为静态前馈系数。

由式(3-54)可知,静态前馈控制器的输出仅仅是输入信号的函数,而与时间无关。静态前馈控制的目标是在稳态下实现对扰动的补偿,使被控变量最终的静态偏差接近或等于零,而不考虑由于两通道时间常数的不同而引起的动态偏差。

以图 3-58 所示换热器出口温度控制系统为例说明静态前馈系数的计算。当换热器的被加热物料量 Q_p 为主要干扰时,为了实现静态前馈控制,可根据热量平衡关系列写出静态前馈控制方程。在忽略热损失的前提下,其热量平衡关系式为

$$Q_s H_s = Q_p c_p (\theta_o - \theta_i) \tag{3-55}$$

式中,Q_s 为加热蒸汽量;H_s 为蒸汽汽化潜热;Q_p 为被加热物料量;c_p 为被加热物料的比热容;θ_i 为被加热物料入口温度;θ_o 为被加热物料出口温度。

由式(3-55)可得静态前馈控制方程式为

$$\theta_o = \theta_i + \frac{Q_s H_s}{Q_p c_p} \tag{3-56}$$

如果被加热物料的入口温度 θ_i 不变,则根据式(3-56)可得控制通道的增益为

$$K_o = \frac{d\theta_o}{dQ_s} = \frac{H_s}{Q_p c_p} \tag{3-57}$$

扰动通道的增益为

$$K_F = \frac{d\theta_o}{dQ_p} = -\frac{Q_s H_s}{Q_p^2 c_p} = -\frac{\theta_o - \theta_i}{Q_p} \tag{3-58}$$

因此,静态前馈控制器的增益为

$$K_{FF} = \frac{K_F}{K_o} = -\frac{c_p (\theta_o - \theta_i)}{H_s} \tag{3-59}$$

静态前馈控制器不包含时间因子,一般不需要专用的控制装置,一般的比值器、比例控制器均可用做静态前馈装置,而且能满足相当多工业对象的要求。特别是对于当 $G_f(s)$ 与 $G_o(s)$ 的纯延迟相差不大时,采用静态前馈控制方法可以获得较好的控制精度。

静态前馈控制有两个缺点:一是每一次负荷变化都伴随着一段动态不平衡的过程,以瞬时误差的形式表现出来;二是如果负荷情况与当初调整系统时的情况不同,那么就有可能出现残差。这种偏差是静态前馈所不能解决的。

2)动态前馈控制

在实际的过程控制系统中,被控对象的控制通道和干扰通道的传递函数往往都是时间的函数。因此采用静态前馈控制方案,就不能很好地补偿动态偏差,尤其是在对动态偏差控制精度要求很高的场合,必须考虑采用动态前馈控制方式。

动态前馈控制的设计思想是,通过选择适当的前馈控制器,使干扰信号经过前馈控制器至被控变量通道的动态特性完全复制对象干扰通道的动态特性,并使它们的符号相反,从而实现对干扰信号进行完全补偿的目的。这种控制方案不仅保证了系统的静态偏差等于零或接近于零,又可以保证系统的动态偏差等于零或接近于零。

仍以图 3-58 所示换热器出口温度控制系统为例说明动态前馈控制算法。假设干扰通道和控制通道的传递函数分别为

$$G_f(s) = \frac{K_f e^{-\tau_f s}}{T_f s + 1} \tag{3-60}$$

$$G_o(s) = \frac{K_o e^{-\tau_o s}}{T_o s + 1} \tag{3-61}$$

则当对扰动量 Q_p 完全补偿时,有

$$G_{FF}(s) = -\frac{G_f(s)}{G_o(s)} = -\frac{K_f (T_o s + 1)}{K_o (T_f s + 1)} e^{-(\tau_f - \tau_o)s} \tag{3-62}$$

若实际系统的 $\tau_o = \tau_f$,则动态前馈控制器为

$$G_{FF}(s) = -\frac{K_f(T_o s + 1)}{K_o(T_f s + 1)} \quad (3\text{-}63)$$

进而如果 $T_o = T_f$,则有

$$G_{FF}(s) = -\frac{K_f}{K_o} = -K_{FF} \quad (3\text{-}64)$$

显然,当被控对象的控制通道和干扰通道的动态特性完全相同时,动态前馈控制器的补偿作用相当于一个静态前馈控制器。实际上,静态前馈控制只是动态前馈控制的一种特殊情况。

由于动态前馈控制器是时间 t 的函数,必须采用专门的控制装置,所以实现起来比较困难。

综上所述,前馈控制系统与反馈控制系统的主要差别如下:

(1) 产生控制作用的依据不同。前馈控制系统检测的信号是干扰,按干扰的大小和方向产生相应的控制作用。而反馈控制系统检测的信号是被控变量,按照被控变量与设定值的偏差大小与方向产生相应的控制作用。

(2) 控制的效果不同。前馈控制作用及时,不必等到被控变量出现偏差就产生了控制作用,在理论上可以实现对干扰的完全补偿,使被控变量保存在设定值上。而反馈控制必须在被控量出现偏差之后,控制器才对操纵变量进行调节以克服干扰的影响,控制作用很不及时。

(3) 实现的经济性不同。前馈控制必须对每一个干扰单独构成一个控制系统,才能克服所有干扰对被控量的影响。事实上,干扰因素众多,因而前馈控制是不经济的,而反馈控制只用一个控制回路就可克服多个干扰。

(4) 前馈控制是开环控制系统。前馈控制不存在稳定性问题,但不能保证被控变量没有余差。而反馈可控制系统是闭环控制,必须考虑稳定性问题。

2. 前馈-反馈控制系统

如前所述,单纯的前馈控制也有其局限性。首先,前馈控制是一种开环控制,它在控制过程中完全不测量被控变量的信息,因此,它只能对特定的扰动量进行补偿控制,而对其他的扰动量无任何补偿作用。即使是对指定的扰动量,由于环节或系统数学模型的简化、工况的变化以及对象特性的漂移等,也很难实现完全补偿。此外,在工业生产过程中,系统的干扰因素较多,如果对所有的扰动量进行测量并采用前馈控制,必然增加系统的复杂程度。而且有些扰动量本身就无法直接测量,也就不可能实现前馈控制。因此,在实际应用中,通常采用前馈控制与反馈控制相结合的复合控制方式。前馈控制器用来及时克服可测的主要扰动对被控变量的影响,而反馈控制器用来克服其余次要扰动以及前馈补偿不完全部分对被控变量的影响。这样,既发挥了前馈控制作用及时的优点,又发挥了反馈控制能克服多个干扰并对被控变量实现反馈检验的长处。

一个典型的前馈-反馈控制系统如图 3-59 所示。系统的校正作用是反馈控制器 $G_c(s)$ 的输出和前馈控制器 $G_{FF}(s)$ 的输出的叠加。

由图 3-59 可得,扰动 $F(s)$ 对被控变量 $Y(s)$ 的闭环传递函数为

$$\frac{Y(s)}{F(s)} = \frac{G_f(s) + G_{FF}(s)G_p(s)}{1 + H(s)G_c(s)G_p(s)} \quad (3\text{-}65)$$

在扰动 $F(s)$ 作用下,对被控变量 $Y(s)$ 完全补偿的条件是 $F(s) \neq 0$,而 $Y(s) = 0$,因此有

$$G_{FF}(s) = -\frac{G_f(s)}{G_p(s)} \quad (3\text{-}66)$$

由式(3-66)可知,从实现对系统主要干扰完全补偿的条件看,无论是采用单纯的前馈

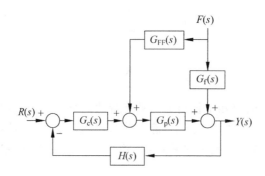

图 3-59 前馈-反馈控制系统

控制还是采用前馈-反馈控制,其前馈控制器的特性不会因为增加了反馈回路而改变。

综上所述,前馈-反馈控制系统的优点如下:

(1) 在前馈控制中引入反馈控制,有利于对系统中的主要可测干扰进行前馈补偿,对系统中的其他干扰进行反馈补偿。这样既简化了系统结构,又保证了控制精度。

(2) 由于增加了反馈控制回路,所以降低了前馈控制器精度的要求。这样有利于前馈控制器的设计与实现。

(3) 在单纯的反馈控制系统中,提高控制精度与系统稳定性是一对矛盾。往往为保证系统的稳定性而无法实现高精度的控制。而前馈-反馈控制系统既可实现高精度控制,又能保证系统稳定运行。因而在一定程度上解决了稳定性与控制精度之间的矛盾。

正由于前馈-反馈控制具有上述优点,因此它在实际工程上获得了十分广泛的应用。

3. 前馈-串级控制系统

在实际生产过程中,如果被控对象的主要干扰频繁而剧烈,且生产过程对被控变量的精度要求又很高,这时可以考虑采用前馈-串级控制系统。

前馈-串级控制系统又可分为两种结构形式。一种是前馈控制信号与反馈控制信号相乘,这种结构的控制系统实质上是比值控制系统。只不过这里的一个流量是扰动量,而另一个流量是操纵变量。另一种是前馈控制信号与反馈控制信号相加,这是最常用的前馈-串级控制系统结构。

1) 前馈控制信号与反馈控制信号相乘

在石油化工生产过程中,需要通过精馏塔将裂解气进一步分离成纯度要求很高的乙烯、丙烯、丁二烯及芳烯等化工原料。为了保证生产过程顺利进行,需要提馏段温度保持恒定。为此在蒸汽管路上安装一个控制阀,用来调节加热蒸汽流量。当加热蒸汽压力波动较大时,如果采用简单温度控制系统,控制品质一般不能满足生产要求,需要考虑串级控制系统。另外,受上一工序的影响,精馏塔的进料流量在很多情况下是不可控的,此时引入前馈控制可以明显改善系统的控制品质。如图 3-60 所示为

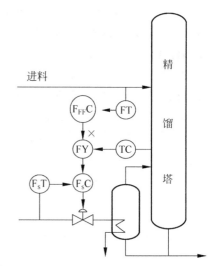

图 3-60 精馏塔相乘型前馈-串级控制系统

一精馏塔提馏段温度为主被控变量,再沸器蒸汽流量为副被控变量,进料流量为前馈信号,前馈控制信号与反馈控制信号相乘的前馈-串级控制系统。

用传递函数描述的方块图如图 3-61 所示。

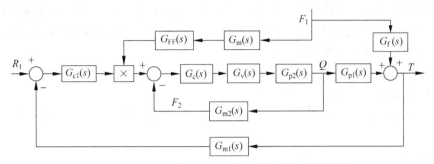

图 3-61　传递函数描述的相乘型前馈-串级控制系统

从前馈原理角度看,反馈信号来自提馏段温度,前馈信号来自进料流量,反馈信号和前馈信号进行相乘运算,运算结果作为再沸器加热蒸汽流量控制器的设定值。从比值控制原理角度看,进料流量与蒸汽流量应保持一定的比值关系,当提馏段温度有偏差时应调整该比值,属于变比值控制系统,即为变比值-前馈控制系统。

2) 前馈控制信号与反馈控制信号相加

加热炉是炼油、化工生产中的重要装置之一,它的任务是把原料油加热到一定温度,以保证下道工序的顺利进行。当燃料压力变化时,先影响炉膛温度,然后通过传热过程逐渐影响原料油的出口温度,这个通道时间常数很大,控制系统不能及时产生控制作用,采用简单温度控制系统难以满足控制要求。当原料油流量为主要干扰时,需要引入前馈控制以及时消除原料油流量对原料油出口温度的影响,如图 3-62 所示为以原料油出口温度为主被控变量,燃料流量为副被控变量,原料油流量为前馈信号,前馈信号与反馈信号相加的前馈-串级控制系统。

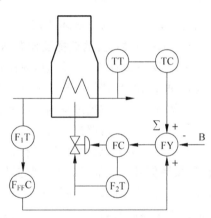

图 3-62　加热炉的相加型前馈-串级控制系统

用传递函数描述的方块图如图 3-63 所示。

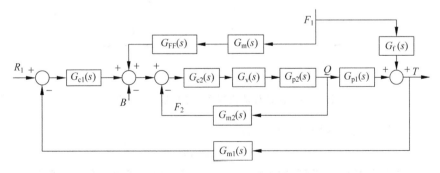

图 3-63　传递函数描述的相加型前馈-串级控制系统

3.4.3 前馈控制系统的设计及工程实施中的几个问题

1. 采用前馈控制系统的条件

前馈控制是根据扰动作用的大小进行控制的。前馈控制系统主要用于克服控制系统中对象滞后大、由扰动而造成的被控变量偏差消除时间长、系统不易稳定、控制品质差等缺点,因而采用前馈控制系统的条件如下:

(1) 扰动可测但不可控;

(2) 变化频繁且变化幅度大的扰动;

(3) 扰动对被控变量影响显著,反馈控制难以及时克服,且过程对控制精度要求又不十分严格。

2. 前馈控制算法

对大多数实际工业过程,前馈控制可用时滞加一阶滞后的结构形式。前馈控制器的传递函数为

$$G_d(s) = -\frac{G_f(s)}{G_o(s)} = -\frac{K_f}{K_o} \cdot \frac{T_o s+1}{T_f s+1} e^{-(\tau_f-\tau_o)s} = K_d \frac{T_1 s+1}{T_2 s+1} e^{-\tau_d s} \tag{3-67}$$

式中,$K_d = -\frac{K_f}{K_o}$ 是增益项,为比例环节;$\frac{T_1 s+1}{T_2 s+1} = \frac{T_o s+1}{T_f s+1}$ 为超前滞后环节,$T_1 > T_2$ 时具有超前特性,$T_1 = T_2$ 为比例环节,$T_1 < T_2$ 时具有滞后特性。

3. 前馈补偿装置的选择及偏置值的设置

采用 DCS 或计算机控制时,前馈控制器的控制规律可方便地实现,如可采用超前-滞后功能模块、前馈-反馈控制算法的功能模块等,通常采用静态前馈,即用前馈增益 K_d 实现,如用比例环节。当被控过程的模型和扰动模型能够比较准确获得时,也可采用相应的单元组合仪表实现动态前馈控制规律。

在正常工况下,扰动变量有输出,因此前馈控制器也有输出。当组成前馈-反馈控制系统时,反馈信号与正常工况下的前馈信号相加,其数值可能超出仪表的量程范围,因此,采用常规仪表时,应在前馈控制器输出添加偏置信号 B,其数值应等于正常稳态工况下扰动变量经前馈控制器后的输出,其符号应抵消扰动正常工况的输出,如图 3-64 所示。

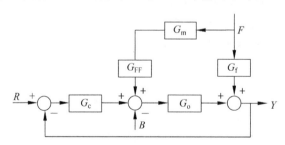

图 3-64 前馈反馈控制系统中偏置值的设置

由图 3-64 可知,偏置信号 B 的值应为

$$B = -K_m K_{FF} F \tag{3-68}$$

式中,K_m 是前馈信号检测变送环节的增益;K_{FF} 是静态前馈增益;F 是正常工况下扰动量的数值。添加偏置值后,正常工况下扰动引入的前馈信号与偏置值抵消,因此,送到执行器

的信号是反馈控制信号。当扰动变量变化时,扰动变量引入的前馈信号减去偏置值后作为实际的扰动前馈信号,与反馈信号相加,实现了前馈-反馈控制系统。

采用 DCS 或计算机实现前馈-反馈控制系统时,也可按上述方法设置偏置值。

4. 前馈-反馈控制系统中流量副回路的引入

在前馈-反馈控制系统中,如果控制阀阀前压力或流量的波动较大,为了迅速消除这些扰动对操纵变量的影响,可发挥串级控制系统的特点,在前馈-反馈控制系统中引入流量副回路。当希望操纵变量与流量有精确的对应关系时,也可引入流量副回路。

当由于控制阀的回差较大、干摩擦严重或控制阀的流量特性希望改变时,宜采用阀门定位器,而不采用流量副回路。

当前馈信号是流量时,该信号的检测变送环节有线性和非线性两种选择。扰动变量变化时,为使前馈控制增益 K_{FF} 为恒值,前馈检测变送环节的输入和输出应具有线性关系。即当采用差压变送器检测流量前馈信号后,应加开方器,使前馈检测变送环节的输出与扰动变量成线性关系。

3.4.4 前馈控制系统的投运与参数整定

1. 前馈类型的选择

用控制通道和扰动通道时间常数的比值 T_o/T_f 来选择前馈类型。通常,当 $T_o/T_f<0.7$ 时,说明扰动通道时间常数大,扰动对系统输出的影响缓慢,有利于控制作用克服扰动的影响,因此控制质量高,可不用前馈;当 $0.7<T_o/T_f<1.3$ 时,采用静态前馈;当 $T_o/T_f>1.3$ 时,说明控制通道时间常数大,动态响应缓慢,宜采用动态前馈。

2. 静态前馈增益的确定

除了根据机理分析计算静态前馈增益外,还有两种实测确定方法。一种方法是在工况下实测扰动通道的增益和控制通道的增益,然后相除得到静态前馈增益 $K_{FF}=-K_f/K_o$;另一种方法是先不接前馈,扰动 F 变化一个阶跃量 Δf,通过 PI 反馈控制使被控变量恢复到设定值,这时控制器输出变化量为 Δu,则静态前馈增益为 $K_{FF}=\Delta u/\Delta f$。

3. 超前-滞后环节的整定

当采用动态前馈时,需进行超前-滞后环节的整定,有实测法和经验法两种方法。实测法是实测扰动通道传递函数 $G_f(s)$ 和广义对象的传递函数 $G_o(s)$。当扰动变量是流量时,可用实测的执行器和被控过程的传递函数来近似表示 $G_o(s)$;当扰动变量不是流量或动态时间常数较大时,广义对象包含扰动变量检测变送环节、执行器和被控过程,此时还应实测扰动变量检测变送环节的传递函数。经验法是根据输出响应曲线调试超前-滞后环节参数。由于动态前馈的参数调整不合适反而会引入扰动,因此,一般过程控制中动态前馈应用较少。

4. 前馈控制系统的投运

前馈控制系统的投运通常与反馈控制系统投运相结合。方法一是先投运反馈控制系统,然后投运前馈控制系统;方法二是反馈控制系统和前馈控制系统各自投运,整定好参数后再把两者相结合。

3.4.5 前馈控制系统 Simulink 仿真示例

【例 3-7】 在某换热器出口温度控制系统中,要求被加热物料的出口温度 θ_o 保持不变。由于被加热物料的流量变化比较剧烈,系统采用前馈-反馈控制方案,如图 3-65 所示。

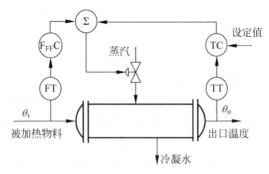

图 3-65 换热器前馈-反馈控制系统

采用系统辨识的方法得到系统控制通道的传递函数为

$$G_o(s) = \frac{6e^{-8s}}{(5s+1)(10s+1)}$$

扰动通道的传递函数为

$$G_f(s) = \frac{15e^{-10s}}{(8s+1)(10s+1)}$$

图 3-66 是用传递函数描述的换热器前馈-反馈控制系统框图。其中，$G_1(s) = \frac{2}{5s+1}e^{-3s}$，$G_2(s) = \frac{3}{10s+1}e^{-5s}$，$G_d(s) = \frac{5}{8s+1}e^{-5s}$，流量测量变送器的传递函数 $G_{m1}(s) = 1$，温度测量变送器的传递函数 $G_m(s) = 1$，$G_c(s)$ 为反馈控制器，$G_{FF}(s)$ 为前馈控制器。为保证系统稳定无余差，反馈控制器采用 PI 控制规律。试整定反馈控制器和前馈控制器参数，并比较系统存在干扰信号作用时，反馈控制系统和前馈-反馈控制系统的响应情况。

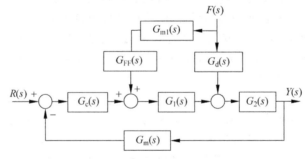

图 3-66 前馈-反馈控制系统框图

解：

（1）反馈控制器参数整定。首先将扰动通道断开，按单回路系统整定参数。通过 Simulink 模块用临界比例度法整定控制器参数，如图 3-67 所示。

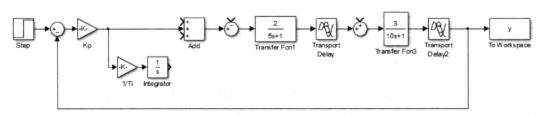

图 3-67 单回路系统 Simulink 仿真框图

当 $K_c=0.461$ 时,系统对阶跃输入的响应曲线出现等幅振荡,如图 3-68 所示。从图 3-68 中可以得到临界振荡周期 $T_c=36$。

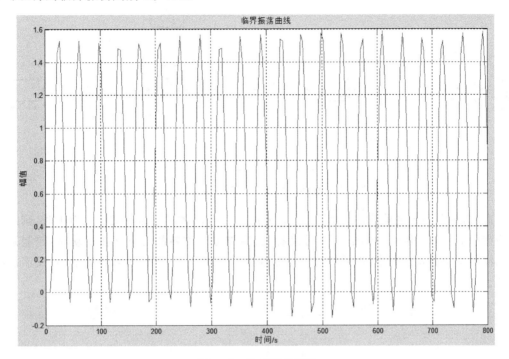

图 3-68　临界振荡曲线

查表 2-24,采用 PI 控制器时,$K_p=0.461/2.2=0.21$,积分时间 $T_i=0.85T_c=30.6$。此时系统的单位阶跃响应曲线如图 3-69 所示。

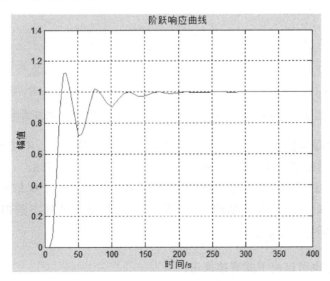

图 3-69　反馈控制系统的单位阶跃响应

在系统稳定运行 200s 时,在扰动通道施加幅值为 0.3 的阶跃扰动信号,其 Simulink 仿真框图如图 3-70 所示。

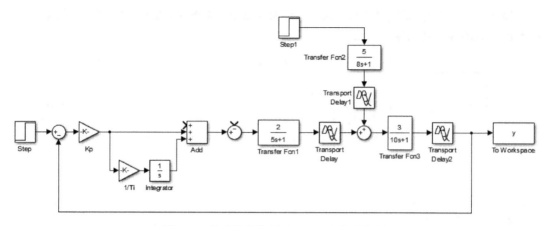

图 3-70 扰动信号作用下 Simulink 仿真框图

此时,控制系统的响应曲线如图 3-71(a)所示。当扰动信号的幅值增大为 1 时,则响应曲线如图 3-71(b)所示。由图 3-71 可以看出,当被加热物料的流量存在扰动时,控制系统可以满足系统的稳态要求,但系统的动态特性很难满足要求。为此,需构建前馈-反馈控制系统。

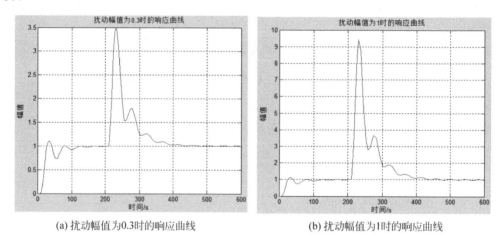

(a) 扰动幅值为0.3时的响应曲线   (b) 扰动幅值为1时的响应曲线

图 3-71 反馈控制系统给定信号和扰动信号作用下的阶跃响应

(2) 前馈控制器参数整定。首先整定静态前馈放大系数 K_{FF}。不接前馈,改变扰动量的大小,记录控制器的输出变化,其 Simulink 仿真框图如图 3-72 所示。

干扰信号的大小 $f_0=0.3$ 时,控制器的输出 $u_0=-0.5833$;干扰信号增大为 $f_1=0.5$ 时,控制器的输出 $u_1=-1.083$,如图 3-73 所示。因此,整定的静态前馈放大系数 $K_{FF}=\dfrac{-1.083-(-0.5833)}{0.5-0.3}=-2.5$。

静态前馈系数也可以由下式直接求出:

$$K_{FF}=-\lim_{s\to 0}\dfrac{G_f(s)}{G_o(s)}=-2.5$$

动态前馈控制器时间常数的整定。用于整定动态前馈控制器时间常数 T_1 和 T_2 的 Simulink 仿真框图如图 3-74 所示。

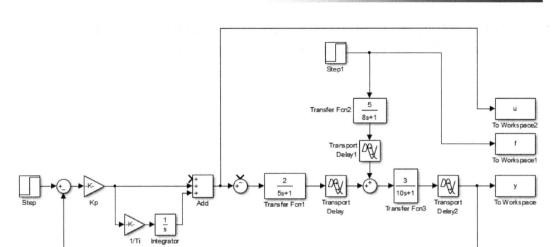

图 3-72　计算静态前馈增益的 Simulink 仿真框图

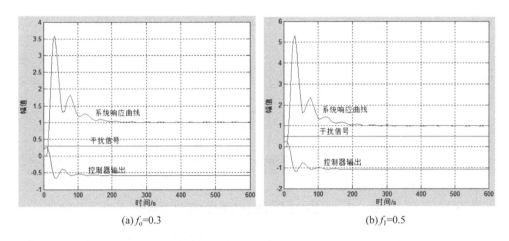

(a) $f_o=0.3$　　　　　　　　　　　(b) $f_1=0.5$

图 3-73　控制器输出随扰动变化响应图

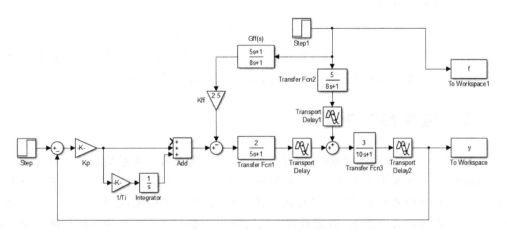

图 3-74　前馈反馈控制系统 Simulink 仿真框图

系统输入为单位阶跃信号,在系统稳定运行 200s 时,施加幅值为 0.3 的阶跃扰动信号,选取 $K_{FF}=2.5$ 和不同组合的 T_1、T_2,系统输出响应如图 3-75 所示。

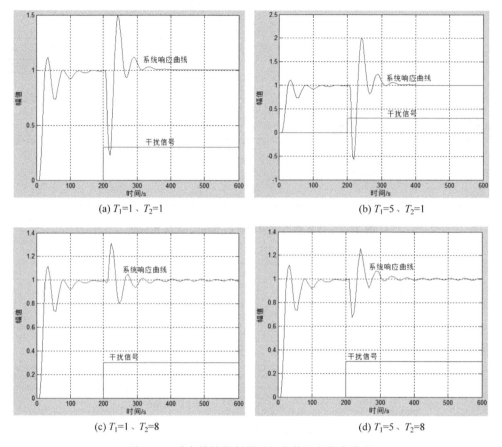

图 3-75　动态前馈控制器时间常数整定仿真曲线

由图 3-75 可以看出,当 $T_1=5$、$T_2=8$ 时,系统受干扰后的响应总的超调不大,系统补偿较为理想,即前馈控制器为

$$G_{FF}(s) = K_{FF}\frac{T_1 s+1}{T_2 s+1} = 2.5 \times \frac{5s+1}{8s+1}$$

比较图 3-73(a)和图 3-75(d)可以看出,采用前馈-反馈控制,除具有反馈控制的优点外,可以对干扰信号进行同步补偿,从而使控制系统获得较好的控制品质。

3.5　选择性控制系统

在现代化大型工业生产过程中,相当多的生产装置要求控制系统既能在正常工况下发挥控制作用,又能在非正常工况下仍然起到自动控制作用。也就是说,过程控制系统应具有一种应变能力,在临界异常工况时自身能采取一些相应的保护措施,使生产过程尽快恢复到正常工况,或使生产暂时停工,以防事故的发生或进一步扩大。如大型压缩机的防喘振控制、精馏塔的防液泛控制等,都属于非正常生产过程的保护性措施。这种作用于非正常工况时的控制系统属于安全保护措施。

安保措施大致可分为硬保护措施和软保护措施两类。硬保护措施就是联锁保护控制系统。当生产过程工况超出一定范围时，联锁保护系统采取一系列相应的措施，如自动报警、自动到手动、自动联锁停机等动作，使生产过程处于相对安全的状态。但由于生产的复杂性和快速性，操作人员处理事故的速度往往满足不了需要，或处理过程容易出错。而自动联锁停机的办法往往造成频繁的设备停机，严重时甚至无法开车，造成较大的经济损失。所以，在一些高度集中控制的大型工厂中，硬保护措施满足不了生产的需要。

软保护措施是当生产工况超出安全软限时，运行着的控制系统能自动切换到一种新的控制系统中，由它来取代原来的控制系统对生产过程的控制权，当工况恢复时，新控制系统又自动切换回原来的控制系统中。选择性控制系统就是将工艺生产过程的操作条件所构成的选择性逻辑规律与常规控制相结合，从而使系统既能在正常工况下工作，又能在一些特定的工况下工作的一种软保护措施。

3.5.1 选择性控制系统的基本原理

选择性控制系统的工作过程是当生产过程趋近于危险极限区，即还未进入危险区（称为安全软限）时，用一个取代控制器（也称为超驰控制器）自动取代正常工况下工作的控制器（称为正常控制器），通过取代控制器的校正控制，使生产过程脱离危险区回到安全区，这个时候取代控制器便自动退出，变为开环控制（即备用等待状态），而正常控制器又重新恢复工作。

选择性控制系统的工作过程有两个关键问题需要解决，一是对工况的判断问题，二是两个控制器之间如何自动切换的问题。实际上选择性控制系统的运行是靠高值或低值选择器来实现的。因此，选择性控制系统也常定义为凡是在控制回路中引入了选择器的控制系统均称为选择性控制系统。

选择器可以实现逻辑运算，分为高选器和低选器两类。高选器输出的是自身输入信号中的高信号，通常用 HS(high selector)或大于符号">"表示；低选器输出的是自身输入信号中的低信号。常用 LS(low selector)或小于符号"<"表示。它们的逻辑运算关系为

$$\text{高选器} \quad u_{\text{out}} = \max(u_{i1}, u_{i2}, \cdots, u_{ij}) \tag{3-69}$$

$$\text{低选器} \quad u_{\text{out}} = \min(u_{i1}, u_{i2}, \cdots, u_{ij}) \tag{3-70}$$

式中，u_{ij} 为输入信号中第 j 个输入；u_{out} 为输出信号。

选择性控制系统将逻辑控制与常规控制结合起来，增强了系统的控制能力，可以完成非线性控制、安全控制、自动开停车等控制功能，它极大丰富了自动化内容和应用范围，很多生产过程中的实际控制问题也因此得以很好的解决。采用单元组合仪表、计算机控制系统可以方便地实现选择性控制。采用高值选择器时，要规定正常工况下和异常工况下参与控制的信号是高信号，生产上也称强信号，保证高选器工作时能及时实现控制信号的切换。选择器示意图如图 3-76 所示。假设 X_1 是正常工况下参与控制的信号，且 $X_1 \gg X_2$，选择器的输出信号 $Y = X_1$。当出现不正常工况时，$X_2 > X_1$，高选器的输出信号 $Y = X_2$；等工况恢复正常后，X_2 又下降到小于 X_1，此时 $Y = X_1$。

采用低值选择器工作时，假设 X_1 是正常工况下参与控制的信号，且 $X_1 \ll X_2$。正常工况下，$Y = X_1$；非正常工况下，$X_2 < X_1$，则 $Y = X_2$；工况恢复后，$X_1 < X_2$，此时 $Y = X_1$。

选择性控制系统一般应用在以下几个方面。

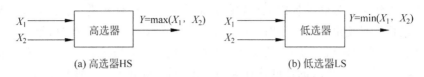

图 3-76 高值选择器和低值选择器

(1) 生产过程中当某一工况参数超过安全软限时,用另一个控制回路替代原有控制回路,使工艺过程能安全运行。这类选择性控制系统称为超驰控制系统。

(2) 通过选择生产过程中被控变量的最高值或最低值或中间值,用于生产过程的指导或控制,以防止事故发生。这类选择性控制系统称为竞争控制系统或冗余系统。

(3) 根据生产工艺要求对信号进行限幅,实现非线性函数关系的控制系统。

(4) 用于生产过程的自动开、停车控制。

3.5.2 选择性控制系统的类型

选择性控制系统可按被控变量的选择和操纵变量的选择进行分类,也可按选择器的位置和目的进行分类。

1. 对被控变量的选择性控制系统

当生产过程中某一工况参数超过安全软限时,用另一个控制回路替代原有控制回路,使工艺过程能安全运行。这类选择性控制系统称为超驰控制系统。超驰控制系统的选择器位于两个控制器和一个执行器之间,对被控变量进行选择,是选择性控制系统中常用的类型。其原理框图如图 3-77 所示。

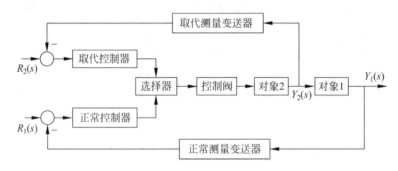

图 3-77 对被控变量的选择性控制系统框图

图 3-78 为工业生产中常见的氨冷器温度选择性控制系统的控制流程图。

液氨蒸发冷却器是在化工生产中应用广泛的一种换热设备,它利用液氨蒸发为气氨这一吸热过程来冷却流经管内的其他物料,再将气氨作为被冷却物料(主物料)送到制冷压缩机进行液化,并经冷却水进一步冷却液化后重复使用。一般生产工艺要求有以下两点:一是保证被冷却物料的出口温度稳定为某一定值,所以将被冷却物料的出口温度作为被控变量,以液氨的流量作为操纵变量,构成正常工况下的单回路温度定值控制系统;二是从安全角度考虑,为防止制冷压缩机叶片损坏,严禁气氨中夹带液氨,因此需在原有温度控制基础上,增加一个防液位超限的控制系统。

在正常工况下,操纵液氨流量使被冷却物料的出口温度得到控制,而液位在允许的一定

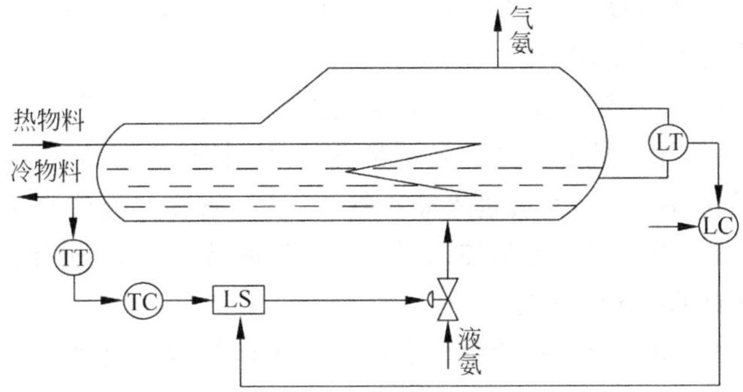

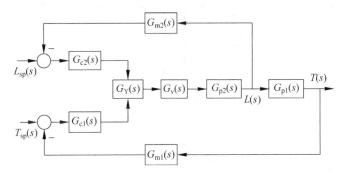

图 3-78 液态氨冷却器控制系统

范围内变化。如果突然出现非正常工况,例如有杂质油漏入被冷却物料管线,使导热系数下降,原来的传热面积不能带走同样多的热量,只有使液位升高,加大传热面积。如果当液位升高到全部淹没换热器的所有列管时,传热面积已达到极限,出口温度仍没有降下来,温度控制器会不断地开大控制阀的开度,使液位继续升高。这时就可能导致生产事故。这是因为气化氨要经过制冷压缩机变成液态氨重复使用,如果液位太高,会导致气氨中夹带液氨进入压缩机,损坏压缩机叶片。为了保护压缩机的安全,要求氨冷器有足够的气化空间,这就限制了液氨液位的上限高度(安全软限),这是根据工艺操作所提出的限制条件。为此,需在温度控制系统的基础上,增加一个液位超限的取代控制系统。显然,从工艺上看,操纵变量只有液氨流量一个,而被控变量却有温度和液位两个,从而构成了对被控变量的选择性控制系统。

图 3-79 为图 3-78 所示氨冷器超驰控制系统方框图。

图 3-79 氨冷器超驰控制系统框图

氨冷器超驰控制系统的设计步骤如下:

(1) 从安全生产角度考虑,选择控制阀的气开、气关形式。为防止气氨带液进入制冷压缩机后危及压缩机的安全,控制阀应选择气开阀,即 $K_v>0$。这样一旦控制阀失去能源,控制阀就处于关闭状态,不致使液位不断上升。

(2) 确定被控过程特性增益的正负。选择性控制系统有两个被控变量,当控制阀开度增大时,进入液氨量增大,液位升高,液位对象增益 $K_{p2}>0$。当液位升高,温度下降,温度对象增益 $K_{p1}<0$。

(3) 确定控制器的正、反作用形式。根据负反馈准则 $K_{c2}K_vK_{p2}>0$,选择 $K_{c2}>0$,即液位控制器选反作用。对温度控制系统而言,为保证负反馈,选择使 $K_{c1}K_vK_{p2}K_{p1}>0$,即 $K_{c1}<0$,因此温度控制器选正作用。

(4) 确定选择器类型。超过安全软限时应使液位控制器代替温度控制器,即根据在非正常工况下取代控制器输出信号是高信号还是低信号,来确定选择高选器还是低选器。因液位控制器是反作用控制器,当系统进入非正常工况时,氨冷器液位高于安全软限,液位控制器输出的是低信号。为了保证液位控制器输出信号能够被选中,选择器必须是低选器,以防止事故的发生,因此 G_Y 选用低选器。

超驰控制系统和类似的控制系统结构也被用于生产过程的自动开、停车或逻辑提量和逻辑减量的控制系统中。

2. 对操纵变量的选择性控制系统

对操纵变量的选择性控制系统的原理框图如图 3-80 所示。其被控变量只有一个,而操纵变量却有两个,选择器对操纵变量加以选择。

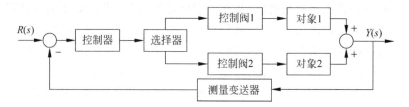

图 3-80 对操纵变量的选择性控制系统框图

图 3-81 为一加热炉采用两种燃料燃烧的操纵变量选择性控制系统。

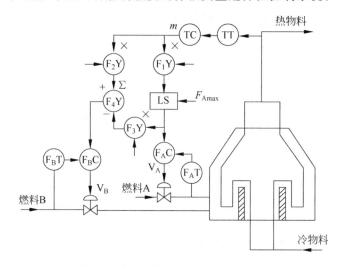

图 3-81 加热炉燃料的选择性控制系统

图中,加热炉燃料有低价燃料 A 和补充燃料 B 两种,最大供应量对应仪表信号分别为 F_{Amax} 和 F_{Bmax};F_1Y, F_2Y, F_3Y 是乘法器比值函数环节,比值设定值分别为 $1+\dfrac{F_{Bmax}}{F_{Amax}}$、$1+\dfrac{F_{Amax}}{F_{Bmax}}$、$\dfrac{F_{Amax}}{F_{Bmax}}$;$F_4Y$ 是加法器;温度控制器 TC 的输出信号用 m 表示。

该加热炉燃料的选择性控制系统的工作原理如下:

(1) 当低价燃料 A 供应充足,即 $m(1+F_{Bmax}/F_{Amax})<F_{Amax}$ 时,低选器 LS 输出选中 $m(1+F_{Bmax}/F_{Amax})$,该输出作为 F_AC 的设定值,组成以温度为主被控变量、低价燃料量为副被控变量的串级控制系统。此时,补充燃料控制器 F_BC 的设定值为

$$F_B s.p. = m\left[1+\frac{F_{Amax}}{F_{Bmax}}\right]-m\left[1+\frac{F_{Bmax}}{F_{Amax}}\right]\cdot\frac{F_{Amax}}{F_{Bmax}}=0 \tag{3-71}$$

即 F_BC 的设定值为零,说明控制阀 V_B 全关,系统通过改变控制阀 V_A 的开度调节加热炉出口温度。

(2) 当低价燃料 A 供应不足,即 $m(1+F_{Bmax}/F_{Amax})>F_{Amax}$ 时,低选器 LS 输出选中 F_{Amax},使低价燃料控制阀 V_A 全开。此时,补充燃料控制器 F_BC 的设定值为

$$F_B s.p. = m\left[1+\frac{F_{Amax}}{F_{Bmax}}\right]-\frac{F_{Amax}}{F_{Bmax}}\cdot F_{Amax}>0 \tag{3-72}$$

组成以温度为主被控变量、补充燃料量为副被控变量的串级控制系统。控制阀 V_A 全开,系统通过改变控制阀 V_B 的开度调节加热炉出口温度。

3. 对检测变送信号的选择性控制系统

这类选择性控制系统将选择器接在检测变送环节的输出端,主要用于对被控变量的多点测量信号进行选择。可分为竞争控制系统和冗余系统。

1) 竞争控制系统

这类系统选择几个检测变送信号的最高或最低信号用于控制。

图 3-82 为反应器温度控制系统,反应器内装有固定触媒层,为防止反应温度过高而烧坏触媒,在触媒层的不同位置安装温度检测点,温度对象具有分布参数特性,将所有测温信号一起送到高选器,选出最高的温度信号进行控制,以保证触媒层的安全。图中,T_1T、T_2T、T_3T 是三个温度检测变送环节,它们的输出送至高选器 HS,将输入信号中的高者作为选择器的输出值,这三个温度信号通过竞争得到"出线权",因此称为竞争控制系统。通过竞争,可保证反应器温度不超限。

2) 冗余系统

为防止因仪表故障造成事故,对同一检测点采用多个仪表测量,选择测量信号的中间值或多数值作为该检测点的测量值,这类系统称为冗余系统。图 3-83 为选择中间值的示意图,在计算机控制系统中,也可调用有关功能模块直接获得所需数值。

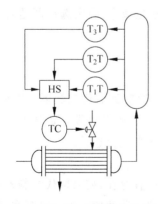

图 3-82 反应器温度的竞争控制系统

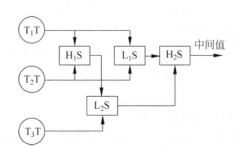

图 3-83 冗余控制系统

4. 利用选择器实现非线性控制规律

利用选择器对信号进行限幅,实现非线性函数关系。例如,精馏塔出口温度的进料前馈-反馈控制系统中,蒸汽量不能太少,太少会造成漏液;蒸汽量也不能过多,过多会造成液泛。为此,通过高选器和低选器组成非线性控制规律,如图 3-84 所示。

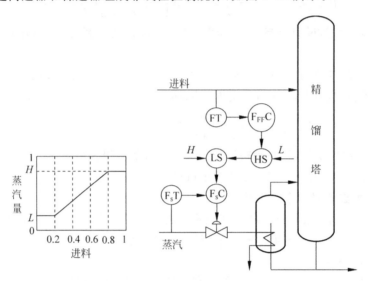

图 3-84 精馏塔选择性控制系统

3.5.3 选择性控制系统的设计

1. 选择器类型的选择

超驰控制系统的选择器位于两个控制器和一个执行器之间,选择器类型的选择可按下述步骤进行:

(1) 从安全角度考虑,选择控制阀的气开和气关类型;

(2) 确定被控对象的特性(即对象增益的正、负),包括正常工况和取代工况时的对象特性;

(3) 确定正常控制器和取代控制器的正、反作用方式;

(4) 根据超过安全软限时,取代控制器的输出是增大还是减小,确定选择器是高选器还是低选器;

(5) 当选择高选器时,应考虑事故发生时的保护措施。

2. 控制器的选择

超驰控制系统的控制要求是超过安全软限时能够迅速切换到取代控制器。因此,取代控制器应选择比例度较小的比例控制器或比例积分控制器,正常控制器与简单控制系统的控制器选择方式相同。控制器的正、反作用可根据负反馈准则进行选择。

3. 积分饱和及其防止措施

在超驰控制系统中,正常工况下取代控制器的偏差会一直存在,如果取代控制器有积分作用,就会产生积分饱和现象。同样,在取代工况下,正常控制器的偏差也一直存在,如果正常控制器有积分作用,也会产生积分饱和现象。当存在积分饱和现象时,控制器的切换不能及时进行。两个控制器的输出不能及时切换的现象称为选择性控制系统的积分饱和。

对于数字式控制器,当输出达到限值时,可通过编程方式停止控制器的积分作用;对于模拟式控制器,常采用积分切除法或积分外反馈法防止积分饱和。图 3-85 所示为选择性控制系统防止积分饱和的连接方法。以气动控制器为例,说明利用积分外反馈的方法来防止积分饱和现象的发生。

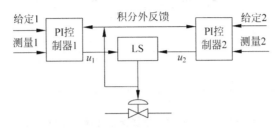

图 3-85 选择性控制系统的防积分饱和措施

选择性控制系统中两台 PI 控制器的输出分别为 u_1,u_2。选择器选一个输出送到控制阀,同时又回到两个控制器的积分环节进行积分外反馈。若选择器为低选器,假设 $u_1<u_2$,控制器 1 被选中工作,它的输出为

$$u_1 = K_{c1}\left(e_1 + \frac{1}{T_{i1}}\int_0^t e_1 \mathrm{d}t\right) \tag{3-73}$$

由图 3-85 可见,此时的积分外反馈信号就是其本身的输出 u_1,所以控制器 1 仍保持 PI 控制规律。控制器 2 则处于待选状态,其输出表示为

$$u_2 = K_{c2}e_2 + u_1 = K_{c2}e_2 + K_{c1}\left(e_1 + \frac{1}{T_{i1}}\int_0^t e_1 \mathrm{d}t\right) \tag{3-74}$$

式中,积分项的偏差是 e_1,不是 e_2,因此不存在对 e_2 的积累带来的积分饱和问题。一旦生产出现异常,控制器 2 输出被选中,其输出引入积分环节,立即恢复 PI 控制规律,投入系统运行。当出现不正常工况,测量值略大于设定值时,偏差 e_2 极性反向,这时其输出 u_2 就小于 u_1,被低值选择器选中作为输出。因此,在 $e_2=0$ 时,即应该切换的瞬间 $u_1=u_2$,两个控制器同步,有相同的输出,从而保护及时切换。从控制器 2 切换到控制器 1 的过程也相同。

3.5.4 选择性控制系统应用实例

1. 一段转化炉燃烧安全选择性控制系统

如图 3-86 所示为一段转化炉燃烧安全选择性控制系统框图。正常工况时,由一段炉出口温度及驰放气流量来决定天然气的流量,但是在非正常工况时,进入燃烧室的天然气的流量会有较大的变化。若天然气流量过大,则其压力相应会过高,喷嘴会出现脱火现象,造成熄火,甚至会在燃烧室里形成大量天然气-空气混合物,造成爆炸事故;反之,当天然气流量过小时,则其压力相应会过低,这有可能引起回火现象。不管是脱火还是回火,都是很危险的。为了防止脱火,采用了燃烧安全选择性控制系统,一旦烧嘴的燃烧压力高到接近脱火压力时,系统选择由喷嘴燃料压力来控制燃烧,从而防止了脱火,保证生产安全。实际生产中还应采用天然气流量过低联锁报警系统,当天然气流量低到一定极限时,启动联锁装置切断天然气阀,防止回火。

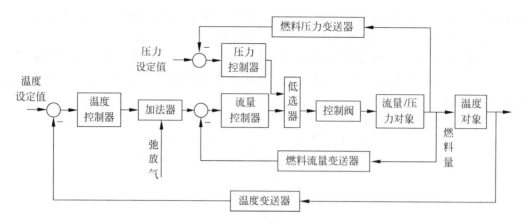

图 3-86　一段转化炉燃烧安全选择性控制系统

2. 从动量供应不足时的比值控制系统

通常比值控制系统中的主、从动量是人为确定的,一旦主、从动量关系确定后,就不能改变主、从关系。因此,主动量不足时,从动量可跟踪主动量的减小而减小,但当从动量供应不足时,主动量不会随从动量的减小而减小,使得比值关系发生变化。为了使从动量不足时,让主动量也能随着从动量减小,可以采用选择器组成从动量供应不足时的比值控制系统。

该控制系统在从动量供应充足时,从动量按正常比值关系跟随主动量变化而变化。从动量供应不足时,减小主动量控制阀开度,使主、从动量保持所需比值关系。

图 3-87 是该控制系统的示意图。图中,VPC 是阀位控制器,其设定值为 95%;LS 是低选器,HS 是高选器;F_bY 和 F_cY 是乘法器比值函数环节,比值分别为 K_b 和 K_c;F_aT、F_bT 和 F_cT 为流量检测变送器;F_aC、F_bC 和 F_cC 为流量控制器;V_a、V_b 和 V_c 是控制阀。

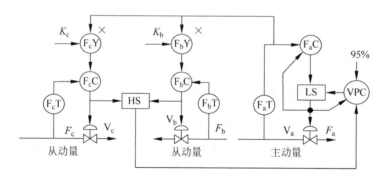

图 3-87　从动量供应不足时的比值控制系统

该控制系统判别从动量流量不足的方法是根据从动量控制阀 V_b、V_c 的开度(即 VPC 控制器的测量值)。如果开度大于 95%,则 VPC 输出减小,并且被低选器选中,从而关小主动量控制阀 V_a。随着主动量控制阀的关小,主动量流量 F_a 下降,按比值关系自动减小从动量控制器的设定值,使从动量也随之减小,从而达到从动量供应不足时,自动减小主动量流量的控制目的。

图 3-87 中有两个从动量,因此从动量控制阀的信号经高选器选出高值,作为从动量不足的标志,送至 VPC 控制器作为测量信号。

与超驰控制系统相同,为了防止积分饱和现象,采用积分外反馈信号,即图中低选器 LS 输出到两个控制器 VPC 与 F_aC 的实线信号。

当从动量供应正常时,VPC 的测量值下降,输出升高,主动量控制器 F_aC 输出被选中,该控制器成为正常控制器,实现主动量的定值控制。当从动量供应不正常时,VPC 作为主控制器实现主动量的 95% 定值控制。

正常工况下,如果主动量不组成闭环,只需要将 F_aC 取消,低选器另一输入信号改为 V_a 开度的上限值即可。这时,正常工况下 V_a 全开,主动量不足时,按该上限值开度开阀。

3.6 分程控制系统

3.6.1 分程控制系统的基本概念和结构

在简单控制系统中,一个控制器的输出信号只能操纵一个控制阀工作。然而,在有些生产过程中,根据工艺要求,需要将控制器的输出信号同时送往两个或两个以上的控制阀,每个控制阀接受的控制器输出信号的工作范围不同,这类控制系统称为分程控制系统。

为了实现分程控制的目的,往往需要借助附设在控制阀上的阀门定位器,将控制器的输出信号分成几段,不同区段的信号由相应的阀门定位器转化为 0.02~0.1MPa 的压力信号,使控制阀全行程动作。例如,如图 3-88 所示的分程控制系统,控制阀 A 的阀门定位器将 0.02~0.06MPa 的输入压力信号转换成 0.02~0.1MPa 的控制信号,使控制阀 A 作全行程动作。控制阀 B 的阀门定位器将 0.06~0.1MPa 的输入压力信号转换成 0.02~0.1MPa 的控制信号,使控制阀 B 作全行程动作。也就是说,当控制器输出信号小于 0.06MPa 时,控制阀 A 动作,控制阀 B 不动作;当信号压力大于 0.06MPa 时,控制阀 A 处于极限位置,控制阀 B 开始动作,从而实现了分程控制。

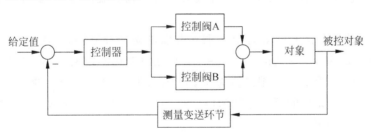

图 3-88 分程控制系统框图

根据控制阀的气开、气关作用方式,以及控制阀是同向动作还是异向动作,可以将两个控制阀的分程控制分为四种不同的结构类型,如图 3-89 所示。

图 3-89(a)为两气开阀同向动作。控制器输出压力信号为 0.02MPa 时,控制阀 A、B 都全关闭,随着控制信号的增大,控制阀 A 开始打开,当控制信号增大到 0.06MPa 时,控制阀 A 全开。当控制信号继续增大时,控制阀 A 保持全开状态,控制阀 B 开始打开,当控制信号增大到 0.1MPa 时,控制阀 B 也全开。

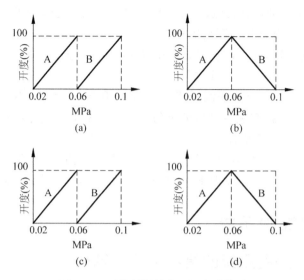

图 3-89　两控制阀的分程组合动作图

3.6.2　分程控制系统的应用

1. 扩大控制阀的可调范围

在有些生产过程中,为了满足被控变量宽范围的工艺要求,需要控制阀的可调范围也很大。例如废水处理中的 pH 值控制,酸碱含量变化几十倍以上,废液流量变化可达 4~5 倍,在这种场合下,需要控制阀的可调范围特别大。如果仅用一个大口径的控制阀,当控制阀工作在小开度时,阀门前后的压差很大,流体对阀芯、阀座的冲蚀严重,并会使阀门剧烈振荡,影响阀门寿命,破坏阀门的流量特性,从而影响控制系统的稳定。若将控制阀换小,其可调范围又满足不了生产需要,致使系统不能正常工作。在这种情况下,可将大小两个阀并联分程后当作一个阀使用,从而扩大可调比,并改善了控制阀的流量特性,使得在小流量时有更精确的控制。

国产控制阀的可调比 R 一般为 30。假定并联的两个控制阀,大阀 A 的最大流通能力 $C_{Amax}=100$,小阀 B 的最大流通能力 $C_{Bmax}=4$。根据可调比的定义,小阀 B 的最小流通能力 $C_{Bmin}=4/30=0.133$。假设大阀泄漏量为 0,则分程控制后,最大总流通能力为 $100+4$,最小总流通能力为 0.133,系统的可调范围为 $(100+4)/0.133=780$。可见,两个控制阀组合后的可调范围扩大了 26 倍。

图 3-90 为氨厂蒸汽减压分程控制系统的框图。该系统需要把压力为 10MPa、温度为 482℃ 的高压蒸汽通过控制阀和节流孔板减压至压力为 4MPa、温度为 362℃ 的中压蒸汽。如果只采用一个控制阀,根据可能出现的最大流量,则需要安装一个口径很大的控制阀。而该阀在正常的生产条件下开度很小,再加上压差大、温度高,不平衡力使控制阀振荡剧烈,严重影响控制阀的寿命和控制系统品质。为此,改为一个小阀和一个大阀分程控制,在正常的小流量时,只有小阀进行控制,大阀处于关闭状态,如果流量增大到小阀全开还不够时,在分程控制信号的操纵下,大阀打开参与控制,从而扩大了控制阀的可调范围,改善了控制质量,保证了控制精度。

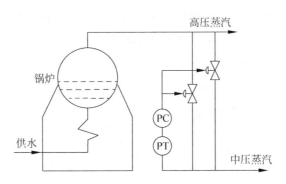

图 3-90 氨厂蒸汽减压分程控制系统

2. 满足工艺操作过程中的特殊要求

在釜式间歇反应器的温度控制系统中,为了达到反应温度,往往在反应初期需要加热升温,而随着化学反应的进行不断释放出热量,这些热量如不及时移走,反应器温度会越来越高以致会有发生爆炸的危险,所以需要冷却降温。因此,这就要求设计的控制系统能根据不同时段反应器的温度,通过采用分程控制来决定开启蒸汽控制阀还是冷却水控制阀。该温度分程控制系统如图 3-91 所示。

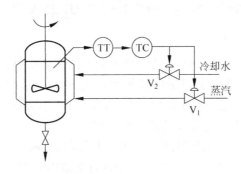

图 3-91 釜式间歇反应器温度分程控制系统

分析该分程控制系统工作过程的步骤如下。

(1) 控制阀气开、气关形式选择:从安全生产角度考虑,蒸汽阀 V_1 选气开型,冷却水阀 V_2 选气关型。即 $K_{c1}>0$, $K_{c2}<0$。

(2) 被控对象特性确定:开大冷却水阀 V_2,釜温下降,$K_{p2}<0$;开大蒸汽阀 V_1,釜温升高,$K_{p1}>0$。

(3) 控制器正、反作用选择:根据稳定运行原则,$K_c>0$,即反作用控制器。

(4) 控制阀工作信号段的确定:温度控制器是反作用控制器,测量值大时输出低信号,测量值低时输出高信号,所以蒸汽阀 V_1 应工作在高信号段,冷却水阀 V_2 应工作在低信号段。

(5) 控制系统工作过程分析:图 3-92 为釜式反应器温度分程控制系统工作过程中的控制器输出与控制阀开度与对应工作点温度图。反应初期,釜内温度比较低,釜温工作点位于图中 A 点,此时反作用的温度控制器输出高信号。蒸汽阀 V_1 逐步开大,提供热量以使反应正常进行。随着放热反应的进行,釜内温度逐渐升高,反作用控制器的测量值高,输出将减小,控制系统逐步关小蒸汽阀 V_1,若温度仍不能下降则完全关闭蒸汽阀,并逐渐打开冷却

水控制阀 V_2 降温,移去多余热量以使反应釜温度恒定,假定 B 点是反应釜的稳定工作点,该点温度即为温度控制器的设定值。从以上工作过程分析来看,该控制系统选用气关-气开异向分程控制方案是合理的。

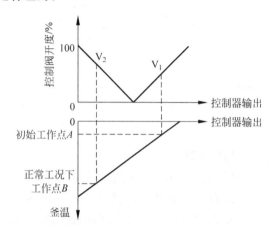

图 3-92　釜式反应器温度分程控制系统分析

3.6.3　分程控制系统设计和工程应用中的几个问题

1. 控制阀泄漏量的要求

当控制阀膜头气压为 0MPa 时,流过控制阀的流体流量是控制阀的泄漏量。当分程控制用于扩大可调范围时,如果大阀的泄漏量很大,就会使系统总的最小流通能力增大,从而降低可调范围,小阀将不能充分发挥其控制作用,甚至不起控制作用。

假定并联的两个控制阀,大阀 A 的最大流通能力 $C_{Amax}=100$,小阀 B 的最大流通能力 $C_{Bmax}=4$。大阀泄漏量为 1%,小阀泄漏量为 0,分程控制后,最大流通能力为 $100+4=104$,最小流通能力为 $100\times1\%+4/30=1.133$,系统的可调范围为 $104/1.133=91.8$。而大小阀泄漏量均为 0 时的可调范围为 780。因此,当分程控制用于扩大可调范围时,更应该严格控制大阀的泄漏量。

2. 分程控制工作范围的选择和实现

仪表厂家生产的控制阀自身没有信号分程能力。可采用阀门定位器或选择不同的控制阀弹簧使控制阀分别工作在不同的工作范围。通过调整阀门定位器的输出零点和量程,相应地操纵控制阀做全行程动作。对采用 DCS 或计算机控制装置时,如果用多个 D/A 通道,也可用计算方法,将控制器输出分为多个工作范围,然后输出到各自的控制阀。如图 3-91 中的两个控制阀输入可根据下式计算。

$$\begin{aligned} u_1 &= -1 + 2u \quad (0.5 \leqslant u < 1) \\ u_2 &= 1 - 2u \quad (0 \leqslant u < 0.5) \end{aligned} \tag{3-75}$$

式中,u 是控制器输出,u_1 和 u_2 分别是蒸汽阀和冷却水阀的输入,工作范围都为 0~1。蒸汽阀是气开阀,工作在高信号段;冷却水阀是气关阀,工作在低信号段。

3. 分程点上广义对象特性的突变问题

采用分程控制时,实际上就是将两个控制阀当作一个控制阀来使用。由于两个控制阀的增益 K_v 不同,在分程点存在着流量特性的突变。两个控制阀分程点的流量变化对控制影响很大，尤其是采用大、小阀并联动作时，流量特性的突变更严重，线性阀突变比对数阀更加严重。分程控制的控制阀流量特性如图3-93所示。其中，图3-93(a)是两线性流量特性控制阀的总工作特性图，总特性曲线是折线。只有当两个控制阀的流通能力很接近，即两控制阀衔接成直线才能用于分程控制系统。图3-93(b)是两对数流量特性控制阀的总工作特性图，可以看出，明显较线性阀总工作特性图曲线平滑，但是在两控制阀流量特性的衔接处还存在一定的突变现象。

生产中通常采用两控制阀分程信号部分重叠的办法，来解决分程点上广义对象特性的突变问题。确定重叠分程的信号图如图3-94所示。具体方法步骤如下：

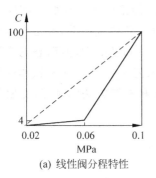
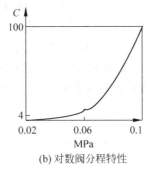
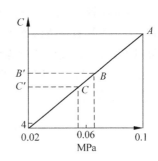

图3-93　分程控制的控制阀流量特性　　　　图3-94　确定重叠分程信号图

(1) 如图3-94所示，在由控制压力信号为横坐标，以流通能力C的对数值为纵坐标的半对数坐标上，找出0.02MPa对应小阀的最小流通能力点D和0.1MPa对应大阀的最大流通能力点A，连接AD即为控制阀的分程流量特性。

(2) 在纵坐标上找出小阀的最大流通能力点B'和大阀的最小流通能力点C'。

(3) 过B'、C'点作水平线与直线AD交于B、C点。

(4) B点在横轴的对应坐标值即为小阀分程信号范围的上限值，C点在横轴的对应坐标值即为大阀分程信号范围的下限值。

这样，分程控制时，不用等到大阀全关，小阀已开始关小；不用等到小阀全开，大阀已开始渐开，从而使两控制阀在衔接处平滑过渡。

由于对数阀合成的流量特性比线性阀好，一般都采用两个对数阀并联分程。如果系统要求合成阀的流量特性为线性，则可以通过添加其他非线性补偿环节的方法，将合成的对数特性校正为线性特性。

3.7　双重控制系统

3.7.1　基本原理和结构

一个控制系统在受到外界干扰时，被控变量将偏离给定值而变化，系统为了克服干扰的影响，使被控变量恢复到设定值，就需要对操纵变量进行调整。操纵变量的选择需从操作优化的要求综合考虑，既要考虑工艺的合理性和经济性，又要考虑控制性能的快速性和有效性。

实际上在有些生产过程中,无法找到一个能同时满足工艺的合理性和经济性,以及控制性能的快速性和有效性的操纵变量。人们便在控制策略上想办法,提出了一种采用两个或两个以上的操纵变量对同一个被控变量进行控制的系统,称为双重控制系统。在双重控制系统中,一个操纵变量满足工艺的合理性和经济性,一个操纵变量满足控制性能的快速性和有效性,它们分别由两个控制器控制,主控制器的给定值是产品的质量指标,阀位控制器的给定值是主控制阀的阀位,因此双重控制系统也称为阀位控制系统。

图 3-95 所示的蒸汽减压系统为双重控制系统的应用示例。

蒸汽减压系统中,高压蒸汽通过两种方式减压为低压蒸汽。一种方式是通过减压控制阀 V_1 直接减压,这个回路具有快速动态响应,控制效果很好,但能量消耗在克服控制阀的阻力上,经济性较差;另一种方式是通过控制阀 V_2 将高压蒸汽送到蒸汽透平,再通往低压蒸汽管,这个回路通过蒸汽透平回收能量,具有较好的工艺合理性和经济性,但动态响应迟缓。可以看出,对这类生产过程设计简单控制系统是很难满足工艺要求的,如果从操作优化的观点出发,采用图 3-95 所示的双重控制系统就能结合上述两种控制方法的优点,克服各自独立工作的缺点。

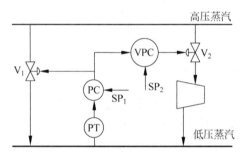

图 3-95 蒸汽减压系统的双重控制

图 3-95 中,VPC 是阀位控制器,PC 是低压侧压力控制器。在正常工况下,大量蒸汽经蒸汽透平减压,既回收能量又达到减压的目的。控制阀 V_1 的开度处于快速响应条件下尽可能小的开度(如 10% 开度)。稳态工况时,V_1 开度为 10%。一旦蒸汽用量变化,在控制器 PC 出现偏差的初始阶段,主要通过调节控制阀 V_1 的开度从而改变动态响应快速的操纵变量来迅速消除偏差,同时压力控制器 PC 的输出信号也作为 VPC 控制器的测量信号,VPC 控制器根据这个测量值的变化逐渐改变控制阀 V_2 的开度,使控制阀 V_1 平缓地恢复到原来的设定开度 10%。因此,双重控制系统既能迅速消除偏差,又能最终恢复到较好的静态性能指标。

双重控制系统的框图如图 3-96 所示。与串级控制系统相比,双重控制系统主控制器的输出是副控制器的测量值,而串级控制系统主控制器的输出是副控制器的设定值。串级控制系统中两个控制回路是串联的,而双重控制系统中两个控制回路是并联的。两种控制系统都具有"急则治标,缓则治本"的控制功能,但解决的问题不同。

双重控制系统动静结合,快慢结合。这里的"快"是指动态特性好,"慢"指静态性能好。由于双重控制回路的存在,使双重控制系统能先用主控制器的调节作用,将主被控变量尽快地恢复到设定值 r_1,保证控制系统有良好的动态响应,达到"急则治标"的功效。在偏差减小的同时,双重控制系统又充分发挥副控制器的调节作用,从根本上消除偏差,使副被控变

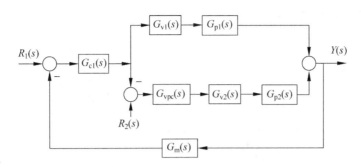

图 3-96 双重控制系统框图

量尽快地恢复到设定值 r_2,使控制系统具有较好的静态性能,达到"缓则治本"的目的。双重控制系统较好地解决了动和静的矛盾,达到了操作优化的目标。

3.7.2 双重控制系统设计和工程应用

1. 主、副操纵变量的选择

双重控制系统通常有两个或两个以上的操纵变量。其中,一个操纵变量具有较好的静态性能,工艺合理,另一个操纵变量具有较快的动态响应。主操纵变量应选择具有较快动态响应的操纵变量,副操纵变量则选择具有较好静态性能的操纵变量。

2. 主、副控制器的选择

双重控制系统的主、副控制器均起到定值控制的作用,为了消除余差,主、副控制器均应选择具有积分控制作用的控制器,通常不加入微分控制作用,当快响应被控对象的时间常数较大时,为加速主对象的响应,可适当加入微分。对于副控制器,由于起缓慢的调节作用,因此也可选用纯积分控制器。

3. 主、副控制器正反作用的选择

双重控制系统的主、副控制回路是并联的单回路,主、副控制器正、反作用的选择与单回路控制系统中控制器正、反作用选择方法相同。一般先确定控制阀的气开、气关形式。然后根据快响应被控对象的特性确定主控制器的正、反作用形式,最后根据慢响应被控对象的特性确定副控制器的正、反作用形式。

4. 双重控制系统的投运和参数整定

双重控制系统的投运与简单控制系统投运相同。在手动与自动切换时应该无扰动切换。投运方式是先主后副,即先使快速响应对象自动切入,然后再切入慢响应控制回路。

主控制器参数整定与快响应控制系统的参数整定相似,要求具有快的动态响应。副控制器参数整定以缓慢变化、不造成对系统的扰动为目标。因此,可采用大比例度和大积分时间,甚至可采用纯积分作用。

3.7.3 双重控制系统应用实例

在食品加工、化工等行业中应用的喷雾干燥过程如图 3-97 所示。浆料经阀 V 后从喷头喷淋下来,与热风接触换热,进料被干燥并从干燥塔底部排出,干燥的程度由间接指标温度控制。为了获得高精度的温度控制以及尽可能节省蒸汽的消耗量,采用图示的双重控制系统可以取得良好的控制效果。

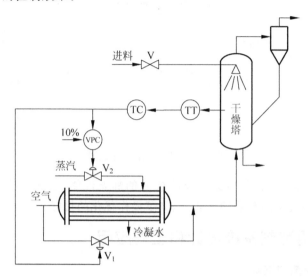

图 3-97 喷雾干燥的双重控制系统

图中,进料量由于受前工序来料的影响,一般不能控制;换热器的旁路冷风控制阀具有快速响应特性,但经济性较差;蒸汽量控制阀具有工艺合理的优点,但动态响应慢。当扰动作用使干燥塔温度升高或降低时,控制器 TC 输出将增加或降低,旁路冷风量控制阀则开大或关小使温度迅速恢复到设定值。同时,控制器 TC 的输出是 VPC 控制器的测量信号,VPC 输出的变化调节蒸汽控制阀,使蒸汽量逐渐改变,以适应热量平衡的需要。因此,扰动的影响最终通过改变载热体流量来克服。

思考题与习题

(1) 试简述串级控制系统的工作原理,它有哪些特点?

(2) 某反应器由 A 和 B 两种物料参加反应。已知物料 A 是供应有余,物料 B 可能供应不足,它们都可测可控。采用差压变送器和开方器测量它们的流量,工艺要求正常工况时,$F_A=300\text{kg/h}$,$F_B=600\text{kg/h}$,拟用 DDZ-Ⅲ 型仪表,试设计该反应器的双闭环比值控制系统,采用相乘方案。要求:

① 画出该系统框图;

② 确定各差压变送器的量程、仪表比值系数 K 和乘法器输入电流 I_K。

(3) 简述均匀控制系统的目的与设计要求。

(4) 试比较前馈控制与反馈控制的特点。

(5) 通过实例简述选择性控制系统的基本原理。

(6) 简述分程控制系统的特点和主要应用场合。

第 4 章 先进控制系统

CHAPTER 4

随着现代工业生产过程的大型化、复杂化,以及对产品质量、产率、安全及对环境影响的要求越来越严格,对于特性复杂、多变量、时变过程中的关键变量的控制,常规 PID 控制技术往往达不到满意的控制效果,需要有新的控制系统结构与控制算法,因此,先进控制技术受到了广泛关注。

先进过程控制(advanced process control, APC)技术,是对那些不同于常规 PID 控制技术,并具有比常规 PID 控制技术更好的控制效果的控制策略的统称。由于先进控制技术的内涵丰富,至今对先进控制还没有严格、统一的定义。尽管如此,先进控制的任务却是明确的,即用来处理那些采用常规控制效果不好,甚至无法控制的复杂工业过程控制问题。习惯上,将基于数学模型而又必须通过计算机来实现的控制算法,统称为先进控制技术。

先进控制技术的主要特点如下:

(1) 与传统的 PID 控制技术不同,先进控制技术是一种基于模型的控制策略,如软测量技术、模型预测控制等。

(2) 先进控制技术通常用于处理复杂的多变量过程控制问题,如大时滞、多变量耦合、被控变量与操纵变量存在着各种约束等。先进控制技术是建立在常规单回路控制之上的动态协调约束控制,可使控制系统适应实际工业生产过程动态特性和操作要求。

(3) 先进控制技术的实现需要足够强大的计算能力作为支持平台。随着集散控制系统(DCS)功能的不断增强,更多的先进控制技术可以与基本控制回路一起在 DCS 上实现,有效地增强了先进控制技术的可靠性、可操作性和可维护性。

本章主要就解耦控制、大滞后补偿控制、推断控制、软测量技术、模型预测控制、自适应控制等几种先进控制技术作一些介绍。

4.1 解耦控制系统

4.1.1 系统的关联分析

在一个生产装置中,往往需要设置若干个控制回路来稳定各个被控变量。在这种情况下,几个回路之间就可能相互关联、相互耦合、相互影响,构成多输入-多输出的关联(耦合)控制系统。如图 4-1 所示是流量、压力相互关联的控制系统。

在这两个控制系统中,单把其中任一个投运都是不成问题的,生产上应用得也很普遍。然而,如果把两个控制系统同时投运,问题就出现了。控制阀 V_1 和 V_2 对系统压力的影响

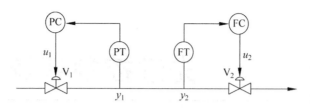

图 4-1 关联严重的控制系统

程度同样强烈,对流量的影响程度也相同。因此,当干扰使压力 y_1 偏低而经压力控制系统开大控制阀 V_1 时,会使控制阀 V_2 前后的压差增大,导致 V_2 阀门开度不变而流量 y_2 增大。此时,如果通过流量控制回路关小控制阀 V_2 的开度,使 V_2 阀后流量回到给定值上,由于阀后流量的减小又将引起阀前压力 y_1 的增加。这样,这两个控制系统都无法正常工作。

在一个装置或设备上,如果设计了多个控制系统,耦合现象就可能出现。如火力发电厂中的锅炉就是一种多输入、多输出的典型过程。图 4-2 为火电厂锅炉各控制量对各被控变量的影响关系示意图。

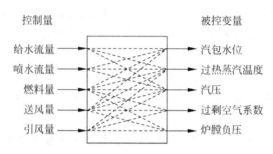

图 4-2 火电厂锅炉多变量耦合过程示意图

在一个多变量过程中,如果每一个被控变量都只受一个控制变量的影响,则称为无耦合过程。对无耦合的多变量过程,其控制系统的分析和设计方法与单变量过程控制系统完全一样。而对于存在耦合的多变量过程控制系统,需要解决以下主要问题:①如何判断多变量过程的耦合程度?②如何最大限度地减少耦合程度?③在什么情况下必须进行解耦设计,如何进行解耦设计?

4.1.2 相对增益和相对增益矩阵

为了研究多变量过程的耦合程度以及解决被控变量与操纵变量的合适配对问题,E. H. Bristol 于 1966 年提出了"相对增益和相对增益矩阵"的概念,这些概念在多变量耦合过程的控制中得到了广泛应用。

1. 开环增益

在相互耦合的 $n \times n$ 维被控过程中选择第 i 个通道,使所有其他控制量 $u_k(k=1,2,\cdots,n, k \neq j)$ 都保持不变,将控制量 u_j 改变一个 Δu_j 所得到的 $y_i(i=1,2,\cdots,n)$ 的变化量 Δy_i 与 Δu_j 之比,定义为 u_j 到 y_i 通道的开环增益,表示为

$$p_{ij} = \frac{\partial y_i}{\partial u_j}\bigg|_{\substack{u_k=\text{Const} \\ (k=1,2,\cdots,n, k \neq j)}} \tag{4-1}$$

显然它就是除 u_j 到 y_i 通道外,其他通道全部断开时所得到的 u_j 到 y_i 通道的静态增益。

2. 闭环增益

还是选择第 i 个通道,将其他所有通道进行闭环,并采用积分控制使其他被控变量 $y_k(k=1,2,\cdots,n,k\neq i)$ 都保持不变,只改变被控变量 y_i 所得到的变化量 Δy_i 与 $u_j(j=1,2,\cdots,n)$ 的变化量 Δu_j 之比,定义为 u_j 到 y_i 通道的闭环增益,表示为

$$q_{ij} = \left.\frac{\partial y_i}{\partial u_j}\right|_{\substack{y_k=\text{Const}\\(k=1,2,\cdots,n,k\neq i)}} \tag{4-2}$$

3. 相对增益

将开环增益与闭环增益之比定义为相对增益,即

$$\lambda_{ij} = \frac{p_{ij}}{q_{ij}} = \frac{\left.\dfrac{\partial y_i}{\partial u_j}\right|_{\substack{u_k=\text{Const}\\(k=1,2,\cdots,n,k\neq j)}}}{\left.\dfrac{\partial y_i}{\partial u_j}\right|_{\substack{y_k=\text{Const}\\(k=1,2,\cdots,n,k\neq i)}}} \tag{4-3}$$

4. 相对增益矩阵

相对增益矩阵定义为

$$\lambda = \{\lambda_{ij}\} = \begin{bmatrix} \lambda_{11} & \lambda_{12} & \cdots & \lambda_{1n} \\ \lambda_{21} & \lambda_{22} & \cdots & \lambda_{2n} \\ \vdots & \vdots & & \vdots \\ \lambda_{n1} & \lambda_{n2} & \cdots & \lambda_{nn} \end{bmatrix} \tag{4-4}$$

根据相对增益矩阵可以揭示多变量过程内部的耦合关系,并以此确定输入输出变量之间如何配对,以及判断该过程是否需要解耦。

5. 相对增益矩阵的求法

1) 偏微分法

若已知被控过程的数学表达式,求取相对增益矩阵的基本方法是对过程的数学表达式进行偏微分,从而计算出式(4-3)的分子和分母,进而根据式(4-4)求得相对增益矩阵。

现以图 4-1 所示的双输入-双输出系统为例,来求取相对增益矩阵。图 4-3 为双输入-双输出耦合过程的框图。其中,该系统的被控变量与控制量关系如图 4-3(a)所示,简图如图 4-3(b)所示。

由图 4-3(a)可得该系统的静态方程为

$$\begin{cases} y_1 = k_{11}u_1 + k_{12}u_2 \\ y_2 = k_{21}u_1 + k_{22}u_2 \end{cases} \tag{4-5}$$

式中,k_{ij} 表示第 j 个控制量作用于第 i 个被控变量的放大系数。

由式(4-5)可得

$$p_{ij} = \left.\frac{\partial y_i}{\partial u_j}\right|_{\substack{u_k=\text{Const}\\(k=1,2,\cdots,n,k\neq j)}} = k_{ij} \tag{4-6}$$

因此,被控变量 y_1 相对于控制量 u_1 的开环增益为

$$p_{11} = k_{11} \tag{4-7}$$

由式(4-5)还可得到

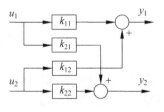

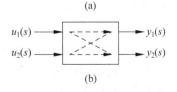

图 4-3 双输入-双输出耦合过程框图

$$y_1 = k_{11}u_1 + k_{12}\frac{y_2 - k_{21}u_1}{k_{22}} \tag{4-8}$$

则被控变量 y_1 相对于控制量 u_1 的闭环增益为

$$q_{11} = \left.\frac{\partial y_1}{\partial u_1}\right|_{y_2 = \text{Const}} = k_{11} - \frac{k_{12}k_{21}}{k_{22}} = \frac{k_{11}k_{22} - k_{12}k_{21}}{k_{22}} \tag{4-9}$$

因而，被控变量 y_1 相对于控制量 u_1 的相对增益为

$$\lambda_{11} = \frac{p_{11}}{q_{11}} = \frac{k_{11}k_{22}}{k_{11}k_{22} - k_{12}k_{21}} \tag{4-10}$$

同理可推导出

$$\lambda_{22} = \lambda_{11} = \frac{k_{11}k_{22}}{k_{11}k_{22} - k_{12}k_{21}} \tag{4-11}$$

$$\lambda_{12} = \lambda_{21} = \frac{-k_{12}k_{21}}{k_{11}k_{22} - k_{12}k_{21}} \tag{4-12}$$

这样，根据式(4-4)就求出了该系统的相对增益矩阵。

2) 增益矩阵法

对于式(4-5)，也可表示为

$$\begin{cases} u_1 = h_{11}y_1 + h_{12}y_2 \\ u_2 = h_{21}y_1 + h_{22}y_2 \end{cases} \tag{4-13}$$

式中

$$h_{ji} = \left.\frac{\partial u_j}{\partial y_i}\right|_{\substack{y_k = \text{Const} \\ (k=1,2,\cdots,n, k \neq i)}} = \frac{1}{q_{ij}} \tag{4-14}$$

由式(4-14)可知，h_{ji} 为闭环增益的倒数。若 k_{ij} 与 h_{ji} 均为已知，则相对增益 λ_{ij} 为

$$\lambda_{ij} = k_{ij}h_{ji} \tag{4-15}$$

一般情况下，对于多输入多输出系统，其输入输出的静态特性关系可表示为

$$\boldsymbol{Y} = \boldsymbol{K}\boldsymbol{U} \tag{4-16}$$

式中，$\boldsymbol{K} = \{k_{ij}\}$；$\boldsymbol{Y} = [y_1, y_2, \cdots, y_n]^T$；$\boldsymbol{U} = [u_1, u_2, \cdots, u_n]^T$。

若关系矩阵 $\boldsymbol{K}$ 非奇异，则式(4-16)也可表示为

$$\boldsymbol{U} = \boldsymbol{H}\boldsymbol{Y} \tag{4-17}$$

式中，$\boldsymbol{H} = \{h_{ij}\}$。

由式(4-16)与式(4-17)可得，矩阵 $\boldsymbol{K}$ 与矩阵 $\boldsymbol{H}$ 互为逆矩阵，即

$$\boldsymbol{K} = \boldsymbol{H}^{-1} \tag{4-18}$$

由式(4-15)可知，相对增益矩阵 λ 的每个元素 λ_{ij} 等于矩阵 $\boldsymbol{K}$ 中的对应元素与矩阵 $\boldsymbol{H}$ 转置后对应元素的乘积。由式(4-18)可知，相对增益矩阵 λ 的每个元素 λ_{ij} 也可以表示成矩阵 $\boldsymbol{K}$ 中的每个元素与矩阵 $\boldsymbol{K}$ 求逆并转置后的对应元素的乘积，记为

$$\boldsymbol{\lambda} = \boldsymbol{K} \otimes \boldsymbol{H}^T = \boldsymbol{K} \otimes (\boldsymbol{K}^{-1})^T \tag{4-19}$$

式中，$\otimes$ 表示两矩阵的对应元素相乘。

可见，增益矩阵法只需要知道开环增益矩阵，即可很方便地计算出相对增益矩阵，因而该方法更简单，也更具有一般性。

6. 相对增益矩阵的重要性质

在相对增益矩阵中，每一行和每一列的元素之和均为1。这个重要性质在双变量耦合

过程中特别有用。只需要求出其中任何一个相对增益,就可以很容易地得到其他的相对增益。

7. 耦合特性与变量配对方法

不同的相对增益反映了系统中不同的耦合程度。下面将相对增益矩阵所反映的耦合特性以及变量配对方法归纳如下:

(1) 当 $0.8 < \lambda_{ij} < 1.2$ 时,表明其他通道对该通道的关联作用很小,因而操纵变量 u_j 与被控变量 y_i 间的配对是适当的,不必解耦。特别是当 $\lambda_{ij} = 1$ 时,表明其他通道对该通道无耦合作用,断开或闭合其他通道回路不会影响到该通道回路,这时 u_j 与 y_i 间的配对是最合适的。

(2) 当 $0.3 \leqslant \lambda_{ij} \leqslant 0.7$ 或者 $\lambda_{ij} \geqslant 1.5$ 时,则表明系统中存在着非常严重的耦合,因而必须进行解耦设计。

(3) 当 $\lambda_{ij} \leqslant 0$ 或接近于 0 时,说明这个通道的变量配对不适当,应当重新选择。

综上所述,可以得出一个推荐性的结论:任何操纵变量与被控变量配对时一定要使相应的相对增益尽可能接近1。

【**例 4-1**】 图 4-4 所示为三种流体的混合过程。阀门 V_1 控制温度为 100℃ 的物料 1 的流量,开度为 u_1;阀门 V_2 控制温度为 200℃ 的物料 2 的流量,开度为 u_2;阀门 V_3 控制温度为 100℃ 的物料 3 的流量,开度为 u_3。假设图示管道配置完全相同,控制阀均为线性阀,其系数 $K_{v1} = K_{v2} = K_{v3} = 1$,压力与比热容也相同,且比热容 $C_1 = C_2 = C_3 = 1$。控制要求是混合后两边管道中流体的热量与总流量都是稳定的。

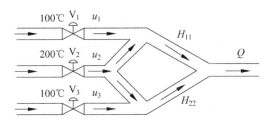

图 4-4 三种流体混合过程

解:三种流体混合后两边管道中流体的热量分别用 H_{11} 和 H_{22} 表示,总流量用 Q 表示。根据控制要求可得该过程的静态方程为

$$H_{11} = K_{v1} \frac{u_1}{100} C_1 \times 100 + \frac{1}{2} K_{v2} \frac{u_2}{100} C_2 \times 200 = u_1 + u_2 \tag{4-20}$$

$$H_{22} = K_{v3} \frac{u_3}{100} C_3 \times 100 + \frac{1}{2} K_{v2} \frac{u_2}{100} C_2 \times 200 = u_2 + u_3 \tag{4-21}$$

$$Q = u_1 + u_2 + u_3 \tag{4-22}$$

在这三种流体的混合过程中有三个被控变量 H_{11}、H_{22}、Q 与三个操纵变量 u_1、u_2、u_3,因而有六种可能的变量配对控制方案。其中一种可能的变量配对控制方案如图 4-5 所示。

在图 4-5 中,选用 u_1 控制 H_{11}、u_3 控制 H_{22}、u_2 控制 Q。这样,当 u_2 增大一个 Δu_2 时,将会引起 H_{11} 和 H_{22} 上升,导致控制器 F_1C 和 F_3C 的输出减小,进而分别使两个控制阀关小。由于两个控制阀同时关小,使总流量 Q 减小,导致控制器 F_2C 输出增大并使 u_2 进一步增大,结果形成了一个不稳定的控制过程,可见该配对方案不合理。要进行合理的变量配

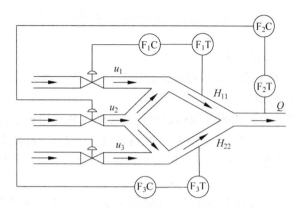

图 4-5 一种可能的变量配对控制方案

对,首先要获取相对增益矩阵。

由式(4-20)、式(4-21)和式(4-22)可得该过程的开环增益矩阵为

$$\boldsymbol{K} = \begin{bmatrix} \dfrac{\partial H_{11}}{\partial u_1} & \dfrac{\partial H_{11}}{\partial u_2} & \dfrac{\partial H_{11}}{\partial u_3} \\ \dfrac{\partial Q}{\partial u_1} & \dfrac{\partial Q}{\partial u_2} & \dfrac{\partial Q}{\partial u_3} \\ \dfrac{\partial H_{22}}{\partial u_1} & \dfrac{\partial H_{22}}{\partial u_2} & \dfrac{\partial H_{22}}{\partial u_3} \end{bmatrix} = \begin{bmatrix} 1 & 1 & 0 \\ 1 & 1 & 1 \\ 0 & 1 & 1 \end{bmatrix} \tag{4-23}$$

进而可求得

$$\boldsymbol{K}^{-1} = \begin{bmatrix} 0 & 1 & -1 \\ 1 & -1 & 1 \\ -1 & 1 & 0 \end{bmatrix} \tag{4-24}$$

$$[\boldsymbol{K}^{-1}]^{\mathrm{T}} = \begin{bmatrix} 0 & 1 & -1 \\ 1 & -1 & 1 \\ -1 & 1 & 0 \end{bmatrix} \tag{4-25}$$

因此,该过程的相对增益矩阵为

$$\boldsymbol{\lambda} = \boldsymbol{K} \otimes (\boldsymbol{K}^{-1})^{\mathrm{T}} = \begin{matrix} & u_1 & u_2 & u_3 \\ H_{11} \\ Q \\ H_{22} \end{matrix} \begin{bmatrix} 0 & 1 & 0 \\ 1 & -1 & 1 \\ 0 & 1 & 0 \end{bmatrix} \tag{4-26}$$

根据式(4-26),操纵变量与被控变量较为合适的变量配对有以下两种方案:一是选用 u_1 控制总流量 Q 以及采用 u_2 控制热量 H_{11} 或 H_{22};二是选用 u_3 控制总流量 Q 以及采用 u_2 控制热量 H_{11} 或 H_{22}。这两种配对的控制方案均只需两套控制系统,简单、易行、正确合理且节约成本。

4.1.3 解耦控制系统的设计

在工程实际中,当耦合非常严重,无论采用怎样的变量配对也得不到满意的控制效果时,必须进行解耦设计。

所谓解耦设计,就是设计一个解耦装置,使其中任意一个控制量的变化只影响其配对的那个被控变量而不影响其他控制回路的被控变量,即将多变量耦合控制系统分解成若干个相互独立的单变量控制系统。目前,比较实用的解耦装置的设计有以下几种方法。

1. 对角矩阵法

对角矩阵法的设计思路是,串接一个解耦装置 $G_D(s)$,使 $G_O(s)G_D(s)$ 成为对角矩阵,以构成相互独立的多个单回路过程控制系统。一个双输入-双输出解耦控制系统如图 4-6 所示。

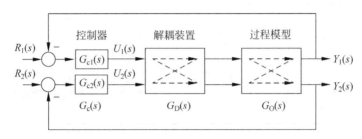

图 4-6 双输入-双输出解耦控制系统

由图 4-6 可以得到,系统被控变量与控制量之间的关系为

$$Y(s) = G_O(s)G_D(s)U(s) \tag{4-27}$$

由式(4-27)可知,只要 $G_O(s)G_D(s)$ 为对角矩阵,就解除了系统之间的耦合,两个控制回路不再关联。

令

$$G_O(s)G_D(s) = \begin{bmatrix} G_{O11}(s) & 0 \\ 0 & G_{O22}(s) \end{bmatrix} \tag{4-28}$$

则解耦装置 $G_D(s)$ 可由式(4-28)求得

$$\begin{aligned} G_D(s) &= \begin{bmatrix} G_{O11}(s) & G_{O12}(s) \\ G_{O21}(s) & G_{O22}(s) \end{bmatrix}^{-1} \begin{bmatrix} G_{O11}(s) & 0 \\ 0 & G_{O22}(s) \end{bmatrix} \\ &= \frac{1}{G_{O11}(s)G_{O22}(s) - G_{O12}(s)G_{O21}(s)} \begin{bmatrix} G_{O22}(s) & -G_{O12}(s) \\ -G_{O21}(s) & G_{O11}(s) \end{bmatrix} \begin{bmatrix} G_{O11}(s) & 0 \\ 0 & G_{O22}(s) \end{bmatrix} \end{aligned} \tag{4-29}$$

由式(4-29)可知,这种方法必须保证 $G_O(s)$ 是可逆的。此外,$G_D(s)$ 的物理实现依赖于过程的动态特性。

2. 单位矩阵法

单位矩阵法是对角矩阵法的一种特殊情况,即期望的对角矩阵为单位矩阵。由式(4-29)可知,单位矩阵法的解耦装置 $G_D(s)$ 为

$$G_D(s) = \frac{1}{G_{O11}(s)G_{O22}(s) - G_{O12}(s)G_{O12}(s)} \begin{bmatrix} G_{O22}(s) & -G_{O12}(s) \\ -G_{O21}(s) & G_{O11}(s) \end{bmatrix} \tag{4-30}$$

由式(4-30)可见,单位矩阵法设计的解耦装置 $G_D(s)$ 为对象传递函数矩阵的逆。该解耦装置不但解除了控制回路间的耦合,而且改善了被控过程的动态特性,使每个等效过程的特性为1,这就大大提高了控制系统的稳定性,减少了系统的过渡时间和最大偏差,提高了控制系统的质量。但是,该解耦装置完全依赖于过程的动态特性,这就给物理实现时带来了

一定的难度。

3. 前馈补偿法

该方法是将前馈补偿原理应用于多变量解耦控制,把交叉耦合信号当作干扰来处理,而它们都是已知的。因此,只要在各个回路的控制器中恰当引入前馈输出补偿即可实现。图 4-7 为利用前馈补偿原理来实现双变量解耦控制的系统框图。

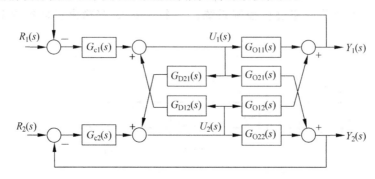

图 4-7 前馈补偿法解耦框图

在图 4-7 中,$G_{D11}(s)=G_{D22}(s)=1$,解耦补偿装置 $G_{D21}(s)$ 和 $G_{D12}(s)$ 可根据不变性原理求得,即

$$[G_{D12}(s)G_{O11}(s)+G_{O12}(s)]U_2(s)=0$$

则有

$$G_{D12}(s)=-\frac{G_{O12}(s)}{G_{O11}(s)} \tag{4-31}$$

同理可得

$$[G_{D21}(s)G_{O22}(s)+G_{O21}(s)]U_1(s)=0$$

则有

$$G_{D21}(s)=-\frac{G_{O21}(s)}{G_{O22}(s)} \tag{4-32}$$

这种方法设计的解耦装置对过程特性的依赖性较大,同样存在物理实现上的问题。此外,当输入-输出变量较多时,不宜采用此方法。

4.1.4 解除控制系统的简化设计

由上述解耦控制系统的设计方法可知,它们都是以获得过程数学模型为前提的,而工业过程千差万别,影响因素众多,要想得到精确的数学模型则相当困难,即使通过机理分析法或试验法得到了数学模型,利用它们设计的解耦装置往往比较复杂,在工业上也难以实现。因此,必须对获得的过程模型进行简化,以利于工程应用。简化的方法很多,比较常用的方法有①当过程模型的时间常数相差很大时,则可以忽略较小的时间常数;②当过程模型的时间常数相差不大时,则可以让它们相等。

例如,一个三变量控制系统的过程传递函数阵为

$$G_O(s)=\begin{bmatrix} G_{O11}(s) & G_{O12}(s) & G_{O13}(s) \\ G_{O21}(s) & G_{O22}(s) & G_{O23}(s) \\ G_{O31}(s) & G_{O32}(s) & G_{O33}(s) \end{bmatrix}$$

$$= \begin{bmatrix} \dfrac{2.6}{(2.7s+1)(0.3s+1)} & \dfrac{-1.6}{(2.7s+1)(0.2s+1)} & 0 \\ \dfrac{1}{3.8s+1} & \dfrac{1}{4.5s+1} & 0 \\ \dfrac{2.74}{0.2s+1} & \dfrac{2.6}{0.18s+1} & \dfrac{-0.87}{0.25s+1} \end{bmatrix}$$

根据上述简化方法,将 $G_{O11}(s)$ 和 $G_{O12}(s)$ 简化为一阶惯性环节,将 $G_{O31}(s)$、$G_{O32}(s)$ 和 $G_{O33}(s)$ 的时间常数忽略而成为比例环节,同时令 $G_{O21}(s)$ 和 $G_{O22}(s)$ 的时间常数相等,则上述传递函数矩阵最终简化为

$$G_O(s) = \begin{bmatrix} \dfrac{2.6}{2.7s+1} & \dfrac{-1.6}{2.7s+1} & 0 \\ \dfrac{1}{4.5s+1} & \dfrac{1}{4.5s+1} & 0 \\ 2.74 & 2.6 & -0.87 \end{bmatrix}$$

最后,利用对角矩阵法或单位矩阵法,依据简化后的传递函数矩阵求出解耦装置。经实验研究,其解耦效果是令人满意的。

必须指出的是,有时尽管作了简化,解耦装置还是比较复杂。因此在工程上常常采用更简单的方法,即静态解耦法。例如一个 2×2 的系统,已经求得解耦装置的传递函数矩阵为

$$\begin{bmatrix} G_{D11}(s) & G_{D12}(s) \\ G_{D21}(s) & G_{D22}(s) \end{bmatrix} = \begin{bmatrix} 0.328(2.7s+1) & 0.21(s+1) \\ -0.52(2.7s+1) & 0.94(s+1) \end{bmatrix}$$

如果采用静态解耦法,使解耦装置成为比例环节,即

$$\begin{bmatrix} G_{D11}(s) & G_{D12}(s) \\ G_{D21}(s) & G_{D22}(s) \end{bmatrix} = \begin{bmatrix} 0.328 & 0.21 \\ -0.52 & 0.94 \end{bmatrix}$$

这样,其解耦装置的物理实现特别简单。经实验研究,同样可以取得较好的解耦效果。

对于某些系统,如果动态解耦是必需的,则可以考虑采用超前-滞后环节进行近似的动态解耦,这样可以不必花费太高的经济成本又能取得较好的解耦效果。

当然,如果控制要求更好的解耦效果,则将获得的解耦装置用计算机软件实现,此时的解耦装置可以允许复杂一些,但也不是越复杂越好。

4.1.5 解耦控制系统设计举例

【例 4-2】 两种料液 Q_1 和 Q_2 经均匀混合后送出,要求对混合液的总流量 Q 和浓度 C 进行控制,于是组成了如图 4-8 所示的混合器浓度和流量控制系统。总流量 Q 和浓度 C 分别由 Q_1 和 Q_2 进行控制。不难看出,这两个控制回路是相互耦合的,其耦合程度可用相对增益矩阵进行分析。

解:由图 4-8 可得该系统的静态方程为

$$\begin{cases} Q = Q_1 + Q_2 \\ C = \dfrac{Q_1}{Q_1 + Q_2} \end{cases} \quad (4\text{-}33)$$

设静态相对增益矩阵为

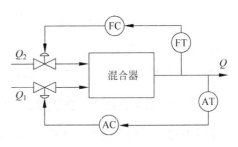

图 4-8 混合器浓度和流量控制系统

$$\lambda = \begin{bmatrix} \lambda_{1C} & \lambda_{1Q} \\ \lambda_{2C} & \lambda_{2Q} \end{bmatrix} \tag{4-34}$$

式中

$$\lambda_{1C} = \frac{\left.\dfrac{\partial C}{\partial Q_1}\right|_{Q_2}}{\left.\dfrac{\partial C}{\partial Q_1}\right|_Q} = \frac{\dfrac{Q_2}{(Q_1+Q_2)^2}}{\dfrac{1}{Q}} = \frac{Q_2}{Q_1+Q_2} = 1-C \tag{4-35}$$

根据相对增益矩阵的性质,可得

$$\begin{cases} \lambda_{2C} = 1-\lambda_{1C} = 1-1+C = C \\ \lambda_{1Q} = 1-\lambda_{1C} = C \\ \lambda_{2Q} = \lambda_{1a} = 1-C \end{cases} \tag{4-36}$$

若已知 $Q_1 = Q_2 = 25$,则 $a=0.5$。将 a 的值代入(4-34)可得

$$\lambda = \begin{bmatrix} 0.5 & 0.5 \\ 0.5 & 0.5 \end{bmatrix} \tag{4-37}$$

由式(4-37)可知,浓度和流量控制系统相互存在相同的耦合,无论怎样进行变量配对,都不能改变彼此间的耦合程度,因而解耦设计是必需的。若测得被控过程的特性为

$$G_O(s) = \begin{bmatrix} \dfrac{K_{O11}}{Ts+1} & \dfrac{K_{O12}}{Ts+1} \\ \dfrac{K_{O21}}{Ts+1} & \dfrac{K_{O22}}{Ts+1} \end{bmatrix} \tag{4-38}$$

当采用对角矩阵法设计时,期望的等效过程特性为

$$G_O(s)G_D(s) = \begin{bmatrix} \dfrac{K_{O11}}{Ts+1} & 0 \\ 0 & \dfrac{K_{O22}}{Ts+1} \end{bmatrix}$$

则解耦装置 $G_D(s)$ 为

$$G_D(s) = \frac{1}{K_{O11}K_{O22} - K_{O12}K_{O21}} \begin{bmatrix} K_{O11}K_{O22} & -K_{O12}K_{O22} \\ -K_{O11}K_{O21} & K_{O11}K_{O22} \end{bmatrix} \tag{4-39}$$

若采用单位矩阵法设计时,期望的等效过程特性为

$$G_O(s)G_D(s) = \begin{bmatrix} 1 & 0 \\ 0 & 1 \end{bmatrix}$$

则解耦装置 $G_D(s)$ 为

$$G_D(s) = \frac{Ts+1}{K_{O11}K_{O22} - K_{O12}K_{O21}} \begin{bmatrix} K_{O22} & -K_{O12} \\ -K_{O21} & K_{O11} \end{bmatrix} \tag{4-40}$$

比较式(4-39)与式(4-40)可知,采用单位矩阵法设计出的解耦装置要比对角矩阵法设计的解耦装置复杂(多了微分环节),但期望的等效过程特性却比对角矩阵法有很大的改善。

4.1.6　解耦控制系统的 Simulink 仿真

【**例 4-3**】 混凝土快干性和强度控制系统。混凝土快干性和强度受到纯原料量和含水量的影响,系统的输入量为纯原料量和含水量,系统的输出量为混凝土的快干性和其强度,

系统输入与输出之间的传递函数矩阵为

$$\begin{bmatrix} Y_1(s) \\ Y_2(s) \end{bmatrix} = \begin{bmatrix} \dfrac{11}{7s+1} & \dfrac{0.5}{3s+1} \\ \dfrac{-3}{11s+1} & \dfrac{0.3}{5s+1} \end{bmatrix} \begin{bmatrix} X_1(s) \\ X_2(s) \end{bmatrix} \tag{4-41}$$

试采用对角矩阵解耦方法对该系统进行控制仿真。

解:

(1) 求系统相对增益及系统耦合分析。

由式(4-41)可得系统静态放大系数矩阵为

$$\boldsymbol{K} = \begin{bmatrix} k_{11} & k_{12} \\ k_{21} & k_{22} \end{bmatrix} = \begin{bmatrix} 11 & 0.5 \\ -3 & 0.3 \end{bmatrix}$$

系统相对增益矩阵为

$$\boldsymbol{\lambda} = \boldsymbol{K} \otimes (\boldsymbol{K}^{-1})^{\mathrm{T}} = \begin{bmatrix} 11 & 0.5 \\ -3 & 0.3 \end{bmatrix} \otimes \begin{bmatrix} 0.0625 & 0.625 \\ -0.1042 & 2.2917 \end{bmatrix} = \begin{bmatrix} 0.6875 & 0.3125 \\ 0.3125 & 0.6875 \end{bmatrix}$$

由相对增益矩阵可以看出,控制系统输入输出的配对选择正确,但通道间存在较强的相互耦合,需要对系统进行解耦设计。

(2) 确定解耦控制器。

根据式(4-29)求解的对角矩阵含有 s 的 4 次方项,实际构造时结构复杂、计算量大,对此进行改进。

令

$$G_{\mathrm{O}}(s)G_{\mathrm{D}}(s) = \begin{bmatrix} G_{\mathrm{O}11}(s)G_{\mathrm{O}22}(s) - G_{\mathrm{O}12}(s)G_{\mathrm{O}21}(s) & 0 \\ 0 & G_{\mathrm{O}11}(s)G_{\mathrm{O}22}(s) - G_{\mathrm{O}12}(s)G_{\mathrm{O}21}(s) \end{bmatrix}$$

则解耦装置 $G_{\mathrm{D}}(s)$ 为

$$\begin{aligned} G_{\mathrm{D}}(s) &= \begin{bmatrix} G_{\mathrm{O}11}(s) & G_{\mathrm{O}12}(s) \\ G_{\mathrm{O}21}(s) & G_{\mathrm{O}22}(s) \end{bmatrix}^{-1} \begin{bmatrix} G_{\mathrm{O}11}(s)G_{\mathrm{O}22}(s) - G_{\mathrm{O}12}(s)G_{\mathrm{O}21}(s) & 0 \\ 0 & G_{\mathrm{O}11}(s)G_{\mathrm{O}22}(s) - G_{\mathrm{O}12}(s)G_{\mathrm{O}21}(s) \end{bmatrix} \\ &= \begin{bmatrix} G_{\mathrm{O}11}(s) & G_{\mathrm{O}12}(s) \\ G_{\mathrm{O}21}(s) & G_{\mathrm{O}22}(s) \end{bmatrix}^{-1} \begin{bmatrix} G_{\mathrm{O}11}(s) & G_{\mathrm{O}12}(s) \\ G_{\mathrm{O}21}(s) & G_{\mathrm{O}22}(s) \end{bmatrix} \begin{bmatrix} G_{\mathrm{O}22}(s) & -G_{\mathrm{O}12}(s) \\ -G_{\mathrm{O}21}(s) & G_{\mathrm{O}11}(s) \end{bmatrix} \\ &= \begin{bmatrix} G_{\mathrm{O}22}(s) & -G_{\mathrm{O}12}(s) \\ -G_{\mathrm{O}21}(s) & G_{\mathrm{O}11}(s) \end{bmatrix} = \begin{bmatrix} \dfrac{0.3}{5s+1} & -\dfrac{0.5}{3s+1} \\ \dfrac{3}{11s+1} & \dfrac{11}{7s+1} \end{bmatrix} \end{aligned}$$

(3) 仿真结果比较。

系统不存在耦合时,其 Simulink 仿真框图如图 4-9 所示。

采用经验法对 PI 控制器进行参数整定。当 $x_1 y_1$ 通道 $K_p=2$、$T_i=150$,$x_2 y_2$ 通道 $K_{p1}=15$、$T_{i1}=60$ 时,整个系统的响应曲线如图 4-10 所示。

系统存在耦合时,其 Simulink 仿真框图如图 4-11 所示。采用经验法对 PI 控制器进行参数整定。当 $K_p=2$、$T_i=100$,$x_2 y_2$ 通道 $K_{p1}=1.6$、$T_{i1}=60$ 时,整个系统的响应曲线如图 4-12 所示。

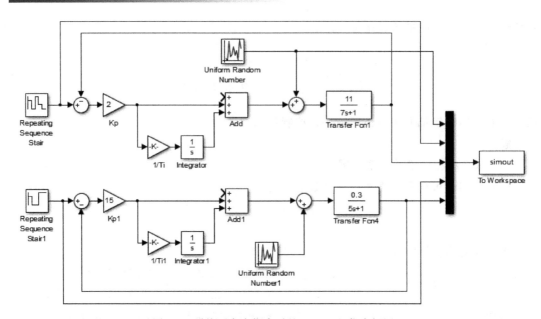

图 4-9 系统不存在耦合时的 Simulink 仿真框图

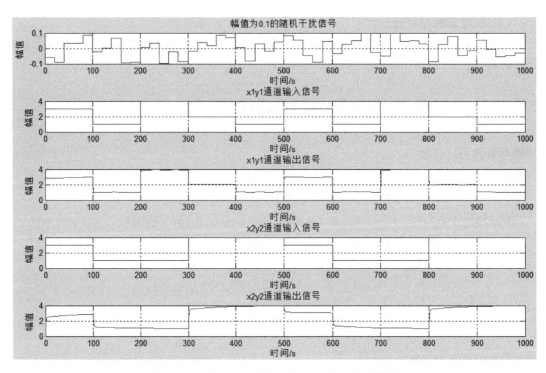

图 4-10 系统不存在耦合时的 Simulink 仿真结果

对比图 4-10 和图 4-12 可以看出,耦合对系统动态特性造成了一定的影响,使 $x_2 y_2$ 通道的动态品质变差。

解耦后整个系统的 Simulink 仿真框图如图 4-13 所示。通过经验法整定两个 PI 控制器的参数,当 $K_p = 2$, $T_{i1} = 150$, $K_{p1} = 1.6$, $T_{i1} = 60$ 时,其 Simulink 仿真结果如图 4-14 所示。

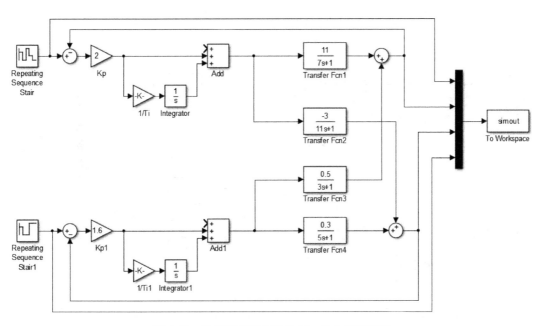

图 4-11　系统存在耦合时的 Simulink 仿真框图

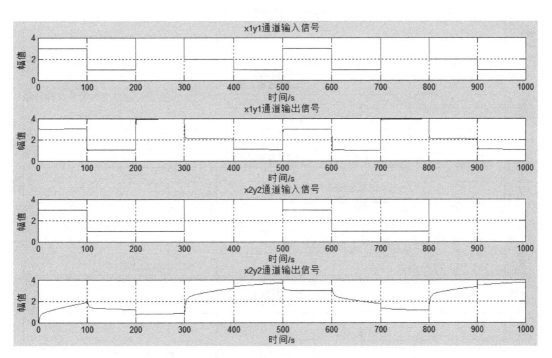

图 4-12　系统存在耦合时的 Simulink 仿真结果

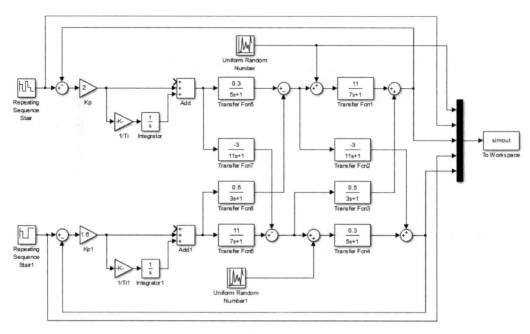

图 4-13　解耦后整个系统的 Simulink 仿真框图

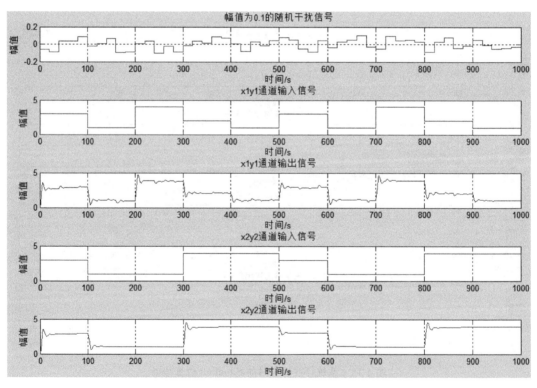

图 4-14　解耦后整个系统的响应曲线

对比图 4-14 和图 4-12 可以看出,系统解耦后的动态特性、稳定性比解耦前均有改善。

4.2 大滞后补偿控制系统

4.2.1 大滞后过程概述

在工业生产过程中,被控对象除了具有容积滞后外,通常具有不同程度的纯时滞。例如,气体物料、液体物料通常经过管道传送,固体物料往往通过传送带传送。当通过改变物料的流量来调节工艺参数时,经过输送环节的传送时间后,物料的变化情况才能到达生产设备进而实现工艺参数的改变。这个输送过程的传送时间就是一个纯滞后时间。再如,在热交换过程中,经常将被加热物料的出口温度作为被控变量,而把载热介质(如过热蒸汽)的流量作为操纵变量,载热介质流量改变之后,经过一段时间才表现为输出物料温度的变化。系统的这种表现可用含有纯滞后的过程特性来描述。

在具有纯滞后的控制过程中,由于控制通道中操纵介质的传输存在纯滞后,会导致控制阀的调节作用不能及时影响调节效果,这样的过程必然产生较明显的超调量和需要较长的调节时间。因此,具有大滞后的过程被认为是较难控制的过程。

从广义上讲,所有的工业过程控制对象都是具有纯滞后的对象。衡量过程纯滞后的大小通常用纯滞后时间 τ 和惯性时间常数 T 之比 τ/T。若 $\tau/T<0.3$,称生产过程是具有一般纯滞后的过程;当 $\tau/T>0.3$ 时,则称该生产过程为具有大滞后的过程。

一般纯滞后的过程可以通过常规控制方案得到较好的控制效果。而对于大滞后过程,用常规控制方案往往难以奏效。目前克服大滞后的解决方案主要有 Smith 预估补偿控制、自适应 Smith 预估补偿控制、观测补偿器控制、内部模型控制(IMC)、采样控制、Dalin 算法等。下面首先分析纯滞后对系统控制品质的影响,然后着重讨论在解决大滞后问题中广泛应用的 Smith 预估补偿控制方法。

4.2.2 纯滞后对系统控制品质的影响

具有纯滞后的闭环控制系统如图 4-15 所示。

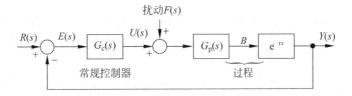

图 4-15 具有纯滞后的常规反馈控制系统框图

在图 4-15 中,被控对象含有纯滞后特性,其传递函数为

$$G(s) = \frac{Y(s)}{U(s)} = G_p(s) e^{-\tau s} \tag{4-42}$$

式中,$G_p(s)$ 为被控对象不含纯滞后特性的传递函数部分。

在不考虑扰动时,系统的闭环传递函数为

$$\Phi(s) = \frac{Y(s)}{R(s)} = \frac{G_c(s)G_p(s)e^{-\tau s}}{1 + G_c(s)G_p(s)e^{-\tau s}} \tag{4-43}$$

系统的闭环特征方程为

$$1 + G_c(s)G_p(s)e^{-\tau s} = 0 \tag{4-44}$$

这是一个复变量的超越方程。方程的根也就是系统的闭环特征根,将受到纯滞后时间 τ 的影响。通过对系统的频域分析可知,纯滞后的增加,引起相位滞后增加,从而使临界频率和临界增益降低,这时将出现两个不良后果:一是临界频率降低,这意味着进入系统的即使是低频周期性扰动,闭环响应也将更为灵敏;另外临界增益降低,这表明为了保证闭环系统的稳定性,则系统降低控制器增益,导致闭环系统的品质下降。总之,τ 的增加不利于闭环系统的稳定性,使闭环系统的控制品质下降。

因此,在进行控制系统设计时,为了提高系统的控制品质,应设法减小处于闭环回路中的纯滞后。除了选择合适的被控变量来减小对象的纯滞后外,在控制方案上,也应该采用各种补偿的方法来减小或补偿纯滞后造成的不利影响。

4.2.3　Smith 预估补偿控制方案

针对纯滞后系统的闭环特征方程含纯滞后从而影响系统控制品质的问题,1957 年 O.J.M.Smith 提出了一种预估补偿控制方案,即在 PID 反馈控制基础上,引入一个预估补偿环节,使闭环特征方程不含有纯滞后项,以提高控制质量。

在图 4-15 中,如果能把假想的变量 B 测量出来,那么就可以按照图 4-16 所示的那样,把 B 点信号反馈到控制器,这样就把纯滞后环节移到控制回路外边。

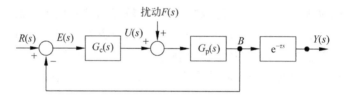

图 4-16　反馈回路的理想结构示意图

由图 4-16 可以得出,此时系统闭环传递函数为

$$\Phi(s) = \frac{G_c(s)G_p(s)e^{-\tau s}}{1 + G_c(s)G_p(s)} \tag{4-45}$$

由式(4-45)可知,由于反馈信号 B 没有延迟,闭环特征方程中不含有纯滞后项,所以系统的响应将会大大改善。但是由于 B 点信号是一个假想的而不可测的信号,所以这种方案是无法实现的。

为了实现上面的方案,假设构造了一个过程的模型,并按图 4-17 所示那样把控制量 $U(s)$ 加到该模型上去。

在图 4-17 中,如果模型是精确的,那么虽然假想的过程变量 B 是测量不到的,但能够测量到模型中的 B_m。如果不考虑建模误差和负荷扰动,那么 B_m 就会等于 B,$E_m(s) = Y(s) - Y_m(s) = 0$,这样就可以将 B_m 点信号作为反馈信号。

但当有建模误差和负荷扰动时,则 $E_m(s) = Y(s) - Y_m(s) \neq 0$,会降低过程的控制品质。为此,在图 4-17 中又用 $E_m(s)$ 实现第二条反馈回路,以弥补上述缺点。以上便是 Smith 预估器的控制策略。

实际工程上设计 Smith 预估器时,将其并联在控制器 $G_c(s)$ 上,对图 4-17 作方框图等

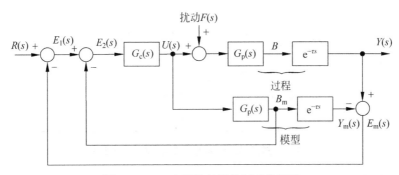

图 4-17 Smith 预估补偿控制系统框图

效变换,可以得到图 4-18 所示的形式。

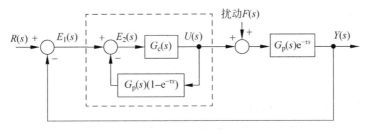

图 4-18 Smith 预估补偿控制系统等效图

在图 4-18 中,虚线部分是带纯滞后补偿的控制器,其传递函数为

$$G_\tau(s) = \frac{U(s)}{E_1(s)} = \frac{G_c(s)}{1 + G_c(s)G_p(s)(1 - e^{-\tau s})} \quad (4\text{-}46)$$

经过纯滞后补偿后的系统闭环传递函数为

$$\begin{aligned}
\Phi(s) = \frac{Y(s)}{R(s)} &= \frac{G_\tau(s)G_p(s)e^{-\tau s}}{1 + G_\tau(s)G_p(s)e^{-\tau s}} \\
&= \frac{\dfrac{G_c(s)G_p(s)e^{-\tau s}}{1 + G_c(s)G_p(s)(1 - e^{-\tau s})}}{1 + \dfrac{G_c(s)G_p(s)e^{-\tau s}}{1 + G_c(s)G_p(s)(1 - e^{-\tau s})}} = \frac{G_c(s)G_p(s)e^{-\tau s}}{1 + G_c(s)G_p(s)} \quad (4\text{-}47)
\end{aligned}$$

由式(4-47)可见,带纯滞后补偿的闭环系统与图 4-16 所示的理想结构是一致的,其特征方程为 $1 + G_c(s)G_p(s) = 0$。系统的特征方程已不包含纯滞后环节,故系统已经消除了纯滞后对系统控制品质的影响。分子中的 $e^{-\tau s}$ 并不影响系统输出量 $y(t)$ 的响应曲线和系统的其他性能指标,只是将系统响应在时间上推迟了时间 τ。换句话说,纯滞后补偿控制系统在单位阶跃输入时,输出量 $y(t)$ 的响应曲线和系统的其他性能指标与控制对象不含纯滞后特性时完全相同,只是在时间轴上滞后 τ。

4.2.4 Smith 补偿器的计算机实现

具有纯滞后 Smith 补偿器的计算机控制系统如图 4-19 所示。

在图 4-19 中,$G_c(s)$ 为数字 PID 控制器;Smith 补偿器与对象特性有关,其传递函数 $G_\tau(s) = G_p(s)(1 - e^{-\tau s})$;$G_p(s)$ 为被控对象传递函数中不包含纯滞后环节的部分。

下面以一阶惯性纯滞后对象为例,说明 Smith 纯滞后补偿器的计算机实现过程。

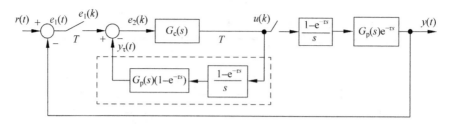

图 4-19　纯滞后 Smith 补偿计算机控制系统结构图

设被控对象的传递函数为

$$G(s) = \frac{Ke^{-\tau s}}{T_p s + 1} = G_p(s)e^{-\tau s} \tag{4-48}$$

式中,$G_p(s) = \frac{K}{T_p s + 1}$。

则 Smith 补偿器的传递函数为

$$G_\tau(s) = \frac{K(1-e^{-\tau s})}{T_p s + 1} \tag{4-49}$$

将式(4-49)进行离散化处理可得

$$G_\tau(z) = Z\left[\frac{1-e^{-Ts}}{s} \cdot \frac{K(1-e^{-\tau s})}{T_p s + 1}\right] = (1-z^{-N})\frac{b_1 z^{-1}}{1-a_1 z^{-1}} \tag{4-50}$$

式中,$a_1 = e^{-T/T_p}$, $b_1 = K(1-e^{-T/T_p})$, $N \approx \frac{\tau}{T}$ (N 取整数)。

为了便于说明 Smith 补偿器的计算机实现过程,将图 4-19 中的虚框部分变换为图 4-20 所示形式。

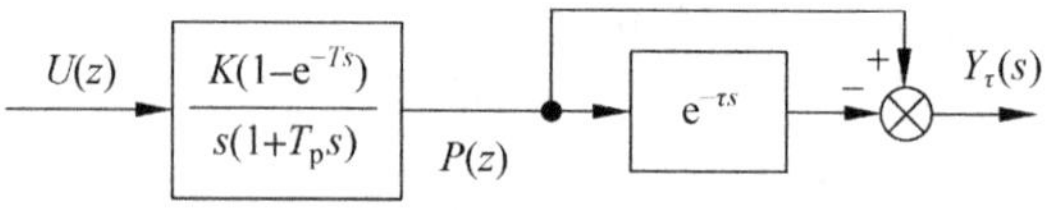

图 4-20　Smith 补偿器计算机实现结构图

由图 4-20 可得

$$G_\tau(z) = \frac{Y_\tau(z)}{U(z)} = \frac{Y_\tau(z)}{P(z)} \cdot \frac{P(z)}{U(z)} \tag{4-51}$$

为了便于计算机实现,根据式(4-50),令

$$\frac{Y_\tau(z)}{P(z)} = (1-z^{-N}), \quad \frac{P(z)}{U(z)} = \frac{b_1 z^{-1}}{1-a_1 z^{-1}} \tag{4-52}$$

这样就可以得到 Smith 补偿器的差分方程为

$$\begin{cases} p(k) = a_1 p(k-1) + b_1 u(k-1) \\ y_\tau(k) = p(k) - p(k-N) \end{cases} \tag{4-53}$$

Smith 补偿控制算法的具体实现步骤如下。

(1) 计算偏差 $e_2(k)$

$$e_2(k) = r(k) - y(k) - y_\tau(k) \tag{4-54}$$

(2) 计算控制器输出 $u(k)$

$$\begin{aligned}u(k) &= u(k-1) + \Delta u(k) \\ &= u(k-1) + k_p[e_2(k) - e_2(k-1)] + k_i e_2(k) \\ &\quad + k_d[e_2(k) - 2e_2(k-1) + e_2(k-2)]\end{aligned} \quad (4\text{-}55)$$

(3) $u(k)$ 经 D/A 转换后直接作用到执行机构上,以实现对被控变量的纯滞后补偿。

4.2.5 改进型 Smith 预估补偿控制

从理论上分析,Smith 预估补偿器可以完全消除纯时滞的影响,成为一种解决大时滞系统的理想方案,但是在实际使用中却不尽如人意,主要原因如下:

(1) 只有当过程模型与实际生产过程完全一致时,Smith 预估补偿控制才能实现完全补偿。模型误差越大,Smith 预估补偿效果越差。

(2) 对于大多数过程控制系统,过程模型不可能与实际生产过程的特性完全一样,况且实际过程的特性往往随着操纵条件的变化而改变。例如,物料流量变化造成流速变化,使纯时滞变化,就会使 Smith 预估补偿效果变差。

为解决模型失配时预估补偿效果不理想的情况,很多科技工作者先后提出了一些改进方案,其中最有代表性的有增益自适应预估补偿控制和动态参数自适应预估补偿控制。

1. 增益自适应预估补偿控制

1977 年 R. F. Giles 和 T. M. Barley 在 Smith 预估补偿控制方案的基础上提出了增益自适应补偿控制方案。由图 4-21 可以看出,它是在 Smith 预估补偿控制系统的基础上增加了一个除法器、一个一阶微分环节和一个乘法器。

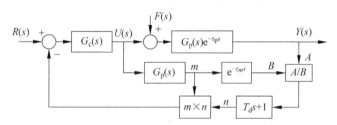

图 4-21 增益自适应 Smith 预估补偿控制框图

除法器是将过程的输出值除以预估模型的输出值;一阶微分环节中的微分时间 $T_d = \tau_p$,它使过程输出比估计模型输出提前 τ_p 的时间进入乘法器,实现超前控制;乘法器将预估器输出和一阶微分环节的输出相乘后送入控制器。这三个环节的作用是根据预估补偿模型和过程输出信号之间的比值,提供一个能自动校正预估器增益的信号。

在理想情况下,当预估器模型与实际过程的动态特性完全一致时,$B=A$,除法器的输出为 1,一阶微分环节的输出也是 1,此时增益自适应补偿控制即为史密斯预估补偿控制,控制系统的等效框图如图 4-22 所示。

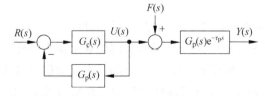

图 4-22 理想情况下增益自适应补偿系统等效框图

在实际情况下,预估器模型往往与实际过程模型的增益存在偏差。若广义对象的增益由 K_p 增大到 $K_p+\Delta K$,则除法器的输出 $A/B=(K_p+\Delta K)/K_p$,假设实际对象的其他参数不变,此时一阶微分环节中的微分项 T_ds 不起作用,其输出也是 $(K_p+\Delta K)/K_p$。这样,乘法器输出为

$$m \times n = K_p u(K_p+\Delta K)/K_p = uK_p + u\Delta K = m + u\Delta K \tag{4-56}$$

可见系统反馈信号也变化了 ΔK,相当于预估模型的增益变化了 ΔK。也就是说,对象增益变化后,预估模型自动适应该变化,补偿器的预估模型能够得到完全的补偿。

大量的数字仿真和模拟实验表明:在负载扰动作用下,增益自适应补偿控制方案优于 Smith 预估补偿控制方案,而在给定值变化时,Smith 预估补偿控制方案优于增益自适应补偿控制方案。

2. 动态参数自适应预估补偿控制

动态参数自适应预估补偿控制是由 C. C. Hang 提出的一种改进型 Smith 预估补偿控制方案。这种方案的最大特征是比 Smith 预估补偿控制方案多了一个控制器 $G_c(s)$,其结构框图如图 4-23 所示。$\hat{G}_p(s)$ 为不含纯滞后的估计模型。图 4-23 可等效变换为图 4-24。

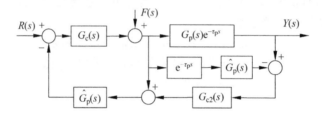

图 4-23 动态参数自适应补偿控制系统框图

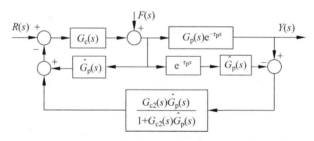

图 4-24 动态参数自适应补偿控制系统等效框图

由图 4-24 可见,该方案与 Smith 补偿控制方案的主要区别在于主反馈回路,其反馈通道传递函数不是 1,而是 $G_F(s)$。即

$$G_F(s) = \frac{G_{c2}(s)\hat{G}_p(s)}{1+G_{c2}(s)\hat{G}_p(s)} \tag{4-57}$$

当预估器模型与实际过程的动态特性完全一致,即 $\hat{G}_p(s)=G_p(s)$ 时,主反馈信号为零,其控制效果与图 4-22 所示的 Smith 预估补偿控制的效果完全一样。

当预估器模型与实际过程的动态特性不一致时,主反馈信号将随之产生动态变化,但由于此动态变化信号需经过 $G_F(s)$,而不是直接反馈到控制器 $G_c(s)$ 的输入端,通过适当设计

$G_F(s)$，即可降低模型精度的敏感性，增强适应能力。

为了保证系统输出响应无静差，要求两个控制器 $G_c(s)$ 和 $G_{c2}(s)$ 均为 PI 控制器。其中，主控制器 $G_c(s)$ 可按模型完全准确时的情况整定。

对于辅助控制器 $G_{c2}(s)$ 的整定，假设 $\hat{G}_p(s)$ 为一阶惯性环节，即 $\hat{G}_p(s) = \dfrac{\hat{K}_p}{\hat{T}_p s + 1}$，并令 $G_{c2}(s)$ 的时间常数与 $\hat{G}_p(s)$ 的时间常数相等，即 $T_{c2} = \hat{T}_p$，则有

$$G_F(s) = \frac{G_{c2}(s)\hat{G}_p(s)}{1 + G_{c2}(s)\hat{G}_p(s)} = \frac{K_{c2}\left(1 + \dfrac{1}{T_{c2}s}\right)\left(\dfrac{\hat{K}_p}{\hat{T}_p s + 1}\right)}{1 + K_{c2}\left(1 + \dfrac{1}{T_{c2}s}\right)\left(\dfrac{\hat{K}_p}{\hat{T}_p s + 1}\right)}$$

$$= \frac{K_{c2}\hat{K}_p}{\hat{T}_p s + K_{c2}\hat{K}_p} = \frac{1}{\dfrac{\hat{T}_p}{K_{c2}\hat{K}_p} + 1} = \frac{1}{T_F s + 1} \quad (4\text{-}58)$$

式(4-58)表明，$G_F(s)$ 为一阶惯性滤波器，只需在线调整参数 K_{c2} 即可根据需要得到 T_F，从而适应动态参数变化所造成的不利影响。

理论分析证明，动态参数自适应预估补偿控制方案的稳定性优于 Smith 补偿控制方案，其对模型精度的要求明显降低，有利于改善系统的控制性能。

4.2.6　Smith 补偿控制系统的 Simulink 仿真

【例 4-4】 某加热炉温度控制系统中，已知加热炉数学模型为 $G_p(s) = \dfrac{9.9\mathrm{e}^{-80s}}{120s+1}$，检测变送环节的数学模型为 $G_m(s) = \dfrac{0.107}{10s+1}$，试分析系统分别采用普通 PID 控制和 Smith 预估补偿控制时的响应情况。

解：广义对象数学模型为

$$G_o(s) = G_p(s)G_m(s) = \frac{9.9\mathrm{e}^{-80s}}{120s+1} \times \frac{0.107}{10s+1} = \frac{1.06\mathrm{e}^{-80s}}{(120s+1)(10s+1)}$$

由泰勒级数展开式可知，$10s+1 \approx \mathrm{e}^{10s}$，所以有

$$G_o(s) \approx \frac{1.06\mathrm{e}^{-90s}}{120s+1}$$

系统普通 PID 控制的 Simulink 仿真框图如图 4-25 所示。

设输入量为 3，同时系统受幅值为 0.1 的随机干扰。采用经验法整定 PI 控制器参数，当 $K_p=1.2$，$T_i=150$ 时，系统响应如图 4-26 所示。

由图 4-26 可以看出，若采用普通的 PID 控制器，过渡过程的超调量和调节时间都很大。

系统 Smith 预估补偿控制的 Simulink 仿真框图如图 4-27 所示。

同样设输入量为 3，系统受幅值为 0.1 的随机干扰。采用经验法整定 PI 控制器参数，当 $K_p=15$，$T_i=150$ 时，系统响应如图 4-28 所示。

由图 4-28 可以看出，采用 Smith 补偿控制后，系统的控制效果大为改善。

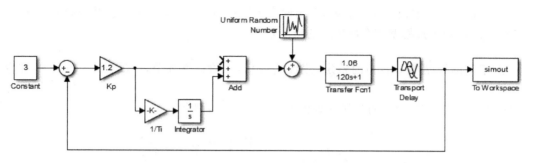

图 4-25　普通 PID 控制的 Simulink 仿真框图

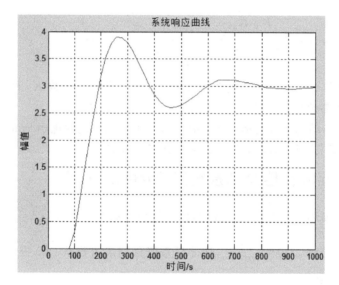

图 4-26　系统普通 PID 控制的输出响应曲线

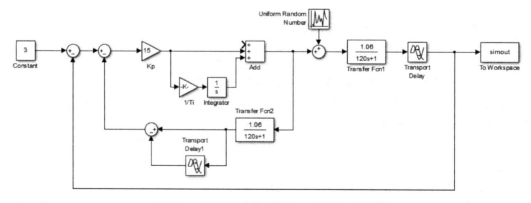

图 4-27　Smith 补偿控制的 Simulink 仿真框图

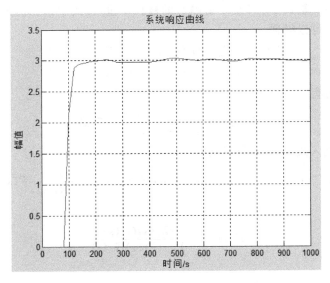

图 4-28　系统 Smith 补偿控制的输出响应曲线

4.3　推断控制系统

生产过程的被控变量有时不能直接测得,因而难以实现反馈控制。如果扰动可测,则可以采用前馈控制。但假若扰动也不能直接测得,则需要采用推断控制。

推断控制是利用数学模型由可测信息将不可测的输出变量推断出来实现反馈控制,或将不可测扰动推算出来以实现前馈控制。

对于不可测扰动的推断控制是由美国学者 Coleman Brosilow 和 Matin Tong 于 1978 年提出来的。它利用过程的辅助输出(如温度、压力、流量等测量信息)来推断不可直接测量的扰动对过程主要输出(如产品质量、成分等)的影响。然后基于这些推断估计量来确定控制输入,以消除不可直接测量的扰动对过程主要输出的影响,改善控制品质。

4.3.1　推断控制系统的组成

推断控制系统的基本组成如图 4-29 所示。

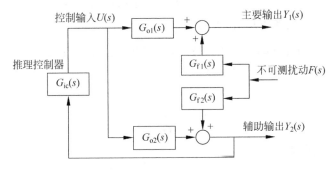

图 4-29　推断控制系统组成框图

由于过程的主要输出 $Y_1(s)$ 是不易测量的被控变量，因此引入易测量的过程辅助输出 $Y_2(s)$。由图 4-29 可以得到

$$Y_2(s) = G_{f2}(s)F(s) + G_{o2}(s)G_{ic}(s)Y_2(s) \tag{4-59}$$

$$Y_1(s) = G_{f1}(s)F(s) + G_{o1}(s)G_{ic}(s)Y_1(s) \tag{4-60}$$

由式(4-59)可得

$$Y_2(s) = \frac{G_{f2}(s)}{1 - G_{o2}(s)G_{ic}(s)} F(s) \tag{4-61}$$

将式(4-61)代入式(4-60)可以得到

$$Y_1(s) = G_{f1}(s)F(s) + G_{o1}(s)G_{ic}(s) \frac{G_{f2}(s)}{1 - G_{o2}(s)G_{ic}(s)} F(s) \tag{4-62}$$

令

$$E(s) = -\frac{G_{o1}(s)G_{ic}(s)}{1 - G_{o2}(s)G_{ic}(s)} \tag{4-63}$$

则有

$$Y_1(s) = [G_{f1}(s) - G_{f2}(s)E(s)]F(s) \tag{4-64}$$

由式(4-64)可知，当 $E(s) = \dfrac{G_{f1}(s)}{G_{f2}(s)}$ 时，则有 $Y_1(s) = 0$，这样就消除了不可测扰动 $F(s)$ 对过程主要输出 $Y_1(s)$ 的影响。

这样，推断控制器 $G_{ic}(s)$ 可表示为

$$G_{ic}(s) = \frac{E(s)}{G_{o2}(s)E(s) - G_{o1}(s)} = \frac{G_{f1}(s)/G_{f2}(s)}{G_{o2}(s)G_{f1}(s)/G_{f2}(s) - G_{o1}(s)} \tag{4-65}$$

式(4-65)表明，$G_{ic}(s)$ 取决于被控过程各通道的动态特性。若已知过程各通道动态特性的估计值，则可得 $G_{ic}(s)$ 的估计值为

$$\hat{G}_{ic}(s) = \frac{\hat{E}(s)}{\hat{G}_{o2}(s)\hat{E}(s) - \hat{G}_{o1}(s)} \tag{4-66}$$

式中，$\hat{E}(s) = \dfrac{\hat{G}_{f1}(s)}{\hat{G}_{f2}(s)}$。

过程的控制输入为

$$U(s) = \hat{G}_{ic}(s)Y_2(s) = \frac{\hat{E}(s)}{\hat{G}_{o2}(s)\hat{E}(s) - \hat{G}_{o1}(s)} Y_2(s) \tag{4-67}$$

将式(4-67)进一步变换整理后，可得

$$U(s) = -\frac{1}{\hat{G}_{o1}(s)} [Y_2(s) - U(s)\hat{G}_{o2}(s)] \hat{E}(s) \tag{4-68}$$

令

$$G_c = \frac{1}{\hat{G}_{o1}(s)} \tag{4-69}$$

则式(4-68)可表示为

$$U(s) = -G_c(s)[Y_2(s) - U(s)\hat{G}_{o2}(s)]\hat{E}(s) \tag{4-70}$$

根据式(4-70)，可进一步将图 4-29 变换为如图 4-30 所示结构。

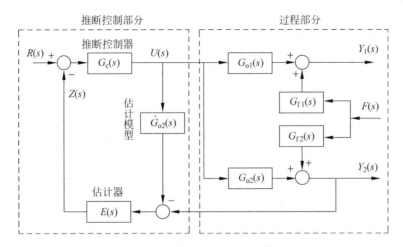

图 4-30　推断控制系统的实现框图

由图 4-30 可以看出，推断控制系统具有三个基本特征。

1. 实现了信号分离

引入估计模型 $\hat{G}_{o2}(s)$，将不可测扰动 $F(s)$ 对辅助输出 $Y_2(s)$ 的影响分离出来，若 $\hat{G}_{o2}(s)=G_{o2}(s)$，则送入估计器 $E(s)$ 的信号为

$$Y_2(s)-\hat{G}_{o2}(s)U(s)=G_{f2}(s)F(s) \tag{4-71}$$

从而实现了信号分离。

2. 实现了不可测干扰的估计

已知估计器 $\hat{E}(s)=\dfrac{\hat{G}_{f1}(s)}{\hat{G}_{f2}(s)}$，若 $\hat{G}_{o2}(s)=G_{o2}(s)$，则估计器的输入为 $G_{f2}(s)F(s)$，若 $\hat{G}_{f1}(s)=G_{f1}(s)$，$\hat{G}_{f2}(s)=G_{f2}(s)$，则估计器的输出 $\hat{Z}(s)$ 为

$$\hat{Z}(s)=\hat{E}(s)G_{f2}(s)F(s)=\dfrac{\hat{G}_{f1}(s)}{\hat{G}_{f2}(s)}\times G_{f2}(s)F(s)=G_{f1}(s)F(s) \tag{4-72}$$

即估计器的输出为不可测扰动 $F(s)$ 对过程主要输出 $Y_1(s)$（被控变量）影响的估计。

3. 可实现理想控制

推断控制系统的成功与否，在于是否有可靠的不可测变量估计器，而这又取决于对过程的了解程度。如果过程模型很精确，就能够得到理想的估计器，从而实现完善的控制。

在实际生产中，过程模型不可能与实际过程完全匹配，因而系统的主要输出也不可避免地存在稳态误差。由于推断控制是基于模型的控制，要获得精确的过程模型难度较大，所以这类推断控制系统应用不多。

4.3.2　推断反馈控制系统

单纯的推断控制系统是估计出不可测的扰动对主要输出的影响以实现前馈性质的控制，从这个意义上讲它是开环的。为了消除主要输出的稳态误差，应引入主要输出的反馈。但由于主要输出又不可测量，所以必须采用推断方法估算出主要输出量，从而构成推断反馈

控制系统。

推断反馈控制系统的结构框图如图 4-31 所示。

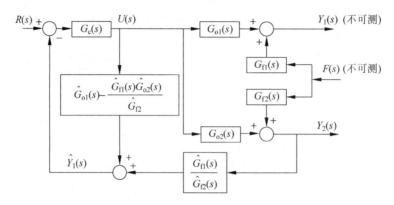

图 4-31 推断反馈控制系统框图

由图 4-31 可得

$$Y_1(s) = G_{o1}(s)U(s) + G_{f1}(s)F(s) \tag{4-73}$$

$$Y_2(s) = G_{o2}(s)U(s) + G_{f2}(s)F(s) \tag{4-74}$$

由式(4-74)可得不可测扰动的估算式为

$$F(s) = \frac{Y_2(s)}{\hat{G}_{f2}(s)} - \frac{\hat{G}_{o2}(s)}{\hat{G}_{f2}(s)}U(s) \tag{4-75}$$

将式(4-75)代入式(4-73),可得主要输出变量的估算式为

$$\hat{Y}_1(s) = \left[\hat{G}_{o1}(s) - \frac{\hat{G}_{f1}(s)}{\hat{G}_{f2}(s)}\hat{G}_{o2}(s)\right]U(s) + \frac{\hat{G}_{f1}(s)}{\hat{G}_{f2}(s)}Y_2(s) \tag{4-76}$$

式(4-76)表明,主要输出变量的估计值是可测的辅助输出变量和控制变量的函数,将它作为反馈量构成推断反馈控制系统。

当模型不存在误差时,则有

$$\hat{Y}_1(s) = \left[G_{o1}(s) - \frac{G_{f1}(s)}{G_{f2}(s)} \times G_{o2}(s)\right]U(s) + \frac{G_{f1}(s)}{G_{f2}(s)}[F(s)G_{f2}(s) + U(s)G_{o2}(s)]$$

$$= G_{o1}(s)U(s) + G_{f1}(s)F(s) = Y_1(s) \tag{4-77}$$

式(4-77)说明反馈信号是实际的主要输出变量,此时只要控制器 $G_c(s)$ 中包含积分控制规律,就能够保证主要输出的稳态误差为零。当存在模型误差或其他扰动而导致 $\hat{Y}_1(s) \neq Y_1(s)$ 时,同样可以通过适当选择 $G_c(s)$ 的控制规律,也能够实现对设定值变化的良好跟踪和对扰动的有效抑制。

4.3.3 输出可测条件下的推断控制

推断控制最初是为了解决主要输出不可测和扰动不可测的问题而提出来的,其基本思想后来又被广泛用于输出可测而扰动不可测的情况,构成输出可测条件下的推断控制。

1. 系统构成

在输出可测而扰动不可测的情况下,推断控制系统可以简化为如图 4-32 所示结构。这里不需要二次输出,也不需要估计器。对于系统设计来说,仅需要一个估计模型$\hat{G}_{o1}(s)$。

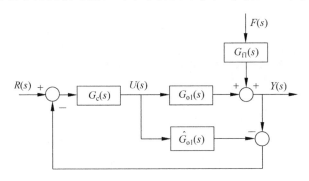

图 4-32 输出可测条件下的推断控制

由图 4-32 可得系统的输出为

$$Y(s) = \frac{G_c(s)G_{o1}(s)/[1-G_c(s)\hat{G}_{o1}(s)]}{1+G_c(s)G_{o1}(s)/[1-G_c(s)\hat{G}_{o1}(s)]}R(s)$$
$$+ \frac{G_{f1}(s)}{1+G_c(s)G_{o1}(s)/[1-G_c(s)\hat{G}_{o1}(s)]}F(s) \tag{4-78}$$

式中,$G_c(s)=G_F(s)/\hat{G}_{o1}(s)$,$G_F(s)$ 为惯性滤波器。

对于单输入单输出系统,滤波器可选用

$$G_F(s) = \frac{e^{-\tau s}}{(Ts+1)^n} \tag{4-79}$$

当 $\hat{G}_{o1}(s)=G_{o1}(s)$ 时,则有

$$Y(s) = G_F(s)R(s) + [1-G_F(s)]G_{f1}(s)F(s) \tag{4-80}$$

2. 系统性能

若 $\hat{G}_{o1}(s) \neq G_{o1}(s)$,则系统输出为

$$Y(s) = \frac{G_{o1}(s)G_F(s)/\hat{G}_{o1}(s)}{1-G_F(s)[\hat{G}_{o1}(s)-G_{o1}(s)]/\hat{G}_{o1}(s)}R(s)$$
$$+ \frac{[1-G_F(s)]G_{f1}(s)}{1-G_F(s)[\hat{G}_{o1}(s)-G_{o1}(s)]/\hat{G}_{o1}(s)}F(s) \tag{4-81}$$

因为滤波器的静态增益 $G_F(0)=1$,所以在设定值阶跃信号作用下,系统输出的稳态误差为

$$R(0)-Y(0) = \left\{1 - \frac{G_{o1}(0)/\hat{G}_{o1}(0)}{1-[\hat{G}_{o1}(0)-G_{o1}(0)]/\hat{G}_{o1}(0)}\right\}R(0)$$
$$= \{1-1\}R(0) = 0 \tag{4-82}$$

在阶跃不可测扰动作用下,系统输出的稳态误差为 $Y(0)=0$。

由上面的分析可以得到一个很有用的结论,即不管模型是否存在误差或干扰,只要满足 $G_F(0)=1$,系统输出总是稳态无余差的。这种系统为什么能有这么好的稳态性能呢?实际上,图 4-32 可以重新排列成图 4-33 所示结构。

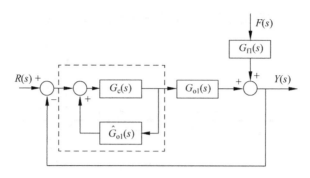

图 4-33　等效反馈控制器

在图 4-33 中，虚线框内的部分相当于一个反馈控制器，其等效传递函数为

$$\frac{G_c(s)}{1-G_c(s)\hat{G}_{o1}(s)} = \frac{G_F(s)}{\hat{G}_{o1}(s)[1-G_F(s)]} \tag{4-83}$$

可见当滤波器的静态增益 $G_F(0)=1$ 时，等效反馈控制器的增益为无穷大，这就是该系统能够消除稳态误差的原因所在。

图 4-33 所示的推断控制系统，无论在设定值作用还是在不可测扰动的作用下，其稳态性能均不受模型误差的影响。若从克服扰动影响的角度，它可以看成是前馈-反馈控制系统的一种延伸和发展。与前馈-反馈控制相比，它具有如下优点：

（1）不要求扰动是可测量的；

（2）只需要建立控制通道的模型，无须建立扰动通道的模型。前馈控制只能对可测的扰动进行补偿，而推断控制则无此限制。

3. 控制作用的限幅

在工程应用中，过程的输入信号常常受阀门开度的限制，而模型的输入信号则无此限制，因而出现了过程的输入和模型的输入不尽相同的情况，从而导致输出的稳态误差不能完全消除。这是因为在偏差的作用下，推理控制器的输出将无限增大，出现了一种与常规 PID 控制器中的积分饱和相类似而又不完全相同的现象。为避免这种现象的发生，在控制器的输出端增加一个限幅器，经过限幅以后的信号再分别送入过程和模型，如图 4-34 所示。限幅器的引入，大大改善了系统的性能。

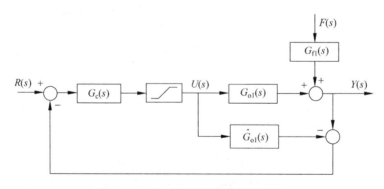

图 4-34　引入限幅器的推断控制系统

4.4 软测量技术

在实际生产过程中,存在着许多因为技术或经济原因无法通过传感器进行直接测量的过程变量,如精馏塔的产品组分浓度、生物发酵罐的菌体浓度、高炉铁水中的含硅量和裂解炉的裂解深度等。为了解决此类过程的控制问题,传统的解决方法有两种:一是采用间接的质量指标控制,如精馏塔的灵敏板温度控制、温差控制等,但这种方法难以保证最终质量指标的控制精度;二是采用在线分析仪表,由于在线分析仪表设备投资大、维护成本高、测量滞后较大,而且不少重要过程变量没有相应的在线仪表加以测量(如精馏塔的产品组分浓度和塔板效率、化学反应器的反应温度与反应物组成等),只能采用离线分析,最终导致控制系统的性能下降,难以满足生产的要求。为了解决上述问题,软测量方法及其应用技术应运而生。

软测量技术的理论根源是 20 世纪 70 年代美国学者 Coleman Brosilow 等人提出的推断控制。其基本思想是对于难以测量或暂时不能测量的主导变量,选择其他一些容易测量的辅助变量,通过构造某种数学关系来推断和估计,用计算机软件实现主导变量的估计。这类数学模型及相应的计算机软件也被称为软测量器或软仪表。这种方法具有响应速度快、连续给出主导变量信息、投资低以及维护保养简单等优点。

4.4.1 软测量模型的数学描述

软测量模型的基本结构如图 4-35 所示。

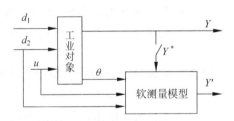

图 4-35 软测量模型的基本结构

在图 4-35 中,Y 为主导变量,θ 为辅助变量,d_1 为不可测扰动,d_2 为可测扰动,u 为对象的控制输入,Y' 为软测量模型输出值,Y^* 为主导变量的离线分析值,一般用于离线辨识模型的参数,也用于软测量模型的在线自校正。

软测量建模就是根据可测变量得到不可在线测量的主导变量的估计值,即

$$Y' = f(d_2, u, \theta, Y^*, t) \tag{4-84}$$

式中,函数 $f(d_2, u, \theta, Y^*, t)$ 即为动态软测量模型,它不仅反映被估计主导变量 Y 与控制输入 u 和可测扰动 d_2 的动态关系,还包括了被估计主导变量 Y 与可测输出变量 θ 之间的动态联系。该动态模型一般具有非线性特性,模型结构通常由机理分析给出,参数的估计也比较困难。

工程应用较广泛的是稳态软测量模型 $f(d_2, u, \theta, Y^*)$,反映被估计变量与可测数据的稳态关系。若在工作点附近 $f(d_2, u, \theta, Y^*)$ 具有线性特性,则称为稳态线性软测量模型,参数的估计相对比较方便。

4.4.2 影响软测量性能的主要因素

软测量技术主要包括以下四个方面：机理分析与辅助变量的选择、数据采集与处理、软测量模型的建立和软测量模型的在线校正。

1. 机理分析与辅助变量的选择

首先明确软测量的任务，确定主导变量。在此基础上深入了解和熟悉软测量对象及有关装置的工艺流程，通过机理分析初步确定影响主导变量的相关变量——辅助变量。辅助变量的选择内容包括变量类型、变量数目和检测点位置的选择。

1）变量类型的选择

辅助变量类型的选择往往从间接质量指标出发。例如，精馏塔产品的软测量一般采用塔板温度，化工反应器中产品的软测量采用反应器管壁温度。

变量类型的选择原则包括以下五点：①适用性：工程上易于获得并能达到一定的测量精度；②灵敏性：能对过程输出和不可测扰动作出快速反应；③特异性：对过程输出或不可测扰动之外的干扰不敏感；④精确性：构成的软测量估计器能满足精度要求；⑤鲁棒性：构成的软测量估计器对模型误差不敏感。

辅助变量的选择范围是对象的可测变量集，在有些场合下变量的数量很大，目前主要根据工业对象的机理、工艺流程以及专家的经验来选择辅助变量。

2）变量数目的选择

受系统自由度的限制，辅助变量的个数不能小于被估计变量的个数。至于辅助变量的最优数量问题，目前尚无统一结论。辅助变量最优数目的选择与过程的自由度、测量噪声以及模型的不确定性有关，一般建议从系统的自由度出发，先确定辅助变量的最小数目，再结合实际过程中的特点适当增加，以便更好地处理动态特性的问题。

3）检测点位置的选择

对于许多工业过程，与各辅助变量相对应的检测点位置的选择是相当重要的。可供选择的检测点很多，而且每个检测点所能发挥的作用各不相同。一般情况下，辅助变量的数目和位置常常是同时确定的，用于选择变量数目的准则往往也被用于检测点位置的选择。

检测点位置的选择可以采用奇异值分解原理来确定，也可以采用工业控制仿真软件来确定。确定的检测点往往需要在实际应用中加以调整。

2. 数据采集与处理

准确的测量数据能直接反映生产状况，为过程监控、优化、计划调度以及决策分析提供坚实的基础，是软测量成败的关键。

测量数据是通过安装在现场的传感器获得的。受测量仪表精度、可靠性和现场测量环境等因素的影响，不可避免地要带有各种各样的测量误差。采用低精度或失效的测量数据可能导致仪表测量性能的大幅度下降，严重时甚至导致软测量的失败，因此对测量数据进行预处理，以得到精确可靠的数据，是软测量成败的重要步骤。测量数据预处理包含两个方面，即测量数据变换和测量误差处理。

1）测量数据变换

测量数据变换不仅影响模型的精度和非线性映射能力，而且对数值算法的运行效果也有重要作用。测量数据的变换包括标度、转换和权函数三个方面。

(1) 实际测量数据可能有着不同的工程单位,各变量的大小间在数值上可能相差几个数量级,直接使用原始测量数据进行计算可能丢失信息和引起数值计算的不稳定,因此需要采用合适的因子对数据进行标度,以改善算法的精度和计算的稳定性。

(2) 转换包括对数据的直接换算和寻找新的变量替换原变换变量两个方面,通过对数据的转换,可有效地降低非线性特性。

(3) 权函数则可实现对变量动态特性的补偿。合理使用权函数有可能实现用稳态模型对过程的动态估计。

2) 测量误差处理

测量数据的误差可分为随机误差和过失误差两大类。

(1) 随机误差的处理。随机误差符合统计规律,工程上多采用数字滤波算法,如中位值滤波、算术平均滤波和一阶惯性滤波等。

随着计算机优化控制系统的使用,复杂的数值计算方法对数据的精确度提出了更高的要求,于是出现了数据一致性处理技术,其基本思想是根据物料或能量平衡等建立精确的数学模型,以估计值与测量值的方差最小为优化目标,构造一个估计模型,为测量数据提供一个最优估计。

(2) 过失误差的处理。含有过失误差的数据出现的几率较小,但是,一旦出现则可能严重破坏数据的统计特性,导致软测量的失败。

提高测量数据质量的关键在于及时侦测、剔除和校正含有过失误差的数据。侦测过失误差的方法包括对各种可能导致过失误差的因素进行理论分析;借助多种测量手段对同一变量进行测量,然后进行比较;根据测量数据的统计特性进行检验等。

3. 软测量模型的建立

软测量模型的建立是软测量技术的核心任务。软测量模型注重的是通过辅助变量来获取对主导变量的最佳估计,而不同于一般意义下的描述对象输入输出关系为主要目的的数学模型。

建立软测量模型的方法多种多样,且各种方法互有交叉和融合,因此很难有妥当而全面的分类方法。

1) 机理分析

机理分析法主要是运用物料平衡、能量平衡和化学反应动力学等原理,通过对过程对象的机理分析,找出不可测主导变量与可测辅助变量之间的关系,从而实现对某一参数的软测量。

对于过程机理较为清楚的工业过程,该方法可以构造出性能良好的软仪表。但是对于机理研究不充分、尚不完全清楚的复杂工业过程,则难以建立合适的机理模型。

2) 系统辨识

辨识方法是将辅助变量和主导变量组成的系统看成"黑箱",以辅助变量为输入,主导变量为输出,通过现场采集、流程模拟或实验测试,获得过程输入输出数据,以此为依据建立软仪表模型。

3) 回归分析

基于最小二乘原理的一元、多元线性回归技术已经非常成熟。对于辅助变量较少的情况,利用多元线性回归中的逐步回归技术可以得到较理想的软仪表模型。对于辅助变量较多的情况,通常要借助机理分析,首先得到模型各变量组合的大致框架,然后再采用逐步回归的方法排除不重要的变量组合,得到软仪表模型。为简化模型,也可以采用主元分析等数学方法,对原问题进行降维处理,然后进行回归。

基于回归分析的软测量建模方法简单实用,但需要足够有效的样本数据,对测量误差较为敏感。

4) 状态估计

对于数学模型已知的过程或对象,在连续时间过程中,从某一时刻的已知状态 $y(k)$ 估计出该时刻或下一时刻的未知状态 $\hat{x}(k)$ 的过程就是状态估计。如果系统的主导变量作为系统的状态变量关于辅助变量是完全可观测的,那么构造软仪表的问题就可以转化为典型的状态观测和状态估计问题。

假设已知对象的状态空间模型为

$$\begin{cases} \dot{x} = Ax + Bu + Ev \\ y = Cx \\ \theta = C_\theta x + w \end{cases} \tag{4-85}$$

则估计值就可以表示成 Kalman 滤波器形式,Kalman 滤波器的解为

$$\hat{y} = C(I - A + k_f C_\theta)^{-1}(k_f \theta + Bu) \tag{4-86}$$

式中,x 为过程状态变量;y 为主导变量;θ 为辅助变量;v,w 分别表示白噪声;k_f 为 Kalman 滤波器的增益,$k_f = xC_\theta^T w^{-1}$。

Kalman 滤波器和 Luenberger 观测器是解决状态估计问题的有效方法。前者适用于白色或静态有色噪声的过程,而后者则适用于观测值无噪声且所有过程输入均已知的情况。

基于状态估计的方法需要准确的对象模型,而通常能得到的只是简化的数学模型,过程噪声也与模型中使用的白噪声相差甚远。因此,这种方法的应用实例不多。

5) 神经网络

基于人工神经网络的软测量建模方法是近年来研究最多、发展迅速和应用广泛的一种软测量建模方法。

以辅助变量为输入,待测变量为输出,形成足够多的理想样本,通过学习可以得到软仪表的神经网络模型。理论上,神经网络不需要有过程的先验知识,学习非线性特性的能力比较强,是解决软测量问题较为理想的方法。

实际应用中,样本的数量和质量在一定程度上决定了网络的性能。另外,网络类型、结构和算法的选择对软仪表的性能也有着重要影响。

6) 模式识别

基于模式识别的软测量方法是采用模式识别的方法对工业过程的操作数据进行处理,从中提取系统的特征,构成以模式描述分类为基础的模式识别模型。基于模式识别方法建立的软测量模型与传统的数学模型不同,它是一种以系统的输入输出数据为基础,通过对系统特征提取而构成的模式描述模型。该方法的优势在于它适用于缺乏系统先验知识的场合,可利用日常操作数据来实现软测量建模。

例如,采用多中心模糊聚类方法建立某催化裂化装置粗汽油蒸汽压的软测量仪表,采用基于 Bayes 序列分类器的模式识别方法进行精馏塔板效率的估计。

7) 模糊数学

基于模糊数学的软测量模型特别适用于复杂工业过程中被测对象呈现亦此亦彼的不确定性,且难以用常规数学定量描述的场合。

实际应用中常将模糊数学和其他人工智能技术相结合,如将模糊数学和人工神经网络相结合构成模糊神经网络,将模糊数学和模式识别相结合构成模糊模式识别,这样可互相取长补短,以提高软仪表的效能。

4. 软测量模型的在线校正

工业实际装置在运行过程中,随着操作条件的变化,其过程对象特性和工作点不可避免地要发生变化和漂移,因此在软仪表的应用过程中,必须对软测量模型进行在线校正才能适应新的工况。

软测量模型在线校正包括模型结构的优化和模型参数的修正两方面。通常对软仪表的在线校正只修正模型的参数,具体方法有自适应法、增量法和多时标法等。对模型结构的优化较为复杂,它需要大量的样本数据和较长的时间。可采用基于短期学习和长期学习思想来解决。短期学习是指以某辅助变量的采样化验分析值与软测量值之差为依据,采用建模方法,修正模型系数。长期学习是指当软测量模型在线运行一段时间后,逐步积累了足够的新样本时,根据新样本,采用建模方法,重建软测量模型。

4.4.3 软测量的实施

对于大型工业生产装置,软测量通常是在生产装置现有的软、硬件平台上实施的,一般包含以下基本功能块。

(1) 实时数据平台:实现各模块与生产过程交换实时数据及模块间的快速交换;

(2) I/O接口:负责过程数据的采集和软测量计算结果的输出;

(3) 故障诊断和数据处理:对过程数据进行故障诊断和所需的数据处理,为软测量的实时计算模块提供数据以及必要的信息;

(4) 监视和整定:提供给工程师或操作员的界面,给工程师提供维护的接口,可以对软测量进行监控、模型调整、参数设置、命令选择等。

4.4.4 软测量的工业应用

由于软仪表可以像常规过程检测仪表一样为控制系统提供过程信息,因此软测量技术已经在过程控制领域得到了广泛应用,图4-36概况地表示了软测量技术在过程控制系统中的应用。

1. 过程操作和监控

软仪表实现成分、物性等特殊变量的在线测量,而这些变量往往对过程评估和质量非常重要。没有仪表的时候,操作人员要主动收集温度、压力等过程信息,经过头脑中经验的综合,对生产情况进行判断和估算。有了软仪表,软件就部分地代替了人脑的工作,提供更直观的过程信息,并预测未来工况的变化,从而可以帮助操作人员及时调整生产条件,达到生产目标。

2. 过程控制

利用软测量模型可以构成推断控制系统,即通过可测信息将不可测的被控输出变量推

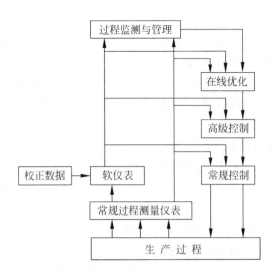

图 4-36 软测量在过程控制系统中的应用

算出来,以实现反馈控制,或者将不可测的扰动推算出来,以实现前馈控制。

3. 过程优化

软测量为过程优化提供重要的调优变量估计,成为优化模型的一部分。软测量本身就是重要的优化目标,如质量等,直接可作为优化模型使用。根据不同的优化模型,按照一定的优化目标,采取相应的优化方法,在线求出最佳操作参数条件,使系统运行在最优工作点处,实现自适应优化控制。

4.5 预测控制

预测控制是一种基于模型的先进控制技术,也称为模型预测控制(model predictive control),它是 20 世纪 70 年代中后期在欧美工业领域内出现的一类新型计算机控制算法。预测控制的主要特征是以预测模型为基础,采用二次在线滚动优化性能指标和反馈校正的策略,来克服被控对象建模误差和结构、参数与环境等不确定因素的影响,有效地弥补了现代控制理论对复杂被控对象所无法避免的不足之处。

4.5.1 预测控制的发展

1978 年,J. Richalet 等人提出了基于脉冲响应的模型预测启发控制(model predivtive heuristic control,MPHC),后来称为模型算法控制(model algorithmic control,MAC)。1979 年,C. R. Cutler 提出了基于阶跃响应的动态矩阵控制(dynamic matrix control,DMC)。这类非参数模型建模相当方便,只要通过被控对象的脉冲响应或阶跃响应测试即可得到,并不要求模型的结构有先验知识。系统的纯滞后必然包括在响应值中,因此特别容易表示动态响应不规则的被控对象特性。此外,这类算法在线计算比较容易,非常适合于工业过程控制的实际要求。20 世纪 70 年代后期,MAC、DMC 分别在锅炉、分馏塔和石油化工装置上获得成功的应用,取得了明显经济效益,从而引起了工业控制界的广泛重视。这类非参数模型的缺点是只适用于开环自稳定对象,且当对象时间常数较大时,势必模型参数增多,控制算法计算量大。

20 世纪 80 年代,为了克服最小方差控制的弱点,吸取预测控制中的多步预测优化策略,出现了基于辨识模型并带有自校正的预测控制算法,如 D. W. Clarke 提出的受控自回归积分滑动平均模型(controlled auto-regressive integrated moving average,CARIMA)的广义预测控制(generalized predictive control,GPC)、B. E. Ydstie 提出的扩展时域自适应控制(extended horizon adaptive control,EHAC)与 De Keyser 提出的扩展时域预测自适应控制(extended prediction self-adaptive control,EPSAC)等。这一类基于辨识模型并且有自校正的预测控制算法,以长时段多步优化取代了经典最小方差控制中的一步预测优化,从而适用于时滞和非最小相位对象,并改善了控制性能和对模型失配的鲁棒性。

此外,C. E. Garcia 等人于 1982 年研究了一类新型控制结构——内模控制(internal model control,IMC),发现预测控制算法与这类控制算法有着密切联系。MAC 和 DMC 都是 IMC 的特例,从结构的角度对预测控制作了更深入的研究。

随着智能技术的不断发展,出现了一类采用某种智能控制策略与典型的预测控制算法相结合的智能型预测控制系统,如模糊预测控制、神经网络预测控制、基于遗传算法的预测控制以及基于规则库控制的专家系统预测控制等。

4.5.2 预测控制的基本原理

预测控制不仅利用当前的和过去的偏差值,而且还利用预测模型来预估过程未来的偏差值,以滚动优化确定当前的最优输入策略,使未来一段时间内被控变量与期望值的偏差最小。因此,从基本思想上来看,预测控制要优于常规 PID 控制。

预测控制算法发展至今,虽然有不同的表示形式,但归纳起来,任何算法形式都不外乎包括预测模型、反馈校正、参考轨线、在线优化等几个方面。预测控制系统的基本结构如图 4-37 所示。

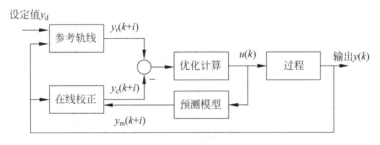

图 4-37 预测控制的基本结构

1. 预测模型

预测控制需要一个描述系统行为的模型,称为预测模型。系统在预测模型的基础上根据对象的历史信息和未来输入预测其未来输出,并根据被控变量与设定值之间的误差确定当前时刻的控制作用,这比仅由当前误差确定控制作用的常规控制具有更好的控制效果。

2. 反馈校正

在预测过程中,采用预测模型进行过程输出值的预估只是一种理想的方式,对于实际过程,由于存在非线性、时变、模型失配和干扰等不确定因素,使基于模型的预测不可能准确地与实际相符。因此,在预测控制中,通过比较输出的测量值与模型的预估值来得出模型的预测误差,再利用模型预测误差来校正模型的预测值,从而得到更为准确的未来输出的预测值。这种由模型加反馈校正的过程,使预测控制具有较强的抗干扰和克服系统不确定性的能力。

3. 参考轨线

在预测控制中,考虑到过程的动态特性,为了避免被控过程出现输入和输出的急剧变化,往往要求过程输出沿着一条所期望的、平缓的曲线达到设定值,这条曲线称为参考轨线。

4. 滚动优化

预测控制本质上是一种优化控制算法。它通过某一性能指标的最优来确定未来的控制作用。

预测控制中的优化是一种有限时域的滚动优化。也就是说,预测控制的优化计算不是一次性离线完成的,而是在线反复进行的。在每一采样时刻,优化性能指标只涉及该时刻起未来有限的时域,而在下一采样时刻,这一优化时域同时向前推移。因此,预测控制不是用一个对全局相同的优化性能指标,而是在每一个时刻有一个相对于该时刻的局部优化性能指标。

4.5.3 模型算法控制

模型算法控制(MAC)采用基于对象脉冲响应的非参数数学模型作为内部模型,只适用于渐近稳定的线性过程。MAC 控制算法包括模型预测、反馈校正、参考轨线、滚动优化四个部分。

1. 模型预测

对于线性对象,如果已知其单位脉冲响应的采样值为 $g_1, g_2, \cdots$,则其输入输出之间的关系为

$$y(k) = \sum_{i=1}^{\infty} g_i u(k-i) \tag{4-87}$$

对于渐近稳定对象,由于 $\lim_{i \to \infty} g_i = 0$,因此对象的动态特性可近似用一个有限项卷积表示的预测模型来描述,即

$$y(k) = \sum_{i=1}^{N} g_i u(k-i) \tag{4-88}$$

则对象在未来第 j 个采样时刻的输出预测值为

$$y_m(k+j) = \sum_{i=1}^{N} g_i u(k+j-i) \tag{4-89}$$

式中,$j=1,2,\cdots,P$,P 为预测时域。

设 M 为控制时域,且 $M \leqslant P \leqslant N$,假设在 $(k+M-1)$ 时刻后控制量不再改变,即有 $u(k+M-1)=u(k+M)=\cdots=u(k+P-1)$,将式(4-89)写成矢量形式

$$\boldsymbol{Y}_m(k+1) = \boldsymbol{G}_1 \boldsymbol{U}(k) + \boldsymbol{G}_2 \boldsymbol{U}(k-1) \tag{4-90}$$

式中,$\boldsymbol{Y}_m(k+1)=[y_m(k+1), y_m(k+2), \cdots, y_m(k+P)]$,为预测模型输出矢量;$\boldsymbol{U}(k)=[u(k), u(k+1), \cdots, u(k+M-1)]^T$,为待求控制矢量;$\boldsymbol{U}(k-1)=[u(k-1), u(k-2), \cdots, u(k-(N-1))]^T$,为已知控制矢量。

$$G_1 = \begin{bmatrix} g_1 & 0 & \cdots & 0 & 0 \\ g_2 & g_1 & & 0 & 0 \\ \vdots & \vdots & \ddots & \vdots & \vdots \\ g_{M-1} & g_{M-2} & \cdots & g_1 & 0 \\ g_M & g_{M-1} & \cdots & g_2 & g_1 \\ g_{M+1} & g_M & \cdots & g_3 & (g_2+g_1) \\ \vdots & \vdots & \ddots & \vdots & \vdots \\ g_P & g_{P-1} & \cdots & g_{P-M+2} & (g_{P-M+1}+\cdots+g_1) \end{bmatrix}_{P \times M}$$

$$G_2 = \begin{bmatrix} g_2 & \cdots & g_{N-P+1} & g_{N-P+2} & \cdots & g_N \\ \vdots & \ddots & \vdots & \vdots & \ddots & 0 \\ g_P & \cdots & g_{N-1} & g_N & \ddots & \vdots \\ g_{P+1} & \cdots & g_N & 0 & \cdots & 0 \end{bmatrix}_{P \times (N-1)}$$

$G_1 U(k)$ 是现在和未来控制量所产生的预测模型输出部分，$G_2 U(k-1)$ 是由过去已知的控制量所产生的预测模型输出部分。

2. 反馈校正

设第 k 步的实际对象输出测量值 $y(k)$ 与预测模型输出之间的误差为 $e(k)=y(k)-y_m(k)$，利用该误差对预测输出值 $y_m(k+j)$ 进行反馈修正，得到修正后的输出预测值 $y_c(k+j)$ 为

$$y_c(k+j) = y_m(k+j) + he(k) \quad (j=1,2,\cdots,P) \tag{4-91}$$

式中，h 为误差修正系数。

将式(4-91)表示成矢量形式，则有

$$Y_c(k+1) = Y_m(k+1) + He(k) \tag{4-92}$$

式中，$Y_c(k+1)=[y_c(k+1),\cdots,y_c(k+P)]^T$，为系统输出预测矢量；$H=[h_1,h_2,\cdots,h_p]^T$，一般可取 $h=1$。

3. 参考轨线

在 MAC 算法中，控制目的是使系统输出 y 沿着参考轨线 y_r 逐渐到达设定值 ω，通常参考轨线采用从现在时刻实际输出值出发的一阶指数函数形式，如图 4-38 所示。

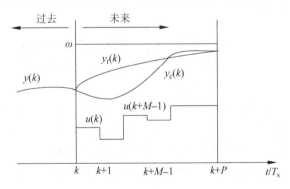

图 4-38 参考轨线

参考轨线在未来第 j 个时刻的值为

$$y_r(k+j) = y(k) + [(\omega - y(k))(1-e^{-jT_s/\tau})] \quad (j=0,1,\cdots) \tag{4-93}$$

式中，ω 为输出设定值；τ 为参考轨线时间常数；T_s 为采样周期。

若令 $\alpha=\mathrm{e}^{-T_s/\tau}$，则式(4-93)可写成

$$y_r(k+j) = \alpha^j y(k) + (1-\alpha^j)\omega \quad (j=0,1,\cdots) \tag{4-94}$$

采用上述形式的参考轨线可使系统的输出平滑地到达设定值。其中参考轨线的时间常数 τ 越大，即 α 值越大，则系统的平滑性越好，鲁棒性越强，但响应变差。α 是一个重要参数，它对闭环系统的动态特性和鲁棒性起着重要作用。

4. 滚动优化

最优控制律通常选用预测输出误差和控制量加权的二次型性能指标，如下式所示

$$J(k) = \sum_{j=1}^{P} q_j [y_c(k+j) - y_r(k+j)]^2 + \sum_{i=1}^{M} r_i [u(k+i-1)]^2 \tag{4-95}$$

式中，q_j，r_i 分别为预测输出误差与控制量的加权系数。

将性能指标写成矢量形式

$$\begin{aligned} J(k) &= [\boldsymbol{Y}_c(k+1) - \boldsymbol{Y}_r(k+1)]^\mathrm{T} \boldsymbol{Q} [\boldsymbol{Y}_c(k+1) - \boldsymbol{Y}_r(k+1)] \\ &\quad + \boldsymbol{U}(k)^\mathrm{T} \boldsymbol{R} \boldsymbol{U}(k) \end{aligned} \tag{4-96}$$

式中，$\boldsymbol{Y}_r(k+1) = [y_r(k+1), \cdots, y_r(k+P)]$ 为参考输入矢量；$\boldsymbol{Q}$，$\boldsymbol{R}$ 为加权阵，且 $\boldsymbol{Q}=\mathrm{diag}(q_1,\cdots,q_p)$，$\boldsymbol{R}=\mathrm{diag}(r_1,\cdots,r_M)$。

对位置控制矢量 $\boldsymbol{U}(k)$ 求导，即令 $\dfrac{\partial J(k)}{\partial \boldsymbol{U}(k)}=0$，可得最优控制律为

$$\boldsymbol{U}(k) = (\boldsymbol{G}_1^\mathrm{T} \boldsymbol{Q} \boldsymbol{G}_1 + \boldsymbol{R})^{-1} \boldsymbol{G}_1^\mathrm{T} \boldsymbol{Q} [\boldsymbol{Y}_r(k+1) - \boldsymbol{G}_2 \boldsymbol{U}(k-1) - \boldsymbol{H} \boldsymbol{e}(k)] \tag{4-97}$$

在实际执行时，一般都采用闭环控制算法，即只执行当前时刻的控制作用，而下一时刻的控制量再按上式递推一步计算得到。因此最优控制量可写成

$$u(k) = \boldsymbol{d}_1^\mathrm{T} [\boldsymbol{Y}_r(k+1) - \boldsymbol{G}_2 \boldsymbol{U}(k-1) - \boldsymbol{H} \boldsymbol{e}(k)] \tag{4-98}$$

式中，$\boldsymbol{d}_1^T = [1 \ 0 \ \cdots \ 0](\boldsymbol{G}_1^\mathrm{T} \boldsymbol{Q} \boldsymbol{G}_1 + \boldsymbol{R})^{-1} \boldsymbol{G}_1^\mathrm{T} \boldsymbol{Q}$。

MAC 算法一般情况下会出现静态误差，这是由于它以 u 作为控制量，从本质上导致了比例性质的控制。

4.6 自适应控制

在复杂工业过程中，被控对象或过程的数学模型往往是难以事先确定的。即使在某一条件下确定了数学模型，在工况和条件改变了之后，被控对象的动态参数乃至于模型的结构仍然会在运行过程中发生较大范围的变化。

当被控对象的数学模型参数在小范围内变化时，可用一般的反馈控制、最优控制或补偿控制等方法使得系统对外部的扰动或内部参数的小范围变动不是很敏感，以达到预期性能。而当被控对象的数学模型参数在大范围内变化时，上述方法就不能圆满地解决问题了，为了使被控对象的参数在大范围变化时，系统仍能自动的工作于最优或次优状态，因而提出了自适应控制的问题。

4.6.1 自适应控制的基本概念

直观地讲，自适应控制器应当是这样一种控制器，它能够自动修正自己的特性以适应对象和扰动的动态特性的变化，使整个控制系统达到满意的控制品质。1962 年，Gibson 提出

了一个比较具体的自适应控制的定义,即一个自适应控制系统必须提供被控对象的当前状态的连续信息,也就是要辨识对象,它必须将当前的系统性能与期望的或者最优的性能相比较,并作出使系统趋向期望或最优性能的决策,最后它必须对控制器进行适当的修正以驱使系统走向最优状态。

根据 Gibson 的定义,可以得到自适应控制的基本原理为在自适应控制系统中,根据被控对象的输入输出信号对被控对象的参数或性能指标连续地或周期地进行在线辨识,然后根据所获得的信息并按照一定的评价系统优劣的性能原则,判断决定所需的控制器参数或所需的控制信号,最后通过修正装置实现这项控制决策,使系统趋向所期望的性能。

选择合适的性能指标后,系统的自适应控制过程将由以下三方面的作用描述:①辨识被控对象的特性;②在辨识的基础上作出控制决策;③按照决策对控制器参数进行修正。自适应控制系统的一般性框图如图 4-39 所示。

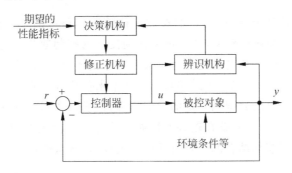

图 4-39　自适应控制系统的一般性框图

自适应控制系统有两种主要的结构形式,即模型参考自适应控制系统和自校正控制系统。

4.6.2　模型参考自适应控制系统

所谓模型参考自适应控制(model reference adaptive control,MRAC),就是在系统中设置一个动态品质优良的参考模型,在系统运行过程中,要求被控对象的动态特性与参考模型的动态特性相一致。在模型参考自适应控制系统中,参考模型的特性被设定为闭环系统所期望的动态特性。

模型参考自适应控制系统由参考模型、可调系统和自适应机构三部分组成,如图 4-40 所示。其中,参考模型是理想的或期望的系统模型;可调系统由可调控制器、被控对象和反馈回路组成;自适应机构根据系统广义误差,按照一定的规律改变可调系统的结构或参数。模型参考自适应控制系统的关键问题是如何选择自适应机构的自适应算法,以确保系统具有足够的稳定性,使可调系统与参考模型的特性相一致,即使得广义误差趋于最小。

模型参考自适应控制的输入一方面送到可调控制器,产生控制作用,对过程进行控制,系统的输出为 y;另一方面送往参考模型,其输出为 y_m,体现了期望品质的要求。将 y 和 y_m 进行比较,其偏差送往自适应机构,进而改变可调控制器参数,使 y 能更好地接近 y_m。关于模型参考自适应控制系统的设计主要有两大类方法,即基于局部参数最优化的设计方法和基于稳定性理论的设计方法。其中,基于稳定性理论的设计方法又分为基于李雅普诺夫稳定性理论的方法和基于波波夫超稳定性理论的设计方法。

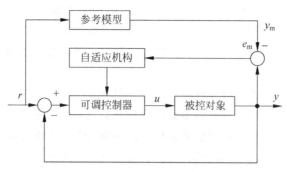

图 4-40　模型参考自适应控制系统

4.6.3　自校正控制系统

在许多工业过程控制中,控制对象的参数往往随工作环境的改变而变化,采用常规的 PID 控制器来控制这一类被控对象,往往难以得到良好的控制效果。这是因为常规 PID 控制器很难适应参数随时间变化的情况。对于被控对象的不确定性,采用常规的进行在线参数整定是非常困难的。因此,提出了采用自适应技术来代替常规的 PID 控制器。

自校正控制系统的目的是根据一定的性能指标,在线自动调整可调控制器参数,使其适应被控对象的不确定性,并使系统在较好的性能下运行。自校正控制技术实际上是参数的在线估计与在线自动调节相结合的一种自适应控制技术,典型结构如图 4-41 所示。

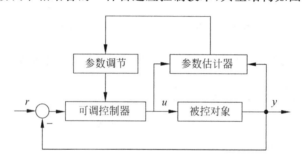

图 4-41　自校正控制系统

自校正控制系统由两个回路组成。内回路包括被控对象和可调控制器。外回路由参数递推估计器和控制器参数调节机构组成。参数递推估计器的作用是根据对象的输入输出数据,在线辨识被控对象的结构或参数,并将得到的参数估计值送到控制器参数调节机构;控制器参数调节机构根据事先选定的系统性能指标函数及送来的参数估值,对控制器的参数进行调节,保证系统运行的性能指标达到最优或接近最优状态。递推估计器可以采用递推最小二乘法、广义最小二乘法、辅助变量法等实时在线参数估计方法。

自校正控制系统的性能指标,根据控制系统的性质和对控制系统的要求,可有各种不同的形式,用得最普遍的是最小方差自校正控制和极点配置自校正控制两种。最小方差自校正控制的性能指标是二次型目标函数的形式,控制策略是保证这个二次型目标函数达到极小值。极点配置自校正控制的性能指标不是采用目标函数的形式,而是把预期的闭环系统的行为用一组传递函数的零极点的位置加以规定。自校正控制策略就是保证实际的闭环系统的零极点收敛于这一组期望的零极点。

设过程是单输入-单输出系统,它的输入输出关系可用下列差分方程表示
$$A(z^{-1})y(k) = z^{-d}B(z^{-1})u(k) + C(z^{-1})\varepsilon(k) \tag{4-99}$$
式中,$A(z^{-1})=1+a_1z^{-1}+\cdots+a_nz^{-n}$;$B(z^{-1})=b_0+b_1z^{-1}+\cdots+b_nz^{-n},b_0\neq0$;$C(z^{-1})=1+c_1z^{-1}+\cdots+c_nz^{-n}$,即多项式 A、B、C 的阶次和系数已知。并假设 $B(z^{-1})$ 的所有零点都位于 z^{-1} 复平面的单位圆外,即保证被控系统为最小相位系统(又称逆稳定系统),$C(z^{-1})$ 为稳定多项式,即它的所有零点都位于 z^{-1} 复平面的单位圆外;$y(k)$ 为输出变量;$u(k)$ 为控制变量;$\varepsilon(k)$ 为白噪声序列,$E[\varepsilon^2(k)]=\sigma^2$;$d$ 为时滞的拍数。

由于系统中信号的传递存在着 d 步的时滞,这就使得在第 k 拍的控制作用 $u(k)$ 要延时到第 $(k+d)$ 拍才能对系统产生作用。因此,要得到第 k 拍时刻系统的最优控制作用 $u(k)$,就必须对第 $(k+d)$ 拍的输出 $y(k+d)$ 进行预测,输出 $y(k+d)$ 的表达式称为预测模型。在此基础上,通过性能指标的约束,求得 $u(k)$ 的表达式即为最优输出。

目前最常用的二次型目标函数有以下四种形式:
$$J_1 = E\{y^2(t+d)\} \tag{4-100}$$
$$J_2 = E\{y^2(t+d) + \alpha u^2(t)\} \tag{4-101}$$
$$J_3 = E\{[\beta y(t+d) - \gamma y_r(t)]^2 + \alpha u^2(t)\} \tag{4-102}$$
$$J_4 = E\{[\beta y(t+d) - \gamma y_r(t)]^2 + \alpha [u(t) - u(t-1)]^2\} \tag{4-103}$$

下面以 $J = E\{y^2(t+d)\} = J_{\min}$ 为目标函数,讨论如何确定预测模型和建立最小方差控制律。

根据式(4-99),可得第 $(k+d)$ 拍的系统输出为
$$y(k+d) = \frac{B(z^{-1})}{A(z^{-1})}u(k) + \frac{C(z^{-1})}{A(z^{-1})}\varepsilon(k+d) \tag{4-104}$$

这个表达式并不能表示出第 $(k+d)$ 拍的输出与第 k 拍的输出 $y(k)$,$u(k)$ 和 $\varepsilon(k)$ 的关系,因此还需做以下处理。

将式(4-104)中的 $\frac{C(z^{-1})}{A(z^{-1})}$ 展开成 z^{-1} 的无穷级数,也就是将 $\frac{C(z^{-1})}{A(z^{-1})}\varepsilon(k+d)$ 展开成 $\varepsilon(k+d),\varepsilon(k+d-1),\varepsilon(k+d-2),\cdots,\varepsilon(k+1),\varepsilon(k),\varepsilon(k-1)$ 等项的线性组合,其中随机序列 $\varepsilon(k),\varepsilon(k-1),\cdots$ 与系统输出值 $Y_k=[y(k),y(k-1),\cdots]$ 相关,但随机序列 $\varepsilon(k+d),\varepsilon(k+d-1),\varepsilon(k+d-2),\cdots,\varepsilon(k+1)$ 与 Y_k 不相关。把 $\frac{C(z^{-1})}{A(z^{-1})}\varepsilon(k+d)$ 分解成与 Y_k 相关与不相关两个部分。令
$$\frac{C(z^{-1})}{A(z^{-1})} = F(z^{-1}) + \frac{z^{-d}G(z^{-1})}{A(z^{-1})} \tag{4-105}$$
式中
$$F(z^{-1}) = 1 + f_1z^{-1} + \cdots + f_{d-1}z^{-d+1} \tag{4-106}$$
$$G(z^{-1}) = g_0 + g_1z^{-1} + \cdots + g_{n_a-1}z^{-n_a+1} \tag{4-107}$$

$F(z^{-1})$ 是 $\frac{C(z^{-1})}{A(z^{-1})}$ 的商式,$z^{-d}G(z^{-1})$ 是 $\frac{C(z^{-1})}{A(z^{-1})}$ 的余式,要求 $F(z^{-1})\varepsilon(k+d)$ 与 Y_k 不相关,则 $F(z^{-1})$ 的阶次应当是 $(d-1)$,而 $G(z^{-1})$ 的阶次应当是 (n_a-1)。$F(z^{-1})$ 和 $G(z^{-1})$ 可用长除法来求,也可用下面的方法来求。

式(4-105)等号两边同乘 $A(z^{-1})$,可得

$$C(z^{-1}) = F(z^{-1})A(z^{-1}) + z^{-d}G(z^{-1}) \tag{4-108}$$

对上式级数展开后可得

$$\begin{aligned}c_0 + c_1 z^{-1} + \cdots + c_{n_c} z^{-n_c} &= (1 + f_1 z^{-1} + \cdots + f_{d-1} z^{-d+1})(1 + a_1 z^{-1} + \cdots + a_{n_a} z^{-n_a}) \\ &\quad + z^{-d}(g_0 + g_1 z^{-1} + \cdots + g_{n_a-1} z^{-n_a+1})\end{aligned} \tag{4-109}$$

比较式(4-109)等号两边 z^{-1} 的同次项的系数,可得下列代数方程

$$\begin{cases} c_0 = 1 \\ c_1 = a_1 + f_1 \\ \cdots \\ c_{d-1} = a_{d-1} + a_{d-2}f_1 + a_{d-3}f_2 + \cdots + a_1 f_{d-2} + f_{d-1} \\ c_d = a_d + a_{d-1}f_1 + a_{d-2}f_2 + \cdots + a_1 f_{d-1} + g_0 \\ c_{d+1} = a_{d+1} + a_d f_1 + a_{d-1}f_2 + \cdots + a_2 f_{d-1} + g_1 \\ \cdots \\ c_{n_c} = a_{n_c} + a_{n_c-1}f_1 + a_{n_c-2}f_2 + \cdots + a_{n_c-d+1}f_{d-1} + g_{n_c-d} \\ 0 = a_{n_c+1} + a_{n_c}f_1 + a_{n_c-1}f_2 + \cdots + a_{n_c-d+2}f_{d-1} + g_{n_c-d+1} \\ \cdots \\ 0 = a_{n_a} f_{d-1} + g_{n_a-1} \end{cases} \tag{4-110}$$

在式(4-110)中,有 $(d+n_a)$ 个方程, $(d+n_a)$ 个未知数,因此方程组可解。实际上不必联立求解式(4-110),只要从第一式开始,可按顺序比较快地求出 $f_0, f_1, \cdots, f_{d-1}, g_0, g_1, \cdots, g_{n_a-1}$。

把式(4-105)代入式(4-104),可得第 $(k+d)$ 拍的系统输出的表达式为

$$y(k+d) = \frac{B(z^{-1})}{A(z^{-1})}u(k) + F(z^{-1})\varepsilon(k+d) + \frac{G(z^{-1})}{A(z^{-1})}\varepsilon(k) \tag{4-111}$$

由式(4-99)可求得 $\varepsilon(k)$ 为

$$\varepsilon(k) = \frac{A(z^{-1})}{C(z^{-1})}y(k) - \frac{B(z^{-1})}{C(z^{-1})}z^{-d}u(k) \tag{4-112}$$

将式(4-112)代入式(4-111),可得

$$\begin{aligned}y(k+d) &= F(z^{-1})\varepsilon(k+d) + \left[\frac{B(z^{-1})}{A(z^{-1})} - \frac{z^{-d}B(z^{-1})G(z^{-1})}{A(z^{-1})C(z^{-1})}\right]u(k) \\ &\quad + \frac{G(z^{-1})}{C(z^{-1})}y(k)\end{aligned} \tag{4-113}$$

根据式(4-108),可将上式等号右边第二项简化,从而可得

$$y(k+d) = F(z^{-1})\varepsilon(k+d) + \frac{B(z^{-1})F(z^{-1})}{C(z^{-1})}u(k) + \frac{G(z^{-1})}{C(z^{-1})}y(k) \tag{4-114}$$

该式称为控制对象的预测模型。

将预测模型代入性能指标函数,整理后可得

$$\begin{aligned}E[y^2(k+d)] &= E\{[F(z^{-1})\varepsilon(k+d)]^2\} \\ &\quad + E\left\{\left[\frac{G(z^{-1})}{C(z^{-1})}y(k) + \frac{B(z^{-1})F(z^{-1})}{C(z^{-1})}u(k)\right]^2\right\}\end{aligned} \tag{4-115}$$

式(4-115)等号右边第二项为非负项,因此

$$E[y^2(k+d)] \geqslant E\{[F(z^{-1})\varepsilon(k+d)]^2\} \tag{4-116}$$

如果在任何时刻,令

$$\frac{G(z^{-1})}{C(z^{-1})}y(k) + \frac{B(z^{-1})F(z^{-1})}{C(z^{-1})}u(k) = 0 \qquad (4\text{-}117)$$

则

$$E[y^2(k+d)] = E\{[F(z^{-1})\varepsilon(k+d)]^2\} = E_{\min}[y^2(k+d)] \qquad (4\text{-}118)$$

即当 $u(k)$ 满足式(4-117)时,第 $(k+d)$ 拍的系统输出的方差为最小。由式(4-117)可得最优控制律为

$$u(k) = -\frac{G(z^{-1})}{B(z^{-1})F(z^{-1})}y(k) \qquad (4\text{-}119)$$

因此,实现最小方差自校正调节,关键在于在选定目标函数的基础上确定预测模型和建立最小方差控制律。下面求最优预测估计值。

最优预测估计值 $\hat{y}(k+d|k)$ 为 $y(k), y(k-1), \cdots, u(k), u(k-1), \cdots$ 的线性组合,估计误差为

$$\tilde{y}(k+d \mid k) = y(k+d) - \hat{y}(k+d \mid k) \qquad (4\text{-}120)$$

要求估计误差的方差为最小,即

$$J' = E[\tilde{y}^2(k+d \mid k)] = E\{[y(k+d) - \hat{y}(k+d \mid k)]^2\} = J'_{\min} \qquad (4\text{-}121)$$

将式(4-114)代入上式,整理后可得

$$\begin{aligned} J' =& E\left\{\left[\frac{B(z^{-1})F(z^{-1})}{C(z^{-1})}u(k) + \frac{G(z^{-1})}{C(z^{-1})}y(k) - \hat{y}(k+d \mid k)\right]^2\right\} \\ &+ E\{[F(z^{-1})\varepsilon(k+d)]^2\} \end{aligned} \qquad (4\text{-}122)$$

在式(4-122)中,等号右边第一项为非负项,如果令这一项为零,即

$$\frac{B(z^{-1})F(z^{-1})}{C(z^{-1})}u(k) + \frac{G(z^{-1})}{C(z^{-1})}y(k) - \hat{y}(k+d \mid k) = 0 \qquad (4\text{-}123)$$

此时, $J' = E\{[F(z^{-1})\varepsilon(k+d)]^2\} = J'_{\min}$,为最小。

因此, $y(k+d)$ 的最优预测估计值为

$$\hat{y}(k+d \mid k) = \frac{G(z^{-1})}{C(z^{-1})}y(k) + \frac{B(z^{-1})F(z^{-1})}{C(z^{-1})}u(k) \qquad (4\text{-}124)$$

由式(4-124)可知,当 $\hat{y}(k+d|k)=0$ 时,可得最优控制律 $u(k)$ 为

$$B(z^{-1})F(z^{-1})u(k) = -G(z^{-1})y(k) \qquad (4\text{-}125)$$

此时最小方差预测估计误差 $\hat{y}(k+d|k)$ 的方差为

$$E[\tilde{y}^2(k+d \mid k)] = E\{[F(z^{-1})\varepsilon(k+d)]^2\} = (1 + f_1^2 + \cdots + f_{d-1}^2)\sigma^2 \qquad (4\text{-}126)$$

最小方差控制的目的是要确定 $u(k)$,使得输出的方差为最小。由于 $u(k)$ 最早只能影响到 $y(k+d)$,因此选择性能指标为

$$J = E\{y^2(k+d)\} \qquad (4\text{-}127)$$

上式可改写为

$$\begin{aligned} J = E\{y^2(k+d)\} &= E\{[\hat{y}(k+d \mid k) + \tilde{y}(k+d \mid k)]^2\} \\ &= E\{\hat{y}^2(k+d \mid k)\} + E\{\tilde{y}^2(k+d \mid k)\} \end{aligned} \qquad (4\text{-}128)$$

显然,使上式中性能指标取最小值的充要条件是 $\hat{y}(k+d|k)=0$,此时系统输出的方差为

$$E\{y^2(k+d)\} = E[\tilde{y}^2(k+d \mid k)] = (1 + f_1^2 + \cdots + f_{d-1}^2)\sigma^2 \qquad (4\text{-}129)$$

由式(4-124)可以看出,最小方差控制律可以通过先求出输出提前 d 步的预测值 $\hat{y}(k+$

$d|k)$，然后令 $\hat{y}(k+d|k)$ 等于理想输出值 y_r（这里 $y_r=0$）而得到。因此最小方差控制问题可分解成两个问题，一个是预测问题，另一个是控制问题。

【例 4-5】 求解被控系统。
$$(1-1.7z^{-1}+0.7z^{-2})y(k)=(1+0.5z^{-1})u(k-d)+(1+1.5z^{-1}+0.9z^{-2})e(k)$$
的最小方差控制。

解：首先考虑时滞 $d=1$ 的情况，这时显然有 $F(z^{-1})=1$。
设 $G(z^{-1})=g_0+g_1z^{-1}$，则由式(4-108)可得
$$(1+1.5z^{-1}+0.9z^{-2})=(1-1.7z^{-1}+0.7z^{-2})+z^{-1}(g_0+g_1z^{-1})$$
比较等式两边系数，可以求得 $g_0=3.2, g_1=0.2$。
由式(4-125)可求得最小方差控制律为
$$u(k)=-\frac{G(z^{-1})}{B(z^{-1})F(z^{-1})}y(k)=-\frac{3.2+0.2z^{-1}}{1+0.5z^{-1}}y(k)$$
而 $E\{y^2(k)\}=\sigma^2$。

再考虑时滞 $d=2$ 的情况，设 G
$$(z^{-1})=g_0+g_1z^{-1}, \quad F(z^{-1})=1+f_1z^{-1}$$
则由式(4-108)可得
$$(1+1.5z^{-1}+0.9z^{-2})=(1-1.7z^{-1}+0.7z^{-2})(1+f_1z^{-1})+z^{-2}(g_0+g_1z^{-1})$$
通过比较系数，可得
$$f_1=3.2, \quad g_0=5.64, \quad g_1=-2.24$$
由式(4-125)可求得最小方差控制律为
$$u(k)=-\frac{G(z^{-1})}{B(z^{-1})F(z^{-1})}y(k)=-\frac{5.64-2.24z^{-1}}{1+3.7z^{-1}+1.6z^{-2}}y(k)$$
而 $E\{y^2(k)\}=(1+f_1^2)\sigma^2=11.24\sigma^2$。

思考题与习题

(1) 试简述 Smith 预估补偿控制的设计思想。
(2) 什么是推断控制系统？推断控制系统有哪些基本特征？
(3) 预测控制有哪些特点？
(4) 相对增益的大小与过程耦合程度有什么关系？
(5) 自适应控制系统有哪几类？说明其基本工作原理。

第 5 章　智能控制系统

CHAPTER 5

随着复杂系统的不断涌现,传统控制方法越来越显现出它们的局限性。传统控制方法在实际工业过程控制的应用中遇到许多难以解决的问题,主要体现在以下几个方面。

(1) 实际工业过程都具有非线性、时变性和不确定性,这导致系统建模的复杂性。要获取适用的对象数学模型,既有足够的精确性,又不至于过分复杂,是相当困难甚至是不可能的。

(2) 随着科学技术的发展,工程技术不断地提出新的控制任务,面对这样复杂的对象特性和复杂的控制任务要求,传统控制方法已经远远达不到控制要求。

(3) 随着计算机在控制领域的广泛应用,工程师们在实际的控制工程中已经成功地采用了大量定性的、逻辑的以及语言描述的控制手段。然而这些在工程实际中成功运用的控制手段和经验,在传统控制理论中面临着极大的数学处理方面的困难。

在生产实践中,复杂控制问题是通过熟练操作人员的经验和控制理论相结合来解决的。如何在控制中结合人的经验、知识,就是仿人的智能控制所面临的问题。

智能控制是将人工智能的技术方法和控制理论相结合的产物,对"智能控制"这一术语并无确切的定义,一般认为智能控制系统是能把知识和反馈结合起来,进行规划、决策,从而产生有效的、有目的的控制行为的系统。一般来说,智能控制系统应当具有以下几个特点。

(1) 学习功能。系统能对一个过程或未知环节所提供的信息进行识别、记忆、学习,并能将得到的经验用于估计、分类、决策或控制,从而使系统的性能得到进一步改善,这种功能类似于人的学习过程。

(2) 适应功能。从系统角度来看,系统的智能行为是一种从输入到输出的映射关系,是一种不依赖于模型的自适应估计,因此比传统的自适应控制有更好更高层次的适应性能。如果系统具有更高程度的智能,除了对系统输入输出的自适应估计外,还可包括系统的故障诊断以及故障自修复功能。

(3) 组织功能。系统对于复杂的任务和各种传感器信息具有自行组织、自行协调的功能。它可以在任务要求的范围内自行决策、主动地采取行动。而当出现多目标冲突时,控制器可以在一定的限制条件下适当地自行解决。因此系统具有较好的主动性和灵活性。

智能控制的主要研究内容包括专家系统控制、多级递阶智能控制、模糊控制、神经网络控制和遗传算法等。

(1) 专家控制系统是把专家系统技术应用于控制过程的系统。专家系统模拟人工控制方法和操作员的经验知识,结合控制算法,实现对过程的控制。由于专家控制系统不需要被控对象的数学模型,因此它是目前解决不确定性系统的一种有效方法,应用较为广泛。

(2) 多层递阶智能控制以早期的学习控制系统为基础,总结人工智能与自适应控制、自学习控制和自组织控制的关系后逐渐形成的。多层递阶控制系统由组织级、协调级和执行级组成。智能主要体现在组织级上,由人工智能起控制作用;协调级是组织级和执行级之间的接口,由人工智能和运筹学共同作用;执行级仍然采用现有数学解析控制算法,对相关过程执行适当的控制作用,它具有较高的精度和较低的智能。

(3) 模糊控制是应用模糊集合理论的一种控制方法,其核心为模糊推理,它主要依赖模糊规则和模糊变量的隶属度函数。当系统给定一个输入时,无须知道输入和输出之间的数学关系,便可得到一个合适的输出。模糊控制与专家系统控制类似,其推理过程也是基于规则形式表示的人类经验,因此有人把两者都归类为基于规则的控制。

(4) 神经网络控制是简单模拟人脑智能行为的一种控制方式和辨识方式。随着人工神经网络应用研究的不断深入,新的模型不断推出。在智能控制领域中,应用最多的是BP网络、Hopfield网络、自组织神经网络和动态递归网络等。神经网络能够应用于控制领域主要原因如下:一是由于隐层的存在,只需三层网络便以任意精度逼近非线性函数;二是并行处理功能,既能解决大批量实际计算和判决问题,又有较强的容错能力且易于VLSI实现;三是神经网络自身的结构及其多输入多输出的特点,使其易于多变量系统的控制;四是对于不同的输入模式,隐层各单元激活强度不同,对于干扰原因产生给定偏差或系统内部结构的变化,当传统控制方法的负反馈调节无能为力时,神经网络控制系统却能因不同的激活强度而获得满意的输出;五是具有自适应和自学习的特性。

(5) 遗传算法的主要特点是群体搜索策略和群体中个体之间的信息交换。它尤其适用于传统搜索方法难以解决的复杂和非线性问题。

本章主要介绍模糊控制和专家系统控制这两种典型的智能控制系统。

5.1 模糊控制系统

5.1.1 模糊控制的基本概念及发展

在实际生活中,经常可以听到这样的话"今天天真热""他的个子很高""她的模样很漂亮"等,其中的"热""高""漂亮"都是模糊的概念,究竟温度多高才算热,个子多少才算高,模样怎样才算漂亮,都没有一个十分确定的界限。1965年,美国加利福尼亚大学伯克利分校的 L. A. Zaden 在他的论文 *Fuzzy Sets* 中首先提出模糊集合的概念,标志着数学的一个新的分支——模糊数学的诞生。Zaden 提出的模糊集合理论,其核心是对复杂的系统或过程建立一种语言分析的数学模式,使自然语言能直接转化为计算机所能接受的算法语言。

1974年,英国的 E. H. Mamdani 首次用模糊逻辑和模糊推理实现了世界上第一个实验性的蒸汽机控制,并取得了比传统的直接数字控制算法更好的效果,从而宣告模糊控制的诞生。1980年,丹麦的 L. P. Holmblad 和 Ostergard 在水泥窑炉采用模糊控制并取得了成功,这是第一个商业化的有实际意义的模糊控制器。

5.1.2 模糊集合及基本运算

1. 隶属度函数和模糊集合

设论域 X 是对象 x 的集合,μ_A 是将任何 $x \in X$ 映射为 $[0,1]$ 上某个值的函数,即
$$\mu_A: X \to [0,1]$$
$$x \to \mu_A(x)$$

则称 μ_A 为定义在 X 上的一个隶属度函数。

设 $A = \{(x, \mu_A(x)) \mid x \in X\}$,则称 A 为论域 X 上的一个模糊集合。$\mu_A(x)$ 称为 x 对模糊集合 A 的隶属度。$\mu_A(x)$ 越接近 1,表示 x 属于 A 的程度越高,$\mu_A(x)$ 越接近 0,表示 x 属于 A 的程度越低。

【例 5-1】 A 表示年轻人的集合,在年龄区间 $[15,35]$ 内,可写出以下隶属度函数,即

$$\mu_A(x) = \begin{cases} 1 & (15 \leqslant x < 25) \\ \dfrac{1}{\left[1 + \left(\dfrac{x-25}{5}\right)^2\right]} & (x \geqslant 25) \end{cases}$$

研究年龄为 30 岁和 28 岁的人($x=30$ 和 $x=28$)对于年轻人的隶属度。

解:将 $x=30$ 和 $x=28$ 代入上式可求得 $\mu_A(30)=0.5$,$\mu_A(28)=0.74$。

模糊集合有很多种表示方法,最常用的是序偶表示法和 Zadeh 表示法。设论域 $X = \{x_1, x_2, \cdots, x_n\}$,序偶表示法是将论域中的元素 x_i 与其隶属度 $\mu_A(x_i)$ 构成序偶来表示模糊集合 A,即

$$A = \{(x_1, \mu_A(x_1)), (x_2, \mu_A(x_2)), \cdots, (x_n, \mu_A(x_n))\} \tag{5-1}$$

Zadeh 表示法用如下更紧凑的形式来表示模糊集合 A:

$$A = \begin{cases} \displaystyle\int \dfrac{\mu_A(x)}{x} & x \in X, X \text{ 为连续论域} \\ \displaystyle\sum_{i=1}^{n} \dfrac{\mu_A(x)}{x_i} & x_i \in X, X \text{ 为离散论域} \end{cases} \tag{5-2}$$

式中,$\dfrac{\mu_A(x)}{x_i}$ 并不是表示除法运算,而是表示论域中的元素 x_i 与其隶属度 $\mu_A(x_i)$ 之间的对应关系。而"$\int$"和"$+$"分别表示积分运算和求和运算,而是模糊集的一种记号,表示论域中所有元素的集合。

【例 5-2】 某 5 个人的身高分别为 170cm、168cm、175cm、180cm、178cm。他们的身高对于"高个子"的模糊概念的隶属度分别为 0.8、0.78、0.85、0.90、0.88。试分别用序偶表示法和 Zadeh 表示法来表示该模糊集合。

解:

(1) 用序偶表示法,则有
$$A = \{(x, \mu_A(x)) \mid x \in X\}$$
$$= \{(170, 0.80), (168, 0.78), (175, 0.85), (180, 0.90), (178, 0.88)\}$$

(2) 用 Zadeh 表示法,则有
$$A = \frac{0.80}{170} + \frac{0.78}{168} + \frac{0.85}{175} + \frac{0.90}{180} + \frac{0.88}{178}$$

下面介绍几个与模糊集合概念相关的常用术语。

(1) 支集。模糊集合 A 的支集是 X 中满足 $\mu_A(x)>0$ 的所有点集，即

$$A_{\text{support}} = \{x \mid \mu_A(x) > 0\} \tag{5-3}$$

模糊集合的支集是普通集合。为表达简单起见，模糊集合可只在它的支集上加以表示。

(2) 分界点。满足 $\mu_A(x)=0.5$ 的点 x 称为模糊集合 A 的分界点，即

$$A_{\text{分界}} = \{x \mid \mu_A(x) = 0.5\} \tag{5-4}$$

(3) α 截集。它定义为

$$A_\alpha = \{x \mid \mu_A(x) > \alpha\} \quad \alpha \in [0,1] \tag{5-5}$$

$$A_{\overline{\alpha}} = \{x \mid \mu_A(x) \geqslant \alpha\} \quad \alpha \in [0,1] \tag{5-6}$$

A_α 和 $A_{\overline{\alpha}}$ 分别称为模糊集合 A 的强 α 截集和弱 α 截集。显然，α 截集也是普通集合。

(4) 核。满足 $\mu_A(x)=1$ 的点 x 称为模糊集合 A 的核，即

$$A_{\text{核}} = \{x \mid \mu_A(x) = 1\} \tag{5-7}$$

(5) 模糊单点。在论域 X 中，若模糊集合 A 的支集仅为满足 $\mu_A(x)=1$ 的一个单独的点，则称该模糊集合为模糊单点。

2. 模糊集合的基本运算

设 A,B,C 为论域 X 中的模糊子集，其隶属度函数分别为 μ_A,μ_B,μ_C，则模糊集合的基本关系及其并、交、补等运算可通过它们的隶属度函数来定义。

(1) 包含关系。若对于每一个元素 $x \in X$，都有 $\mu_A(x) \geqslant \mu_B(x)$，则定义 A 包含 B 或 B 包含于 A，记作 $A \supseteq B$ 或 $B \subseteq A$。

(2) 相等关系。若对于每一个元素 $x \in X$，都有 $\mu_A(x)=\mu_B(x)$，则定义 A 与 B 相等，记作 $A=B$。

(3) 模糊集合的并集。若对于所有的 $x \in X$ 均有

$$\mu_C(x) = \mu_A(x) \vee \mu_B(x) = \max(\mu_A(x), \mu_B(x)) \tag{5-8}$$

则称 C 为 A 与 B 的并集，记为 $C=A \cup B$。

(4) 模糊集合的交集。若对于所有的 $x \in X$ 均有

$$\mu_C(x) = \mu_A(x) \wedge \mu_B(x) = \min(\mu_A(x), \mu_B(x)) \tag{5-9}$$

则称 C 为 A 与 B 的交集，记为 $C=A \cap B$。

(5) 模糊集合的补集。若对于所有的 $x \in X$ 均有

$$\mu_B(x) = 1 - \mu_A(x) \tag{5-10}$$

则称 B 为 A 的补集，记为 $B=\overline{A}$。

(6) 模糊集合的直积。若有两个模糊集合 A 和 B，其论域分别为 X 和 Y，则定义在积空间 $X \times Y$ 上的模糊集合 $A \times B$ 为 A 与 B 的直积，其隶属度函数为

$$\mu_{A \times B}(x,y) = \mu_A(x) \wedge \mu_B(y) = \min(\mu_A(x), \mu_B(y)) \tag{5-11}$$

或

$$\mu_{A \times B}(x,y) = \mu_A(x)\mu_B(y) \tag{5-12}$$

5.1.3 模糊关系及合成

1. 模糊关系与模糊矩阵

模糊关系是模糊集合论的重要内容。

普通关系表达的是集合元素间的清晰关系,即集合的元素间要么有关系,要么没关系。用普通关系难以表达"今天比昨天热多了""小李比小王高很多"这样的关系。借助于模糊集合理论,引入模糊关系的概念可以定量地描述这些关系。

模糊关系是普通关系的推广,普通关系只是描述元素之间有无关联,而模糊关系则描述元素之间关联的程度。下面以二元模糊关系来说明模糊关系的概念。

设 X,Y 是两个非空集合,则在积空间 $X \times Y = \{(x,y) | x \in X, y \in Y\}$ 中的一个模糊子集 R 称为 $X \times Y$ 中的一个二元模糊关系。R 可表示为

$$R_{X \times Y} = \{(x,y), \mu_R(x,y) \mid (x,y) \in X \times Y\} \tag{5-13}$$

模糊关系 R 是一个模糊集合,由其隶属度函数完全刻画。该模糊集合的元素为序偶 (x,y),其隶属度为 $\mu_R(x,y)$。

当论域 X,Y 是有限集合时,模糊关系可以用模糊矩阵来表示。设 $X=\{x_1, x_2, \cdots, x_n\}$,$Y=\{y_1, y_2, \cdots, y_m\}$,则定义在 $X \times Y$ 上的二元模糊关系 R 可用如下的 $n \times m$ 阶矩阵来表示:

$$R = \begin{bmatrix} \mu_R(x_1,y_1) & \mu_R(x_1,y_2) & \cdots & \mu_R(x_1,y_m) \\ \mu_R(x_2,y_1) & \mu_R(x_2,y_2) & \cdots & \mu_R(x_2,y_m) \\ \vdots & & & \vdots \\ \mu_R(x_n,y_1) & \mu_R(x_n,y_2) & \cdots & \mu_R(x_n,y_m) \end{bmatrix} \tag{5-14}$$

这样的矩阵称为模糊矩阵,其元素均为隶属度。

【例 5-3】 设身高论域 $X=\{140,150,160,170,180\}$(单位:cm),体重论域 $Y=\{40,50,60,70,80\}$(单位:kg),表 5-1 给出了某地区人们的身高与体重的模糊关系。

表 5-1　身高与体重模糊关系 M_R

身高/cm	体重/kg				
	40	50	60	70	80
140	1	0.8	0.2	0.1	0
150	0.8	1	0.8	0.2	0.1
160	0.2	0.8	1	0.8	0.2
170	0.1	0.2	0.8	1	0.8
180	0	0.1	0.2	0.8	1

解:由表 5-1 可求得模糊矩阵为

$$R = \begin{bmatrix} 1 & 0.8 & 0.2 & 0.1 & 0 \\ 0.8 & 1 & 0.8 & 0.2 & 0.1 \\ 0.2 & 0.8 & 1 & 0.8 & 0.2 \\ 0.1 & 0.2 & 0.8 & 1 & 0.8 \\ 0 & 0.1 & 0.2 & 0.8 & 1 \end{bmatrix}$$

$R(160,50)=0.8$,$R(180,60)=0.2$,这表明身高 160cm 与体重 50kg 的相关程度为 80%,身高 180cm 与体重 60kg 的相关程度为 20%。

2. 模糊关系的合成

模糊关系的合成在模糊控制中有很重要的应用。

设 X,Y,Z 是论域,R 是 X 到 Y 的一个模糊关系,S 是 Y 到 Z 的一个模糊关系,则 R 到

S 的合成 T 也是一个模糊关系，记为 $T=R\circ S$。它具有隶属度

$$\mu_{R\circ S}(x,z) = \bigvee_{y\in Y}\{\mu_R(x,y) * \mu_S(y,z)\} \tag{5-15}$$

该合成称为最大-星合成。

"$*$"算子是二项积算子，可定义为多种运算，其中模糊交运算和代数积运算是模糊控制中最常采用的两种。如果"$*$"算子取模糊交，则 R 到 S 的合成称为最大-最小合成，记为

$$\begin{aligned}R\circ S &\leftrightarrow \mu_{R\circ S}(x,z) = \bigvee_{y\in Y}\{\mu_R(x,y) \wedge \mu_S(y,z)\} \\ &= \max_{y\in Y}\{\min(\mu_R(x,y),\mu_S(y,z))\}\end{aligned} \tag{5-16}$$

如果"$*$"算子取代数积，则 R 到 S 的合成称为最大-积合成，记为

$$\begin{aligned}R\circ S &\leftrightarrow \mu_{R\circ S}(x,z) = \bigvee_{y\in Y}\{\mu_R(x,y) \times \mu_S(y,z)\} \\ &= \max_{y\in Y}\{\mu_R(x,y) \times \mu_S(y,z)\}\end{aligned} \tag{5-17}$$

【**例 5-4**】 已知子女与父母的相似关系模糊矩阵为 R，父母与祖父母的相似关系模糊矩阵为 S，其中

$$R = \begin{array}{c} \\ 子 \\ 女 \end{array}\begin{array}{cc} 父 & 母 \\ \begin{bmatrix} 0.2 & 0.8 \\ 0.6 & 0.1 \end{bmatrix} \end{array} \qquad S = \begin{array}{c} \\ 父 \\ 母 \end{array}\begin{array}{cc} 祖父 & 祖母 \\ \begin{bmatrix} 0.5 & 0.7 \\ 0 & 0 \end{bmatrix} \end{array}$$

求子女与祖父母的相似关系模糊矩阵。

解：这是一个典型的模糊关系的合成问题。按最大-最小合成原则，有

$$\begin{aligned}T = R\circ S &= \begin{bmatrix} 0.2 & 0.8 \\ 0.6 & 0.1 \end{bmatrix} \circ \begin{bmatrix} 0.5 & 0.7 \\ 0.1 & 0 \end{bmatrix} \\ &= \begin{bmatrix} \vee((0.2\wedge 0.5),(0.8\wedge 0.1)) & \vee((0.2\wedge 0.7),(0.8\wedge 0)) \\ \vee((0.6\wedge 0.5),(0.1\wedge 0.1)) & \vee((0.6\wedge 0.1),(0.1\wedge 0)) \end{bmatrix} \\ &= \begin{array}{c} \\ 子 \\ 女 \end{array}\begin{array}{cc} 祖父 & 祖母 \\ \begin{bmatrix} 0.2 & 0.2 \\ 0.5 & 0.1 \end{bmatrix} \end{array}\end{aligned}$$

5.1.4 模糊推理

1. 模糊语言变量

语言是一种符号系统，通常包括自然语言和人工语言两种。人类的自然语言具有相当的不确定性，其主要特征就是模糊性。自然语言的这种模糊性是人类思维方式的特点。它能对客观世界作出概括性的描述，使人们可以用较少的言词传递很大的信息量。它可以把连续变化的现象和事物进行高度的抽象和模糊分类。例如，用上午、中午、下午和晚上等简单的几个词，就能把人们对一天的几个时间段的认识有个统一明确的看法；用"今年夏天很热"简单的一句话，就能把今年的盛夏描述出一个准确的轮廓。人工语言是计算机所能接受的形式语言，主要是指程序设计语言，如汇编语言、C语言等。人工语言的格式非常严密，且概念十分清晰。如何将自然语言表达出来，使计算机能够模拟人的思维去推理和判断，这就引出了语言变量这一概念。1975 年，Zaden 教授提出了语言变量的概念。所谓语言变量是以自然或人工语言中的词、词组或句子作为变量，而不是以数值作为变量。

一个语言变量可定义为一个五元体，即

$$\{X, T(X), U, G, M\} \quad (5\text{-}18)$$

式中,X 为语言变量的名称,如偏差、偏差变化率、速度等;$T(X)$ 为语言变量语言值名称的集合;U 为论域;G 为语法规则,用于产生语言变量的语言值的名称;M 为语义规则,根据语义给出各语言值的隶属度函数。

例如,在模糊控制中,常用到"偏差"这一语言变量,论域取 $U=[-6,+6]$。"偏差"语言变量的原子单词有"大、中、小、零",对这些原子单词施加以适当的修饰词,就可以构成多个语言值名称,如"很大、较大、中等、较小"等,再考虑偏差有正、负的情况,$T(X)$ 可表示为

$$T(X) = T(偏差) = 正很大 + 正大 + 正较大 + 正中 + 正较小 + 零$$
$$+ 负较小 + 负中 + 负较大 + 负大 + 负很大$$

图 5-1 是以偏差为论域的模糊语言五元体的示意图。其中语言值集合 $T(X)$ 只画出一部分。

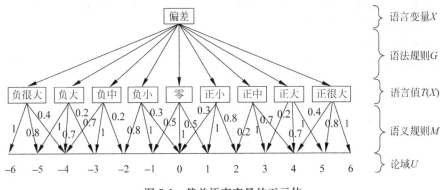

图 5-1 偏差语言变量的五元体

2. 模糊规则和模糊推理

模糊规则是模糊推理的基础。模糊规则通常具有下面的形式:

如果 x 是 A,那么 y 是 B

式中,x 和 y 是语言变量,A 和 B 是语言值。"x 是 A"通常称为规则的前提或前件;"y 是 B"则称为规则的结论或后件。

该模糊规则可简化为 $A \rightarrow B$,它蕴含了 x 和 y 之间的关系,因此,模糊规则也称为模糊蕴含关系。它体现了乘积空间中的二元模糊关系。

在模糊控制中,常用的模糊蕴含关系运算方法是模糊蕴含最小运算和模糊蕴含积运算。

(1) 模糊蕴含最小运算:

$$R_\text{C} = A \rightarrow B = A \times B = \int_{X \times Y} \frac{\mu_A(x) \wedge \mu_B(y)}{(x, y)} \quad (5\text{-}19)$$

(2) 模糊蕴含积运算:

$$R_\text{p} = A \rightarrow B = A \times B = \int_{X \times Y} \frac{\mu_A(x) \mu_B(y)}{(x, y)} \quad (5\text{-}20)$$

传统的二值逻辑中,常用三段论式的演绎推理,可以完成以下形式:

前提 1(事实):x 是 A

前提 2(规则):如果 x 是 A,那么 y 是 B

结论:y 是 B

在这种推理过程中,前提1中的A与前提2中的A必须严格一致,则结论为B;如果二者不一致,则无法进行推理。但在人们的日常推理中,假设推理以一种近似的方式出现。如已知"胖人得心脑血管疾病的可能性大",若知道了"某某人很胖",则可以推出"某某人得心脑血管疾病的可能性很大"。这一推理过程可以写成:

前提1(事实):x是A'

前提2(规则):如果x是A,那么y是B

结论:y是B'

这里,A'接近于A,B'接近于B,A'和A是论域X中的模糊集合,B'和B是论域Y中的模糊集合,上述推理过程称为近似推理或模糊推理。

为了实现模糊推理,推导出B',需要解决以下两个问题:

(1) 模糊蕴含关系生成:

计算前提2中的模糊规则$A \to B$的模糊蕴含关系R,关系生成规则可采用模糊蕴含最小运算R_C或模糊蕴含积运算R_P。

(2) 模糊关系合成:

由模糊蕴含关系和前提1中A'的通过合成运算得到结论B',即

$$B' = A' \circ R \tag{5-21}$$

模糊关系的合成可以采用最大-最小合成或最大-积合成等合成运算法则。根据合成运算法则的不同,模糊推理方法又可分为 Mamdani 推理法、Zadeh 推理法、Larsen 推理法等。

Mamdani 推理法是模糊控制中广泛使用的一种模糊推理算法。其模糊蕴含关系采用R_C,即

$$\mu_R(x,y) = \mu_A(x) \wedge \mu_B(y) \tag{5-22}$$

【例 5-5】 已知模糊集合$A = \frac{1}{x_1} + \frac{0.4}{x_2} + \frac{0.1}{x_3}$,$B = \frac{0.8}{y_1} + \frac{0.5}{y_2} + \frac{0.3}{y_3} + \frac{0.1}{y_4}$。求模糊集合$A$和$B$之间的模糊蕴含关系$R_C$。

解:根据 Mamdani 模糊蕴含关系的定义可知:

$$R_C = A \times B = \begin{bmatrix} 1 \\ 0.4 \\ 0.1 \end{bmatrix} \circ [0.8 \quad 0.5 \quad 0.3 \quad 0.1] = \begin{bmatrix} 0.8 & 0.5 & 0.3 & 0.1 \\ 0.4 & 0.4 & 0.3 & 0.1 \\ 0.1 & 0.1 & 0.1 & 0.1 \end{bmatrix}$$

Mamdani 推理法的关系合成采用最大-最小合成运算。在此定义下,Mamdani 模糊推理过程易于进行图形解释。下面通过几种具体情况来分析 Mamdani 模糊推理过程。

(1) 具有单个前件的单一规则。设A'和A是论域X中的模糊集合,B'和B是论域Y中的模糊集合,有

前提1(事实):x是A'

前提2(规则):if x是A,then y是B

结论:y是B'

根据模糊蕴含关系R_C和最大最小合成运算法则,可得

$$\mu_{B'}(y) = \max \min[\mu_{A'}(x), \mu_R(x,y)] = \bigvee_{x \in X} [\mu_{A'}(x) \wedge \mu_A(x) \wedge \mu_B(y)]$$

$$= \left[\bigvee_{x \in X} (\mu_{A'}(x) \wedge \mu_A(x)) \right] \wedge \mu_B(y) = \omega \wedge \mu_B(y) \tag{5-23}$$

式中,$\omega = \bigvee_{x \in X} [\mu_{A'}(x) \wedge \mu_A(x)]$,称为$A$与$A'$的匹配度。

单前件单规则的 Mamdani 模糊推理过程如图 5-2 所示。

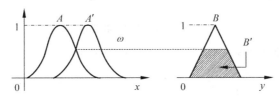

图 5-2 单前件单规则的 Mamdani 模糊推理过程

【例 5-6】 设 A 和 B 分别是论域 X 和 Y 上的模糊集合，其中论域 X（水的温度）= $\{0,20,40,60,80,100\}$，Y（蒸汽压力）= $\{1,2,3,4,5,6,7\}$，模糊规则"若水的温度高则蒸汽压力大"，在此模糊规则下，试求在 A'= 水的温度较高时对应的蒸汽压力情况 B'。

解：首先根据经验确定各模糊集合的隶属度函数。

$$\mu_A(x) = \frac{0}{0} + \frac{0.1}{20} + \frac{0.3}{40} + \frac{0.6}{60} + \frac{0.85}{80} + \frac{1}{100}$$

$$\mu_B(x) = \frac{0}{1} + \frac{0.1}{2} + \frac{0.3}{3} + \frac{0.5}{4} + \frac{0.7}{5} + \frac{0.85}{6} + \frac{1}{7}$$

$$\mu_{A'}(x) = \frac{0.1}{0} + \frac{0.15}{20} + \frac{0.4}{40} + \frac{0.75}{60} + \frac{1}{80} + \frac{0.8}{100}$$

A 与 A' 的匹配度 ω 为

$$\omega = \bigvee_{x \in X} \left(\frac{0 \wedge 0.1}{0} + \frac{0.1 \wedge 0.15}{20} + \frac{0.3 \wedge 0.4}{40} + \frac{0.6 \wedge 0.75}{60} + \frac{0.85 \wedge 1}{80} + \frac{1 \wedge 0.8}{100} \right)$$

$$= \bigvee_{x \in X} \left(\frac{0}{0} + \frac{0.1}{20} + \frac{0.3}{40} + \frac{0.6}{60} + \frac{0.85}{80} + \frac{0.8}{100} \right) = 0.85$$

则 B' 的隶属度函数为

$$\mu_{B'}(y) = \omega \wedge \mu_B(y)$$

$$= 0.85 \wedge \left(\frac{0}{1} + \frac{0.1}{2} + \frac{0.3}{3} + \frac{0.5}{4} + \frac{0.7}{5} + \frac{0.85}{6} + \frac{1}{7} \right)$$

$$= \frac{0}{1} + \frac{0.1}{2} + \frac{0.3}{3} + \frac{0.5}{4} + \frac{0.7}{5} + \frac{0.85}{6} + \frac{0.85}{7}$$

推理结果是"蒸汽压力较大"，这与平常推理的结果是一致的。

(2) 具有多个前件的单一规则。设 A'、A、B'、B 和 C'、C 分别是论域 X、Y 和 Z 上的模糊集合，有

前提 1（事实）：x 是 A' and y 是 B'

前提 2（规则）：if x 是 A and y 是 B，then z 是 C

结论：z 是 C'

根据模糊蕴含关系 R_C 和最大最小合成运算法则，可得

$$\mu_{C'}(z) = \bigvee_{\substack{x \in X \\ y \in Y}} [\mu_{A'}(x) \wedge \mu_{B'}(y)] \wedge [\mu_A(x) \wedge \mu_B(y) \wedge \mu_C(z)]$$

$$= \bigvee_{\substack{x \in X \\ y \in Y}} [(\mu_{A'}(x) \wedge \mu_{B'}(y) \wedge \mu_A(x) \wedge \mu_B(y)] \wedge \mu_C(z)$$

$$= \left\{ \bigvee_{x \in X} [\mu_{A'}(x) \wedge \mu_A(x)] \right\} \wedge \left\{ \bigvee_{y \in Y} [\mu_{B'}(y) \wedge \mu_B(y)] \right\} \wedge \mu_C(z)$$

$$= (\omega_A \wedge \omega_B) \wedge \mu_C(z) \tag{5-24}$$

式中，$\omega_A = \bigvee_{x \in X}[\mu_{A'}(x) \wedge \mu_A(x)]$，表示 A 与 A' 的匹配度；

$\omega_B = \bigvee_{y \in Y}[\mu_{B'}(y) \wedge \mu_B(y)]$，表示 B 与 B' 的匹配度。

多个前件单一规则的 Mamdani 模糊推理过程如图 5-3 所示。

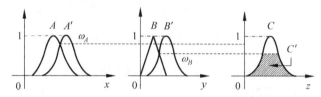

图 5-3　多前件单规则的 Mamdani 模糊推理过程

(3) 具有多个前件的多条规则。设 A'、A_1、A_2、B'、B_1、B_2 和 C'、C_1、C_2 分别是论域 X、Y 和 Z 上的模糊集合，有

前提 1(事实)：x 是 A' and y 是 B'

前提 2(规则 1)：if x 是 A_1 and y 是 B_1，then z 是 C_1

前提 3(规则 1)：if x 是 A_2 and y 是 B_2，then z 是 C_2

结论：z 是 C'

多个前件多条规则的 Mamdani 模糊推理过程如图 5-4 所示。

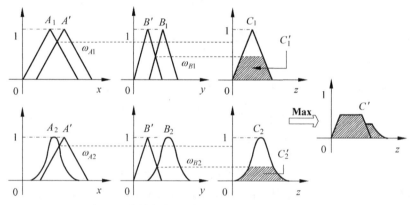

图 5-4　多前件多规则的 Mamdani 模糊推理过程

5.1.5　模糊控制器的基本结构

模糊控制器的基本结构如图 5-5 所示。

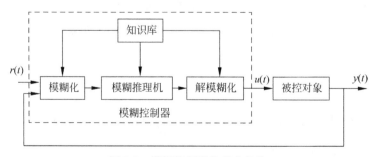

图 5-5　模糊控制器的基本结构

在图 5-5 中，$u(t)$ 是 SISO 被控对象的输入，$y(t)$ 是被控对象的输出，$r(t)$ 是参考输入，$e(t)=r(t)-y(t)$ 是偏差。图中虚线框内的就是模糊控制器，它根据偏差信号 $e(t)$ 产生合适的控制作用 $u(t)$，输出给被控对象。模糊控制器主要由模糊化、知识库、模糊推理机、解模糊化四部分组成。

1. 模糊化（fuzzification）

模糊化模块的功能是将输入的精确量通过定义在其论域上的隶属度函数计算出其属于各模糊集合的隶属度，从而将其转换为模糊化量。模糊化接口的输入通常是偏差 $e(t)$ 和偏差变化率 $\dot{e}(t)=\mathrm{d}e(t)/\mathrm{d}t$。下面以偏差为例，讨论模糊化过程。

1）尺度变换

尺度变换是将实际输入变量的基本论域变换成其相应语言变量的论域。变换后的论域可以是连续的，也可以是离散的。为便于计算机处理，通常先转换为离散论域。设偏差 $e(t)$ 的基本论域为 $[-e,e]$，而其对应语言变量 E 的论域设为 $X=\{-n,-n+1,\cdots,0,\cdots,n-1,n\}$，则偏差的模糊化尺度变换因子为 $K_e=n/e$。其中，e 是表征偏差大小的精确量；n 是将 $[0,e]$ 范围内连续变化的偏差离散化后分成的级别数，这里假设 n 取 6。若偏差的基本论域是不对称的 $[a,b]$，则可用下式对其进行模糊量化，即

$$y=\frac{2n}{b-a}\left[x-\frac{a+b}{2}\right] \quad (5\text{-}25)$$

2）模糊化

假设语言变量偏差 E 的论域 $[-6,6]$ 上定义了 $\{NB,NM,NS,ZO,PS,PM,PB\}$ 7 个模糊集合，如图 5-6 所示。对于任意的输入变量，可以计算出它属于这 7 个模糊集合的隶属度。

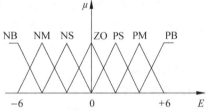

图 5-6 离散论域上的模糊集合

2. 知识库（knowledeg base）

知识库中存储着有关模糊控制器的一切知识。知识库由数据库和模糊规则库两部分组成。

数据库中存储着有关模糊化、模糊推理和解模糊的一切知识，如模糊化中的论域变换方法、输入变量各模糊集合的隶属度函数定义、模糊推理算法、解模糊算法、输出变量各模糊集合的隶属度函数定义等。

模糊规则库包括了用模糊语言表示的一系列规则，反映了操作经验和专家知识。两输入-单输出的模糊规则库可用表 5-2 所示的模糊规则表的形式表达。

表 5-2 模糊规则表

E	EC						
	NB	NM	NS	ZO	PS	PM	PB
NB	NB	NB	NB	NB	NM	ZO	ZO
NM	NB	NB	NB	NB	NM	ZO	ZO
NS	NM	NM	NM	NM	ZO	PS	PS
ZO	NM	NM	NS	ZO	PS	PM	PM
PS	NS	NS	ZO	PM	PM	PM	PM
PM	ZO	ZO	PM	PB	PB	PB	PB
PB	ZO	ZO	PM	PB	PB	PB	PB

表中，E 为语言变量"偏差"，EC 为语言变量"偏差变化率"。以 R_1 为例，表中规则可解释为

R_1：如果 E 是 NB 且 EC 是 NB，则 U 是 NB

表明，当偏差为负大，且偏差的变化率为负大，则控制输出为负大。

3. 模糊推理机（inference engine）

模糊推理机是模糊控制器的核心，它基于模糊概念，并用模糊逻辑中模糊蕴含和推理规则获得模糊控制作用，模拟人的决策过程。

4. 解模糊化（defuzzification）

解模糊化可以看作是模糊化的反过程，其作用是将模糊推理得到的模糊控制量变换为实际用于控制的清晰量。它包含以下两部分内容：

（1）解模糊：将模糊的控制量通过某种解模糊算法变换成非模糊的清晰量；

（2）论域反变换：将表示在语言变量论域范围内的清晰量经尺度变换，变为实际的控制量。

5.1.6 模糊控制器设计的若干问题

一般来说，模糊控制器的设计问题就是其四个组成模块——模糊化、知识库、模糊推理机、解模糊化的设计问题。总结起来，主要包括以下内容：①模糊化方法；②输入输出空间的模糊划分；③模糊集合的隶属度函数；④模糊控制规则库的建立；⑤控制器的模糊推理；⑥解模糊化算法。

1. 模糊化方法

如何将输入的精确量转换为对应的模糊集合，是模糊控制器设计首先需要考虑的问题。现假设输入变量已经过尺度变换，对其再进行模糊化处理。在模糊控制中主要采用以下两种模糊化方法。

1）单点模糊集合

如果输入量 x_0 是准确的，则通常将其模糊化为单点模糊集合。设该模糊集合用 A 表示，则有

$$\mu_A(x) = \begin{cases} 1 & x = x_0 \\ 0 & x \neq x_0 \end{cases} \quad (5-26)$$

其隶属度函数如图 5-7(a)所示。这种模糊化方法只是在形式上将清晰量转变成了模糊量，而实质上它表示的仍是准确量。在模糊控制中，当测量数据准确时，采用这样的模糊化方法是十分自然和合理的。

2）非单点型模糊集合

如果输入数据存在随机测量噪声，这时模糊化运算相当于将随机量变换为模糊量。对于这种情况，可以取模糊量的隶属度函数为等腰三角形，如图 5-7(b)所示。三角形的顶点对应于该随机数的均值，底边的长度为 2σ，σ 表示该随机数据的标准差。隶属度函数也可以取高斯型、铃型等正态分布函数。

2. 输入输出空间的模糊划分

在模糊控制规则中，前提的语言变量构成模糊输入空间，结论的语言变量构成模糊输出空间。模糊划分是确定各语言变量取值的语言名称的个数，即模糊集合的个数。模糊划分

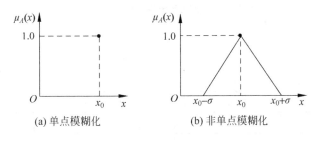

(a) 单点模糊化　　　(b) 非单点模糊化

图 5-7　模糊化方法

的个数决定了模糊控制的精度。语言变量的每一个模糊集合都有一定的意义,如"NB"表示负大,"NM"表示负中。图 5-8 表示在论域$[-1,1]$上两个模糊划分的例子。图 5-8(a)有 7 个模糊划分,图 5-8(b)只有 3 个模糊划分,图 5-8(c)有 9 个模糊划分,图 5-8(d)有 5 个模糊划分。

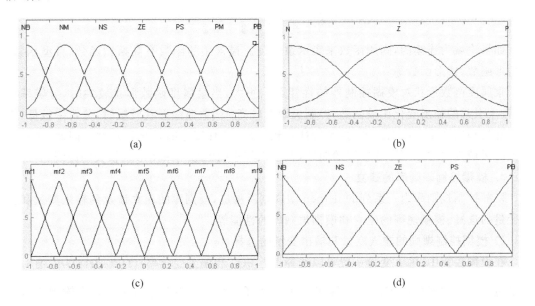

图 5-8　模糊空间的划分

语言变量的模糊划分个数决定了最大可能的模糊规则数。如对于多输入-单输出模糊系统,设有 p 个输入变量 $x_1, x_2, \cdots, x_p$,其模糊划分分别为 $n_1, n_2, \cdots, n_p$,则最大可能的规则数为 $n_1 \times n_2 \times \cdots \times n_p$。由此可见,模糊划分越多,则控制规则也就越多。当模糊划分太细时,会引起所谓的"规则爆炸";而当模糊划分太粗时,又将导致控制规律太粗略,难以达到所要求的控制性能。所以模糊划分既要考虑控制性能要求,又要考虑模糊控制器的可实现性。目前,主要依靠经验和试凑的方法。

3. 模糊集合的隶属度函数

根据论域是离散的还是连续的,隶属度函数的表示有以下两种方法:一是数字表示,二是函数表示。

如果论域为离散的,模糊集合的隶属度函数可以用如表 5-3 所示的表格形式来表示。

表 5-3 用数值方法描述的隶属度函数

模糊集合	U												
	−6	−5	−4	−3	−2	−1	0	1	2	3	4	5	6
NB	1.0	0.8	0.4	0.1	0	0	0	0	0	0	0	0	0
NM	0.2	0.7	1.0	0.7	0.2	0	0	0	0	0	0	0	0
NS	0	0.1	0.4	0.8	1.0	0.8	0	0	0	0	0	0	0
ZO	0	0	0	0	0	0.5	1.0	0.5	0	0	0	0	0
PS	0	0	0	0	0	0	0	0.8	1.0	0.8	0.4	0.1	0
PM	0	0	0	0	0	0	0	0	0.2	0.7	1.0	0.7	0.2
PB	0	0	0	0	0	0	0	0	0	0.1	0.4	0.8	1.0

表格中每一行表示一个模糊集合的隶属度,如

$$\text{NS} = \frac{0.1}{-5} + \frac{0.4}{-4} + \frac{0.8}{-3} + \frac{1.0}{-2} + \frac{0.8}{-1}$$

如果论域为连续的,则用函数来表示隶属度。最常用的函数有高斯型函数、铃型函数、三角形函数、梯形函数等。

隶属度函数形状对模糊控制器的性能影响很大,当隶属度函数形状较尖时,分辨率较高,输入引起的输出变化比较剧烈,控制灵敏度较高;函数曲线形状较缓时,分辨率较低,输入引起的输出变化不那么剧烈,控制特性也较平缓,具有较好的系统稳定性。因此,在输入较大的区域内通常采用形状较缓的曲线,在输入较小的区域内采用形状较尖的曲线。

4. 模糊控制规则库的建立

模糊控制规则库由一系列的 if-then 型规则所构成,规则库的建立涉及到输入变量和输出变量的选择、模糊规则的建立和模糊规则库的性能等。

1) 模糊控制规则的输入变量和输出变量的选择

在模糊控制中,输入变量一般可以选择偏差 $e(t)$ 和偏差变化率 $\dot{e}(t) = de(t)/dt$,有时还可以包括偏差的积分 $\int e(t)dt$ 等。输出变量的选择往往与被控对象有关。输入输出语言变量的选择和它们的隶属度函数的确定对模糊控制器的性能有十分关键的作用。它们的选择和确定主要依靠经验和工程知识。

2) 模糊规则的建立

模糊规则是模糊控制器的核心,因此如何建立模糊规则至关重要。通过总结人类专家的经验,并用适当的语言加以表述,最终可以表示成模糊控制规则的形式。例如,人工控制水泥炉窑的操作手册经过总结归纳,则可以建立起模糊控制规则。另一种方式可以通过向有经验的操作人员咨询和记录操作人员的实际操作过程及相应的输入输出数据,从中总结出特定应用领域的模糊控制规则原型。在此基础上,再通过试凑和调整可获得具有更好性能的控制规则。

【例 5-7】 已知某过程的单位阶跃响应曲线如图 5-9 所示。要为该过程设计一个模糊控制器,试确定该控制器的模糊控制规则。

解:输入变量选择偏差 $e = 1 - y$ 和偏差的变化量 Δe,输出变量为控制量 u。根据 e 和

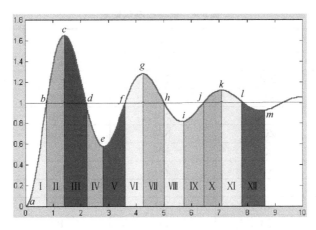

图 5-9 过程的单位阶跃响应曲线

Δe 的大小和方向，选择控制量的增量 Δu 的大小和方向。有以下四种情况：

$$e>0, \quad \Delta e<0 \text{（相当于 I、V、IX 区）;}$$
$$e<0, \quad \Delta e<0 \text{（相当于 II、VI、X 区）;}$$
$$e<0, \quad \Delta e>0 \text{（相当于 III、VII、XI 区）;}$$
$$e>0, \quad \Delta e>0 \text{（相当于 IV、VIII、XII 区）。}$$

单位阶跃响应曲线有峰点、谷点，并且与直线 $y=1$ 有交叉点。
交叉点又分两种：

$$e>0 \rightarrow e<0, \quad \Delta e<0 \text{（如 } b,f,j\text{）;}$$
$$e<0 \rightarrow e>0, \quad \Delta e>0 \text{（如 } d,h,l\text{）。}$$

峰点：$\Delta e=0, e<0$（如 c,g,k）;
谷点：$\Delta e=0, e>0$（如 e,i,m）。
控制元规则：
如果 e 和 Δe 二者都为零，$\Delta u=0$，保持现状；
如果 e 以满意的速率趋向零，$\Delta u=0$，保持现状；
如果 e 不是自校正，Δu 取决于 e 和 Δe 的符号和大小。
对于交叉点，Δu 的符号和 Δe 的符号一致：

$$\text{对 } b,f,j, \quad \Delta u<0$$
$$\text{对 } d,h,l, \quad \Delta u>0$$

对于峰、谷点，Δu 的符号和 e 的符号一致：

$$\text{对 } c,g,k, \quad \Delta u<0$$
$$\text{对 } e,i,m, \quad \Delta u>0$$

对于 I、V、IX 区，当 e 大时，要缩短上升时间，$\Delta u>0$，当接近设定值时，$\Delta u\approx0$；
对于 II、VI、X 区，e 和 Δe 均小于零，应防止超调，减小峰点的幅值，$\Delta u<0$；
对于 III、VII、XI 区，当 e 大时，要缩短上升时间，$\Delta u<0$，当接近设定值时，$\Delta u\approx0$；
对于 IV、VIII、XII 区，e 和 Δe 均大于零，应防止超调，减小谷点的幅值，$\Delta u>0$。
根据以上规则，可以选择和设计出模糊控制器的规则表，如表 5-4 所示。

表 5-4 模糊控制规则表

规则号	e	Δe	Δu	参考点
1	PB	ZO	PB	a
2	PM	ZO	PM	e
3	PS	ZO	PS	i
4	ZO	NB	NB	b
5	ZO	NM	NM	f
6	ZO	NS	NS	j
7	NB	ZO	NB	c
8	NM	ZO	NM	g
9	NS	ZO	NS	k
10	ZO	PB	PB	d
11	ZO	PM	PM	h
12	ZO	PS	PS	l
13	ZO	ZO	ZO	设置点

3) 模糊规则库的性能

模糊控制规则库的性能主要从完备性、一致性和规则数来评价。完备性是指隶属度函数的分布必须覆盖语言变量的整个论域。对于任意的输入，模糊控制器均应给出合适的控制输出。一致性是指论域上任意一个元素不得同时是两个模糊子集的核。因为模糊控制规则主要基于专家知识和操作人员的经验，它取决于对多种性能的要求，而不同的性能指标要求往往互相制约，甚至互相矛盾，这就要求控制规则不能出现互相矛盾的情况。模糊规则库的最大可能规则数取决于输入变量个数和每个输入变量的模糊划分。在满足完备性的条件下，尽量取较少的规则数，这样可以简化模糊控制器的设计和实现。

5. 控制器的模糊推理

为了不失一般性，考虑两输入-单输出的模糊控制器，设有 M 条规则的控制规则库：

$$R_i: \text{if } x \text{ is } A_i \text{ and } y \text{ is } B_i, \quad \text{then } z \text{ is } C_i, \quad i=1,2,\cdots,M$$

设已知模糊控制器的输入模糊量为 x is A' and y is B'，则根据模糊控制规则进行近似推理，计算第 i 条规则的输出为

$$C_i' = (A' \text{ and } B') \circ R_i = (A' \text{ and } B') \circ (A' \text{ and } B' \to C_i) \tag{5-27}$$

式中包括 3 种模糊逻辑运算：and 运算通常采用最小算子或代数积算子；合成运算"∘"通常采用最大-最小合成或最大-积合成；模糊蕴含关系"→"通常采用模糊蕴含最小运算 R_C 或模糊蕴含积运算 R_P。

若 and 采用最小算子，合成运算采用最大-最小合成，模糊蕴含采用 R_C，则

$$\begin{aligned}
\mu_{C_i'}(z) &= \bigvee_{\substack{x \in X \\ y \in Y}} \left[\mu_{A'}(x) \wedge \mu_{B'}(y)\right] \wedge \left[(\mu_{A_i}(x) \wedge \mu_{B_i}(y)) \wedge \mu_{C_i}(z)\right] \\
&= \left\{\bigvee_{x \in X}\left[\mu_{A'}(x) \wedge \mu_{A_i}(x)\right]\right\} \wedge \left\{\bigvee_{y \in Y}\left[\mu_{B'}(y) \wedge \mu_{B_i}(y)\right]\right\} \wedge \mu_{C_i}(z) \\
&= (\omega_{Ai} \wedge \omega_{Bi}) \wedge \mu_{C_i}(z) = \omega_i \wedge \mu_{C_i}(z)
\end{aligned} \tag{5-28}$$

式中，ω_i 为规则 i 的激励强度。将所有规则的输出用取并的方法得到总的输出，即

$$C' = \bigcup_{i=1}^{M} C'_i \tag{5-29}$$

6. 解模糊化

由于实际控制必须是清晰量,因此需要将模糊控制量转换为清晰量,这就是解模糊化问题的方法。解模糊化常用的有以下几种方法。

1) 最大隶属度法

若输出量模糊集合的隶属度函数只有一个峰值,则取隶属度函数最大值所对应的 z 值为清晰值。即

$$\mu_{C'}(z_0) \geqslant \mu_{C'}(z), \quad z \in Z \tag{5-30}$$

式中,z_0 表示清晰值的输出。

如果具有最大 $\mu_{C'}(z)$ 的值不是一个点,则取这些值的均值作为清晰值。

2) 加权平均法

这种方法取 $\mu_{C'}(z)$ 的加权平均值为所谓 z 的清晰值,即

$$z_0 = \frac{\int_z z\mu_{C'}(z)\mathrm{d}z}{\int_z \mu_{C'}(z)\mathrm{d}z} \tag{5-31}$$

对于论域为离散的情况,则有

$$z_0 = \frac{\sum_{i=1}^{n} z_i \mu_{C'}(z_i)}{\sum_{i=1}^{n} \mu_{C'}(z_i)} \tag{5-32}$$

这种方法类似于重心计算,所以也称为重心法。重心法是应用最为普遍的清晰化方法。

3) 等面积法

等面积法是取 $\mu_{C'}(z)$ 以 z_0 为分界线,两侧 $\mu_{C'}(z)$ 与 z 轴之间的面积相等,即

$$\int_a^{z_0} \mu_{C'}(z)\mathrm{d}z = \int_{z_0}^b \mu_{C'}(z)\mathrm{d}z \tag{5-33}$$

其中,$a = \min\{z | z \in Z\}$,$b = \max\{z | z \in Z\}$,z_0 为清晰量。

5.1.7 模糊控制器设计实例

【例 5-8】 图 5-10 所示为一个倒锥形水箱液位控制系统。该系统的被控变量为倒锥形水箱的液位 h,操纵变量为倒锥形水箱的进水量 q_1,通过调节进水电磁阀 V_1 的开度来改变液位的高度。由于被控对象是倒锥形容器,液位高度 h 和进水量 q_1 间的关系并非线性关系,而且具有时滞性,因此是一个较复杂的控制对象。采用模糊控制器是一个可取的方案。试设计该液位控制系统的模糊控制器。

解:

(1) 确定模糊控制器的输入输出变量。由于被控对象具有非线性和时滞性,为了得到良好的控制性能,控制器的输入变量确定为两个,即液位偏差 e 及液位的变化量 hc。控制器的输出为电磁阀的开启电压,控制阀门开度,从而调节进水流量。所以,模糊控制器具有两

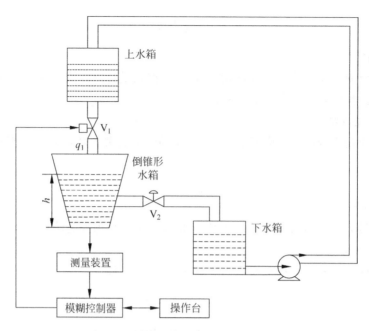

图 5-10 倒锥形水箱液位模糊控制系统

输入-单输出的结构形式。

(2) 确定输入输出语言变量的空间分割。液位偏差 $e=r-h$(r 为设定水位，h 为测量水位)，经过尺度变换及量化，转换为对应语言变量 E，其论域为 $X=\{-3,-2,-1,0,1,2,3\}$。定义论域 X 上的模糊子集为 $A_i(i=1,2,\cdots,7)$，其对应的语言值为负大(NB)、负中(NM)、负小(NS)、零(ZO)、正小(PS)、正中(PM)、正大(PB)，分别表示当前水位相对于设定值为"极高""很高""偏高""正好""偏低""很低""极低"。

液位的变化量 $hc=h_{i+1}-h_i$，经过尺度变换及量化，转换为对应语言变量 HC，其论域为 $Y=\{-3,-2,-1,0,1,2,3\}$。定义在论域 Y 上的模糊子集为 $B_i(i=1,2,\cdots,5)$，其对应的语言值为负大(NB)、负小(NS)、零(ZO)、正小(PS)、正大(PB)，分别表示当前水位的变化为"快速下降""下降""不变""上升""快速上升"。

控制器输出变量为电磁阀电压 u，其语言变量为 U，论域为 $Z=\{-3,-2,-1,0,1,2,3\}$。定义在论域 Z 上的模糊子集为 $C_i(i=1,2,\cdots,7)$，其对应的语言值为负大(NB)、负中(NM)、负小(NS)、零(ZO)、正小(PS)、正中(PM)、正大(PB)，分别表示"发水位低限报警，并全开放阀门 V_1"，"阀门 V_1 开度增加量大"，"阀门 V_1 开度增加量小"，"阀门 V_1 开度不变"，"阀门 V_1 开度减小量小"，"阀门 V_1 开度减小量大"，"发水位高限报警，并全关闭阀门 V_1"。

(3) 确定语言值的隶属度函数。这里为了简单起见，各语言值的隶属度函数均选择三角形函数，如图 5-11 所示。其中，图 5-11(a)为模糊集合 A_i 的隶属度函数；图 5-11(b)为模糊集合 B_i 的隶属度函数；图 5-11(c)为模糊集合 C_i 的隶属度函数。

也可以用表格形式来表示语言变量 E、HC、U 在其离散化论域上各元素的隶属度，分别如表 5-5、表 5-6、表 5-7 所示。

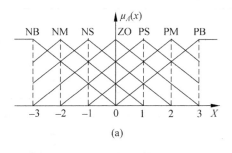
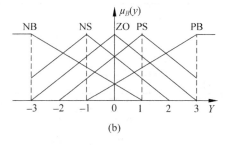
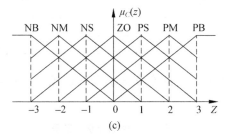

图 5-11 模糊集合的隶属度函数

表 5-5 E 的隶属度函数

隶属度 \ 量化等级 \ A	−3	−2	−1	0	1	2	3
NB	1	0.67	0.33	0	0	0	0
NM	0.67	1	0.67	0.33	0	0	0
NS	0.33	0.67	1	0.67	0.33	0	0
ZO	0	0.33	0.67	1	0.67	0.33	0
PS	0	0	0.33	0.67	1	0.67	0.33
PM	0	0	0	0.33	0.67	1	0.67
PB	0	0	0	0	0.33	0.67	1

表 5-6 HC 的隶属度函数

隶属度 \ 量化等级 \ B	−3	−2	−1	0	1	2	3
NB	1	0.75	0.5	0.25	0	0	0
NS	0.33	0.67	1	0.67	0.33	0	0
ZO	0	0.33	0.67	1	0.67	0.33	0
PS	0	0.33	0.33	0.67	1	0.67	0.33
PB	0	0	0	0.25	0.5	0.75	1

表 5-7　U 的隶属度函数

隶属度＼量化等级＼C	-3	-2	-1	0	1	2	3
NB	1	0.67	0.33	0	0	0	0
NM	0.67	1	0.67	0.33	0	0	0
NS	0.33	0.67	1	0.67	0.33	0	0
ZO	0	0.33	0.67	1	0.67	0.33	0
PS	0	0	0.33	0.67	1	0.67	0.33
PM	0	0	0	0.33	0.67	1	0.67
PB	0	0	0	0	0.33	0.67	1

（4）建立模糊控制规则表。根据专家知识和熟练操作人员经验，给出如表 5-8 所示的模糊控制规则表。

表 5-8　模糊控制规则表

U＼E＼HC	NB	NM	NS	ZO	PS	PM	PB
NB	PM	PS	ZO	NS	NM	NB	NB
NS	PM	PM	ZO	NS	NS	NB	NB
ZO	PB	PM	PS	ZO	NS	NM	NB
PS	PB	PB	PS	PS	ZO	NM	NM
PB	PB	PB	PM	PS	ZO	NS	NM

（5）通过模糊推理，建立控制表。对于离散论域，经过量化后的输入量的可能取值情况是有限的，可以针对多输入变量的所有组合情况离线计算出相应的控制量，从而组成一张控制表。实际控制时只要查表就可以了。控制表的获得，则是根据模糊推理计算出来的。下面针对本系统，介绍控制表的建立。

假设模糊化运算采用单点模糊集合，模糊蕴含采用模糊蕴含最小运算 R_C，合成采用最大-最小合成。

在输入量所有组合情况下对应的输出量的模糊集合为

$$C' = \bigcup_{i=1}^{35} C'_i = \bigcup_{i=1}^{35} (\omega_i \wedge \mu_{C_i}(z))$$

下面以 $E=-3, HC=-3$ 为例，介绍控制量 U 的计算。

首先计算当前输入"$E=-3, HC=-3$"对控制规则表中第 i 条规则的激励强度 ω_i 为 $\omega_i = \omega_{i1} \wedge \omega_{i2}$，其中 ω_{i1}, ω_{i2} 分别是当前两输入变量对规则 i 前件中对应变量的匹配程度。例如，对于规则表中第 1 条规则：

R_1：if E is NB, and HC is NB, then U is PM

因为采用单点模糊化方法，所以 $\omega_1 = \mu_{A_{NB}}(-3) \wedge \mu_{B_{NB}}(-3) = 1 \wedge 1 = 1$。

观察 E、HC 的隶属度函数表可以看出，输入 $E=-3, HC=-3$ 所激活的规则是前件中

A 为 A_{NB}，A_{NM} 或者 A_{NS}，B 为 B_{NB} 或者 B_{NS}，所以规则表中共有 6 条规则被激活。下面分别计算这 6 条规则的输出。

R_1: if E is NB, and HC is NB, then U is PM

$$\omega_1 = \mu_{A_{NB}}(-3) \wedge \mu_{B_{NB}}(-3) = 1 \wedge 1 = 1$$

$$C_1' = \omega_1 \wedge C_{PM} = 1 \wedge C_{PM} = [0, 0, 0, 0.33, 0.67, 1, 0.67]$$

R_2: if E is NB, and HC is NS, then U is PM

$$\omega_2 = \mu_{A_{NB}}(-3) \wedge \mu_{B_{NS}}(-3) = 1 \wedge 0.33 = 0.33$$

$$C_2' = \omega_2 \wedge C_{PM} = 0.33 \wedge C_{PM} = [0, 0, 0, 0.33, 0.33, 0.33, 0.33]$$

R_3: if E is NM, and HC is NB, then U is PS

$$\omega_3 = \mu_{A_{NM}}(-3) \wedge \mu_{B_{NB}}(-3) = 0.67 \wedge 1 = 0.67$$

$$C_3' = \omega_3 \wedge C_{PS} = 0.67 \wedge C_{PS} = [0, 0, 0.33, 0.67, 0.67, 0.67, 0.33]$$

R_4: if E is NM, and HC is NS, then U is PM

$$\omega_4 = \mu_{A_{NM}}(-3) \wedge \mu_{B_{NS}}(-3) = 0.67 \wedge 0.33 = 0.33$$

$$C_4' = \omega_4 \wedge C_{PM} = 0.33 \wedge C_{PM} = [0, 0, 0, 0.33, 0.33, 0.33, 0.33]$$

R_5: if E is NS, and HC is NB, then U is ZO

$$\omega_5 = \mu_{A_{NS}}(-3) \wedge \mu_{B_{NB}}(-3) = 0.33 \wedge 1 = 0.33$$

$$C_5' = \omega_5 \wedge C_{ZO} = 0.33 \wedge C_{ZO} = [0, 0.33, 0.33, 0.33, 0.33, 0.33, 0]$$

R_6: if E is NS, and HC is NS, then U is ZO

$$\omega_6 = \mu_{A_{NS}}(-3) \wedge \mu_{B_{NS}}(-3) = 0.33 \wedge 0.33 = 0.33$$

$$C_6' = \omega_5 \wedge C_{ZO} = 0.33 \wedge C_{ZO} = [0, 0.33, 0.33, 0.33, 0.33, 0.33, 0]$$

总输出为

$$C' = \bigcup_{i=1}^{6} C_i' = [0, 0.33, 0.33, 0.67, 0.67, 1, 0.67]$$

采用平均加权法解模糊化，得到

$$z_0 = \frac{0.33 \times (-2) + 0.33 \times (-1) + 0.67 \times 0 + 0.67 \times 1 + 0.67 \times 2 + 0.67 \times 3}{0.33 + 0.33 + 0.67 + 0.67 + 1 + 0.67} = 1.003$$

同样方法，可以得到各种输入组合情况下对应的控制量，形成了如表 5-9 所示的控制表。

表 5-9 模糊控制表

HC \ E (U)	-3	-2	-1	0	1	2	3
-3	1.003						
-2						-0.95	
-1							
0				0			
1							
2		0.95				-0.428	
3							

5.2 专家控制系统

5.2.1 专家系统与专家控制

专家系统是人工智能的重要分支，同时也是人工智能应用领域的一个突破。专家系统是人工智能从一般思维方法探索转入专门知识的应用，从理论研究走向实际应用的标志。自从 1965 年美国斯坦福大学教授 E. Fegenbaum 研制的 DENDRAL 专家系统问世以来，专家系统已经取得了较快的发展，各行各业中实用的专家系统不断涌现，广泛地应用于自动控制、医疗诊断、图像处理、石油化工、金融决策、军事等多个领域中，产生了很好的经济效益和社会效益。

专家系统实质上是一个具有大量专门知识和经验的计算机程序系统，它能够以人类专家的水平完成某专业领域比较困难的任务，也就是说，专家系统能够模拟人类专家，运用他们的知识和经验去解决所面临的问题。

1983 年，瑞典学者 K. J. Astrom 在 *Implementation of an Auto-Tuner Using Expert System Ideas* 一文中，首先把人工智能中的专家系统引入智能控制领域，1986 年，他在另一篇论文 *Expert Control* 中正式提出了"专家控制"的概念。所谓专家控制，是将专家系统的理论和技术同控制理论、方法和技术相结合，仿效专家的经验，实现对较为复杂系统的控制。专家控制与专家系统的区别如下：

（1）专家系统只针对专门领域的问题进行咨询工作，它的推理是以知识为基础的，其推理结果一般用于辅助用户的决策；而专家控制则能独立地、自动地对控制作用作出决策。专家控制比专家系统对可靠性和抗干扰性有着更高的要求。

（2）专家系统一般都是离线方式工作的，对系统运行速度没有很高的要求；而专家控制则要求在线动态地采集数据、处理数据，进行推理和决策，对过程进行及时的控制，因此一定要具有使用的灵活性和控制的实时性。

5.2.2 专家控制器

专家控制试图在传统控制的基础上加入一个"富有经验的控制工程师"，从而实现对实际对象的智能控制。这个"富有经验的控制工程师"被称为专家控制器。专家控制器是构成专家控制系统的核心单元，主要包括数据获取环节、知识库、推理机、数据库、学习机以及解释环节等，如图 5-12 所示。

1. 数据库

由事实、经验数据和经验公式等构成，事实包括被控对象的有关知识、如结构、类型及特征等。经验数据包括被控对象的参数变化范围、传感元件的特征数据、执行机构的参数、报警阈值以及控制系统的静、动态性能指标。

2. 知识库

知识库是专家控制器的重要组成部分，基于产生式规则的控制系统、知识库可以称为控制规则库。控制专家根据控制对象的特点及其控制调试的经验，用产生式规则、模糊关系式以及解析形式等多种方法来描述被控对象的特征，形成若干行之有效的控制规则集。

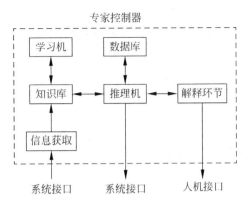

图 5-12 专家控制器的组成

3. 推理机

推理机是专家控制器的核心环节,用来指挥、调度、协调专家控制器的各个环节工作,并根据当前系统的数据信息,采用一定的搜索测量算法,基于知识库中的事实或规则,推理得到专家确定的控制方案和控制结果。推理机的程序编写,推理机的推理方式和搜索策略的效率直接影响专家控制系统的实时性和控制领域专家的控制思想的体现。

4. 解释机制

解释机制环节是专家控制系统的辅助环节,是为了实现控制系统与用户的对话,使用户了解推理过程,或者进行系统控制的方式设定或系统初值设定以及在系统运行过程中加入离线式的控制专家干预,通常解释环节中只保留初始设定部分。

5. 接口部分

接口部分包括系统与控制器的信息交换的输入输出通道和运行系统时控制器与用户交互对话的接口,以及更新知识库时进行编辑和修改的应用程序的接口。

6. 信息获取环节

信息获取环节是通过传感器元件采集现场的工业生产中的某些可以识别系统状态的控制量或状态量,作为推理环节的输入信息,其实质是触发知识库中控制规则前件,也是学习机对知识库进行修正和补充的主要依据。

7. 学习机

学习机是更能体现专家控制器的智能化的环节。在系统运行过程中,可能出现控制专家经验范围之外的情况,超出了知识库规则的限制,这时控制系统需要对控制进行干涉或对知识库中的规则进行修正和补充,此过程称为自学习过程。

在实际应用中,可以根据专家控制器应用环境和控制系统的自身特点以及用户对控制系统的性能要求的不同,简化专家控制器中若干非重要环节,从而缩短系统开发周期,提高工作效率。

5.2.3 专家控制系统的设计

根据专家控制器在控制系统中的作用和功能,可将专家控制系统分为直接型专家控制系统和间接型专家控制系统两种类型。

直接型专家控制系统,是由专家控制器代替原来的传统的控制器而构成的专家控制系统。在直接专家控制系统中,专家控制器的输出信号作为被控对象的输入量,实现控制作用。控制专家的控制经验与控制思想是通过专家控制器来实现的。直接型专家控制系统的结构如图 5-13 所示。

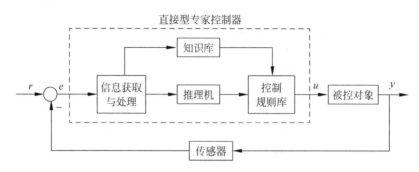

图 5-13　直接型专家控制系统的结构

间接型专家控制系统的控制器由专家控制器和其他控制器两部分组成。专家控制器的作用是监控系统的控制过程,动态调整其他控制器的结构或控制参数,然后由其他控制器完成对被控对象的控制。因此,间接型专家控制系统又称为监控式专家控制系统或参数自适应控制系统。其系统组成结构如图 5-14 所示。

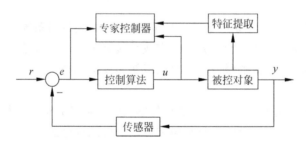

图 5-14　间接型专家控制系统的结构

间接型专家控制系统是专家系统技术与其他控制技术的紧密结合,二者取长补短共同完成系统的优化控制。其他控制器可以是传统的 PID 控制器、模糊控制器、神经网络控制器等。一般认为这种紧密型的间接专家控制系统的设计、研究具有重要的意义。

思考题与习题

(1) 什么是模糊控制?与常规控制方法相比有何主要特点?
(2) 简述专家控制系统的基本工作原理。

第 6 章 锅炉设备的控制

CHAPTER 6

锅炉是石油、化工、发电等工业生产过程中必不可少的重要动力设备,它所产生的高压蒸汽不仅可以作为精馏、蒸发、干燥、化学反应等过程的热源,还可以为压缩机、风机等提供动力源。锅炉种类很多,按所用燃料分类,有燃煤锅炉、燃气锅炉、燃油锅炉,还有利用残渣、残油、释放气等为燃料的锅炉。按所提供蒸汽压力不同,又可分为常压锅炉、低压锅炉、常高锅炉、超高压锅炉等。不同类型的锅炉的燃料种类和工艺条件各不相同,但蒸汽发生系统的工作原理基本上是相同的。

常见的锅炉设备的主要工艺流程图如图 6-1 所示。其中,蒸汽发生系统由给水泵、给水控制阀、省煤器、汽包及循环管等组成。在锅炉运行过程中,燃料和空气按照一定比例送入炉膛燃烧,产生的热量传给蒸汽发生系统,产生饱和蒸汽,然后再经过热器,形成满足一定质量指标的过热蒸汽输出,供给用户。同时燃烧过程中产生的烟气,经过过热器将饱和蒸汽加热成过热蒸汽后,再经省煤器预热锅炉给水和空气预热器预热空气,最后经引风机送往烟囱排入大气。

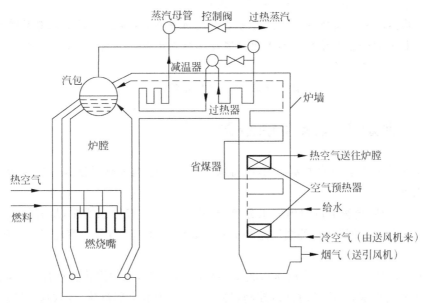

图 6-1 锅炉设备主要工艺流程图

锅炉设备是一个复杂的控制对象,其主要的操纵变量有燃料流量、锅炉给水流量、减温水流量、送风量和引风量等。主要的被控变量有汽包水位、过热蒸汽温度、过热蒸汽压力、炉膛负压等。这些操纵变量与被控变量之间相互关联。例如燃料量的变化不仅影响蒸汽压力，同时还会影响汽包水位、过热蒸汽温度、炉膛负压和烟气含氧量。给水量变化不仅会影响汽包水位，而且对蒸汽压力、过热蒸汽温度都有影响。因此锅炉设备是一个多输入-多输出且相互关联的控制对象。

锅炉设备的控制任务是根据生产负荷的需要，提供一定压力或温度的蒸汽，同时要使锅炉在安全经济的条件下运行。其主要控制要求如下：

(1) 锅炉供应的蒸汽量应适应用户负荷变化的需要；
(2) 锅炉供给用汽设备的蒸汽压力保持在一定范围内；
(3) 过热蒸汽温度保持在一定范围内；
(4) 汽包中的水位保持在一定范围内；
(5) 保持锅炉燃烧的经济性、安全运行和环保要求；
(6) 炉膛负压保持在一定范围内。

为了实现上述控制要求，将锅炉设备的控制分为以下三个主要控制系统。

(1) 汽包水位控制系统。被控变量是汽包水位，操纵变量是给水流量。汽包水位控制系统的主要任务是保持汽包内部的物料平衡，使给水量适应锅炉的蒸发量，维持汽包水位在工艺允许的范围内。这是保证锅炉安全运行的必要条件，是锅炉正常运行的主要标志之一。

(2) 锅炉燃烧控制系统。被控变量有三个，即蒸汽压力、烟气含氧量（经济燃烧指标）和炉膛负压。操纵变量也有三个，分别是燃料量、送风量和引风量。这三个被控变量和三个操纵变量之间相互关联。燃烧控制系统的基本任务是使燃料燃烧时所产生的热量适应蒸汽负荷的需要；使燃料与空气量之间保持一定的比值，保证燃烧的经济性和环保要求；使引风量和送风量相适应，保持炉膛负压在一定范围内。

(3) 过热蒸汽温度控制系统。被控变量是过热蒸汽，操纵变量是减温器的喷水量。过热蒸汽温度控制的任务是维持过热器出口温度保持在允许范围内，并保护过热器，使其管壁温度不超过允许的工作温度。

下面将分别讨论这三个控制系统的典型控制方案。

6.1 锅炉汽包水位的控制

汽包水位是锅炉运行的主要指标，维持水位在一定范围内是保证锅炉安全运行的首要条件。原因如下：

(1) 水位过高，会影响汽包内汽水分离，导致饱和水蒸气带水增多，从而使过热器管壁结垢并损坏，同时使过热蒸汽的温度急剧下降。如果该过热蒸汽作为汽轮机动力的话，会使汽轮机发生水冲击而损坏叶片。

(2) 水位过低，由于汽包内的水量较少，而负荷很大时，水的汽化速度加快，因而汽包内的水量变化速度很快，若不及时加以控制，将使汽包内的水全部汽化，导致水冷壁烧坏，甚至引起爆炸。

因此必须对锅炉汽包水位进行严格控制。

6.1.1 锅炉汽包水位的动态特性

锅炉汽包水位控制系统结构图如图6-2所示。影响汽包水位变化的因素主要有给水量、蒸汽流量、燃料量、汽包压力等,其中最主要的是蒸汽流量和给水量。

锅炉的给水通过水泵进入省煤器,在省煤器中,水吸收烟气的热量,使温度升高到本身压力下的沸点,成为饱和水然后引入汽包。汽包中的水经下降管进入锅炉底部的下联箱,又经炉膛四周的水冷壁进入上联箱,随即又回入汽包。水在水冷壁中吸收炉内火焰直接辐射的热,在温度不变的情况下,一部分蒸发成蒸汽,成为汽水混合物。汽水混合物在汽包中分离成水和蒸汽,水和给水一起再次进入下降管参加循环,蒸汽则由汽包顶部的管道引往过热器,蒸汽在过热器中吸热、升温达到规定温度,成为合格蒸汽送入蒸汽母管。

1. 汽包水位在给水流量作用下的动态特性

给水流量作用下锅炉汽包水位的阶跃响应曲线如图6-3所示。如果把汽包和给水看作是单容无自衡过程,水位的阶跃响应曲线如图中的 H_1 线所示。

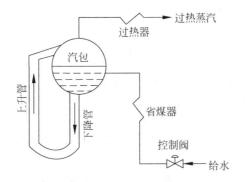

图6-2 锅炉汽包水位控制系统结构图

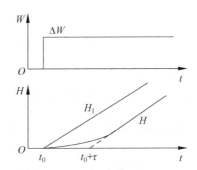

图6-3 给水流量下锅炉汽包水位的阶跃响应曲线

但是由于给水温度比汽包内饱和水的温度低,所以当给水流量 W 增加后,进入汽包的给水会从饱和水中吸收一部分热量,这使得水位下汽包容积有所减少。当水位下汽包容积的变化过程逐渐平衡时,水位由于汽包中储水量的增加而逐渐上升。最后当水位下汽包容积不再发生变化时,水位就随着储水量的增加而直线上升。因此,实际水位曲线如图中 H 线所示。即当给水流量作阶跃变化后,汽包水位一开始并不立即增加,而是要呈现出一段起始惯性段。用传递函数描述时,它近似为一个积分环节和纯滞后环节的串联,可表示为

$$\frac{H(s)}{W(s)} = \frac{k_0}{s}\mathrm{e}^{-\tau s} \tag{6-1}$$

式中, k_0 表示响应速度,即给水流量变化单位流量时水位的变化速度; τ 为纯滞后时间。

给水温度越低,滞后时间 τ 越大,一般 τ 在15~100s之间。如果采用省煤器,由于省煤器本身的延迟,会使 τ 增加到100~200s。

2. 汽包水位在蒸汽流量扰动下的动态特性

在蒸汽流量 D 扰动作用下,汽包水位的阶跃响应曲线如图6-4所示。当蒸汽流量 D 突然增加 ΔD 时,从锅炉的物料平衡关系来看,蒸汽量 D 大于给水量 W,水位应下降,如图中曲线 H_1。但实际情况并非这样,由于蒸汽流量的增加,瞬间导致汽包压力的下降。汽包内

的水沸腾突然加剧,水中气泡迅速增加,由于气包容积增加而使水位变化的曲线如图中 H_2 所示。而实际显示的水位响应曲线 H 应为 H_1 和 H_2 的叠加,即 $H=H_1+H_2$。从图中可以看出,当蒸汽用量增加时,在开始阶段水位不会下降反而先上升,然后再下降,这种由于压力下降而非给水量增加导致汽包水位上升的现象称为"虚假水位"。应当指出,当负荷变化时,水位下汽包容积变化而引起水位的变化速度是很快的,图中 H_2 的时间常数只有 10~20s。

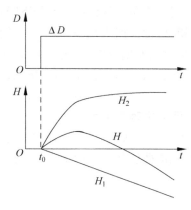

图 6-4 蒸汽流量下锅炉汽包水位的阶跃响应曲线

蒸汽流量 D 作阶跃变化时,水位变化的动态特性可用下列传递函数描述:

$$\frac{H(s)}{D(s)} = \frac{H_1(s)}{D(s)} + \frac{H_2(s)}{D(s)} = -\frac{k_\mathrm{f}}{s} + \frac{k_2}{T_2 s + 1} \tag{6-2}$$

式中,k_f 表示响应速度,即蒸汽流量变化单位流量时水位的变化速度;k_2 表示响应曲线 H_2 的增益;T_2 表示响应曲线 H_2 的时间常数。

"虚假水位"变化的大小与锅炉的工作压力和蒸发量有关。一般蒸发量为 100~230t/h 的中高压锅炉,当负荷变化 10% 时,"虚假水位"可达 30~40mm。"虚假水位"现象属于反向特性,这给控制带来一定困难,在设计控制方案时,必须加以考虑。

6.1.2 锅炉汽包水位控制方案

1. 单冲量水位控制系统

单冲量水位控制系统是以汽包水位为被控变量,以给水流量为操纵变量的单回路汽包水位控制系统。这里的冲量指的是变量,单冲量即汽包水位。图 6-5 为一单冲量水位控制系统框图。这种控制系统结构简单,参数整定方便,是典型的单回路定值控制系统。

对于小型锅炉,由于水在汽包内停留时间长,当蒸汽负荷变化时,"虚假水位"现象不明显,再配上一些联锁报警装置,这种单冲量控制系统也可以满足工艺要求,并保证安全操作。

对于中、大型锅炉,由于水在汽包内停留时间较短,当蒸汽负荷突然大幅度增加时,由于"虚假水位"现象明显,控制器不但不能开大控制阀增加给水量,以维持锅炉的物料平衡,反而是关小控制阀的开度,减少给水量。等到"虚假水位"消失时,由于蒸汽流量增加,给水量反而减少,将使汽包水位严重下降,造成汽包水位在动态过程中超调量较大、波动剧烈、稳定性差,严重时甚至会使汽包水位下降到危险下限而发生事故,因此中、大型锅炉不宜采用此控制方案。

2. 双冲量控制系统

在汽包水位控制系统中,最主要的扰动是蒸汽流量的变化,如果利用蒸汽流量的变化信号对给水流量进行补偿控制,不仅可以消除或减小"虚假水位"现象对汽包水位的影响,而且使给水控制阀的调节及时,这就构成了双冲量控制系统,如图 6-6 所示。

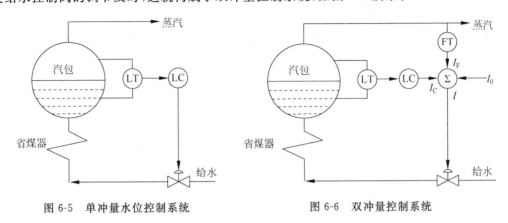

图 6-5　单冲量水位控制系统　　　　图 6-6　双冲量控制系统

从本质上看,双冲量控制系统实际上是一个蒸汽流量静态前馈加单回路反馈的前馈-反馈控制系统。当蒸汽流量变化时,控制阀及时按照蒸汽流量的变化情况对给水流量进行补偿,而其他干扰对水位的影响则由反馈控制回路克服。图中的加法器将控制器的输出信号和蒸汽流量变送器的信号求和后,控制给水控制阀的开度,调节给水流量。当蒸汽流量变化时,通过前馈补偿直接调节给水控制阀,使汽包进出水量不受"虚假水位"现象的影响而及时达到平衡,这样就克服了"虚假水位"现象所造成的汽包水位剧烈波动。加法器的输出 I 为

$$I = C_1 I_C - C_2 I_F + I_0 \tag{6-3}$$

式中,I_C 为水位控制器的输出;I_F 为蒸汽流量变送器(一般经开方器)的输出;C_1、C_2 为加法器系数;I_0 为初始偏置值。

C_2 的调整可根据前馈控制的参数整定方法,从小到大进行调整。C_1 常与水位控制器的比例增益 K_c 一起考虑,可把 C_1 设置为 1。I_0 设置为正常负荷下的蒸汽流量输出信号 $C_2 I_F$。

双冲量水位控制系统引入前馈,补偿了"虚假水位"对控制的不良影响,前馈控制改善了系统的静态特性,提高了控制品质。但是对给水系统(给水量或给水压力)的扰动,双冲量控制系统不能直接补偿。此外,由于控制阀的工作特性不一定完全是线性的,做到静态补偿也比较困难。对此,将给水流量信号引入,构成三冲量控制系统。

3. 三冲量控制系统

现代工业锅炉都向着大容量高参数的方向发展,一般锅炉容量越大,汽包的容量就相对越小,允许波动的储水量就越少。如果给水量和蒸汽流量不相适应,可能在几分钟内就出现缺水和满水事故,这样对汽包水位的要求就更高了。

为了更加准确有效地控制锅炉汽包水位,现代大型锅炉广泛采用了三冲量控制系统。在三冲量控制系统中,汽包水位是被控变量,是主冲量信号,蒸汽流量和给水流量是辅助冲量信号。汽包水位为主信号,用以消除内外侧扰动对水位的影响,保证锅炉水位在允许范围

内。蒸汽流量信号作为前馈信号,用来克服负荷变化所引起的"虚假水位"所造成的控制阀的误动作,改善负荷扰动下的控制质量。给水流量作为反馈信号,用以消除给水侧的扰动,稳定给水流量。三冲量水位控制系统又可分为单级三冲量水位控制系统和串级三冲量水位控制系统。

1) 单级三冲量水位控制系统

单级三冲量水位控制系统是只有一个控制器的三冲量水位控制系统,其基本结构如图 6-7 所示。

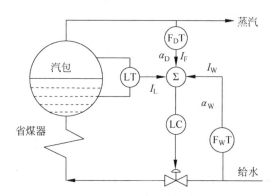

图 6-7 单级三冲量水位控制系统

图 6-8 为单级三冲量水位控制系统的方框图。由图 6-8 可知,单级三冲量水位控制系统可以看作是一个串级-前馈控制系统,主控制器是比例度为 100% 的纯比例控制器,副控制器为液位控制器,采用静态前馈。

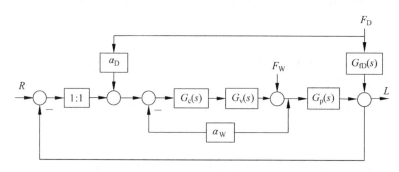

图 6-8 单级三冲量水位控制系统原理框图

在稳定状态下,汽包水位测量信号等于给定值,加法器的输出电流 I 为

$$I = I_L - \alpha_D I_F + \alpha_W I_W \tag{6-4}$$

式中,I_L 为水位控制器的输出;I_F 为蒸汽流量变送器的输出;I_W 为给水流量变送器的输出;α_D、α_W 为加法器系数。

假定在某一时刻,蒸汽负荷突然增加,蒸汽流量变送器的输出电流 I_F 相应增加,加法器的输出电流 I 就减少,从而开大给水控制阀。但是与此同时出现了"虚假水位",水位控制器的输出电流 I_L 将增大。由于进入加法器的两个信号相反,蒸汽流量变送器的输出电流 I_F 会抵消一部分水位控制器输出电流 I_L,所以,"虚假水位"所带来的影响将局部或全部被克服。等到"虚假水位"消失时,水位开始下降,水位控制器输出电流 I_L 开始减小,因此加法器

的输出电流 I 减小,意味着要增加给水量,以适应新的负荷需要并补充水位的不足。调节过程进行到汽包水位重新稳定在给定值,给水量和蒸发量达到新的平衡为止。

由于引进了蒸汽流量和给水流量两个辅助冲量,起到了"超前信号"的作用,使给水阀一开始就向正确的方向移动,因而大大减小了汽包水位的波动幅度,抵消了"虚假水位"的影响,并缩短了过渡过程时间。

系数 α_D 和 α_W 有两个作用。第一是用来保证物料平衡,即在 $\Delta W = \alpha \Delta D$ 的条件下,多通道控制器蒸汽流量信号 $\alpha_D \Delta I_F$ 与给水流量信号 $\alpha_W \Delta I_W$ 应相等。第二是用来确定前馈作用的强弱,α_D 越大,其前馈作用越强,则扰动出现时,控制阀开度的变化也越大。

假设蒸汽流量变送器和给水流量变送器的最大量程分别为 $D_{\max}$、$W_{\max}$,由于存在排污等消耗,因而有

$$\alpha = \frac{\Delta W}{\Delta D} > 1 \tag{6-5}$$

稳态时,则有

$$\alpha_D \Delta I_F = \alpha_W \Delta I_W \tag{6-6}$$

所以有

$$\alpha_D \frac{\Delta D}{D_{\max}} = \alpha_W \frac{\Delta W}{W_{\max}} \tag{6-7}$$

整理后可得

$$\frac{\alpha_W}{\alpha_D} = \frac{1}{\alpha} \cdot \frac{W_{\max}}{D_{\max}} \tag{6-8}$$

单级三冲量控制系统要求蒸汽流量信号 $\alpha_D \Delta I_F$ 和给水流量信号 $\alpha_W \Delta I_W$ 的测量值在稳态时必须相等,否则汽包水位将存在静态偏差。事实上,由于检测和变送设备的误差等因素的影响,蒸汽流量和给水流量这两个信号的测量值在稳态时难以做到完全相等,同时单级三冲量控制系统控制器参数的整定需要兼顾较多的因素,所以,在现实中已很少采用单级三冲量水位控制系统。

2)串级三冲量水位控制系统

由于锅炉水位被控对象的特点,决定了采用单回路反馈控制系统不能满足生产对控制品质的要求,同时由于单级三冲量水位控制系统存在的一些问题,所以发电厂锅炉汽包的水位控制普遍采用了串级三冲量水位控制系统方案,如图 6-9 所示。

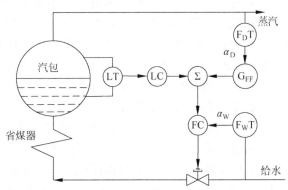

图 6-9 串级三冲量水位控制系统

图 6-10 为串级三冲量水位控制系统的方框图。整个控制系统是一个串级-前馈控制系统，主控制器是液位控制器，副控制器是流量控制器。前馈补偿用微分环节时是动态前馈。

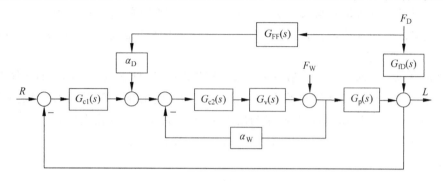

图 6-10　串级三冲量水位控制系统原理框图

6.2　锅炉燃烧系统的控制

6.2.1　燃烧控制系统的任务

锅炉燃烧系统的控制目的是在保证生产安全和燃烧经济性、环保性的前提下，使燃料所产生的热量能够满足锅炉的需要。为了实现上述目的，锅炉燃烧系统的控制主要完成以下三方面的要求。

(1) 满足负荷要求，使锅炉出口蒸汽压力稳定。锅炉蒸汽压力作为表征锅炉运行状态的重要参数，不仅直接关系到锅炉设备的安全运行，而且其是否稳定反映了燃烧过程中的能量供求关系。为此需设置蒸汽压力控制系统，当负荷扰动而使蒸汽压力变化时，通过控制燃烧量(或送风量)使之稳定。

(2) 保证燃烧过程的经济性和环保性。既不能因空气过量而增加热量损失，也不能因空气量不足而使烟囱冒黑烟。在蒸汽压力恒定的情况下，要使燃烧效率最高，即燃烧量消耗最少，且燃烧完全，燃料量与空气量(送风量)应保持一个合适的比例(或者烟气中含氧量应保持一定的数值)。

(3) 保持炉膛负压稳定。锅炉炉膛负压是否稳定反映了燃烧过程中进入炉膛的风量与流出炉膛的烟气量之间的工质平衡关系。如果炉膛负压太小甚至为正(送风量大于引风量)，则炉膛内热烟气甚至火焰会向外冒出，影响设备和操作人员的安全。反之，如果炉膛负压太大，会使大量冷空气漏进炉内，从而使热量损失增加，降低燃烧效率。一般通过调节引风量(烟气量)和送风量的比例使炉膛压力保持在设定值($-50\sim-20\mathrm{Pa}$)。

此外，还须加强安全措施。如喷嘴背压太高时，可能使燃料流速过高而导致脱火；喷嘴背压过低时又可能导致回火，这些都应该是设法防止的。

燃烧过程的三项控制任务，对应着三个操纵变量(燃料量、送风量和引风量)以维持三个被控变量(蒸汽压力 p_T、过剩空气系数 α 或最佳烟气含氧量、炉膛压力 p_S)。其中，蒸汽压力 p_T 是锅炉燃料热量与汽轮机需要能量是否平衡的指标；过剩空气系数 α 是燃料量与送风量是否保持适当比例的指标；炉膛压力 p_S 是送风量和引风量是否平衡的指标。

燃烧过程三个被控变量的控制存在着明显的相互影响。这主要是由于对象内部(各操纵变量和各被控变量之间)存在相互作用。其中每个被控变量都同时受到几个操纵变量的影响,而每个操纵变量的改变又能同时影响几个被控变量。图 6-11 表示了燃烧过程被控对象的操纵变量对被控变量的影响,所以燃烧过程是一个多输入-多输出且变量间具有相互耦合的被控对象。

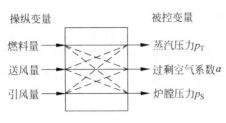

图 6-11 燃烧对象

虽然燃烧过程对象三个操纵变量对三个被控变量都有严重影响,但如果在锅炉运行过程中,严格保持燃料量、送风量和引风量这三个操纵变量按比例变化,就能保持蒸汽压力 p_T、过剩空气系数 α 和炉膛压力 p_S 基本不变。也就是说,当锅炉负荷要求变化时,燃烧过程控制系统应使三个操纵变量同时按比例地快速改变,以适应外界负荷的需要,并使 p_T、α、p_S 基本不变;当锅炉负荷要求不变时,燃烧过程控制系统应能保持相应的操纵变量稳定不变。

6.2.2 蒸汽压力控制系统

1. 基本控制方案

蒸汽压力的主要扰动是蒸汽负荷的变化与燃料量的波动。当蒸汽负荷及燃料流量波动较小时,可以采用蒸汽压力来控制燃料量的单回路控制系统;而当燃料流量波动较大时,可采用蒸汽压力对燃料流量的串级控制系统。

图 6-12 所示为燃烧过程的基本控制方案。

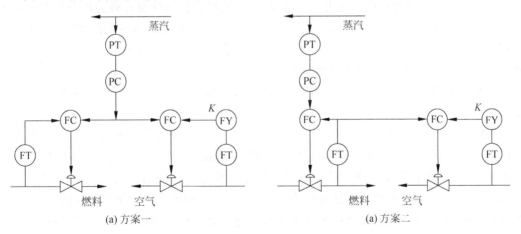

图 6-12 燃烧过程的基本控制方案

图 6-12(a)所示方案是蒸汽压力控制器的输出同时作为燃料和空气流量控制器的设定值。这样,这个方案就包含了两个串级控制系统,即蒸汽压力-燃料流量串级控制系统和蒸汽压力-空气流量串级控制系统。该方案可以保持蒸汽压力恒定,缺点是较难实现燃料量和

空气量的正确配比,并且对完全燃烧缺乏衡量指标。图 6-12(b)所示方案是蒸汽压力与燃料量组成串级控制系统,燃料量与空气量组成比值控制系统。该方案可以确保燃料量与送风量的配比,缺点是在负荷发生变化时,送风量的变化必然滞后于燃料量的变化,并且对完全燃烧缺乏衡量指标。

2. 逻辑提量和逻辑减量控制系统

图 6-13 所示为逻辑提量和逻辑减量燃烧控制系统。该方案在负荷增加(提量)时,先加大空气量,后加大燃料量,以使燃烧完全;在负荷减少(减量)时,先减少燃料量,后减少空气量。这种方案满足了环保性要求,不冒黑烟。另外,该方案可增加烟气含氧量控制器,组成变比值控制。

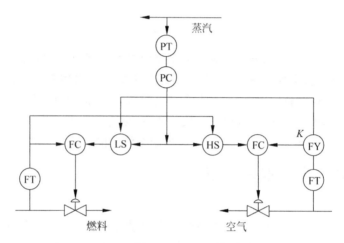

图 6-13 逻辑提量和逻辑减量燃烧控制系统

3. 双交叉燃烧控制系统

双交叉燃烧控制是以蒸汽压力为主被控变量,燃料量和空气量并列为副被控变量的串级控制系统。其中,两个并列的副回路具有逻辑比值功能,使该控制系统在稳定工况下能够保证空气和燃料在最佳比值,也能在动态过程中尽量维持空气、燃料配比在最佳值附近。因此,该方案具有良好的经济效益和社会效益。

双交叉燃烧控制系统如图 6-14 所示。其中,HLM 和 LLM 分别是高限限幅器和低限限幅器。

稳定工况时,蒸汽压力 PC 在设定值,压力控制器输出经高、低限限幅器后,分别经燃料系统的高选器 HS 和低选器 LS,作为燃料流量控制器的设定 SP_1,经空气系统的低选器和高选器,并乘以比值系数后,作为空气流量控制器的设定 SP_2。因此,稳定工况时,有 $SP_2 = K \cdot SP_1$。由于两个流量控制器具有积分控制作用,因此,稳态时设定值与测量值相等,无余差,即 $F_1 = SP_1, F_2 = SP_2$;因此有 $F_2 = K \cdot F_1$。这表明,稳定工况下,燃料流量与空气流量能够保持所需的比值 K。稳定工况下,控制系统中所有的高选器和低选器、高限限幅器和低限限幅器都不起作用,它们的输出都是蒸汽压力信号值 OP。

蒸汽用量增加时,蒸汽压力下降,反作用控制器 PC 的输出增加,即 OP 增加,从而导致 SP_1 和 SP_2 同时增加。但 SP_1 受 LS_1 限幅,最大增量为,SP_2 受 LS_2 限幅,最大增量为 K_4。设置 $K_4 > K_1$,使 SP_1 的增加不如 SP_2 明显,从而达到增量时先增加空气量,后增加燃料量

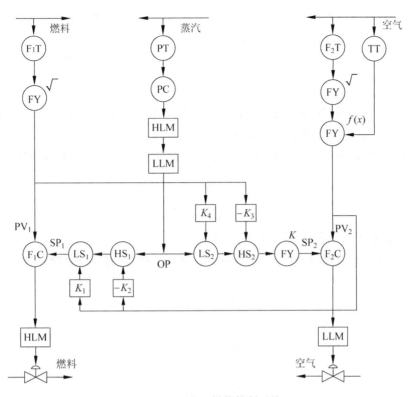

图 6-14 双交叉燃烧控制系统

的控制目的。

蒸汽用量减小时,蒸汽压力增加,反作用控制器 PC 的输出减小,即 OP 减小,从而导致 SP_1 和 SP_2 同时减小。但 SP_1 受 HS_1 限幅,最大减幅为 K_2,SP_2 受 HS_2 限幅,最大减幅为 K_3。设置 $K_2 > K_3$,使 SP_2 的减小不如 SP_1 明显,从而达到减量时先减少燃料量,后减少空气量的控制目的。

双交叉限幅的作用是使空气和燃料的变化是交叉进行的,即空气流量增大后,PV_2 增大,经 K_1 后,使 LS_1 的低限限幅值增大,即设定 SP_1 也随 PV_2 增大而增大,即燃料量增大。反之,燃料量增大后,PV_1 增大,经 K_4 后,使 LS_2 的低限限幅值增大,即设定 SP_2 也随 PV_1 增大而增大,即空气量增大。这种交叉的限幅值增加,使动态过程中也能保持燃料和空气流量比值接近最佳比值。

6.2.3 烟气氧含量闭环控制系统

燃烧过程控制保证了燃料和空气的比值关系,但并不保证燃料在整个生产过程中始终保持完全燃烧。燃料的完全燃烧与燃料的质量(灰分、含水量等)、热值等因素有关。不同的锅炉负荷下,燃料量与空气量的最佳比值也是不同的。因此,需要有一个检验燃料完全燃烧的控制指标,并根据该指标控制送风量的大小。衡量锅炉燃烧的热效率的常用控制指标是烟气中含氧量。

根据燃烧方程式可以计算出燃料完全燃烧所需的空气量,称为理论空气量 Q_T。但是,使燃料完全燃烧所需的实际空气量 Q_P 要超过理论空气量,即要有一定的过剩空气量。过

剩空气量常用过剩空气系数 α 来表示，即实际空气量 Q_P 与理论空气量 Q_T 之比为

$$\alpha = \frac{Q_P}{Q_T} = \frac{Q_P}{Q_P - (Q_P - Q_T)} = \frac{Q_P}{Q_P - \Delta Q} = \frac{1}{1 - \frac{\Delta Q}{Q_P}} \tag{6-9}$$

式中，ΔQ 为过剩空气量。

过剩空气量大时，烟气热损失大；过剩空气量小时，不完全燃烧损失大。对于煤粉燃料，最优过剩空气系数 α 约为 1.08～1.15。

过剩空气系数 α 很难直接测量，但 α 与烟气中的氧含量 $O_2\%$（通常用百分数表示）有如下关系式：

$$\alpha = \frac{21}{21 - O_2\%} \tag{6-10}$$

这样，可以得出烟气最佳含氧量值为 1.6%～2.9%。

烟气含氧量控制系统与锅炉燃烧控制系统一起实现锅炉的经济燃烧，如图 6-15 所示。

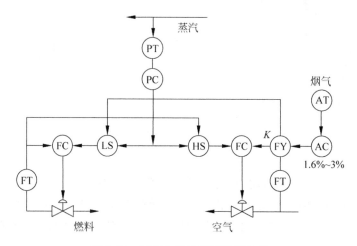

图 6-15 烟气含氧量闭环控制系统

实施时应注意，为快速反映烟气含氧量，对烟气含氧量的检测变送系统应正确选择。目前，常选用氧化锆氧量仪表检测烟气中含氧量。

6.2.4 炉膛压力控制系统

炉膛压力一般通过控制引风量来保持在一定范围内。但当锅炉负荷变化较大时，采用单回路控制系统就比较难以保持。因为负荷变化后，燃料及送风量控制器控制燃料量和送风量与负荷变化相适应。由于送风量变化，引风量只有在炉膛压力产生偏差时才由引风量控制器去控制，这样引风量的变化落后于送风量的变化，必然造成炉膛压力的较大波动。为此，可设计成如图 6-16 所示的炉膛压力前馈-反馈控制系统。在图 6-16(a)中用送风量控制器输出作为前馈信号，而在图 6-16(b)中用蒸汽压力控制器输出作为前馈信号。这样可使引风量控制器随着送风量协调动作，使炉膛压力保持恒定。

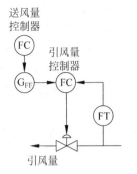
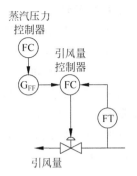

(a) 送风量控制器输出作为前馈信号　　(b) 蒸汽压力控制器输出作为前馈信号

图 6-16　炉膛压力前馈-反馈控制系统

6.2.5　安全联锁控制系统

如果燃料控制阀阀后压力过高,可能会使燃料流速过高,而造成脱火危险,此时由过压控制器 P_2C 通过低选器 LS 来控制燃料控制阀,以防止脱火的发生,如图 6-17(a)所示。当燃料供应不足时,燃料管道的压力就有可能低于锅炉燃料室的压力,这时就会发生回火事故,这是非常危险的。为此,可设置联锁控制系统,当燃料压力低于产生回火的压力下限设定值时,由压力控制开关 PSA 系统带动联锁装置,将燃料控制阀的上游阀切断,以避免回火事故的发生,如图 6-17(b)所示。

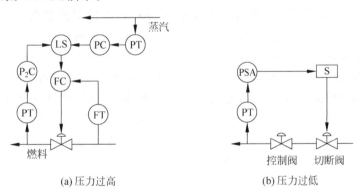

(a) 压力过高　　　　　　　　　(b) 压力过低

图 6-17　安全联锁控制系统

6.3　蒸汽过热系统的控制

6.3.1　过热蒸汽温度控制的任务

过热蒸汽温度控制的任务是维持过热器出口蒸汽温度在允许的范围内,并保护过热器,使其管壁温度不超过允许的工作温度。过热蒸汽温度是锅炉汽水系统中的温度最高点,蒸汽温度过高会使过热器管壁金属强度下降,以致烧坏过热器的高温段,严重影响安全。一般规定过热蒸汽的温度上限不能高于其额定值 5℃。

如果过热蒸汽温度过低,则会降低后续设备发电机组的能量转换效率。据分析,蒸汽温度每降低 5℃,热经济性将下降 1%。且蒸汽温度偏低会使汽轮机尾部蒸汽湿度增大,甚至使之带水,严重影响汽轮机的安全运行。一般规定过热蒸汽温度下限不低于其额定值 10℃。通常,大容量高参数火力发电机组都要求过热蒸汽温度在 540^{+5}_{-10} ℃ 的范围内。

随着蒸汽压力提高,为了提高机组热循环的经济性,减小汽轮机末级叶片中蒸汽湿度,高参数机组一般采用中间再热循环系统。将高压缸出口蒸汽引入锅炉,重新加热至高温,然后再引入中压缸膨胀做功。一般再热蒸汽温度随负荷变化较大,当机组负荷降低 30% 时,再热蒸汽温度如果不加以控制,锅炉再热器出口温度将降低 28~35℃,所以大型机组必须对再热蒸汽温度进行控制。

6.3.2 过热蒸汽温度控制的基本方案

蒸汽过热系统包括一级过热器、减温器和二级过热器。影响过热蒸汽温度的扰动因素很多,如蒸汽流量、燃烧工况、减温水量、流经过热器的烟气温度和流速等。在各种扰动下,过热蒸汽温度控制过程动态特性都有较大的时滞性和惯性,这给控制带来一定困难,所以要选择好操纵变量和合理的控制方案,以满足工艺要求。

目前广泛选用减温水流量作为控制过热蒸汽温度的主要手段。但是,由于该通道的时滞和时间常数比较大,如果以过热器出口温度为被控变量,减温水流量为操纵变量组成单回路控制系统往往不能满足生产上的要求。因此,设计如图 6-18 所示的以减温器出口温度为副被控变量的串级控制系统。

在该蒸汽温度串级控制系统中,有主、副两个控制器。由于蒸汽温度对象具有较大的延迟和惯性,主控制器多采用 PID 控制规律,副控制器采用 PI 或 P 控制规律。

过热蒸汽温度的另一种控制方案是导前微分控制系统,如图 6-19 所示。这种控制方案只用了一个控制器,控制器的输入取了两个信号。一个信号是通过二级过热器的蒸汽温度经变送器直接进入控制器的信号,另一个信号则是减温器后的温度经微分器后送入控制器的信号。在时间和相位上,后一个信号超前于主信号(主蒸汽温度信号),因此把这种系统称为导前微分控制系统。又因为这种系统有两个信号直接送入到控制器,所以也称为具有导前微分信号的双冲量控制系统。微分作用能反映输出量的变化趋势,因而能提前反映输出量的变化,把这种作用用于控制系统,能改善控制性能。

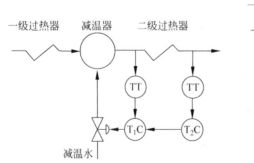
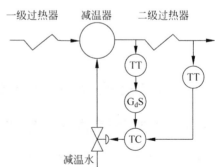

图 6-18 过热器温度串级控制系统　　图 6-19 过热器温度双冲量控制系统

这两种控制系统在实际应用中一般都能满足生产上的要求,但这两种控制系统在控制质量、系统构成、整定调试等方面各有特点。

(1) 把采用导前微分信号的双回路控制系统转化为串级控制系统来看时,其等效主、副调节器均为 PI 调节器。但对于实际的串级蒸汽温度控制系统,为了提高副回路的快速跟踪性能,副调节器应采用 P 或 PD 调节器,而主调节器应采用 PI 或 PID 调节器。因此,采用导前微分信号的双回路系统的副回路,其快速跟踪和消除干扰的性能不如串级系统。在主回路中,串级系统的主调节器可具有微分作用,故控制品质也比双回路系统好,特别对于惯性、延迟较大的系统,双回路系统的控制质量不如串级系统。

(2) 串级控制系统主、副两个控制回路的工作相对比较独立,因此系统投运时的整定、调试更加直观、方便。而有导前微分信号的双回路控制系统的两个回路在参数整定时相互影响,不容易掌握。

(3) 从仪表硬件结构上看,采用导前微分信号的双回路系统较为简单。一般情况下,双回路汽温控制系统已经能够满足生产上的要求,因此得到了广泛应用。若被控对象的延迟较大,外扰频繁,而且要求有较高的控制质量,则应采用串级控制系统。

思考题与习题

(1) 简述锅炉汽包水位控制的重要性,并比较不同汽包水位控制方案的特点。

(2) 简述锅炉燃烧控制的主要任务和基本控制方案。

参 考 文 献

[1] 俞金寿,蒋慰孙.过程控制工程[M].3版.北京:电子工业出版社,2007.
[2] 梁昭峰,李兵,裴旭东.过程控制工程[M].北京:北京理工大学出版社,2010.
[3] 俞金寿.工业过程先进控制技术[M].上海:华东理工大学出版社,2008.
[4] 刘金琨.先进PID控制MATLAB仿真[M].3版.北京:电子工业出版社,2012.
[5] 潘永湘,杨延西,赵跃.过程控制与自动化仪表[M].2版.北京:机械工业出版社,2011.
[6] 郭阳宽,王正林.过程控制工程及仿真[M].北京:电子工业出版社,2009.
[7] 刘文定,王东林.MATLAB/Simulink与过程控制系统[M].北京:机械工业出版社,2013.
[8] 牛培峰,等.过程控制系统[M].北京:电子工业出版社,2011.
[9] 郑辑光,等.过程控制系统[M].北京:清华大学出版社,2012.
[10] 方康玲,等.过程控制系统[M].武汉:武汉理工大学出版社,2007.
[11] 毛志忠,常玉清.先进控制技术[M].北京:科学出版社,2012.
[12] 孙洪程,等.过程控制工程[M].北京:高等教育出版社,2006.
[13] 孙炳鹏.调节阀的选型[J].冶金动力,2010(1):73-74.
[14] 中国冶金建设协会.钢铁企业过程检测和控制自动化设计手册[M].北京:冶金工业出版社,2000.
[15] 刘晓玉,等.过程控制系统:习题解答及课程设计[M].武汉:武汉理工大学出版社,2011.
[16] 戴连奎,等.过程控制工程[M].3版.北京:化学工业出版社,2012.